Voyages excentriques

Paul d'Ivoi

Jean Fanfare

Illustrations de Lucien Métivet

Ancienne Librairie Furne

SOCIÉTÉ D'ÉDITION ET DE LIBRAIRIE

JEAN FANFARE

COLLECTION DES VOYAGES EXCENTRIQUES

(Du même auteur)

VOLUMES DÉJA PARUS

1° **Les Cinq sous de Lavarède.**

2° **Le Sergent Simplet.**

3° **Cousin de Lavarède!**

4° **Jean Fanfare.**

En préparation :

Le Corsaire Triplex.

Typographie Firmin-Didot et Cie. — Mesnil (Eure).

PAUL D'IVOI

VOYAGES EXCENTRIQUES

JEAN FANFARE

OUVRAGE ILLUSTRÉ

DE QUATRE-VINGT-DOUZE GRAVURES DANS LE TEXTE

DE DIX GRANDES COMPOSITIONS HORS TEXTE GRAVÉES SUR BOIS

DE HUIT COMPOSITIONS TIRÉES EN COULEURS

d'après les dessins

DE

LUCIEN MÉTIVET

PARIS

ANCIENNE LIBRAIRIE FURNE

SOCIÉTÉ D'ÉDITION ET DE LIBRAIRIE

5, RUE PALATINE, 5

En tête de ce volume, je tiens à inscrire les noms des amis connus ou non connus qui m'ont guidé dans ce voyage ou qui m'ont aidé à appuyer mes souvenirs de documents précis. Ils ont prouvé ainsi une fois de plus que la Confraternité artistique n'est pas un vain mot, et j'en exprime mon affectueuse reconnaissance à :

MM. ALVAREZ, Secrétaire général du Prado, à Madrid.
CANNADIAS, Ephore général des Musées d'Athènes.
EASTLAKE, Directeur de la National Gallery de Londres.
GALLI (Alberto), Sculpteur, Dr Gal des Collections du Vatican, à Rome.
Le Comte KOMAROFFSKY, Conservateur des palais du Kremlin, à Moscou.
MOLINIER, Conservateur du Louvre.
PIGORINI, Dr du Musée Kircher, à Rome.
SCHAEFFER, Cr d'État, Dr de la Galerie Impériale de Vienne.
SEVIN-DESPLACES, Bibliothécaire honoraire du Louvre.
SOMOF, Conservateur du Musée Impérial de l'Ermitage à Saint-Pétersbourg.
Le Baron VAN RIENNDT, Dr Gal du Rijks-Muséum d'Amsterdam.
WENEVSTIÉCOFF, Dr Gal du Musée Roumiantzoff de Moscou ;

ainsi qu'à MM. les photographes :

GIRAUDON, de Paris.
LÉVY ET FILS —
MARIANO MORENO, de Madrid.
LAURENT, —
ANDERSON, de Rome.
DIETRICH, de Bruxelles.
RHOMAÏDÈS, d'Athènes.

PAUL D'IVOI.

PREMIÈRE PARTIE

CHAPITRE PREMIER

UNE CAISSE DANS UN MINISTÈRE

Le 6 octobre 1896, vers 8 heures et demie du matin, M. le Ministre de l'Instruction Publique et des Beaux-Arts fut avisé par le chef de ses huissiers qu'un camion stationnait dans la cour d'honneur de l'Administration Centrale. Le conducteur du lourd véhicule déclarait devoir remettre ès mains du généralissime de l'armée universitaire une caisse de chêne de 1^{m} 90 cent. de longueur, sur 0^{m} 60 cent. de large, garnie de poignées de fer à ses deux extrémités, laquelle avait été expédiée de Marseille par grande vitesse.

Son Excellence, après un mouvement de surprise aussitôt réprimé, car un Ministre se doit à lui-même de ne s'étonner de rien, pria poliment l'huissier de se rendre auprès du Chef du Cabinet et de l'inviter à recevoir le colis.

— Vous ajouterez, termina-t-il, qu'après vérification du contenu, je serai obligé à M. le Chef du Cabinet d'en venir conférer avec moi.

L'huissier s'inclina et, d'un pas posé, gagna le bureau du fonctionnaire désigné.

Celui-ci, très occupé à ne rien faire, transmit l'ordre du Ministre au chef adjoint, qui en fit part au secrétaire particulier, jeune poète d'avenir, absorbé à cet instant même par la confection laborieuse d'un madrigal impromptu.

— Quand un rimeur rêve à la muse,
Le déranger point ne l'amuse,

grommela le disciple d'Apollon. Pégase, ce coursier poétique, auprès duquel les chevaux sauteurs de l'École Militaire de Saumur ne sont que de pacifiques haridelles, ne permet point la moindre distraction. Recevoir une caisse, fi donc! Que le premier des attachés au Cabinet se charge de ce soin.

Sur ce, Lucien Vemtite — c'était le nom du sécrétaire — congédia l'huissier d'un geste noble et reprit la chasse ardue à la rime.

L'un après l'autre, les douze attachés au Cabinet reçurent communication du désir exprimé par Monsieur le Ministre. Enfin le plus jeune et le moins rétribué, n'ayant pas d'inférieur auquel il pût repasser la corvée, fit apporter le colis dans son bureau.

Le camionneur congédié avec le pourboire parcimonieux que l'économe Administration alloue en pareil cas, l'attaché se gratta le nez et, regardant l'huissier :

— L'expédition est reçue, il me reste à en vérifier le contenu. Or il conviendrait à cet effet de déclouer l'emballage. Veuillez m'allez quérir un marteau et un ciseau.

Son interlocuteur secoua la tête d'un air pensif :

— Je n'ai point d'outils en ma possession. Mais si vous le désirez, je pourrai prier M. le Chef du service du matériel de faire le nécessaire?

— Je vous en serai reconnaissant.

Avec la dignité qui convient à un employé chargé d'une mission de confiance, l'huissier sortit et d'un pas solennel prit, à travers corridors, escaliers et cours, le chemin des salles affectées au fonctionnaire vers lequel il était délégué, tandis que, après un geste de lassitude, l'attaché se remettait à son labeur interrompu, c'est-à-dire à la confection de cocottes en papier destinées aux « adorables babies » de Mme la Ministresse. La cocotte en papier, chacun le sait, est l'indice d'une vocation politique caractérisée.

Cependant le Matériel entrait en ébullition. Le Directeur s'était absenté, afin de traiter un marché avantageux pour le repassage à forfait des grattoirs de l'Administration centrale. Son adjoint avait dû se rendre auprès d'un commis de l'Enseignement Supérieur pour lui adresser une admonestation sévère. Ce bureaucrate révolutionnaire n'avait-il pas eu l'idée incongrue de payer de ses deniers et d'installer dans son bureau un tapis-moquette, alors que les règlements, dans leur sagesse, ont réservé la *moquette* aux seuls chefs de division et attribué la *sparterie* au menu fretin des plumitifs. Si l'on ne réprimait pas de semblables écarts, il n'y aurait plus de hiérarchie, plus de gouvernement possibles!

Bref, il ne restait là qu'un groupe de rédacteurs et d'expéditionnaires, dont aucun n'avait qualité pour répondre au message du Cabinet.

Ils levaient les bras au ciel, hochaient la tête, se livraient devant l'huissier à une mimique impuissante et désolée. D'une part, ils devaient obéissance au Ministre, et d'autre part, ils n'avaient pas le droit d'obéir, car ç'eût été empiéter sur les attributions de leurs supérieurs.

Enfin l'un de ces zélés serviteurs de l'État poussa un cri de joie :

— J'ai une inspiration, dit-il à ses collègues bouleversés. Je vais courir à l'Enseignement Supérieur et transmettre les désirs du Cabinet à notre Sous-Directeur.

Et, sans prêter attention au murmure approbatif soulevé par ces paroles, il se précipita au dehors.

En cinq minutes, il rejoignit son chef.

Celui-ci écouta son récit, gonfla ses joues, réfléchit un instant, puis d'un ton ferme :

— Diable! Diable! Je crois prudent de ne rien décider en l'absence de M. le Directeur du Matériel.

— Mais le Ministre attend, glissa timidement le commis.

— J'entends bien. C'est une considération cela, mais que faire?

Encouragé par la question, l'employé susurra :

— Ne pourriez-vous donner ordre à l'un des hommes de peine de se rendre avec un marteau et un ciseau...?

— Moi, que j'ordonne...?

— Sans doute! Votre situation vous permet...

— Me permet, malheureux! Vous voulez dire qu'elle me défend cela. Raisonnez donc; un homme de peine, n'est pas un emballeur; un marteau, un ciseau sont dangereux en des mains inexpérimentées. Voyez-vous que ce maladroit détériore un objet de prix...? A qui incombera la responsabilité de l'accident? A qui? A moi, n'est-ce pas? Non, non, pas de responsabilité!

— Et si le Ministre s'impatiente?...

Le Sous-Directeur se dressa sur ses pointes, et couvrant son subordonné d'un regard dédaigneux :

— Sachez, Monsieur, que le Ministre aura beau montrer de l'impatience ou non, il ne m'obligera jamais à agir d'une façon anti-administrative.

Et comme pour atténuer l'effet de cette héroïque déclaration :

— Du reste Son Excellence ne saurait, sans injustice, réprimander un homme qui a fait tout son devoir, et je vais le faire, mon devoir. M. le Directeur est actuellement rue Croix-des-Petits-Champs pour l'affaire des grattoirs. Je saute en voiture; dans vingt minutes, je l'aurai rejoint; je l'aviserai de l'incident, et il prendra telle décision que lui paraîtront comporter les circonstances. Ainsi tout se passera régulièrement, et notre service n'encourra aucun reproche.

Un instant plus tard, l'huissier du Cabinet était mis au courant de la résolution adoptée et s'empressait lentement de la transmettre au douzième attaché. De la bouche de ce dernier elle arriva à l'oreille du chef du Cabinet, par l'intermédiaire des onze autres attachés, du secrétaire particulier et du chef adjoint.

Mais comme midi sonnait et que le Ministre montait dans sa voiture pour aller déjeuner, on ne voulut pas retarder Son Excellence, et la communication fut remise à plus tard. Le personnel de l'état-major ministériel assuré ainsi de n'être plus troublé, chacun saisit son chapeau, son pardessus, ses gants, sa canne et s'en fut, qui en famille, qui au restaurant, reprendre des forces après une matinée si bien employée.

Fidèle à sa promesse, le Sous-Directeur du matériel s'était jeté dans un fiacre, après avoir stimulé le cocher par ces paroles magiques :

— Rue Croix-des-Petits-Champs. Grand train. Bon pourboire!

Chez le rémouleur de grattoirs, il apprit que son chef s'était rendu rue du Faubourg-Saint-Antoine auprès du réparateur de meubles du Ministère. La voiture y vola. Déjà le Directeur était reparti à la papeterie de l'Administration, sise rue Taitbout. Enfin en ce dernier endroit, on déclara au poursuivant que son supérieur devait se trouver au café Riche, où il avait manifesté l'intention de déjeuner.

Cette fois la poursuite aboutit. En entrant dans la salle du café indiqué, le Sous-Directeur aperçut celui qu'il cherchait, installé devant une table, la serviette au menton.

En deux bonds il fut près de lui, et, en phrases pressées, lui narra ses

LE BUREAU DU MINISTÈRE.

tribulations. Quand il eut achevé, le fonctionnaire interrompit la dégustation d'un *filet au beurre d'anchois*, accompagné de *pommes mousseline à la Turenne*, et d'un accent pénétré :

— Vous avez agi sagement, Monsieur. Comme vous le dites, un homme de peine n'a pas les capacités nécessaires pour ouvrir un colis destiné à Monsieur le Ministre. Il faudra requérir le serrurier de l'Administration. Nous irons nous-mêmes; mais auparavant — il n'y a pas péril en la demeure — déjeunons. Car vous n'avez pas déjeuné, je pense?

— Non, en effet, balbutia le Sous-Directeur, je vais prendre ce soin... Je vous retrouverai ici.

— Allons donc, installez-vous en face de moi.

— C'est que, — ma foi autant l'avouer, — une addition au « Riche » est particulièrement *douloureuse*, et ma femme me reprocherait sans doute...

Le chef du matériel sourit avec bonté :

— Madame votre épouse n'a rien à voir là-dedans. Il s'agit du service, et le repas vous sera remboursé à la Caisse Centrale sur la présentation d'un « bon » portant la rubrique : Dépenses diverses pour le service.

— En ce cas, j'obéis.

Profitant de l'aubaine, le Sous-Directeur composa un menu délicat, qu'il arrosa pour finir d'un moka parfumé et d'une aromatique bénédictine, suivant l'exemple de son supérieur hiérarchique.

Coût des deux déjeuners, pourboire compris : 57 fr. 80.

En hommes de précaution, les fonctionnaires rédigèrent immédiatement le bon que la caisse aurait à rembourser, en y faisant figurer d'ailleurs une heure de voiture déjà dépensée par le sous-chef du matériel.

Puis, le cure-dents aux lèvres, ils sortirent.

Un fiacre passait. Ils le hélèrent et se firent conduire rue de l'Arbre-Sec, où demeurait l'entrepreneur des ouvrages de serrurerie du ministère de l'Instruction Publique et des Beaux-Arts.

Celui-ci, débordé d'ouvrage, ainsi qu'il le dit lui-même, n'avait aucun ouvrier sous la main; mais pour être agréable à ces messieurs du matériel, il proposa d'en déplacer un, présentement occupé rue Mogador.

L'offre acceptée, l'industriel prit place jusqu'à la rue désignée dans le véhicule, où son employé lui succéda. Bref, à 3 heures, le fiacre déposait les chefs du matériel et le serrurier rue de Grenelle. Sur leur bon, les fonctionnaires ajoutaient une heure de voiture, soit avec le pourboire 2 fr. 50.

Ils conduisaient aussitôt l'ouvrier au cabinet du douzième attaché, auquel ils remettaient en même temps la note dressée par leurs soins, puis ils regagnaient leurs bureaux respectifs.

— Ah! murmura l'élégant fabricant de cocottes en papier, nous allons donc savoir ce que contient cette caisse!

Et déjà il se penchait sur le colis mystérieux, que le serrurier examinait avec attention.

— Allons, bon, fit celui-ci avec l'accent traînard du faubourg, on me dit qu'il s'agit de déclouer une boîte; alors, quoi, j'apporte un marteau, un ciseau...

— Eh bien?

— Eh bien, ces outils ne peuvent me servir à rien.

— Comment cela?

— Regardez vous-même. Ce n'est pas des clous qui fixent le couvercle, *c'est des vis*.

— Alors?

— Alors, faut que j'aille chercher un tourne-vis.

— Où cela?

— Au magasin, rue de l'Arbre-Sec.

L'attaché ne put réprimer un mouvement d'impatience, puis prenant son parti :

— Allez-y. Attrapez une voiture pour gagner du temps.

— Avec plaisir, mon prince, répliqua l'artisan en quittant aussitôt la salle.

Demeuré seul, le jeune homme tourna un moment autour de la caisse qui décidément finissait par l'intriguer, puis il saisit machinalement la « note » du matériel qu'il avait posée sur son bureau.

A peine y eut-il jeté les yeux qu'il sursauta :

— Étonnants ces ronds-de-cuir, grommela-t-il. Une pareille somme pour ouvrir un emballage. Ils vont me faire « sabouler ». Sapristi, j'aurais dû l'ouvrir moi-même.

La perspective de reproches cruels le plongea dans une désagréable rêverie, dont le retour du serrurier le tira après trente-cinq minutes d'attente.

L'ouvrier brandissait un tourne-vis, mais avant de se mettre à l'œuvre, il tira de sa blouse un papier et le tendit à l'attaché. Celui-ci le regarda. C'était la facture de l'entrepreneur.

Du coup, le jeune homme poussa un gémissement :

— Attendez, ordonna-t-il, je ne puis prendre sur moi..... Il faut que j'en réfère à mes chefs.

Et tandis que l'artisan narquois s'asseyait, il courut à son bureau, et de sa plus belle main traça sur une feuille blanche le mémoire suivant :

RÉCAPITULATION *des dépenses effectuées pour la réception et l'ouverture d'un colis adressé à Monsieur le Ministre.*

1° POUR L'ADMINISTRATION.	Francs.	Centimes.
1 heure de voiture.	2	50
—	2	50
—	2	50
Dépenses diverses pour le service	57	80
Total	65	30
2° POUR L'ENTREPRISE DE SERRURERIE.		
Déplacement de l'entrepreneur.	2	»
Déplacement d'un ouvrier.	1	»
—	1	»
Pour avoir retiré une vis, côté droit	0	25
—	0	25
Pour avoir retiré deux vis, côté gauche	0	50
— , au centre.	0	50
Pour avoir soulevé le couvercle, avec pesées	0	50
Pour 2 heures de travail d'un ouvrier	1	60
Total général.	72	90

Cela fait, il envoya son travail au onzième attaché, qui le transmit au dixième, lequel le fit passer au neuvième, tant et si bien qu'au bout de vingt minutes la feuille était remise au chef-adjoint du cabinet.

Ce dernier invita son personnel à surseoir à tout travail concernant le fâcheux colis. Il se fit amener un fiacre et se rendit à la Chambre des Députés, où le Ministre et son chef du cabinet se trouvaient en ce moment.

En route, il ajouta à la facture, pour sa course personnelle, une heure et quart de voiture, soit 3 francs, qui portèrent le total à 75 fr. 90 pour lever le couvercle d'un coffre. Au Palais Bourbon, il le communiqua à son supérieur direct, qui à son tour, profitant d'un vote au scrutin secret, se glissa dans la salle des séances, gagna le banc des ministres et mit la « récapitulation » sous les yeux de Son Excellence.

Le ministre regarda, apposa son paraphe au bas de la feuille et la rendit à son interlocuteur avec ces seuls mots :

— Je pense qu'après de tels débours, on ouvrira bien la caisse par-dessus le marché!

CHAPITRE II

L'EUROPE S'ÉMEUT

Vers cinq heures vingt du soir, le douzième attaché recevait par la voie hiérarchique l'autorisation de procéder à l'ouverture de l'emballage mystérieux.

En quelques instants le serrurier eut extirpé les six vis qui fixaient la plaque supérieure de la caisse; il leva cette plaque.

Alors apparut une enveloppe de toile grise, moelleuse au toucher, et qui semblait matelassée d'ouate. L'artisan y portait déjà la main, quand le jeune fonctionnaire l'arrêta :

— L'envoi est peut-être confidentiel, articula-t-il; il ne doit pas être connu d'une personne étrangère à l'Administration. Veuillez donc vous retirer.

Faisant claquer ses lèvres à la manière gouailleuse des gamins de Paris, l'ouvrier ramassa ses outils et s'esquiva sans répondre.

Seul en face de la caisse, l'attaché éprouva une émotion étrange. Que contenait le colis adressé rue de Grenelle par un expéditeur inconnu? Qu'allait-il voir en soulevant la toile grise qui cachait encore l'intérieur du coffre?

Malgré lui, il remarqua que la boîte rectangulaire figurait assez bien un cercueil. Cette constatation le fit pâlir. Touchait-il à quelque lugubre découverte?

Il se sentit frissonner. Inquiet il se rapprocha de la vaste cheminée, où flambait prodiguement le bois de l'Administration, et tout en se rôtissant les mollets, il songea :

— Après tout, le plus difficile est fait. L'emballage est décloué; le Ministre peut bien en vérifier le contenu lui-même, puisque l'envoi est à son adresse. Si ce colis suspect renferme des choses de nature à intéresser la justice, pourquoi me créer des ennuis superflus? Car celui qui découvre le crime est plus persécuté que le criminel lui-même. Il est appelé chez le commissaire, chez le juge d'instruction, au tribunal; il est interviewé par les reporters en quête d'informations, harcelé de questions par ses amis et connaissances...

Tout à coup il se décida et courut auprès de l'attaché qui était son supérieur immédiat.

Celui-ci trouva ses réflexions judicieuses. De nouveau tous les rouages du Cabinet se mirent en mouvement, et après discussions, conférences, hésitations réfléchies et réflexions hésitantes, deux hommes de peine furent mandés et transportèrent la caisse suspecte dans le bureau même du chef responsable du Ministère, à l'instant précis où ce haut personnage revenait du Palais Bourbon.

. . . .

Le lendemain matin, on lisait en première page dans *Le Figaro* et *Le Petit Journal* la note sensationnelle que voici :

Cadeau mystérieux.

« Les collections du Louvre vont s'enrichir d'une merveille artistique, unique au monde. C'est une statue de jeune fille drapée dans une tunique grecque, et dont l'attitude générale amène sur les lèvres le mot : Rêverie.

« Tout est extraordinaire en cette délicieuse figure de grandeur nature. D'abord la façon dont elle est arrivée à Paris. M. le Ministre de l'Instruction publique recevait hier une caisse, à lui expédiée de Marseille. A l'intérieur soigneusement capitonné, se trouvait l'œuvre d'art dont il s'agit. Entre les doigts de la jolie statue était placée une lettre, dont l'enveloppe portait la suscription : A Son Excellence Monsieur le Ministre de l'Instruction Publique et des Beaux-Arts — Rue de Grenelle, Paris — France.

« La missive était ainsi conçue :

« Monsieur le Ministre,

« J'ai sollicité vainement la décoration de la Légion d'honneur à titre étranger. Ni mes travaux, ni mes veilles n'ont paru suffisants au gouvernement français pour faire admettre ma requête. Lassé de démarches inutiles, j'ai renoncé à obtenir ce ruban rouge, objet de mes vœux; mais je tiens à vous montrer comment un véritable savant se venge d'un pays qu'il aime en dépit de ses torts.

« La sculpture ci-jointe a été découverte par moi dans des fouilles entreprises sur les rivages de la Méditerranée. Je la donne à la France, et afin que nul autre peuple n'ait le droit d'en revendiquer la possession je tairai le nom du lieu où il me fut donné de la rencontrer, je tairai même mon nom.

« Ce qui ne m'empêche pas, Monsieur le Ministre, de me dire

De Votre Excellence,

Le très humble et très obéissant serviteur.

Signé : X...

« Un donateur inconnu extirpant des entrailles de la terre, sur une côte inconnue, une œuvre de premier ordre, c'est déjà peu ordinaire; mais là ne s'arrêtent pas les étrangetés de la forme gracieuse, déjà baptisée par le personnel des Musées de « Diane de l'Archipel ».

« La Diane (pourquoi Diane?) n'appartient à aucun des groupes artistiques de l'antiquité, entre lesquels on cataloguait jusqu'ici les œuvres des sculpteurs. L'artiste de génie qui l'exécuta était un réaliste pur. Il n'a point cherché à idéaliser son modèle, à exagérer ses dimensions ou ses beautés. Son ciseau a créé une femme, vraie par la taille, le geste, l'attitude, l'expression. Il a fixé la vie elle-même sur ces paupières baissées, derrière lesquelles l'imagination devine les regards profonds et doux, sur cette bouche mignonne prête à sourire, sur ce visage ravissant dont les lignes gracieuses n'ont pas la régularité de l'époque classique.

« Nouveau Prométhée, le ciseleur ignoré a animé le métal insensible. Nous disons le métal, car la matière employée constitue elle-même une originalité. La Diane est en aluminium !!!

« Jusqu'à ce jour, les savants admettaient que les anciens ignoraient ce métal. On croyait que l'aluminium — formule chimique Al. — avec sa densité 2, 6, quatre fois plus faible que celle de l'argent, avait été isolé pour les premières fois, en 1827, par Wohler, et en 1854 par Sainte-Claire Deville.

« On vantait l'ingéniosité de ces chimistes qui, vu l'impossibilité de décomposer l'alumine directement, avaient réussi, en la mettant en contact simultané avec le chlore et le charbon, à la transformer en chlorure, lequel s'était laissé arracher l'aluminium. »

« Vanité des gloires humaines! Ces découvreurs n'étaient que de pâles imitateurs des apôtres de la science antique. Les Grecs connaissaient l'aluminium, Diane le démontre aux plus sceptiques.

« En résumé, le musée du Louvre va acquérir une œuvre d'une inestimable valeur. La Vénus de Milo, la Gloire de Samothrace, la Melpomène géante, la Diane à la biche, la Vénus de Cnide ont une rivale victorieuse. Elle ne possède point la pureté impeccable des lignes de ses devancières, mais elle a plus : une âme palpite en elle. Phidias et Praxitèle ont trouvé un maître, dont les siècles ingrats ont scellé le nom flamboyant sous la poussière de l'oubli. »

La Diane de l'Archipel.

Il est impossible de décrire l'effet produit par ces deux articles, éclatant ainsi que des météores au milieu des menus faits du traintrain journalier.

Toute la presse française s'émut. Les journaux littéraires, scientifiques, politiques, financiers, les revues, les périodiques illustrés reproduisirent la grande nouvelle. On la commenta, discuta, approuva, controversa; les uns niant l'existence de l'aluminium aux temps de la grandeur grecque, les autres prouvant au contraire que déjà, chez les Assyriens, ce métal était d'usage courant, ainsi qu'il résulte de certaines inscriptions cunéiformes et de bas-reliefs, que l'on avait considérés jusque-là comme représentant des cérémonies du culte solaire.

La Nature démontra par une docte compilation que les pharaons mangeaient dans une vaisselle, non d'argent ou d'or, mais bien d'aluminium. *La Science Française* et *Le Magasin Pittoresque* s'évertuèrent à réduire à néant les affirmations de leur confrère.

Pourtant l'opinion publique témoignait une faveur de plus en plus marquée aux écrivains qui admettaient la première théorie; les autres se voyaient acculés à la nécessité de se déjuger, sous peine de mécontenter leurs lecteurs. L'aluminium vainqueur entrait de force dans les mœurs des antiques races

Hellènes, quand une manœuvre de la presse anglaise déplaça la polémique, en la transportant des régions poético-scientifiques sur le terrain politique.

Dans un article perfide très étudié et volontairement modéré de forme, le *Times*, bientôt appuyé par le *Daily-News* et le *Telegraph* contesta à la France le droit de posséder la Diane de l'Archipel.

« Les rivages de la Méditerranée, déclarait l'organe britannique, appartiennent à des peuples divers. Celui qui occupe un point est à la fois le maître de la surface et du sous-sol. Pour nous, dont la domination s'étend sur Chypre, l'Égypte, Malte, Gibraltar, nous soutiendrons que la statue en question est notre bien, tant qu'il n'aura pas été démontré qu'elle n'est point sortie de l'un de nos territoires.

« La France, qui proclame sans cesse la loyauté de ses intentions, doit à l'Europe et à elle-même des explications. Qu'elle établisse de façon indiscutable que le chef-d'œuvre dont il s'agit a pour provenance l'Algérie, la Tunisie, la Corse ou la Côte d'Azur, et nous serons les premiers à nous réjouir du secret artistique dérobé à l'oubli.

« Mais que la République Française y prenne garde. Si, dédaigneuse de notre avertissement amical, elle s'obstinait à garder le silence; elle encourrait, devant les États de l'Europe, une grave responsabilité. Tous ont, plus ou moins, des intérêts dans la Méditerranée; tous se sentiraient lésés et protesteraient contre une spoliation impardonnable, un mépris de la propriété que rien ne justifie. Mais à quoi bon prévoir les conflits. La nation voisine est amie de la justice. Elle répondra à la satisfaction de tous et prouvera ainsi que ce n'est point par esprit d'obstruction systématique, mais par un sentiment sincère, quoique peut-être exagéré, de ses droits, qu'elle poursuit la solution pacifique des questions pendantes en Égypte, sur le Niger, au Siam. »

Ce factum mit le feu aux poudres.

Les feuilles allemandes, le *Tagblatt* en tête, firent remarquer que le Vaterland comptait de nombreux comptoirs autour de la côte du lac méditerranéen, et que rien ne démontrait que la France détînt régulièrement la statue.

Le *Pester Lloyd* et le *Wiener Tagblatt* emboitèrent le pas. Les rives septentrionales de l'Adriatique faisaient partie de l'empire Austro-Hongrois, et par suite, la Diane pouvait parfaitement être réclamée comme sujette de l'empereur François-Joseph.

Ce à quoi les quotidiens de France répliquèrent qu'ils avaient dit simplement la vérité, et qu'il leur était impossible d'y ajouter quoi que ce fût.

Le Gazette des tribunaux démontra même, de par la loi, les titres indiscutables de propriété du peuple français.

« La Diane, disait cet organe, n'a pas d'état-civil, pas de propriétaire connu. Elle est dans la situation d'un objet abandonné, et elle appartient à qui la prend. *Res derelicta, res vulgata.* »

Et la polémique grossit, s'enfla, hurla en tempête sur l'Europe.

Les Russes, par la voix des *Novosti*, profitèrent de la circonstance pour marquer leur entente avec la France. Eux aussi, écrivaient-ils, avaient sur la mer Noire des centaines de kilomètres de côtes. Ils eussent été heureux de posséder l'admirable statue grecque, mais ils la voyaient avec plaisir chez la nation sœur, avec laquelle existait, non seulement la fraternité d'armes, mais encore la fraternité d'art.

Le Messager d'Athènes fut plus réservé. Certes la Grèce nourrissait de vives sympathies pour la Gaule, mais les Hellènes n'avaient pas le droit de se désintéresser des œuvres de leurs ancêtres. Ils devaient, par piété filiale, protester contre l'enlèvement de Diane.

L'Espagne, le Danemark, la Belgique, la Hollande prirent franchement parti pour la République Française.

La Suisse se tira de la bagarre avec une douce ironie. Elle n'était point puissance maritime et n'avait pas voix au chapitre. Que lui importait d'ailleurs une mignonne statue de jeune fille? N'avait-elle pas le colosse des jeunes filles, la montagne de la Yungfraü, aux épaules couvertes d'un manteau de glaciers.

De son côté le Portugal exprima sa joie de voir le peuple de France s'enthousiasmer pour une manifestation artistique. C'était pour lui le signe certain de l'affaiblissement de l'esprit vénal, et il ne doutait pas que les porteurs de titres portugais renonçassent au remboursement de leurs créances.

Par contre la presse Crispinienne fulmina, poursuivant de ses invectives la Grande Sœur latine. La France lasse la patience de l'Univers, écrivaient les Gallophobes, elle dérobe la Diane, comme elle a volé la Savoie et le Comté de Nice. Qu'attendent les Gouvernements devant un si audacieux défi? N'y trouvent-ils pas un *casus belli* suffisant?

Un seul État garda le silence. Ce fut la Turquie, dont l'indifférence en matière d'art est bien connue.

Mais les autres faisaient tant de bruit que son mutisme passa inaperçu. En fait, savants, artistes, politiques s'insultaient à l'envi, dans toutes les langues, au moyen de toutes les écritures. Pour tout dire, on ne s'entendait plus en Europe, ce qui, paraît-il, est le triomphe du concert européen.

CHAPITRE III

TRISTESSE A L'HUILE

Tandis que cette convulsion... sculpturale agitait l'ancien Continent, il était un coin de Paris où les échos du tapage international n'arrivaient pas.

C'était l'atelier de Jean Fanfare, peintre de talent, dont la vingt-cinquième année s'écoulait dans un vaste hall, largement éclairé par des châssis vitrés, au cinquième étage de l'une des maisons de la place Pigalle.

La salle spacieuse était meublée avec ce goût fantaisiste et charmant dont les « princes de la palette » ont le secret. Deux toiles commencées étalaient leurs rectangles sur des chevalets, au milieu de la pièce.

L'une représentait la Fatalité, ainsi que l'apprenait aux profanes l'inscription « Anankè » placée au bas du tableau. Debout sur une terrasse, Anankè, déesse tragique, dominait de toute sa hauteur une foule d'humains hurlant de douleur, tendant vers elle, en gestes de menace ou de supplication, des bras convulsés. Mais cette souffrance des mortels laissait froide l'impassible Fatalité; son visage marmoréen restait figé dans une expression de mépris, et son regard vague se fixait au loin comme si, oublieuse de l'endroit où elle se trouvait, elle se fût évertuée à déchiffrer, dans l'espace, les pages rouges du livre du destin.

C'était superbe de fougue, d'emballement, de sève, de jeunesse. On sentait que l'artiste avait pétri son cœur avec ses couleurs, et cependant la toile avait été délaissée. Depuis de longs jours le peintre avait déserté son rêve; une fine poussière s'était amassée sur les contours esquissés, sur les tons plaqués en hâte à l'heure de l'inspiration.

Le second chevalet portait la cause de cette défaillance, de cet abandon : un portrait de jeune fille au doux visage auréolé de cheveux noirs. Jolie au possible avec ses yeux veloutés, son nez délicat aux narines transparentes, sa bouche mignonne; mais étrange aussi. Les pommettes s'élargissaient plus que ne l'exigent les règles de la beauté classique, le menton ne prolongeait pas assez sa courbe. Elle était ravissante, et cependant quelque chose de heurté dans les lignes surprenait, pas désagréablement d'ailleurs, juste assez pour marquer le charmant modèle d'un cachet indéniable d'originalité.

Drapée dans une robe flottante.

Devant la toile, Jean Fanfare se tenait pensif. De taille moyenne, les cheveux et la barbe d'un blond doré, taillés en pointe, les traits distingués, les yeux bleus au regard à la fois ferme et caressant, l'artiste était, dans toute l'acception du mot, un joli garçon.

En ce moment, il considérait le portrait avec mélancolie, donnant de temps à autre un coup de pinceau hésitant à la tunique blanche de la jeune fille. Car elle était drapée dans une robe flottante, rappelant celles dont se contentait la coquetterie des Athéniennes du passé. Sur sa poitrine serpentait un gorgerin de perles soutenant une pendeloque d'argent, réduction de la Diane de Gabies.

Bijou, costume, physionomie composaient un ensemble exempt de toute banalité.

— Pauvre Nali, murmura Jean, c'est ainsi que tu m'apparus à Athènes, à ce bal travesti de nos amis de la rue d'Hermès. Tu avais adopté la tenue des jeunes Hellènes d'autrefois. Et je ne te rencontrerai plus!

Sa tête se pencha, ses paupières eurent un léger battement comme pour refouler une larme prête à jaillir, et il resta immobile, abîmé en un souvenir attristé.

Il n'entendit pas un pas rapide sonner dans l'escalier extérieur. Le bruit de la clef grinçant dans la serrure, le piaulement de la porte s'ouvrant sous une poussée impatiente ne réussirent pas à l'arracher à sa rêverie.

Lucien Vemtite, le secrétaire particulier du Ministre des Beaux-Arts, parut sur le seuil. Il était grand, mince, brun, avait l'œil vif et le visage mobile; avec cela, une tenue d'une élégance irréprochable.

Le poète-employé d'administration parcourut l'atelier d'un regard rapide; s'approchant de Jean, il lui frappa l'épaule d'un coup sec, puis déclama avec une emphase comique :

— Que signifie, ami, ce front triste et sévère?

Et, le doigt étendu vers le tableau :

— Qui donc te trouble et te tarabuste? Est-ce Ève, hère
Infortuné?

Mais voyant le peintre faire un mouvement d'impatience, l'aimable rimeur changea de ton.

— Je plaisantais, ne te fâche pas. Je cherche à te secouer, à te distraire, à te faire oublier cette petite Peau Rouge de Nali.

Il s'arrêta. Brusquement l'artiste lui avait saisi le bras :

— Lucien, si tu veux rester de mes amis, ne prononce plus jamais ces mots.

— Tu me fais mal, tu pinces comme un homard, clama Vemtite.

— Peau Rouge, continuait Jean sans desserrer son étreinte! Peau Rouge! mot empoisonné qui a voué Nali et moi au malheur.

Lâchant le poète qui secoua son bras endolori d'un air piteux, Fanfare parcourut l'atelier à grands pas, parlant seul avec une exaltation croissante :

— Oui, Nali est une Peau Rouge, encore que son teint ait la blancheur du lys, que le velouté de la pêche se retrouve sur ses joues. Elle est Peau Rouge, parce que là-bas en Amérique, elle eut pour père un Irlandais qui avait épousé une Indienne de la tribu des Hurons. Peau Rouge! C'est ainsi que la désignaient ses concitoyens, car dans la libre Amérique, on peut impunément être prévaricateur, fourbe, voleur, mais on n'a pas la permission de compter parmi ses ascendants un ancêtre de couleur. Un noir, une rouge, voilà des tares que la société ne pardonne pas. Devenue orpheline, Nali réalisa sa fortune; elle vint en Europe, espérant que l'ancien continent ignorait les préjugés de race. A Athènes, elle fut heureuse d'abord. Nous nous rencontrâmes, elle me dit son histoire, sa joie de me trouver insensible à son origine. Que m'importe la couleur de sa mère, à elle qui est la beauté même, la bonté, la grâce? Demande-t-on au rayon de soleil si le globe embrasé qui l'a produit est d'or ou de fer?

— Tout rayon de soleil
Est fait d'or, de vermeil.

interrompit Lucien.

— Oui, tu dis parfois des choses exquises, bien que tes vers soient exécrables.

— Quoi? mes vers exécrables? glapit le poète.

Mais déjà Fanfare avait oublié sa présence. Reprenant sa promenade, il reprit :

— En voyant Nali, j'ai cru voir le bonheur. Illusion! Elle venait de me permettre d'aspirer à sa main, quand mon père me rappela à Paris. Dès mon arrivée je courus auprès de lui; je voulais lui dire mon affection, mon désir de prendre Nali pour femme. Il ne m'en laissa pas le temps. « J'ai su, me dit-il d'un ton froid, que tu étais sur le point de t'engager avec une jeune personne de sang-mêlé. Je t'ai rappelé pour couper court à une idylle ridicule. Et comme je protestais, il ajouta : Je sais à quoi m'en tenir. Si tu préfères cette inconnue à ton père, retourne à Athènes, et oublie que tu fus mon fils. » Que résoudre en cette occurrence? Un misérable hypocrite...

— Je sais, le sculpteur Hellène... Ton rival...

— Ergopoulos, lui, le drôle, dont l'empressement auprès de Nali m'avait souvent déplu, s'était avisé d'écrire à mon père. Il avait calomnié la jeune Américaine, amené mon rappel, et maintenant j'avais conscience que si je rompais avec l'auteur de mes jours, déjà malade, affaibli, je le tuerais. Il m'appartenait de me sacrifier, je le fis, non sans adresser au traître Ergopoulos une missive insultante.

— Où tu lui déclarais qu'à la première occasion, tu lui couperais les oreilles...

— Précisément!

— Il évita de te répondre?

— Hélas! Ce fut une lettre de Nali qui m'arriva. « Je sais, m'écrivait la pauvre enfant, pourquoi vous êtes retourné en France. Jamais je n'entrerai de force dans une famille qui me repousse. Je quitte la Grèce, je m'enfonce dans l'inconnu et vous demande seulement de penser parfois à une malheureuse petite Peau Rouge qui, soyez-en sûr, avait une âme blanche. »

Distraitement Lucien fredonna :

— Une âme blanche nous regarde.

Mais un regard sévère de son interlocuteur le ramena au sentiment de la situation.

— Par quels mensonges Ergopoulos avait-il trompé Nali? Mystère. Mais...

— Mais ce fourbe coquin, ce laid rhinocéros
En désespoir changea ris, noce, Éros!

gémit l'incorrigible rimeur. Cependant il ne faut pas te laisser abattre. L'art est le grand consolateur. Je le sais bien moi qui, semblable à Milton...

— Mirliton, rectifia Jean avec un pâle sourire.

— Tu as ri, mon bon! En faveur de cette contraction zygomatique, je te pardonne la plaisanterie, et je viens au but de ma visite.

— Elle a donc un but?

Lucien se redressa d'un air avantageux et, empruntant l'attitude classique de Napoléon :

— Certainement, cher ami. Je ne suis pas de ces gens qui dérangent leurs amis sans raison sérieuse.

— Alors?

— C'est aujourd'hui que la Direction des Beaux-Arts présente officiellement la Diane de l'Archipel au Tout-Paris artistique. J'ai des entrées, et si tu y consens, je t'attendrai à deux heures, au Louvre, devant le pavillon Denon, pour assister à la cérémonie?

Et comme Jean ébauchait un geste indifférent, le poète s'enflamma :

— Malheureux! C'est, paraît-il, la plus belle statue antique connue. On s'est arraché les entrées. Et puis elle arrive certainement d'un pays qui t'est cher, de la Grèce.

— Tu as raison, je serai exact.

— Je t'en prie. Car je suis très désireux de contempler ce chef-d'œuvre. Dire qu'au Ministère j'aurais pu la regarder à loisir. J'ai passé à côté d'une grande jouissance artistique, je m'en voudrai toujours.

Puis, secouant la main de son interlocuteur, le jeune homme conclut :

— C'est donc entendu. A deux heures, pavillon Denon. Je cours rue de Grenelle m'assurer que le Ministre n'a pas besoin de son fidèle secrétaire particulier, je déjeune et...

L'ATELIER DE JEAN FANFARE.

— Tu me retrouves au rendez-vous.

— A deux heures précises. Diane est femme, il ne convient pas de la faire attendre.

Une nouvelle poignée de mains suivit, et Lucien sortit; il descendit l'escalier quatre à quatre en homme affairé, comme poussé par la pensée écrasante que des intérêts importants dépendaient de sa vélocité.

Un instant, Fanfare écouta le bruit décroissant de ses pas, puis il revint au portrait de Nali et, le couvant d'un regard attendri :

— J'irai voir la Diane. Elle était gracieuse et pure comme toi, pauvre Nali. Il me semblera qu'en s'occupant d'elle, ma pensée sera préoccupée de toi.

Il reprit sa palette qu'il avait déposée sur une table, et considéra son ouvrage :

— Oui, c'est bien elle, telle qu'elle se montra à moi pour la première fois. C'est elle, et pourtant non, ce n'est point sa grâce exquise, ce n'est point la transparence de son teint, le velouté de ses yeux. Le charme qui émane d'elle est absent de mon tableau, grossière ébauche, représentation maladroite de l'œuvre de la nature, artiste sans égal!

De nouveau son pinceau errait sur la toile, piquant des touches discrètes. Soudain on frappa à la porte.

— Sans doute la femme de ménage, grommela Jean sans se déranger. Entrez, fit-il d'un ton plus doux.

Il entendit la porte tourner sur ses gonds, mais il ne bougea pas. A quoi bon. Seule, la servante chargée de ranger l'atelier pouvait venir à cette heure. Mais il tressaillit au son d'une voix mâle qui disait avec le plus pur accent anglais :

— Good morning!

Du coup, il pivota sur lui-même, et considéra avec surprise les visiteurs. Car ils étaient trois.

Deux hommes, à peu près de l'âge de Fanfare. Tous deux blonds, le teint rose, la fine moustache retroussée en crocs. Tous deux couverts d'amples ulsters à carreaux, coiffés de chapeaux mous. Entre ces personnages, dont l'origine saxonne aurait sauté aux yeux les plus ignorants, se tenait une jeune femme blonde également, d'une beauté réelle quoique un peu vulgaire, au regard assuré. Ainsi que ses compagnons, elle était enveloppée d'un cache-poussière à carreaux, mais sur ses cheveux dorés, elle portait un petit « tyrolien de feutre » crânement posé sur l'oreille.

— Madame, Messieurs, balbutia le peintre un peu interloqué.

Les visiteurs saluèrent tout d'une pièce, avec je ne sais quoi de comique dans l'attitude, puis, se redressant de toute leur hauteur, chacun appuya la main sur sa poitrine et prononça successivement :

— Frig!

— Lee!

— Frog!

— Pardon! s'exclama l'artiste ahuri, vous dites?

— Nos noms, répliqua le premier qui avait parlé. Nous présentons nous-mêmes. Moi, je suis Frig.

— Moi, Lee, continua la femme.

— Et moi, Frog, termina le troisième Anglais.

— Oh! très bien, s'écria Jean en démasquant son tableau pour avancer des sièges. Veuillez vous asseoir.

Mais il n'acheva pas le mouvement commencé; mister Frig était tombé en arrêt devant le portrait de Nali. Son visage exprimait la satisfaction, sa bouche s'ouvrait pour un rire silencieux. Presque aussitôt, il donna un coup de coude à Mistress Lee, en proférant cette exclamation gutturale :

— Oh!

Lee regarda, sourit et envoya son coude dans les côtes de Frog, en répétant :

— Oh!

Et Frog lui-même redit :

— Oh!

en meurtrissant du coude le flanc de Fanfare, debout auprès de lui. Il s'excusa sans tarder :

— Pardon! Sir. Vous ne faisiez pas partie de le troupe.

Sur ce, il se tourna vers Lee, et plaçant l'index de sa main droite sur le bout de son nez, il articula :

— Curious!

Avec le même geste, la jeune femme susurra à l'oreille de Frig :

— Very curious!

Et Frig glapit :

— Very, very curious!

Complètement ahuri par ces étranges façons, Jean interrogea :

— Madame, Messieurs... pourriez-vous m'apprendre ce que signifie?...

— Oh! certainement, déclara Frig.

— Je vous écoute.

— C'est une lettre.

— Une lettre?

— Pour vous, que nous sommes chargés de vous remettre.

Lee et Frog inclinèrent la tête pour affirmer, tandis que leur compagnon tirait de son ulster une enveloppe et la tendait au peintre.

— De qui cette lettre? demanda celui-ci.

— Vous le verrez en lisant. Au revoir, Sir.

— Comment? Vous partez?

— Oui, nous reviendrons demain causer avec vous.

Les singuliers visiteurs saluèrent de nouveau et se dirigèrent processionnellement vers la porte, chacun, en passant devant Fanfare, fit entendre un sonore : Au revoir, Sir!

Et sans que le jeune homme complètement démoralisé eût l'idée de les en empêcher, ils sortirent.

Au milieu de son atelier, Jean était seul, tenant à la main la missive que venaient de lui apporter les singuliers commissionnaires.

Machinalement, il regarda l'enveloppe sur laquelle s'étalait l'adresse :

Monsieur Jean FANFARE
artiste peintre
Place Pigalle
(France) *Paris*

Soudain il se passa la main sur le front :

— Cette écriture, gronda-t-il! Il me semble reconnaître les caractères du traître Ergopoulos.

D'une main nerveuse, il fit sauter le cachet, déplia la feuille de papier aux quatre pages couvertes de lignes serrées et lut ce qui suit :

Marseille, ce mois de novembre.

« Monsieur et confrère en art,

« Après la lettre brutale que vous vous êtes permis de me faire tenir, lettre par laquelle vous profériez à l'endroit de mes oreilles des menaces que mes yeux n'ont pu lire sans horreur, il vous paraîtra peut-être étrange que je consente encore à correspondre avec vous.

« Ne vous pressez pas de juger ; Harpocrate lui-même approuverait ma démarche, et les Furies vengeresses en ressentiraient de la joie.

« Car cette missive contient ma vengeance, vengeance complète et sans péril pour moi. En effet, quand l'homme sûr, que je charge de vous porter ces pages, remplira sa mission, un navire m'aura emmené loin de Marseille vers une destination que je tais. Ainsi je donne le dernier coup à un ennemi, j'évite la riposte, et je me ris des tentatives qu'il pourra faire pour me découvrir.

« Je devrais dire mes ennemis. Vous êtes l'un, mais le gouvernement français est l'autre. Vous m'avez insulté, vous avez détourné Miss Nali de moi; lui m'a refusé la décoration de la Légion d'honneur. Chacun sera frappé selon ses fautes. Au gouvernement le ridicule, à vous la douleur.

« La façon dont je m'exprime vous démontre que rien ne peut plus être empêché. Qu'ai-je donc fait? Vous allez le savoir si vous poursuivez votre lecture.

« Il vous souvient sans doute que j'habitais, dans la capitale de la Grèce, la rue d'Esculape près de l'école française d'Athènes, et que j'avais, hors de la ville, sur la colline de Saint-Georges (Mont Lycabette) un atelier. Plus d'une fois, vous vîntes m'y visiter, Miss Nali également; et c'est en vous voyant agir en fiancés, insoucieux de ma présence, que je commençai à vous haïr.

« C'est de là que j'écrivis à votre père, que je vous obligeai à rentrer à Paris. J'espérais que, loin de vous, Nali rendrait justice à ma conduite, qu'elle oublierait un Français léger pour devenir la gardienne du foyer d'un Hellène grave et réfléchi.

« Il n'en fut rien. Avec une obstination tout américaine elle vous demeurait attachée. Ma colère s'accrut. La poste m'apporta vos menaces; d'un jour à l'autre, je m'attendais à vous voir reparaître à Athènes. Eh bien! puisqu'il ne m'était pas permis d'atteindre le bonheur, je briserais le vôtre, et celui de la cruelle jeune fille.

« Et dans mon cerveau fertile de Grec moderne, un plan de vengeance germa, terrible, original, complet.

« Sous l'influence du haschich, les Orientaux dorment un sommeil peuplé de rêves; tout le monde sait cela. Mais ce que beaucoup de gens ignorent, c'est qu'un petit nombre de passes magnétiques suffit pour transformer ce sommeil en léthargie. Nos ancêtres, établis en Asie Mineure, avaient découvert ce secret. Haschich et hypnotisme mêlés suspendaient la vie d'un individu pour des jours, des semaines, des mois, obtenant les mêmes résultats que les Hindous qui absorbent le suc de plantes des jungles. Les docteurs Burq, Charcot, si célèbres en Occident, seraient ici de simples disciples de la médecine antique.

« Or donc, par une belle matinée, j'envoyai mon domestique à la demeure de Miss Nali, route du Pirée (ὁδὸς Πειραιῶς). Je priais la jeune Américaine de vouloir bien se présenter chez moi, dans la journée, afin que je pusse lui communiquer une lettre de France.

« Vous devinez le plan. Elle crut à une missive de vous, Monsieur et confrère en art, et, aussitôt après le déjeuner, accourut à mon domicile. J'en étais parti depuis une demi-heure. Mon serviteur apprit à la gracieuse étrangère

Ergopoulos.

que j'avais gagné mon atelier de la colline Saint-Georges. Ainsi que je l'avais prévu, elle s'empressa de m'y suivre.

« Elle entra, toute honteuse de son trouble :

« — Vous avez reçu des nouvelles de Paris? me demanda-t-elle d'une voix tremblante.

« — Oui, Miss, répondis-je, sans paraître remarquer son émotion.

« — Ah!

« — C'est ce digne ami Fanfare qui...

« — C'est lui, j'en étais sûre.

« Puis après un silence :

« — Et que vous conte-t-il?

« — Ma foi, Miss, il me parle surtout de vous et je préfère que vous lisiez sa lettre.

« Elle rougit davantage.

« — Mes apprentis vont arriver, j'en enverrai un chez moi pour y prendre cette missive... je ne l'ai plus sur moi, vous comprenez... après quoi je vous la confierai afin que vous puissiez en prendre connaissance. Vous me la rendrez un autre jour. En somme, quand il s'agit de déchiffrer une langue étrangère, on ne saurait avoir trop de temps.

« Elle me remercia de ce qu'elle prenait pour une délicatesse. Je tenais ma vengeance.

« Sous couleur de charmer les longueurs de l'attente, j'offris à Nali des sorbets. J'insistai jusqu'à ce qu'elle eut accepté, et, avec un plaisir de damné, je la regardai déguster la boisson glacée.

« Les sorbets contenaient du haschich.

« Bientôt Nali s'endormit. Alors j'appelai à moi toute ma puissance magnétique. Son sommeil devint somnambulique. A ma voix, elle marcha dans l'atelier, déplaçant mes outils, tournant autour de mes sculptures en chantier.

« L'instant était venu de tenter la suprême expérience que j'avais rêvée.

« — Jeune fille, ordonnai-je tandis que mes mains étendues en avant déterminaient une énergique projection de fluide. Jeune fille, retourne à ton logis. Là, tu quitteras les vêtements qui te couvrent. Tu les remplaceras par le costume d'Athénienne que tu portais au bal de notre ami Amérophis, rue d'Hermès. La tunique, le gorgerin avec la statuette de la Diane de Gabies, tu n'omettras rien. Puis jetant sur le tout un manteau, tu reviendras en ce lieu. Je t'attendrai, va.

« Je n'avais pas achevé qu'elle était debout. D'un pas automatique, elle traversa l'atelier, franchit la porte. La suivant du regard, je la vis descendre la pente de la colline Saint-Georges et disparaître bientôt derrière les premières maisons de la ville.

« J'attendis une heure. A ce moment, je vous l'avouerai, j'éprouvais une angoisse terrible. Si l'Américaine allait échapper à la suggestion, si elle ne revenait pas, ma vengeance patiemment échafaudée se déroberait.

« Non, jamais fiancé n'attendit sa future avec une pareille anxiété. Sans cesse j'allais à la porte, je l'ouvrais, j'explorais du regard le sentier conduisant à la ville.

« Enfin, j'eus une exclamation de joie. Miss Nali, enveloppée d'un manteau, se montrait au bas de la colline.

« Elle approchait d'un pas raide. Bientôt, elle fut à côté de moi et elle s'arrêta tout d'une pièce, le visage immobile, les yeux fixes.

« De la main, je lui désignai une table, sur laquelle j'avais eu la précaution de placer du papier, des enveloppes, un encrier, des plumes. Elle s'assit ainsi qu'un automate, et, la tête droite, sans regarder la feuille qu'elle avait prise, elle écrivit rapidement une lettre.

« Le billet était adressé à la propriétaire de son logis. Elle lui mandait que, forcée de s'embarquer précipitamment, elle lui abandonnait sa maison, louée encore pour deux mois, et l'autorisait à la mettre dès ce jour en location.

« Toujours avec des gestes mécaniques, elle plia la lettre, l'introduisit dans une enveloppe et traça l'adresse.

« Vous comprenez le but de cette correspondance. Je désirais éviter que l'on s'étonnât de la disparition de Miss Nali. Les recherches de la police, encore que maladroites, sont toujours à craindre. »

Après avoir lu ces lignes, Jean Fanfare s'arrêta un instant. Il était d'une pâleur de cire et de grosses gouttes de sueur perlaient sur son front.

Mais il reprit bientôt sa lecture. Il avait hâte de connaître le sort de celle dont le souvenir ne le quittait pas.

« L'heure était venue d'exécuter mon projet, continuait le Grec.

« Entre les lèvres de Nali, je glissai de nouveau un peu de haschich, puis je saturai la jeune fille de fluide magnétique. Peu à peu les membres se raidirent. Elle se figea, ainsi que je le lui ordonnais, dans l'attitude de la rêverie.

« La catalepsie était complète, la respiration était arrêtée, la circulation nulle. Pour deux mois, — il y en a maintenant un écoulé, — la vie était suspendue en elle.

« Alors je l'emportai dans mes bras et descendis mon fardeau au sous-sol. Là, j'avais préparé dans une large cuve à galvanoplastie un bain contenant de l'alumine.

« J'y plongeai Nali. Ainsi qu'un objet d'art que l'on veut argenter ou nickeler, j'allais la recouvrir d'une croûte épaisse d'aluminium.

« J'actionnai le courant électrique chargé de la décomposition du chlorure d'alumine dissous dans le liquide acidulé, puis je remontai, après avoir fermé à double tour la porte qui communiquait avec mon atelier.

« La clef en poche, je courus à la gare qui relie Athènes au port du Pirée. Un train était sur le point de partir. En vingt-cinq minutes nous franchîmes les sept kilomètres que compte l'embranchement. Au Pirée j'affranchis la lettre adressée à la propriétaire de la jeune fille, je la jetai à la poste puis je rentrai à Athènes.

« Deux jours me suffirent pour emprisonner la jolie Américaine dans une épaisse couche d'aluminium. Je retouchai alors mon œuvre, et à cette statue créée par le procédé de Galvani, je donnai l'apparence d'une sculpture, à ce point que tous y ont été trompés. J'avoue que mon orgueil de statuaire est satisfait du résultat.

« Maintenant, voici ma vengeance. Nali est ensevelie vivante dans un linceul de métal. Dans un mois sans doute, la catalepsie cessera; mais le passage de la vie à la mort sera si rapide, que la captive n'en aura pas conscience. Je n'ai pas voulu lui imposer une souffrance inutile.

« C'est de vous, de votre insolence que je voulais tirer vengeance. Je crois que j'ai réussi. Nali vous est chère; eh bien! durant trente longs jours, vous saurez qu'elle va mourir; vous saurez que rien ne la peut sauver, et dans vos nuits d'insomnie vous rêverez à la lutte suprême de sa vitalité dans son enveloppe de métal.

« Vous pensez peut-être que j'ai tort de vous prévenir à l'avance. Vous vous figurez qu'il vous suffira de courir au Musée du Louvre pour que l'on délivre votre fiancée.

« Erreur! j'ai tout prévu.

« Nul autre que moi ne serait capable de faire disparaître la carapace métallique qui étreint Nali. Nul d'ailleurs n'en aura le loisir. La Diane de l'Archipel est entre les mains de l'Administration. La moindre enquête demande un trimestre. Je connais les lenteurs ministérielles. Vous n'aurez que trop tard l'autorisation de délivrer votre fiancée, et encore si l'on vous la donne; car il est fort possible qu'après tout le bruit fait autour de la pseudo-déesse, les bureaux craignent le ridicule et préfèrent vous tenir pour fou, auquel cas, les portes d'une maison de santé s'ouvriront devant vous.

« J'étais très désireux de vous tenir au courant. Vous m'avez menacé de me couper les oreilles, je vous déchire le cœur. Partant, nous sommes quittes, et je puis, sans bassesse, clore cette lettre

« En vous saluant.

« *Signé :* ERGOPOULOS. »

Durant quelques minutes, Jean resta comme écrasé. Une expression d'épouvante folle contractait ses traits, et certes, quiconque l'eût vu alors, n'aurait pas manqué de lui appliquer l'épithète d'insensé, selon la lugubre prédiction du Grec.

Mais brusquement il secoua la tête :

— Cela n'est pas vrai, murmura-t-il d'une voix étouffée.

Puis, avec plus de force :

— Cela ne peut pas être vrai.

Les couleurs reparurent sur ses joues. L'espérance renaissait en lui :

— Non, cela n'est pas. Ergopoulos ne m'aurait pas écrit cette lettre s'il avait commis le crime dont il se vante. Ce serait jouer sa tête. Il prétend se cacher, mais un assassin se retrouve souvent, eût-il fui au bout du monde.

Et, sa confiance augmentant à mesure qu'il parlait :

— D'ailleurs, la Diane a été examinée par des artistes, des experts. Ils ne se seraient pas mépris à ce point de prendre pour l'œuvre d'un statuaire une simple reproduction galvanoplastique.

Il sourit presque joyeusement :

— Parbleu! Le drôle a voulu m'effrayer, me lancer dans des démarches ridicules. Nali a quitté la Grèce de son plein gré. Elle me l'a écrit. Oh! puissance de la fantasmagorie! Comment ai-je pu ajouter foi, même une seconde, à une histoire aussi invraisemblable.

La sonnerie d'une pendule coupa court à son monologue. Il regarda le cadran :

— Une heure et demie déjà, fit-il. J'ai juste le temps d'aller retrouver Vemtite. Et je n'ai pas déjeuné. Bah! je dînerai mieux. Le sage doit se contenter à l'occasion d'un seul repas par jour.

Il s'habillait tout en parlant. Après quoi, il alluma une cigarette et sortit en ricanant :

— Allons voir cette fameuse Diane de l'Archipel. Vemtite rira bien quand il saura que j'ai failli la croire habitée par Miss Nali.

Et d'un accent ému :

— Pauvre Nali! Pourquoi n'a-t-elle pas eu le courage d'attendre que je réussisse à fléchir mon père. Quel horrible cauchemar elle m'eût évité?

CHAPITRE IV

LA SALLE DES CARYATIDES

L'horloge du pavillon central du Louvre marquait deux heures, lorsque Fanfare, après avoir traversé la place du Carrousel et passé devant le monument de Gambetta, atteignit l'entrée du pavillon Denon.

Déjà Lucien Vemtite se promenait au bas de l'escalier qui donne accès dans le vestibule.

— Ah! te voici, s'écria joyeusement le poète! Nous sommes en avance. Le Ministre ne viendra que vers la demie.

Avec philosophie, il murmura :

— Les grands n'ont de l'exactitude
Ni l'habitude,
Ni l'aptitude.

Et, prenant le bras de son ami, il conclut :

— Entrons cependant. Tandis que nous, pauvres humains, gelons dans la rue, les statues du musée des antiques sont chauffées. Profitons de leur calorifère.

Jean ne se fit pas répéter l'invitation.

Bras dessus, bras dessous, le peintre et le poète gravirent les degrés de l'entrée Denon et traversèrent le vestibule, la galerie Denon au bout de laquelle l'escalier Daru se dresse ainsi qu'un gigantesque piédestal, portant sur son palier supérieur cette merveille d'art et de mouvement que l'on désigne sous le nom de *Gloire de Samothrace*.

Ils eurent un regard extasié pour la déesse ailée debout à l'avant de sa trirème de pierre, puis ils gagnèrent la salle des Prisonniers Barbares, la Rotonde de Mars, la Salle Grecque, et le Corridor de Pan, sur lequel s'ouvre la salle des Caryatides dont l'entrée opposée est située à côté de l'escalier Henri II, sous le guichet du Pavillon de l'Horloge.

Mais la porte de la vaste salle était close. C'était là que la Diane de l'Archipel devait être présentée, et l'on attendait, pour en permettre l'ouverture, que les hauts fonctionnaires, appelés à la présidence de la cérémonie, fussent arrivés.

Les jeunes gens saluèrent un groupe de personnes, parmi lesquelles on distinguait M. Kaempfen, les très aimables conservateurs, MM. Molinier et Pierret ainsi que M. Sevin-Desplaces, alors bibliothécaire du Louvre, puis, *pour tuer le temps*, ils poursuivirent leur promenade.

Mais tandis que Vemtite bavardait, qu'il débitait des vers mirlitonesques, Fanfare restait silencieux.

Une impression bizarre étreignait le peintre. Les termes de la lettre d'Ergopoulos, un instant oubliés, se représentaient à son esprit. Le peuple de statues qui remplissait les salles lui semblait acquérir une vie particulière. En vain il voulait chasser cette pensée; elle revenait avec obstination.

Une sorte d'hallucination lui faisait considérer les chefs-d'œuvre de l'art antique comme des êtres animés soudainement pétrifiés par un magique pouvoir. Hercule jeune, proche du sarcophage de Médée, la Minerve au socle de lance, la Némésis, Psyché, Apollon-Lycien lui causaient un malaise insurmontable.

L'imagination de Jean se mêlait à la réalité ambiante. La singulière missive du sculpteur hellène influençait ses organes, et pour lui désormais les dieux, déesses ou mortels figurés en marbre, en pierre, en bronze, devenaient, sans qu'il pût s'en défendre, des victimes palpitantes emprisonnées dans des cuirasses qui avaient arrêté, en pleine vitalité, le jeu de leurs poumons, les battements de leur cœur.

Une colère le prenait à se sentir désarmé contre de pareilles chimères. Il essaya de donner un autre cours à ses pensées, de se distraire, de s'étourdir. Il se mit à parler avec volubilité, pour faire du bruit; mais bientôt son cerveau se lassa de la tension qui lui était imposée, sa langue cessa de formuler des sons, et son rêve éveillé recommença avec plus de force.

Devant la Vénus de Milo, debout sur son socle ainsi qu'une reine, dans la salle à laquelle elle a donné son nom, l'artiste chancela. Sous ses regards troublés, il lui apparaissait que la Vénus s'animait, que son beau visage se couvrait d'une expression dédaigneuse, et que sa bouche s'entr'ouvrait ironiquement pour railler la Diane de l'Archipel, qui osait venir, en ce palais, lui disputer la palme de la perfection.

Soudain un bruit de pas nombreux retentit sous les voûtes, un murmure de voix emplit l'air.

— Le cortège officiel, prononça Lucien, qui, se souvenant aussitôt que la prose lui faisait horreur, continua par ce quatrain :

> Le Cortège du Secrétaire
> D'État, qui sait des tas de secrets,
> Et sait si bien les secrets taire
> Que ses talents restent secrets.

— Je ne suis pas respectueux pour le Ministre, conclut l'aimable garçon, mais bah ! le poète a le droit de tutoyer les rois!

Cependant une foule de personnes, appartenant surtout au monde de l'art ou de la science, remplissaient les galeries, marchant processionnellement derrière le Ministre de l'Instruction publique qui, grave et doux, semblait un Jupiter moderne présidant une fête de l'Olympe du dix-neuvième siècle.

Cette vue rappela Jean à lui-même. Par une brusque projection de la pensée, il s'échappa de son rêve pour rentrer dans la vie réelle.

— Arrive, murmura le poète en l'entraînant. Il s'agit d'emboîter le pas à mon « patron »!

Grâce à la situation connue du jeune homme, personne ne l'empêcha de prendre place derrière le Ministre, et presque en même temps que Son Excellence les amis franchirent le seuil de la salle des Caryatides.

Il y eut un brouhaha, une poussée inconsciente des curieux, avides de contempler l'œuvre d'art qui, depuis des semaines, occupait la presse européenne. Puis chacun se casa, se glissant entre les statues, bas-reliefs, vases, etc., mêlant dans un pittoresque désordre l'élite d'une nation vivante aux merveilles d'une civilisation morte.

Le hasard ironique amena des rapprochements imprévus; Sardou s'adossa au piédestal qui supporte une tête de Dame romaine; Armand Sylvestre se trouva voisin du buste de la Vénus de Cnide; près de la tête de Platon apparut celle de Valabrègue; Georges Capelle sembla faire partie du groupe des Trois Grâces; Berlier, l'inventeur du tube sous-sequanais qui emporte les vases parisiennes, s'accouda sur le Vase Borghèse; un orateur hué à la tribune se logea contre l'Orateur à la tête de Démosthènes, tandis que Courteline s'appuyait nonchalamment à l'Hercule et Télèphe de la collection Bory.

Les conversations allaient leur train, mais tous les regards convergeaient sur une statue dont la forme se dessinait vaguement sous une enveloppe de toile, à côté de la Minerve au collier. C'était là le but avoué, le « clou » — ainsi que l'on dit en argot de théâtre — de la réunion.

Comme les autres, Jean l'avait aperçue. De nouveau l'émotion avait accéléré les battements de son cœur. L'œil fixe, il attendait avec une angoisse inexplicable que l'on arrachât le voile qui masquait la Diane de l'Archipel.

A ses oreilles bourdonnaient confusément les paroles de ceux qui l'entouraient.

— Peut-être s'égare-t-on, en attribuant cette Diane aux Grecs, disait un ethnographe érudit, j'ai pu la voir ces jours derniers, et j'ai constaté que le visage a les pommettes trop larges pour avoir vu le jour dans le Péloponèse. On y retrouve une sorte d'idéalisation du type mogol.

— Eh non, interrompait un autre, la figure rappelle en beau le type de la race rouge.

— Fantaisie d'un artiste, déclarait un troisième. Les Grecs ignoraient les Indiens d'Amérique, donc...

— Bah! interrompit Jules Mary, qui causait amicalement avec Paul Ferrier et Émile Rochard, que ce soit une Diane rouge, jaune ou blanche, cela n'a qu'une importance relative. L'œuvre est belle et elle ne déparera pas le trésor du Louvre, du moins à ce que l'on m'a affirmé, car je n'ai point eu l'honneur de lui être présenté.

— Présenté! s'écria gaiement en se mêlant au groupe l'auteur du livre apprécié *Le Louvre et son Histoire*, Albert Babeau. Présenté! Vous parlez comme le gardien qui, en 1871, reçut le prince de Bismarck à la porte Denon!

— Quel gardien?

— Vous ne savez pas? Voici l'aventure. Paris venait de capituler. Plusieurs officiers allemands, parmi lesquels M. de Bismarck, vinrent au Louvre dont les grilles étaient closes; à leurs cris, un gardien se montra et le prince lui dit: Nous voudrions voir la Vénus de Milo. L'homme salua et, du ton d'un valet de bonne maison : Madame Vénus de Milo n'est pas visible aujourd'hui. Après quoi, il se retira, laissant les visiteurs tout penauds.

Un éclat de rire accueillit l'anecdote. Soudain les conversations cessèrent. Un silence religieux plana sur l'assistance.

Monsieur Kaempfen s'était approché de la statue, et aidé de deux employés du musée, se mettait en devoir de la dépouiller de son enveloppe.

Comme les autres, Jean Fanfare tendit le cou, écarquilla les yeux. Il était livide, sa respiration s'échappait avec peine de ses lèvres contractées.

Une minute longue comme un siècle s'écoula, et lentement la toile qui cachait la Diane glissa à terre.

Un long murmure d'admiration se fit entendre.

La statue se montrait. En aluminium légèrement mêlé de cuivre, elle avait une teinte jaune très claire. L'étrangeté de son doux visage, la grâce de son attitude pensive, la draperie élégante de sa tunique athénienne, l'originalité de son gorgerin, et surtout la vérité intense rendue par le ciseau du sculpteur inconnu, plongeaient les personnages présents dans une sorte de stupeur.

Ses jambes se dérobaient sous lui.

Nul ne remarqua l'épouvante peinte sur les traits de Jean.

Le jeune homme s'était accroché à un piédestal voisin pour ne pas tomber, car ses jambes se dérobaient sous lui.

La Diane de l'Archipel était l'image de ce portrait de Nali, auquel il travaillait le matin même. L'image? Non c'était Nali elle-même, telle que le peintre l'avait rencontrée pour la première fois, à Athènes!

Il reconnaissait non plus l'œuvre patiente, d'un artiste, mais la vie elle-même soudainement surprise, brusquement arrêtée par une volonté despotique.

Ses doutes, ses hésitations s'envolaient. Ergopoulos n'avait pas menti. Il avait osé commettre le crime monstrueux, enfermer vive en un sépulcre de métal la pauvre Nali.

La tête perdue, les yeux hagards, les tempes mouillées de sueur, Jean restait là, ressassant les termes ironiques et cruels de la lettre du sculpteur hellène.

L'effroyable exactitude de ses prévisions lui apparaissait. Il sentait que tous ceux dont il était entouré le traiteraient en fou s'il osait crier la vérité, s'il osait dire : Il faut briser cette enveloppe d'aluminium, afin de délivrer celle qu'un misérable y a enfermée.

Muette jusqu'alors, l'assistance se laissa aller à son enthousiasme. Des bravos, des acclamations ébranlèrent la salle, et Fanfare courba la tête, vaincu par une morne désespérance.

Nali était condamnée à mort, si avant un mois, elle n'était pas tirée de son linceul brillant, et le peintre comprenait que tous, politiques, artistes, savants, traiteraient ses dires de billevesées; qu'ils préféreraient, ainsi que l'avait écrit Ergopoulos, l'enfermer lui-même dans un asile d'aliénés, à lui permettre de porter la main sur la Diane de l'Archipel.

Leur joie lui faisait mal. Leurs exclamations ravies le remplissaient de terreur et de rage.

Il eut l'intuition qu'il allait céder au besoin de parler, qu'il se perdrait ainsi sans profit pour Nali.

Non, il ne fallait pas agir ainsi. Lui seul pouvait encore la sauver, lui seul restait disposé à sacrifier sa vie pour elle. Il devait lui conserver son unique défenseur. Un mois lui restait. Il trouverait un moyen de délivrer sa fiancée, et s'il ne réussissait pas, la mort compatissante le prendrait et l'emmènerait avec Nali vers les pays inconnus de l'au-delà.

Très entouré, Lucien Vemtite racontait, en vers et en prose, à un auditoire attentif, les détails de l'arrivée à Paris de la Diane, héroïne de la cérémonie.

Jean profita de ce que son ami ne faisait pas attention à lui. Lentement il se glissa à travers les groupes, atteignit la sortie du Pavillon de l'Horloge et s'élança dans la cour du Vieux Louvre.

Piquant droit devant lui, il parvint rue de Rivoli, tourna à gauche, puis marcha au hasard.

Il avait la tête en feu; dans ses veines le sang surchauffé coulait en lui causant la douleur agaçante de picotements d'épingles.

Sans se rendre compte du chemin parcouru, il longea l'aile du Louvre occupée par les bureaux du ministère des Finances, traversa le jardin des Tuileries, remonta l'Avenue des Champs-Élysées, se jeta dans l'avenue du Bois de Boulogne et sortit de Paris.

Maintenant il errait dans le labyrinthe des sentiers sinueux du Bois.

Les arbres dépouillés de leur feuillage enchevêtraient leurs branches noires en des gestes éplorés, les gazons étalaient aux regards leurs teintes rougeâtres et flétries.

Du ciel gris, aux nuages bas, pleurait une bruine glacée.

Tout dans la nature, offrait l'image du désespoir. Comme Calypso inconsolable du départ d'Ulysse, les choses semblaient porter le deuil du soleil d'été.

Dans ce décor sinistre, qui s'harmonisait si bien à ses pensées, Jean allait toujours comme inconscient de son mouvement.

Il allait, se répétant sans cesse le serment de sauver l'infortunée Nali. Le jour baissait, le crépuscule semait sa cendre grise sur le paysage; la nuit victorieuse de la lumière plaquait le sous-bois de taches d'ombres inquiétantes et mystérieuses; Jean marchait sans rien voir.

Cependant la lassitude triompha de sa préoccupation. Il arrive toujours un instant où la fatigue physique crie plus haut que la douleur morale.

Les jambes lourdes, les reins raidis, il s'arrêta. Tout autour de lui, il promena un œil étonné. Où était-il? Que faisait-il à pareille heure en cet endroit désert?

Il ne reconnaissait pas le bois cher aux Parisiens, et ce fut seulement en rencontrant un poteau indicateur qu'il se rendit compte de sa situation.

Il était à quelques centaines de mètres du champ de courses d'Auteuil. D'un pas lent, il arpenta les sentiers qui conduisent vers la gare du chemin de fer de Ceinture. Machinalement, les émotions de la journée ayant brisé toute énergie en lui, il prit le train, en descendit à la gare Saint-Lazare, gravit lentement les pentes accédant à la place Pigalle et alla s'enfermer dans son atelier.

Devant le portrait de Nali, dressé souriant sur son chevalet, il s'assit. Peu à peu ses nerfs se détendirent, ses yeux devinrent humides; il pleura sur ses souvenirs et sur l'heure présente.

CHAPITRE V

FRIG, LEE, FROG

Le lendemain, vers dix heures, le peintre occupait la même place. Son visage blême, ses yeux abattus dénonçaient la nuit d'insomnie.

Le jeune homme, en effet, avait veillé, échafaudant les plans les plus étranges, les plus insensés Ah! parbleu, si l'Administration française, que l'Europe envie sans chercher à l'imiter, était capable de vélocité, il eût été simple de délivrer Nali, la jolie Américaine. Mais hélas! Ergopoulos, dans sa haine, avait bien calculé. Personne n'oserait prendre l'initiative de la libération de la prisonnière. Il faudrait réunir des comités, sous-comités, fonctionnaires de tout ordre et de tout grade, perdre des mois en discussions vaines, en rapports inutiles, en paperasserie superflue.

Si Nali devait être sauvée, elle ne pouvait l'être que « malgré l'Administration », et alors se dressait un formidable point d'interrogation.

Comment arracher à ses gardiens la jeune fille doublement captive dans son moule d'aluminium et dans le musée du Louvre?

Si ardu était le problème, si invraisemblable sa solution, que Fanfare était empoigné par le découragement, rien que par l'énoncé du but à atteindre.

Certes, un chimiste habile saurait débarrasser Nali de sa cuirasse de métal; mais pour cela, il fallait que la statue vivante eût quitté les galeries des antiques. Là gisait la difficulté. Aucune prison n'est surveillée comme le Musée National de France, et si l'on aime être indépendant, il ne fait pas bon jouer le rôle de chef-d'œuvre!

Avec tristesse, Jean étudiait un catalogue, orné d'un plan, du Louvre. Il constatait que les collections artistiques occupent les galeries des bâtiments qui entourent la cour du vieux Louvre, ainsi que celles qui s'étendent parallèlement au quai jusqu'au pavillon Mollien. Plus loin, vers les Tuileries, le palais renferme l'administration des Colonies, tandis que, sur la rue de Rivoli, s'alignent les bureaux du Ministère des Finances.

Or, les façades qui regardent la place du Carrousel sont gardées par des factionnaires militaires; il en est de même rue de Rivoli et du côté de la Seine. Les quatre guichets de la cour du vieux Louvre sont surveillés par des gardiens. Dans les salles, une compagnie de 156 fonctionnaires n'a d'autre objectif que de scruter chaque mouvement des visiteurs.

La nuit, onze de ces employés, chacun à tour de rôle, campent sur des couchettes dans la salle des Bijoux, et des rondes intérieures sont organisées; chacune de ces rondes parcourt cinq kilomètres, monte ou descend 1380 degrés d'escaliers et pointe ou signe 52 compteurs ou ardoises disséminés dans les salles.

Le moyen de tromper ces yeux toujours ouverts, cette garnison vigilante de la citadelle de l'art!

Convaincu de l'impossibilité de faire réussir un coup de main, Jean se décida brusquement. Il se rendrait chez le Ministre, s'adresserait à son humanité. Au besoin, par des camarades, il provoquerait un mouvement de presse. Évidemment ce projet était le meilleur. Les journaux seraient ravis d'insérer une information aussi sensationnelle!

Mais si l'on refusait d'ajouter foi à ses affirmations? Si l'on voulait voir en lui un maniaque? Si l'Administration jugeait que l'air de Paris était nuisible à la santé de l'artiste et le mettait dans l'obligation de respirer l'atmosphère pure et embaumée de Charenton ou de Bicêtre?

Ainsi monologuait Fanfare, tout en s'habillant.

— Tant pis, dit-il d'un ton ferme. Arrive que pourra. La démarche que je vais tenter peut seule arracher Nali à une mort terrible. Si je succombe, j'aurai du moins fait tout ce que les circonstances permettent et...

Fanfare ponctua sa phrase d'un geste violent, il se coiffa avec brusquerie de son chapeau et s'apprêta à sortir.

Un coup sec frappé à la porte le fit tressaillir :

— Au diable l'importun! grommela-t-il.

Et, décidé à expédier le visiteur, Jean ouvrit.

Il recula d'un pas à la vue des trois Anglais qui, la veille, lui avaient apporté la missive du traître Ergopoulos.

Ceux-ci toujours souriants, se courbèrent en une révérence bizarre, puis avec des inflexions comiques prononcèrent :

— Frig !

— Lee !

— Frog !

Et avec ensemble, d'une même voix :

— Nous venons pour le petite rendez-vô, que nous avons donné yesterday... Well !

— Madame, Messieurs, commença Jean avec un peu de colère, j'allais sortir. Je suis pressé, veuillez revenir à un autre moment.

Sans tenir compte de ses paroles, Frig le repoussa adroitement, pénétra dans l'atelier et mettant la main sur le catalogue que le peintre examinait un instant plus tôt :

— Aoh ! s'écria-t-il, très bien... Le plan of Louvre, parfait !

— Mais, Monsieur, gronda Fanfare, furieux de cette invasion de son domicile.

— Soyez calme, répliqua froidement l'Anglais. Je volais parler à vô précisément du plan of Louvre et aussi de Miss Nali.

Le jeune homme frissonna. Ce nom lui rappelait qu'il avait devant lui le messager de la fatale nouvelle, et ce fut d'un accent menaçant qu'il répondit :

— Vous êtes un misérable... C'est vous qui m'avez remis la lettre du traître au service duquel vous êtes sans doute...

Il aurait continué, si une triple exclamation de ses interlocuteurs n'avait arrêté la voix sur ses lèvres :

— Nô... nô... nô.....

— Vous trompez vo-même. Pas misérable du tout, expliqua Frig. Pas au service de sir Ergopoulos, mais bien de Milord Waldker, médecin de la cour d'Angleterre.

— Waldker, redit Jean avec un étonnement non dissimulé ? Que vient-il faire là-dedans ?

— C'est ce que j'aurais le great honneur d'explain... no, d'expliquer si vous aviez du temps assez. Mais je suppose que vous êtes pressé... Je reviendrai.

Il y avait une fine ironie dans le ton de Frig. Jean ne songea pas à s'en formaliser. Il pressentit que l'Anglais avait à lui communiquer une chose intéressante, et puis Frig et ses amis, nonobstant leurs allures excentriques, montraient des physionomies si franches, si loyales, que le peintre se repentit de les avoir accusés.

— Parlez de suite, dit-il, et veuillez m'apprendre...

— Pourquoi nous sommes ici... all right. C'est ce que je vais faire.

De sa dextre, Frig saisit une chaise, lui imprima un mouvement giratoire, puis passant la jambe par dessus le dossier, il s'assit en murmurant :

— Well !

Avant que Fanfare, surpris de cette façon de prendre un siège, eut pu exprimer son étonnement, Frog posait un tabouret en équilibre sur son genou, Lee y prenait place d'un bond gracieux et était doucement déposée à terre par son compagnon, lequel, franchissant le dos d'un fauteuil par un saut de mouton très pur, retombait assis entre les bras capitonnés.

Ils lancèrent un salut souriant dans l'espace, puis croisant les bras sur la poitrine avec des mines graves, ils parurent prêter une oreille attentive à la conversation qui allait s'engager.

— Sans doute, sir Fanfare, reprit lentement Frig en voyant ses amis installés, nos original manières vous surprennent. Aussi je pense, avant tout, qu'il était *proper*... non... convénable de présenter nous-mêmes.

Jean ayant incliné la tête, l'Anglais continua :

— Frog et moi, cousins-germains, fils de deux frères qui dirigent le cirque Ringbell, dans le Angleterre. Vô comprenez? Parfaitly. Le cirque était le plus beautiful du Royaume-Uni et le mieux monté en chevaux et en singes. Mais miss Lee et son père Dolly nous faisaient concurrence avec leur cirque, le plus beau de le Angleterre et le mieux monté en chiens et en éléphants.

— Abrégez, je vous en prie, soupira l'artiste.

— Yes... je serai bref comme télégraphe. Pères de nous disent : Pour éviter concurrence, fusionnons les deux affaires. Comment? Bien simple, Frig ou Frog épouser Lee. Devil! Gros ennui. Frog et moi trouvions Lee charmante; pas possible l'épouser tous deux.

L'Anglais se frappa le front :

— Ah! tout à coup, une idée — et faisant sauter dans sa main d'un coup de pied son chapeau qu'il avait posé à terre — tirer au sort. Dans un bonnet pointu de clown; lui clown, moi aussi; Lee écuyère équilibriste; dans un bonnet, deux papiers, avec nos noms. Qui sortira se mariera. Mon nom sort, et depuis ce temps je présente ainsi moi : Frig, et mistress Lee, mon épouse.

— Mais moi, termina Frog, je dis : Frog, et mistress Lee, ma fiancée, parce que il a été convenu, que si elle devenait en veuvage, je remarierais elle-même.

Il est impossible de peindre l'ahurissement de Jean en présence de ses interlocuteurs, dont les gestes fantasques, les inflexions de voix imprévues donnaient au dialogue une allure falote de pantomime parlée.

— Le présentation officielle est finie, poursuivit imperturbablement Frig, décidément chargé des fonctions délicates d'orateur de la troupe. Venons à l'affaire. Dernièrement une bagarre se produisit dans notre cirque, aujourd'hui Ringbell-Dolly; nous avions eu le tort de le louer pour un meeting politique. Il y avait là deux partis en présence, l'un qui ne savait pas ce qu'il voulait, et l'autre qui voulait le contraire. Ils s'expliquèrent à coups de canne; les policemen arrivèrent et nos tentes, roulottes, chevaux, singes, éléphants et chiens furent mis sous séquestre, chose très triste!

Frig poursuivit.

— Aoh! Yes, très triste, gémirent Frog et Lee.

— Donc, nous étions très beaucoup ennuyés, quand Lord Waldker, médecin de la Cour nous fit appeler, moi, Lee et Frog.

— Enfin nous y voici, pensa l'artiste.

— Parfaitement nous y arrivons, déclara le clown devinant son idée. Lord Waldker, nous dit : Je vous ferai rendre tout votre matériel, si vous rendez à moi un service. — Oh! je réponds, c'est fait avec ou sans saut périlleux. — Bien, dit lord Waldker, fermez le bouche et ouvrez les oreilles. Un sculpteur grec nommé Ergopoulos a recouvert d'un habit d'aluminium une jeune dame qui s'appelle Miss Nali. — D'un habit d'aluminium, je réponds, pas commode pour faire de la barre fixe. — Il gronde : Fermez le bouche. Je ferme et lui continue à ouvrir le sienne : Ce jeune dame, il est envoyé au Louvre en France comme une statue. — Oh! je m'écrie, le Diane de l'Archipel dont parle le *Times!*

— Oui, il réplique, mais fermez le bouche. Donc ce Diane, il faut l'enlever et le conduire chez moi, à Tilbury, près Londres, pour que je le rende à la vie, et que je fasse dessécher d'envie tous mes confrères scientifiques.

— Ah! murmura Jean dont le cœur battait à se rompre. Il existe donc un homme généreux qui possède ce secret.

— Il m'a appris comment. Dans Marseille, il rencontra le sir Ergopoulos qu'il avait connu en Grèce. Celui-ci le pria de se charger de jeter à la poste, au bout de quelques jours, une letter... non, lettre pour Monsieur Jean Fanfare, peintre, place Pigalle. Il prenait des airs de mystère; il expédiait un colis au Ministère des Beaux-Arts; il se rembarquait le soir même pour une destination inconnue. Bref, Milord Waldker était intrigué.

— Il a lu la lettre?

— Oh! no! Cela eût été indiscret, indigne d'un gentleman. Mais à l'aide des rayons X ou Rœntgen, il avait photographié le contenu sans ouvrir l'enveloppe.

Et, arrêtant une exclamation prête à jaillir des lèvres de son interlocuteur, le clown articula lentement ces mots :

— Voilà pourquoi il nous a envoyés vers vous, afin que, vous et nous, ayant le même intérêt, nous enlevions le Diane de l'Archipel.

Un véritable rugissement déchira la gorge du peintre.

— L'enlever, à quoi bon? Venez avec moi chez le Ministre. Je ne suis plus seul à connaître le crime. Vos voix s'uniront à la mienne pour le dénoncer, et il faudra bien que l'on délivre Nali.

Mais son enthousiasme tomba soudain. Les Anglais s'étaient levés et secouaient négativement la tête :

— Vous dites non, pourquoi?

— Parce que, affirma nettement Frig, nous ne vôlons pas aller chez le Ministre.

— Comment, vous ne voulez pas?...

— Nò!

— Quelle est votre raison?

— Celle-ci : les affaires sont les affaires.

— Je ne comprends pas.

— Lord Waldker nous fait rendre notre cirque, si nous lui amenons le jeune lady que l'on a mise au Miousée.

— Oui, eh bien?

— Il ne le ferait pas, si nous allions chez le Ministre.

— Alors?

— Si vous enlevez le statue avec nous, all right. Sinon, good bye.

— Good bye?

— Yes, ce que les Français qui ne savent pas l'anglais prononcent : Adieu!

Un geste désespéré échappa à Fanfare :

— L'enlever, mais c'est l'impossible que vous tentez...

— Nô, du tout, c'est très possible.

— Mais comment? interrogea anxieusement le jeune homme.

— Vous le saurez, le moment venu. En attendant, allez chaque jour au Louvre, dans les galeries des Antiques. Demandez l'autorisation de travailler. Vô dessinez, n'est-ce pas?

— Oui, mais...

— Je vous ferai signe en temps ioutile.

— Songez que les heures volent et que miss Nali...

— Devait être guérie de son vêtement avant un mois,

— C'est ce que je dis.

Avec un sourire confiant, Frig conclut :

— Allez au Louvre, dès cette après-midi. Et soyez quitte, no, tranquille, avant un mois, miss Nali sera à Tilbury, bien portante et elle vous dira : Gentleman, vous êtes bien gentil de m'avoir tirée de l'aluminium. Grâce à vô, j'ai l'usage de tous mes membres, il est donc bien juste que je vous accorde ma main!

Les trois Anglais ponctuèrent la phrase d'un rire aigu, et, se levant tout d'une pièce, ils se mirent en marche vers la porte après avoir jeté à l'artiste hébété, ce rendez-vous :

— A demain, au miousée du Louvre!

CHAPITRE VI

CONDAMNÉ AU MUSÉE FORCÉ

Avoir un but, être contraint d'agir, constitue la plus complète, la plus infaillible des consolations. Rien n'est plus naturel, car l'esprit tendu sur les nécessités de l'action, cesse de s'appesantir sur la douleur; le présent de l'acte relègue dans le passé la souffrance qui le motive.

Fanfare se rendit compte de cette vérité.

Il déjeuna de bon appétit, s'étonnant lui-même de la soudaine confiance qui chantait en lui. Le repas terminé, il prit le chemin du Louvre.

Dans la rue, il marchait d'un pas triomphant. Parvenu au Musée, il enveloppa les bâtiments d'un regard de défi, et d'une allure décidée il se rendit chez les fonctionnaires, dispensateurs officiels des « autorisations de travail dans les galeries ».

On ne fit aucune difficulté d'accéder à sa requête. Ce premier succès l'enhardit encore. Il en tira le courage de pénétrer dans la salle des Caryatides. Il voulait contempler la Diane-Nali et murmurer à son oreille de métal la promesse de la délivrance prochaine.

Une surprise l'attendait là. La bâche de toile, qui s'était abaissée pour la présentation de la pseudo-déesse aux délégués du pouvoir exécutif, avait été rejetée sur la statue, l'emprisonnant de ses plis lourds et raides.

Jean s'informa, et par la voix indifférente d'un gardien apprit que Diane occupait un emplacement provisoire. On lui préparait une place d'honneur dans la galerie Mollien, et elle y serait transférée aussitôt que l'on aurait déblayé le carré qui lui était destiné.

— Cela ne sera pas long, termina l'employé. On va expédier au Musée de

Nantes, qui en a fait la demande, quelques fragments antiques, et le transfert de Diane aura lieu aussitôt. Elle ne s'en plaindra pas, ajouta l'homme avec un gros rire, car elle sera bien éclairée et ses voisins ne la gêneront pas.

Cette déclaration suscita chez le peintre de nouvelles perplexités. Le passage de Nali dans une autre salle ne contrarierait-il pas les projets des agents de lord Waldker ?

Cependant le peintre domina son émotion, et en stratège véritablement digne de ce nom, il employa le temps dont il disposait à une reconnaissance sommaire du Musée, dans lequel il allait livrer un combat désespéré.

Il parcourut les 145 salles ou galeries de ses inimitables collections, les 15 pièces d'exposition des dessins, la chambre de Calcographie, les 28 salles d'Antiquités Grecques et Romaines, les 8 Égyptiennes, les 8 Assyriennes, Judaïques, Perses, les 16 salons des bijoux, bronzes, céramique, statuettes, les 29 halls qui abritent la sculpture et les arts décoratifs du Moyen âge, de la Renaissance et de la période Moderne, les 17 qu'emplit la peinture, et il termina sa ronde par les 23 pièces affectées au Musée de la Marine, à l'ethnographie et aux objets Chinois-Japonais.

A quatre heures, alors que les portes se fermaient au public, l'artiste ébloui par cette rapide promenade à travers un entassement de merveilles, avait exploré l'immense trésor national, sans omettre un seul réduit.

Fatigué, le cerveau vide, dans le crépuscule tombant sur la ville, il erra par les rues.

La tristesse l'avait repris. Il se sentait bien faible pour forcer la colossale citadelle où Nali était prisonnière.

Cependant sur ces pensers désagréables, le souvenir de Frig, Lee, Frog jetait un rayon d'espérance. La confiance imperturbable des Anglais influait sur son intellect. Il passait par des alternatives d'espoir et de doute qui achevèrent de le briser. Vers six heures, il échoua dans un restaurant des Boulevards. Il se fit servir à dîner, et pour stimuler son appétit récalcitrant, il arrosa son repas d'un petit vin blanc de Saumur, ce qui aggrava son état d'énervement.

De nouveau, il déambula par la cité. Enfin, écœuré de cette promenade sans but, il regagna son domicile et se coucha.

Mais las ! Sa nuit fut peuplée de rêves. A peine les yeux clos, il lui sembla qu'un pouvoir féerique le transportait dans la campagne, auprès d'un large fleuve bordé de marécages et de fourrés impénétrables.

Soudain la terre s'entr'ouvrit. Un génie éblouissant de lumière bondit hors de la crevasse, le chef couvert du casque de Minerve, la main droite appuyée sur une baguette semblable à un obélisque élancé, le torse emprisonné dans un justaucorps, sur lequel des soutaches d'or figuraient une rosace fleurie.

— Je suis le Louvre, fit l'apparition d'une voix musicale, le Louvre que tu prétends vaincre. Insensé, j'ai pitié de ta faiblesse; je veux te montrer quel est celui auquel tu oses t'attaquer.

Puis, étendant sa baguette vers les différents points de l'horizon :

— Ces champs en friche, ces marais, ces bois, sont le site où s'élève aujourd'hui Paris; mais nous sommes en l'an 300 avant notre ère, la tribu des Parigii occupe quelques cabanes dans l'île de la cité, que tu aperçois à ta gauche; à cent mètres de nous, sur le rivage, s'élève la cabane d'un chasseur farouche. Autour d'elle se formera le village de Saint-Germain-l'Auxerrois.

Nos pieds foulent le chemin extérieur qui séparera le Louvre de la Seine.

Et comme le dormeur frissonnait, terrifié par l'étrangeté de la scène, le Génie frappa le sol du pied.

Alors devant les yeux troublés du jeune homme, un camp retranché émergea de la plaine. Ses remparts de terre surmontés de palissades venaient mourir sur la berge, de larges fossés, alimentés par les eaux du fleuve l'entouraient. Au centre une tour ronde, trapue, faite de pierres brutes encastrées les unes dans les autres dressait sa masse lourde.

— Ceci, reprit l'être surnaturel, est le Louvre des Francs, château barbare de souverains encore à demi sauvages, et protégé par un camp retranché. Vos étymologistes ont pensé que le nom du castel venait du latin, *Lupus, Lupara*, Loup, Louvre. Ils se sont trompés. Les Francs appelèrent ce point, la Forteresse, en saxon Léonar ou Lower, d'où Louvre.

Avec un sourire, l'Esprit poursuivit :

— Peu à peu, cette résidence barbare est abandonnée, les pluies nivellent les talus de terre, renversent les palissades, les pierres de la tour s'écroulent. Les habitations de Paris trop serrées dans l'île de la Cité, débordent sur les bords de la Seine. Les colons de la rive droite prennent ces blocs informes et s'en servent pour bâtir les assises de leurs demeures.

A mesure qu'il parlait, la transformation s'accomplissait. Jean ne cherchait plus à lutter contre son rêve qui prenait l'allure intéressante d'une pièce à spectacle.

— Attends, articula nettement le Génie. Tu m'as vu petit, grossier, incarnant la Gaule brutale des Francs. Le royaume de France se crée, il va grandir en civilisation, faire oublier les grandes nations de l'antiquité, et je deviendrai le palais sans rival, incarnation superbe et géante de l'âme franco-gauloise.

Son bras décrivit un cercle rapide. Les ruines désolées disparurent, rem-

LE GÉNIE DU LOUVRE.

placées par un château féodal, dominé par un fier donjon crénelé, entouré de murs garnis de mangonneaux, flanqués de tours aux angles et au centre de courtines, qui trempaient leur pied dans un fossé large de dix mètres où stagnait une eau noire et profonde.

— Le Louvre du treizième siècle, clama l'interlocuteur de Jean, le Louvre de Philippe Auguste. Il est grandiose pour l'époque, mais il te paraît petit, car il occupe à peine le quart de l'emplacement actuel du Vieux Louvre. Il est prison d'État. On y enferme le comte de Flandre, Ferrand, puis Guy de Dampierre, son fils Guy, son petit-fils Louis en 1310. Enguerrand de Marigny est gouverneur du Louvre, puis il y devient captif, avant d'être conduit au Temple, au donjon de Vincennes et enfin au gibet de Montfaucon.

Devant Fanfare, les figures évoquées passaient. Les rois, leurs chevaliers, leurs serviteurs, leurs victimes circulaient dans les cours, franchissaient les ponts-levis.

— Après, après, murmura le jeune homme avide de marcher plus avant dans les siècles.

— Volontiers. Vois cet homme à l'allure bourgeoise et benoîte, c'est Philippe le Bel, qui possédait une bibliothèque de 900 manuscrits, la plus riche de son temps. Il rendait la justice dans la salle du Roi, remplacée maintenant par la salle des Caryatides et de même que, de nos jours, on a installé le Ministre des Finances dans une aile du Palais, de même le *Comptoir du Trésor* était alors dans le Château royal.

Voici la première capitulation du Louvre. Le 13 avril 1358, Étienne Marcel oblige le gouverneur Jean des Lions à se rendre. Marcel enserre la résidence des souverains dans la nouvelle enceinte de Paris. De fort extérieur, le donjon devient réduit intérieur. C'est pour cette raison que Charles V créa la Bastille comme garde avancée de sa capitale.

Sous ce prince, l'art pénètre au Louvre pour la première fois. On orne ses façades de sculptures, qui festonnent et fleurissent les lignes; des statues se dressent sur ses corniches, tandis que le Château conserve encore, occupant de vastes terrains avoisinants, sa ferme, sa basse-cour et sa ménagerie où l'on nourrit des lions.

Devant Jean, emporté dans ce songe brillant, défilaient ainsi que les images du kaléidoscope : la rue d'Autriche qui bordait le Louvre du côté de Saint-Germain-l'Auxerrois avec les hôtels luxueux des seigneurs, s'arrêtant au rivage même du fleuve, en face de la célèbre Tour de Nesle.

Puis l'insurrection de Paris contre Isabeau de Bavière grondait; l'écorcheur Caboche et ses partisans envahissaient le Palais durant l'année 1413.

Après l'invasion populaire, venait l'invasion étrangère. Henri V, roi d'Angleterre s'installait au Louvre, au milieu de ses courtisans, de ses hommes d'armes vêtus à la dernière mode de 1418.

Une sinistre figure apparaissait ensuite sous les voûtes sombres de la résidence souveraine. Un homme maigre, le dos voûté, la figure cruelle et réfléchie, Louis XI, coiffé de sa toque ornée d'une guirlande de saints en plomb. Il venait, exécuteur inconscient de l'arrêt du destin, qui voulait la France unifiée, accompagné de Saint Pol, capitaine du château, geôlier impitoyable des prisonniers coupables d'avoir résisté à la volonté du terrible roi.

François Ier se montrait enfin. Il faisait abattre en 1527 le superbe donjon; dans des salles luxueusement décorées, au milieu d'une affluence étincelante d'or, de bijoux, il hébergeait Charles-Quint. Il chargeait Pierre Lescot de réédifier un Louvre nouveau et posait la première pierre du palais moderne, dont l'achèvement était réservé à Napoléon III, héritier des travaux ordonnés par Charles IX, Catherine de Médicis, Henri IV, Louis XIII, Louis XIV, Napoléon Ier et Louis XVIII.

Rythmé par la chaude parole du Génie, le Cycle se développait encore. Henri II mortellement blessé dans un tournoi par Montgomery, la reine abandonnait la résidence royale des Tournelles et se logeait au Louvre. De prison d'État, le palais se métamorphosait en demeure princière.

Catherine de Médicis, « la dame au poison vert », comme la dénommait un pamphlet du temps, montra sa silhouette sévère, et tout à coup Fanfare ne vit plus rien que le Génie qui, la tête baissée, paraissait avoir oublié sa présence.

— Pourquoi ne continues-tu pas? interrogea le jeune homme.

— Ah! murmura tristement l'Esprit, nous allons tourner la page rouge du Louvre, et je souffre d'avoir à te montrer la tache de sang qui ne s'effacera jamais.

D'un geste brusque, il cingla l'air de sa baguette. Un sifflement aigu vibra aux oreilles du peintre qui, emporté par un vent violent, se trouva au milieu de la cour du Louvre de Charles IX.

CHAPITRE VII

LA TACHE DE SANG DU LOUVRE

On était en pleine nuit. De gros nuages noirs couraient vertigineusement dans le ciel.

La cour muette semblait déserte, mais les fenêtres des appartements du roi étaient éclairées, projetant au dehors une lumière pâle.

— Qu'est-ce donc? murmura Jean, impressionné par le silence.

Son guide répondit d'une voix sourde :

— La nuit du 24 août 1572. La nuit de la Saint-Barthélemy!

Et, comme l'artiste exquissait un geste :

— Tais-toi, ordonna son compagnon. Tais-toi, nous entrons dans la chambre du roi.

Aussitôt l'obscurité fut remplacée par une clarté aveuglante, et à deux pas de lui, Fanfare remarqua un homme frêle, au visage blême, aux regards inquiets.

C'était Charles IX.

En face du roi, se tenait un seigneur de fière allure, aussi calme, aussi tranquille que son souverain paraissait troublé.

— Voyons, Larochefoucauld, murmura Charles d'une voix quelque peu tremblante. Ne t'en va pas ce soir. Veillons ensemble, nous deviserons de guerre et de chasse.

— Ma foi, Sire, répliqua le gentilhomme, vous me contraignez à un aveu pénible. Le divin Morphée a semé ses pavots sur mon front. Je craindrais de répondre à vos propos par un ronflement. Mieux vaut que j'aille dormir.

— Je t'en prie, mon cher comte.

Le seigneur secoua la tête :

— Si je me rendais, mon gracieux Sire, j'encourrais votre disgrâce. C'est un triste compagnon qu'un courtisan qui somnole. Laissez-moi obéir aux ordres de la nature, et demain vous me trouverez frais et dispos pour votre jeu de paume.

Un geste découragé échappa au roi, et d'un ton dolent :

— Va donc, puisque tu le veux.

— Vous me pardonnerez demain, mon cher Maître. Si je prends quelque repos, c'est pour mieux remplir mon service auprès de mon souverain.

Charles ne répondit pas. Les paupières baissées comme s'il craignait de regarder son interlocuteur en face, il lui tendit une main hésitante que le comte serra respectueusement, après quoi ce dernier sortit.

A peine la porte était-elle retombée sur lui, que le roi se prit la tête à deux mains, avec un geste de désespoir.

— Pauvre Larochefoucauld! gémit-il. J'aurais voulu le sauver lui!

Cette angoisse royale était horrible à voir. Jean, spectateur étrange de la scène rétrospective, tremblait.

Soudain Charles se dressa brusquement. Il se mit à tourner autour de la pièce. Il parlait, lançant des phrases hachées, haletantes :

— Pourquoi ai-je permis cela? Hier, quand on m'a appris l'attentat commis sur Coligny, j'ai ressenti de la colère, j'ai songé à venger le bon Amiral... Aujourd'hui je pactise avec les assassins..... je permets le massacre des huguenots..... et mon beau-frère en est..... Henri de Béarn, époux de ma sœur Margot est parmi ceux que j'ai condamnés..... Comment cela s'est-il fait? Comment mes actes sont-ils si contraires à ma volonté? C'est ma mère Catherine de Médicis, c'est Guise qui m'ont arraché l'ordre d'égorgement..... Ah! Catherine, toi dont le front d'airain cache des pensées que je ne comprends pas, ne déshonores-tu pas ton fils en cette soirée néfaste?

Il fut agité d'un long frisson, puis demeura immobile, le cou tendu, comme s'il écoutait. Enfin il poussa un profond soupir.

— Non, rien encore. J'avais cru entendre le signal du carnage. Oh! quand je pense que demain le jour éclairera tant de cadavres épars dans les rues de la ville! Et qui sera marqué au front...? C'est moi, le roi, qui ai donné l'ordre fatal,... moi, le tout puissant.

Et avec un ricanement amer :

— Tout puissant! Ah! la bonne histoire. Je suis un enfant, un pantin dont ma mère tient les fils. Mais je me révolte à la fin. C'est trop de honte, trop d'épouvante. Je ne veux pas que la tuerie s'accomplisse... Que les compagnies des gardes retournent à leurs chambrées, au lieu de rester en armes dans la cour.

Le sourire reparut sur les traits du roi :

— Ma mère sera furieuse, mais bah! le respect filial a des bornes, je ne dois pas condamner tant de bons gentilshommes.

Il étendit la main vers une sonnette pour appeler ses gens, contremander l'ordre sanguinaire.

A ce moment, une porte s'ouvrit sans bruit, et dans l'encadrement se profila la silhouette d'une femme, assez grande, le visage froid, le regard dur; elle était vêtue d'une longue robe de velours noir dont la jupe tombait sans plis. Un chaperon de même étoffe couvrait sa tête.

A sa vue, Charles interrompit le mouvement commencé. Il restait sans voix, sans geste, comme l'oiselet fasciné par le serpent :

— Ma mère! bégaya-t-il enfin.

La visiteuse eut un sourire ironique. Sans s'inquiéter de la froideur de la réception, elle marcha vers le roi :

— Mon fils, dit-elle d'une voix sèche, si j'ai quitté à pareille heure mes appartements du rez-de-chaussée pour monter ici, c'est que j'avais à soumettre une plainte à Votre Majesté.

— Une plainte, encore? laissa échapper Charles.

Catherine le couvrit d'un regard étincelant :

— Est-ce un reproche? Mon fils n'est-il plus disposé à écouter sa mère?

— Non, ce n'est pas cela, bredouilla le malheureux souverain incapable de résister à la volonté supérieure de son interlocutrice.

Elle profita aussitôt de son avantage :

— J'en suis aise. Au surplus, la chose n'est point grave et une simple admonestation de vous suffira à punir la coupable.

— Ah! si ce n'est pas plus terrible..., commença le monarque soulagé par cette déclaration.

— Il s'agit de votre sœur, Claude de France, duchesse de Lorraine. Elle est d'une religion bien tiède.

— Claude?

— Elle-même. Tout à l'heure Margot exprime le désir de se retirer dans ses appartements.

— Eh bien?

— Claude a cherché à l'en dissuader. Elle s'accrochait à ses vêtements, la suppliait avec des larmes de rester avec nous. J'ai dû employer toute mon autorité pour mettre fin à cette scène déplacée.

Le roi était redevenu sombre :

— Eh! la pauvre Claude sait ce qui se prépare. Elle a craint qu'il n'arrivât malheur à cette folle de Margot.

— Quoi, vous l'excusez?

— Oui, Madame, et je pense qu'il vaut mieux pardonner que punir.

Un éclair livide étincela dans les yeux de Catherine de Médicis et d'un accent méprisant :

— Voilà donc le fond de votre âme. C'est ainsi que parle un roi, environné d'ennemis qui ne songent qu'à arracher la couronne de son front.

— Y songent-ils? articula timidement Charles.

— Vous doutez? Pourtant vous avez entendu Guise, le plus fidèle de vos capitaines; vous avez entendu les paroles de votre mère et vous doutez encore? Ah! Les Huguenots avaient raison quand ils se targuaient de conquérir le royaume de France pour le donner à ce traître, dont vous avez fait votre frère, Henri le Béarnais!

— Madame!

— Non, je ne me tairai pas. Si vous préférez les parpaillots à vos parents, à vos traditions, à vos croyances, faites-moi emprisonner. Vous avez des cachots, des geôliers. Jetez-moi dans un in-pace, et ce sera un titre de gloire pour Charles IX d'avoir sacrifié sa mère aux hérétiques.

Écrasé sous cette avalanche d'imprécations, le roi courbait le front. Catherine eut un fugitif sourire et changeant de ton :

— Mais j'ai tort de vous gronder ainsi. Vous êtes doux, Charles, et si je n'étais à vos côtés, les lourds devoirs du trône vous briseraient.

Elle s'arrêta. Un coup de feu, partant de la cour du Louvre, avait retenti dans la nuit.

Chancelant, le roi s'affaissa sur une chaise, et Catherine l'enveloppant d'un regard d'indicible mépris, s'écria d'une voix triomphante :

— La punition des coupables commence!

Vivement elle se dirigea vers la porte qui lui avait livré passage, sans que son fils fit un geste pour la retenir. Au moment de sortir, elle se retourna. Un rictus diabolique contracta ses traits, et elle murmura :

— J'ai bien fait de venir. Il eût été capable de révoquer ses ordres.

Puis elle disparut.

Le roi était seul. Un grand silence avait succédé à la détonation. Angoissé, sa respiration gênée sifflant entre ses lèvres décolorées, Charles attendait avec une expression hagarde et épouvantée.

Mais un tumulte s'élève.

Des pas nombreux, précipités, résonnent dans le couloir voisin.

Le monarque a un cri de terreur... il appelle.

Un valet de chambre accourt :

— Quel est ce bruit? interroge Charles.

Le laquais répond d'un air insouciant :

— Un huguenot blessé qui fuyait.

— Il est mort?

Et en demandant cela, les cheveux du roi se hérissent.

— Non, non. Il s'est réfugié chez Madame Marguerite. Il l'a saisie par les bras et s'en est fait un bouclier. Si bien que le capitaine des gardes, de peur de blesser la noble épouse de Henri de Béarn, lui a accordé la vie du fugitif.

— C'est bien, allez.

Le valet sort. Le roi est seul. Il essuie machinalement son front où perlent de grosses gouttes de sueur. Il fait mal à voir.

Mais la guerre civile s'étend sur la ville endormie. La chasse à l'homme s'organise. Ce sont des cris de ralliement, des arquebusades, des hurlements d'agonie. Dans la cour du Louvre, on entend des cliquetis d'acier, des malédictions. Ce sont les gentilshommes Navarrais, hôtes du roi, que les compagnies des gardes égorgent.

A chaque détonation, à chaque clameur, le roi sursaute; un grelottement continu fait s'entrechoquer ses genoux.

Titubant ainsi qu'un homme ivre, il marche d'un pas incertain, se heurtant aux meubles, se bouchant les oreilles, essayant vainement de s'isoler du bruit du massacre.

Et soudain un flot de sang monte à ses joues, ses yeux prennent un éclat de démence, d'horribles contorsions tordent son corps, font grimacer son visage.

— Morts, clame-t-il, tous morts! Ils m'escortent. Ils sont là autour de moi!... et ces murs, ces murs d'où ruisselle le sang.

L'hallucination effroyable qui depuis ne devait plus quitter Charles, venait de débuter.

Et Jean Fanfare, dans son rêve personnel, voyait se réaliser celui du monarque. Des spectres hideux, étalant leurs blessures, la poitrine trouée, la gorge ouverte, le crâne fendu, grouillaient boueux, déchirés, lamentables. Sur les murailles, de longues rigoles rouges descendaient du plafond. Elles

Morts, clame-t-il, tous morts!...

atteignaient le plancher, formaient des mares sans cesse élargies.

Le jeune homme reculait, levait les pieds pour éviter cette marée sanglante. Il se tourna vers le Génie, dont les yeux de lumière laissaient perler des larmes, et suppliant :

— Assez, assez de crimes!

— Tu as raison, dit l'Esprit, partons.

Il eut un geste. La chambre du roi s'évanouit en vapeur, le silence se fit.

De nouveau Jean et son guide étaient sur la berge de la Seine, mais le Génie du Louvre avait hâte de poursuivre son voyage à travers l'histoire. Sa baguette décrivit un cercle dans l'air, et des personnages inconnus défilèrent sous les yeux du peintre.

Le seizième siècle, siècle d'empoisonneurs, d'assassins, de troubles se déroula.

Des silhouettes se montraient un moment et retombaient inertes, renversées par le crime. François de Guise tué d'un coup de pistolet par Poltrot de Méré; Charles VIII et Louis XII succombant aux mystérieux ravages d'un poison inconnu; Henri III poignardé par Jacques Clément.

La Ligue était maîtresse de Paris. Les princes, convoqués par Mayenne, tenaient conseil au Louvre.

Henri IV assiégeait la capitale. Il rentrait acclamé dans le palais d'où il était sorti en fugitif. Le roi légendaire de la « poule au pot » encourageait les artistes; il les logeait au Louvre et fondait ainsi une sorte d'école d'art décoratif.

Et les constructions continuaient, chaque règne ajoutant un pavillon, des galeries, des embellissements à cette suite de palais qui forment l'ensemble géant de cette demeure où réside l'âme de la nation.

Louis XIII, souverain effacé par Richelieu, ministre génial et absolu; Mazarin, Italien plein de ruse et d'avarice; Moussu d'Artagnan, capitaine des Mousquetaires, foulaient tour à tour les pavés des cours, les dallages des vestibules.

Alors survenaient Louis XIV, Molière, Corneille, Racine, Jean de la Fontaine, Fouquet. Le Louvre s'enrichissait de sa colonnade. Le Roi-Soleil s'éteignait, livrant la France et son palais à l'incapable et indifférent Louis XV.

Autour de l'édifice et parfois même à l'intérieur, les philosophes discutaient, préparant par l'idée, par le livre, le mouvement de la Révolution.

Louis XVI, victime propitiatoire marquée par la fatalité, gravissait les marches du trône. Bourgeois, plus serrurier que roi, ce souverain brave homme avait l'honneur de créer le musée. En 1787, il approuvait le rapport du comte d'Augeviller concluant à la réunion, au Louvre, des tableaux italiens des galeries de Versailles et des Rubens des salles du Luxembourg.

Mais la Révolution éclate, les événements se précipitent. Le 7 août, Lafayette veut faire occuper le palais du roi par la milice parisienne. En 1791, le musée prend le nom de « Réunion de tous les monuments de la science et de l'art », sur le rapport de Barère.

La Terreur fait frissonner Paris; le tocsin sonne, les recruteurs de volontaires parcourent la rue, précédés de tambours, dont les sourds roulements sont interrompus de temps à autre par le cri : « La Patrie est en danger! Aux armes, citoyens », et le 27 juillet 1793, la Convention décrète la formation du musée national.

En 1794, on installe la Bourse dans les salons décorés par Romanelli ; en 1797, l'Institut siège dans la galerie d'Apollon ; en 1795, Chappe, l'inventeur du télégraphe habite le Louvre.

Puis l'épopée Napoléonienne commence.

Bonaparte, vainqueur en Italie, en ramène, le 28 juillet 1798, *les Chevaux de Venise, la Vénus du Capitole, le Laocoon, le Gladiateur mourant.* En

1801, début du dix-neuvième siècle où triomphera l'industrie, c'est une exposition industrielle qui se tenait dans la cour du Louvre.

Gloires ou tristesses de la nation ont leur contre-coup sur le Musée.

En 1802, il s'enrichit des *Noces de Cana*, de Véronèse, de toiles de Raphaël, du Titien, de Murillo, provenant surtout des collections du duc de Toscane.

En 1810, il abrite le mariage de Napoléon Ier et de Marie-Louise d'Autriche, puis il acquiert *la Transfiguration* de Raphaël, le *Martyre de Saint Pierre* et *l'Assomption* du Titien, le *Saint Marc* de Tintoret. Ses galeries sont bondées, il faut en expédier le trop plein en province.

Le Louvre reçoit encore *la Vénus de Médicis* et *la Diane de Gabies.*

Puis viennent les désastres, la retraite de Russie, la campagne de 1813, l'entrée des alliés à Paris en 1814, les cent jours, Waterloo, 1815!

Pour la seconde fois, en deux ans, les armées coalisées de l'Europe ont envahi la France; elles occupent Paris.

Les Prussiens de Blücher réclament les œuvres d'art, fruits des conquêtes de Napoléon, à qui la possession en a été reconnue par les traités.

Vainement le gouvernement français, soutenu par l'empereur de Russie, cherche à résister. Les alliés ont gain de cause, et le 23 septembre 1815, les bataillons anglais investissent le Louvre; des soldats en armes emplissent les salles, tandis que des ouvriers emportent les chefs-d'œuvre.

Mais les vides sont bientôt comblés. On puise dans les réserves, au Luxembourg, dans d'autres musées; 1821 apporte la Vénus de Milo, 1824 voit la création des galeries du Moyen-Age et de la Renaissance.

Arrive décembre 1830, le procès des Ministres de Charles X. L'artillerie de la garde nationale campe dans la cour du Louvre, et parmi les soldats de cette garnison improvisée, on remarque Cavaignac, Alexandre Dumas, Bastide, Guinard.

Le Musée Assyrien s'ouvre en 1838. En février 1848, nouvel envahissement du Louvre par les insurgés.

Enfin en 1857, le palais était achevé par les ordres de Napoléon III. Il recevait *la Conception* et *la Nativité* de Murillo, six fresques de Luini, un portrait par Antonello de Messine, les 250 tableaux du legs Lacaze, les statuettes de Tanagra.

Jean, pris de vertige, assistait au prodigieux défilé de l'histoire. Il vit les tristesses de 1870, Paris assiégé, l'un des services de la Défense Nationale fonctionnant au Louvre, et dans les rues couvertes de neige, par un froid aigu, les soldats de la capitale, les mobiles envoyés par la province soutenir la suprême lutte contre le cercle d'airain de l'armée d'investissement.

Il vit les femmes hâves, les enfants amaigris stationner à la porte des boulangers, des bouchers... débitant du cheval, pour obtenir une ration insuffisante. Ces malheureux, soutenus par l'espoir de vaincre, trouvaient encore le courage de sourire, et, obscur héroïsme, de transformer en chanson le cri d'angoisse qui montait de leurs entrailles tiraillées par la faim.

Et puis la défaite. Les soldats de l'ennemi campant dans les Champs-Élysées.

Surpris de leur triomphe, ils regardaient avec une crainte vague ce Paris formidable qui les entourait et le Louvre noir, silencieux, désert, dont les grilles s'étaient fermées, pour que l'envahisseur ne vînt pas caresser, d'un œil insolent, les trésors entassés par la nation.

Enfin s'allume la torche de la guerre civile. Les Tuileries s'embrasent, s'écroulent.

Le Louvre est menacé, mais à force de courage, d'abnégation, de mépris du danger, on le préserve d'une destruction qui eût été irréparable.

Cependant ces scènes douloureuses s'effacent comme les précédentes, et Jean se voit debout auprès du parapet du quai, en présence du Musée actuel.

Le Génie qui fut son guide est toujours à ses côtés. Son casque étincelle sous un rayon de soleil, sa baguette se modifie, s'arrondit, prend la forme... non, l'artiste voit mal, cela n'est pas possible!

Il regarde encore. Horreur! c'est un manche à balai qu'il a sous les yeux et l'esprit du Louvre a fait place à la femme de ménage qui, de sa voix enrouée, demande :

— Eh bien, Monsieur Jean, on fait donc la grasse matinée?

Le jeune homme se dresse, les idées brouillées par ce soudain passage du rêve au réveil.

Il fait grand jour; par le vitrage il aperçoit le ciel clair. Son atelier est illuminé par un gai soleil d'hiver.

— Quelle heure est-il? questionne-t-il en bâillant.

— Dix heures, monsieur Jean.

— Dix heures?

— Sans doute. Vous dormiez si bien que j'ai fait l'atelier sans vouloir vous déranger; mais comme vous vous agitiez, j'ai pensé que vous aviez peut-être le cauchemar, et ma foi je vous ai secoue.

— Vous avez bien fait. Allez donc me chercher à déjeuner... Ce que vous voudrez. Pendant ce temps, je m'habillerai, j'ai à sortir aujourd'hui.

Et tandis que la bonne femme se précipitait pour obéir au peintre, celui-ci, délivré de sa présence, procéda à sa toilette.

CHAPITRE VIII

MOUVEMENTS STRATÉGIQUES AUTOUR DE DIANE

Vers midi, escorté d'un commissionnaire chargé d'un chevalet léger, d'un carton contenant une ample provision de papier à dessin et d'une boîte garnie d'un assortiment de crayons, Jean Fanfare pénétra dans le Musée des Antiquités grecques et romaines.

Il alla s'installer, non loin de la tête de Marciane, presqu'en face de la fenêtre à balcon donnant sur le quai, d'où les mauvais plaisants prétendent que, dans la nuit de la Saint-Barthélemy, le roi Charles IX arquebusa les huguenots. Cet acte cruel eût été irréalisable même pour le plus absolu des souverains, attendu que la fenêtre n'existait pas à cette époque.

Jean avait choisi cette place par suite d'un prudent raisonnement. La Diane qu'il voulait enlever du Louvre se dressait dans la salle des Caryatides. Pour ne pas attirer l'attention, pour ne pas trahir son projet, il avait jugé bon d'élire domicile à l'extrémité opposée du Musée des Antiques.

Ce jour-là, sous l'œil bienveillant des gardiens, il travailla avec acharnement.

Après avoir *croqué* Marciane, il ébaucha Julie, fille de Titus. Il attaquait la statue héroïque d'Hadrien, quand quatre heures sonnèrent annonçant la fermeture des galeries.

Le lendemain, le surlendemain se passèrent de même.

Frig et ses compagnons n'avaient pas reparu. Une impatience aiguë grandissait en l'esprit de Jean. Avec un serrement de cœur, il comptait les heures qui s'écoulaient. Chacune rapprochait l'instant fatal où il ne serait plus temps de sauver Nali.

Le labeur inutile, auquel il se livrait, pesait au jeune homme. Le quatrième jour, il se risqua à quelques courtes promenades à travers les salles. Le cinquième, il poussa ses excursions plus loin, s'égara dans la section de peinture.

Absorbé par son idée fixe, soutenu encore par l'espoir faiblissant, il cherchait à se donner l'apparence d'un visiteur curieux d'art. Il s'arrêtait devant des toiles qu'il ne voyait pas. Parfois les inscriptions placées au bas des cadres frappaient ses regards. Il lisait des noms d'artistes qui lui semblaient inconnus : Santi, Caliari, Vecellio, Robusti, Barbarelli, Pippi; alors il lui fallait un effort violent de mémoire, pour se souvenir que ces noms vulgaires avaient été effacés par les pseudonymes éclatants de Raphaël, Véronèse, Titien, Tintoret, Giorgion, Jules Romain. Il restait immobile, stupéfait du trouble de son esprit, bouleversé comme un littérateur qui hésiterait à reconnaître Molière dans Poquelin, Voltaire dans Arouet ou Beaumarchais dans Caron.

Puis il repartait, incapable de rester en place, allant de la Grande Galerie au Salon Carré, au Salon des Sept Cheminées, à la Salle Lacaze, et nulle part il ne trouvait l'apaisement.

Le jour suivant, une force irrésistible le poussa dans la Salle des Caryatides.

Il éprouvait l'impérieux besoin de retremper son courage par la vue de Diane-Nali

La statue était toujours enveloppée d'une toile. Le jeune homme se souvint qu'elle occupait un emplacement provisoire, qu'elle devait être transférée dans la galerie Mollien.

Il eut la tentation de lever le voile grossier qui lui cachait Nali, et, pour résister à son désir, il s'éloigna.

Ce fut dans le musée Égyptien qu'il se réfugia.

Au milieu des sphinx, des pharaons, des sarcophages de basalte creusés de figures aussi délicates que des camées, il fut sur le point de pleurer.

Le culte des morts de la vieille Égypte offrait un rapprochement complet avec l'état actuel de la malheureuse Américaine. Les habitants des rives du grand Nil enveloppaient, eux aussi, leurs dépouilles mortelles dans des œuvres d'art, des cercueils de pierre admirablement fouillés; mais pour leur rendre ce suprême hommage, ils attendaient que la vie se fût envolée, que les ultimes vibrations de l'âme, prête à remonter vers Osiris, se fussent éteintes. Tandis que le barbare Ergopoulos avait emprisonné Nali vivante dans un linceul de métal brillant.

Sous l'empire de ces pensées, la souffrance de Jean augmentait, prenait une acuité insupportable. Il reprit sa promenade sans but à travers les salles bondées de trésors. Il ne lui était plus permis de s'arrêter; son angoisse lui criait sans cesse : Marche! marche! Il devenait en quelque sorte le Juif-Errant du Louvre.

Tout à coup il eut le sentiment de son imprudence. Il se rappela que son chevalet, ses dessins commencés restaient abandonnés dans la salle des Antonins.

Sans nul doute les gardiens avaient remarqué son absence; ils s'étonnaient certainement de la conduite de l'artiste qui, après avoir sollicité une autorisation de travail, ne travaillait pas.

Si l'on songeait à lui retirer la permission accordée, et cela au moment même où peut-être Frig allait lui donner le signal de l'action. Par sa faiblesse, son imprévoyance, il aurait ainsi compromis le salut de Nali.

Son imagination surexcitée lui montrait les choses au pire. Il revint dans la salle des Antonins.

— Eh! lui dit un gardien, ce n'est pas la peine de vous mettre à l'ouvrage; on fermera dans dix minutes.

L'observation insouciante de l'employé fit pâlir l'artiste.

— On n'était pas en train aujourd'hui, continua son interlocuteur avec cette familiarité bienveillante que les agents témoignent à ceux qui viennent *piocher* dans *leur musée*.

Jean bredouilla :

— Oui... en effet...

— Oh! il n'y a pas de mal à cela. Seulement, je vous donne un conseil, n'imitez pas un peintre qui venait autrefois. Il disait qu'il y avait des années où il n'était pas en train. Des années! hein? Il faut des rentes pour vivre à ne rien faire.

Heureusement pour Fanfare dont le trouble aurait fini par frapper le causeur, celui-ci fut appelé dans une galerie voisine par un de ses collègues, et l'artiste put s'esquiver, après avoir rangé dans un coin tout son attirail de dessinateur.

Il eut d'abord un instant de satisfaction. Il secouait la contrainte qu'il s'imposait durant son séjour au Louvre, mais ce répit dura peu.

Sa liberté n'était qu'apparente, car son âme, son esprit, sa pensée demeuraient captifs auprès de la statue de l'Américaine.

Un froid piquant lui cinglait le visage.

— Comme elle doit avoir froid, murmura Jean!

En vain il essaya de combattre cette nouvelle turlutaine. Nali, plongée dans un état cataleptique était insensible; ni les frimas, ni les ardeurs du soleil n'étaient capables de lui causer une impression. Raisonnements inutiles! Le sentiment triomphait de la science, et le jeune homme souffrait en s'imaginant que, malgré toutes les affirmations contraires, la catalepsie ne supprimait peut-être pas les sensations.

Il est facile de comprendre que, dans ces dispositions, il rentra chez lui de fort méchante humeur; mais en arrivant au palier sur lequel s'ouvrait la porte de son atelier, il eut une exclamation joyeuse.

Frig, Lee, Frog étaient là.

Sans doute pour utiliser leur attente, les deux clowns répétaient un de leurs exercices; couché sur le dos, les genoux en l'air, Frig supportait son cousin Frog, lequel, se servant de ses pieds comme d'un siège improvisé y effectuait un « numéro » de dislocation. Lee jonglait avec un œuf, un dé, une balle de plomb et une ombrelle.

A l'apparition de Fanfare, elle dit :

— Hop!

Ses accessoires de jongleuse disparurent, les clowns se relevèrent d'un bond, et Frig, tendant la main au jeune homme, déclara :

— Tout est prêt, sir Fanfare. Nous venions pour vô distribuer votre rôle dans notre petite opération.

— Est-ce vrai? s'écria Jean avec une vive émotion.

— Tout à fait vrai. Seulement, ouvrez le porte de votre atelier pour que nous puissions bavarder. Vous comprenez, on ne conspirait pas dans un escalier, jamais un scène de ce genre ne serait admise au théâtre.

— Ni dans la vie, cher Monsieur Frig, affirma gaiement le peintre. Et, la porte repoussée, il ajouta : — Entrez, je vous prie.

Les Anglais obéirent à l'invitation; Jean donna un tour de clef à la serrure, et les quatre conjurés se trouvèrent isolés du reste des humains.

— Parfait, s'écria Frig en se frottant les mains avec satisfaction, le séance il est ouverte et je m'attribue le parole. Donc, sir Fanfare, après demain matin, miss Nali quittera le Louvre.

— Après-demain...? Comment? fit le peintre d'une voix frémissante.

— Comment? mais dans un voiture.

— Une voiture? Expliquez-vous de grâce?

— Ce n'est pas difficultueux. Le musée expédie à Nantes des fragments antiques.

— Je sais cela.

Frig, Lee, Frog étaient là.

— Demain, dans le soirée, le camionneur qui fait les transports de ce genre, apportera le caisse pour emballer l'envoi.

— Oui, mais...

— Attendez, je prie, vous êtes pressé comme une petite cheval de course. Il garnira le caisse avec de la paille, des toiles, et cœtera, et il le déposera dans le salon des Caryatides, ainsi que les instruments, cric, glissoires et autres, nécessaires à la manipulation des statues; car c'est lourd les statues, et celui de miss Nali, qui est légère par comparaison, pèse encore cent cinquante kilos.

Or, comme vous serez tout seul pour l'emballer, il est bon que vous en ayez les moyens.

— Quoi, tout seul, je ne comprends pas.

— Pas étonnant. Vous parlez toujours.

— Je me tais, allez.

— Le camionneur vient, emballe, laisse son colis et ses instruments pour les reprendre le lendemain matin.

— Bien!

— Pendant le nuit, vous enlevez de le coffre les débris qui y sont et vous couchez à la place la statue de Diane.

— Permettez, pour y être la nuit... il y a une surveillance...

— Vous verrez tout-à-l'heure. Au matin, le charretier et son aide reviennent, chargent l'emballage sur leur chariot et s'en vont.

— Ce charretier est donc dans la confidence?

— Oh no! Mais Frog est devenu son émi, il lui offrait des petits verres; les charretiers, ils aimaient les petits verres. Avant de commencer son travail, il s'arrête pour trinquer avec le cousin de moi. Frog lui met un peu d'opium dans son verre, il fait le même chose pour son aide. Tous les deux dorment. On les laisse là, et c'est nous deux qui menons le camionne... no, camion, you understand? Nous emmenons miss Nali et le farce il est joué.

— Oui, je vois, s'écria Jean prenant les mains du brave clown, elle est sauvée si tout se passe ainsi.

— Tout se passera ainsi, rectifia flegmatiquement Frig!

— Soit! je veux le croire, mais un détail m'embarrasse.

— Lequel?

— Vous m'avez dit que je devais passer la nuit dans le Musée?...

— Justement!

— Ce n'est pas facile.

— Si, très facile au contraire, vous vous cachez vous-même, au moment de la fermeture.

— A quatre heures?

— Just! vous laissez passer les rondes de nuit, et vers 5 heures du matin, vous prétiquez le petite opération. Vous déposez les débris contenus dans le caisse derrière le grand statue de Melpomène, dans le salle voisin de le Vénus de Milo, vous remplacez par Miss Nali, et sous la toile qui couvre actuellement le gentille pauvre demoiselle, vous faites avec des morceaux de bois, laissés par le vrai camionneur, un mannequin. Comme cela, on ne s'apercevra pas *tute suite* de l'enlèvement.

Le peintre frappa le plancher du pied.

— Je comprends tout céla.

— Je m'en doutais bien.

— Mais la difficulté subsiste toujours.

— Quelle difficulté?

— Pour que votre plan réussisse, il est indispensable que je reste dans le Musée et que les gardiens ne me découvrent pas.

— Perfectly well!

— Eh bien? où me dissimulerai-je?

Frig, Lee et Frog se mirent à rire.

— C'est tout le difficulté cela, demanda enfin le premier?

— Il me semble qu'elle est assez grosse, répondit Jean froissé par cet accès de gaieté à tout le moins intempestif.

— No... Un jeu d'enfant.

— Éclairez-moi donc, car je ne vois pas.....

— Dans le salon des Caryatides, vos avez remarqué qu'il y a des Caryatides?

— Bien certainement. Le nom de la salle vient de là!

— Qu'est-ce qu'elles supportent sur le tête?

— Une sorte de dais de pierre, qui s'élève environ à mi-hauteur du plafond, et sous lequel s'ouvre la sortie qui conduit aux guichets du Pavillon de l'Horloge.

— C'est cela même. Eh bien, sir Jean, c'est sur le dais que vous cachez votre personne.

— Sur le dais?

— Yes. Je serai avec vous. A un moment favorable de l'après-midi, je vous fais le courte échelle. Vous atteignez la corniche, et houp! Un rétablissement... Vous y êtes. Les œuvres d'art, alignées au centre de le galerie vous masquent pendant l'ascension. Nous n'aurons à nous défier que de la porte sous le dais. Une fois perché, vous étiez bien tranquille. Dans leur ronde après le fermeture, les gardiens peuvent tourner autour des statues, sarcophages, bas-reliefs, oui, mais aucun n'aura l'idée de grimper sur le chef des Caryatides, n'est-ce pas?

— Sans doute, cependant...

— Oh! Certainement vous serez moins bien que sur un bon lit, avec un matelas moelleux. Bah! une nuit est bientôt passée, et puis vous aurez assez à faire pour vous dégourdir les membres. Au matin, après l'ouverture des portes au public, vous sortirez paisiblement. Lee vous attendra place de le

Palais-Royal, au bureau des *Homnibus.* Elle vous conduira à l'endroit où nous serons. Cela est-il convenu?

— Oui... Certainement notre tentative peut être couronnée de succès. Une seule chose continue à me paraître donner prise à la malechance. C'est l'escalade nécessaire pour gagner ma cachette!

Frig haussa insoucieusement les épaules :

— Ce chose ira toute seule, vous verrez. Les Caryatides sont de bons garçons.

— Si vous en êtes persuadé, pourquoi n'y montez-vous pas à ma place? Vous êtes plus agile, plus adroit...

— Mais moins intéressé dans le question.

— Vous dites?

— Que celui qui avait l'intérêt le plus grand devait accepter le plus ennuyeuse besogne. C'est vous, sir Jean. Les affaires sont les affaires... donc.

— Je monte aux Caryatides.

— All right!

Sur cette exclamation, les Anglais avec un merveilleux ensemble serrèrent la main du peintre à la broyer :

— Dormez bien, recommanda Frig en manière de conclusion, car demain vous ne dormirez pas.

— Merci, repartit le jeune homme qui, après le départ de ses étranges alliés, se coucha avec l'intention bien arrêtée de prendre du repos pour quarante-huit heures au moins.

CHAPITRE IX

UNE NUIT D'ÉMOTIONS

Ce ne fut que vers la demie après midi que Fanfare se présenta le lendemain au Louvre.

Il avait retardé le plus possible ce moment, car l'approche de l'heure décisive lui causait un trouble inexprimable. Peu d'hommes ont passé par de telles tribulations. On aurait donc tort de taxer Jean de petit maître ou de garçon impressionnable.

Quoi qu'il en soit, l'artiste était énervé au suprême degré. Pour dissimuler le désarroi de ses pensées, il s'absorba dans la reproduction crayonnée de l'empereur Hadrien, répondant à peine au salut des gardiens qui passaient. Ces honnêtes fonctionnaires lui inspiraient du reste une aversion épouvantable. Chacun lui apparaissait comme un adversaire, chargé uniquement de l'empêcher de rendre sa fiancée Nali à l'existence en même temps qu'à la liberté.

Fréquemment le jeune homme consultait sa montre, la portait à son oreille pour s'assurer qu'elle marchait, car les aiguilles tournant sur le cadran semblaient lentes à son impatience.

Deux heures, trois heures, la demie furent marquées par les pointes insensibles. Alors il jugea qu'il convenait de se rendre dans la salle des Caryatides, où Frig lui avait donné rendez-vous.

Il ferma son carton, rangea ses crayons, s'efforçant d'être calme, de ne pas montrer une précipitation dont on eût pu s'étonner.

Et son cœur frappant les parois de sa poitrine ainsi que le battant d'une cloche, la vue obscurcie, la démarche incertaine, il quitta la salle des Antonins et gagna le corridor de Pan.

Sur le seuil de la salle des Caryatides, il s'arrêta quelques secondes. La respiration lui manquait. Cependant grâce à un énergique effort de volonté, il parvint à poursuivre son chemin.

A la fin de novembre les jours sont courts. La nuit commençait à envahir la salle presque déserte. A son bureau placé à droite, un gardien somnolait. Jean lui jeta un mauvais regard. La présence de cet homme allait-elle l'empêcher de réaliser son dessein?

Soudain il resta immobile, les pieds rivés au sol. Frig, toujours couvert de son pardessus à carreaux, s'approchait de lui.

L'Anglais le rejoignit et, baissant la voix :

— Il est temps de monter à votre couchette, sir Jean.

Incapable de prononcer une parole, le peintre désigna du doigt le gardien assis à sa table.

— Il va s'en aller, ricana le clown.

Et, sans laisser à Fanfare, étourdi de son assurance, le loisir de l'interroger, il l'entraîna vers les Caryatides.

— Là, maintenant, éloignons ce surveillant. Vous savez, sir Jean, je suis un peu ventriloque, écoutez-moi cela...

Il se tut. Aussitôt une voix qui semblait venir du corridor de Pan appela :

— Isidore!

Le gardien se leva vivement et regarda autour de lui.

— J'ai appris son nom exprès, murmura Frig en riant sans bruit.

A peine venait-il de parler, que la voix reprenait à l'extrémité de la salle :

— Isidore! vite... à la Diane de Milo!

Du coup, le gardien, pensant recevoir cet ordre de l'un de ses chefs, s'élança dans la direction indiquée.

D'un regard circulaire le clown s'assura que personne ne l'observait, et croisant ses mains en forme d'étrier :

— Dépêchons, sir Jean. Profitez de le courte échelle.

D'un bond Fanfare, s'appuyant à la Caryatide voisine, fut debout sur les mains de son compagnon.

— Vous touchez le corniche?

— Oui.

— Alors, un rétablissement... Un... deux et trois... Well!

S'enlevant sur les poignets et poussé par l'Anglais, Jean avait disparu sur l'entablement que les Caryatides supportent.

D'un air dégagé, sifflottant un air de gigue, le clown s'éloigna tranquillement.

A la porte du corridor de Pan, il croisa le gardien qui revenait furieux en grommelant :

— Quel est l'idiot qui fait des farces pareilles. Comme c'est malin de m'envoyer à la salle de Milo. Ah! si je le pince celui-là...!

Frig ne sourcilla pas. Il poursuivit son chemin comme s'il avait totalement ignoré de quelle mystification se plaignait Isidore, et peu après, il sortait du Musée par la porte Denon.

Devant le monument Gambetta, Frog attendait.

— Sir Jean est à son poste, dit seulement Frig.

Son cousin hocha la tête d'un air approbateur :

— Alors, l'affaire est enlevée. Mon émi, le camionneur — il est impossible de rendre l'ironie qui accentuait ces mots. — mon émi le camionneur va venir aujourd'hui avec tous ses ustensiles. Demain matin, nous devons nous rencontrer pour vider un verre.

Et avec un rire joyeux :

— Il a même une manière à lui de dire ce chose. Il ne dit pas : boire un verre. Oh no! il dit : touer le ver. Oh! ces Français; toujours very humbug.

Cependant Fanfare, perché sur la tablette des Caryatides, assistait à la fermeture du Musée.

Sa cachette, entourée d'un rebord en saillie, affectait la forme d'une auge peu profonde, et, en avançant la tête avec précaution, il pouvait, sans être vu, voir ce qui se passait dans la salle.

Les gardiens, stimulés par l'heure, hâtaient le départ des derniers visiteurs, désignant la sortie avec une politesse empressée, à laquelle il était impossible de résister.

Maintenant les « civils » avaient disparu. Deux surveillants restaient seuls, causant auprès des Caryatides, sans se douter qu'ils avaient un auditeur invisible.

— On s'en va, fit Isidore d'un ton grognon, impressionné qu'il était encore par la plaisanterie du ventriloque Frig.

— Eh non! répondit son compagnon.

— Qu'est-ce qui nous retient?

— Le camionneur de l'Administration donc!

— Il n'est pas arrivé encore?

— Non; parbleu, quand on travaille pour l'État, c'est toujours à petite vitesse!

Un instant de silence suivit cette remarque judicieuse, dont la justesse devait être particulièrement appréciée par les causeurs. Puis Isidore reprit :

— Moi, je lui donne le quart d'heure de grâce, pas une minute de plus.

— Moi, idem. Je n'ai pas envie de faire des heures supplémentaires.

— A quatre un quart, je boucle.

— Il en sera quitte pour repasser.

— Nous ne sommes pas à la disposition des emballeurs.

Le dialogue se fût prolongé longtemps, si le roulement d'un camion n'avait résonné dans la cour. Les gardiens coururent à la fenêtre :

— Les voici enfin. Ce n'est pas malheureux !

Peu d'instants après, deux camionneurs entraient, faisant claquer sur les dalles leurs lourds souliers ferrés.

Ils portaient une longue caisse de chêne renforcée de lames de cuivre, qu'ils déposèrent à gauche de la salle, à quelques mètres de la Diane de l'Archipel, toujours cachée sous sa bâche de toile.

Moi, je lui donne un quart d'heure de grâce.

Puis ils ressortirent et revinrent bientôt en poussant devant eux une large brouette de fer, analogue à celles en usage dans les gares, et sur laquelle était juché un appareil de forme bizarre, sorte de cric à plateau qui permet de déplacer, sans effort et sans danger, les hôtes de marbre, de bronze ou de pierre des galeries.

Guidés par les surveillants, ils traversèrent la salle et s'engouffrèrent dans le corridor de Pan ; mais longtemps après leur disparition, les voûtes sonores continuèrent à répercuter, avec un bruit de tonnerre, le roulement formidable de leur brouette.

Jean s'agita sur sa couche peu moelleuse :

— Pourvu qu'ils ramènent leurs ustensiles de ce côté, murmura-t-il.

Anxieux il attendit. Il devait, en effet, pour déplacer le bloc d'aluminium qui enfermait Nali, se servir des instruments des camionneurs, ainsi que le lui avait indiqué le clown, et à la pensée de faire, au milieu de la nuit, un vacarme pareil à celui qu'il entendait, il se sentait défaillir. Indubitablement, s'il opérait dans ces conditions, il attirerait l'attention des gardiens de service.

Son entreprise présentait déjà bien assez de difficultés, sans que cette dernière complication vînt s'y ajouter.

De longues minutes s'écoulèrent. Enfin l'artiste eut la satisfaction de voir reparaître camionneurs et gardiens avec tout leur attirail.

— Bon, déclara l'un des ouvriers, pour ne pas vous retenir plus longtemps nous clouerons l'emballage demain. Aussi bien, cela nous arrange aussi. Prévenez vos collègues qu'à sept heures du matin, nous enlèverons le colis. Bien le bonsoir!

Cinq minutes plus tard, Jean était le seul habitant de la salle des Caryatides.

La nuit venait, remplissant le vaste hall d'un brouillard sombre. La veillée de l'artiste commençait.

Elle fut longue et cruelle. Les côtes meurtries par son support de pierre, Jean se retournait à chaque instant pour déplacer la douleur.

Puis des rondes passaient silencieuses, ombres noires se dessinant en silhouettes sur le halo lumineux d'une lanterne. Alors le peintre demeurait immobile, retenait son souffle. Avec une attention enfantine, il suivait les mouvements de la lueur mobile qui, en tombant sur les statues alignées, semblait leur communiquer une existence éphémère.

De nouveau, l'obscurité régnait en maîtresse dans la galerie déserte.

Vers minuit, la lune dégagée de nuages brilla dans le ciel. Par les hautes fenêtres ses rayons pâles envahirent le hall. Mais cette clarté, qui eût dû être accueillie avec joie par Fanfare, lui causa seulement une impression de malaise.

Agacé par sa faction, hanté par l'idée de délivrer Nali, il était à cette heure d'une sensibilité nerveuse anormale; et les héros, les déesses de marbre, dont les formes blanches s'accusaient sous la lumière lunaire prenaient pour lui une apparence fantastique.

Statues ou statuettes, bas-reliefs, ornements des vases godronnés de porphyre rouge, des coupes en albâtre fleuri, des colonnes en brocatelle semblaient par des mouvements insensibles sortir des ténèbres, marcher vers la clarté!

Jean se souvint de ce conte finlandais dans lequel un roi et tout son peuple, transmués en granit par un esprit malfaisant, recouvraient le mouvement et la vie pendant quelques heures de la nuit.

Il haussa les épaules. Est-ce que lui, Parisien ultra-moderne, il sacrifierait à la crédulité enfantine des nations bégayant au seuil de l'histoire? Il risqua, pour se démontrer son courage, un petit ricanement.

Mais il ne renouvela pas l'épreuve. Le son léger parut se multiplier dans la salle, renvoyé en écho par les angles, les enfoncements des fenêtres. On eût dit que l'assemblée de héros pétrifiés répondait au rire du jeune homme.

De minute en minute son angoisse inquiète augmentait. Certes ce n'était point de la peur, mais la gêne inexprimable, l'anxiété irraisonnée de celui qui depuis longtemps est seul dans un lieu silencieux. Il attendait le bruit indistinct qui chasse le mutisme des choses, l'apparition imprécise devant laquelle s'évanouit la solitude.

De là une tension particulière de l'esprit, une propension à subir des impressions imaginatives. De là, la crainte et aussi le désir de voir s'animer les œuvres d'art dont il se trouvait environné. Il eût souhaité, quitte à en mourir d'épouvante, que la Vénus accroupie se relevât, que le Jupiter lançât sa foudre, que Posidonius lût à haute voix les inscriptions funéraires, que Bacchus entonnât une chanson à boire, et que Minerve vînt réciter sur les urnes cinéraires l'oraison funèbre des disparus.

Dans cette disposition, les dernières heures de la nuit furent pénibles. A tout moment, le peintre meurtri, courbaturé par sa longue station horizontale sur le dais des Caryatides, tressaillait brusquement.

Il croyait percevoir des chuchotements, des soupirs indistincts, comme si les lèvres de marbre de l'Olympe entassé là se fussent agitées pour débiter les « potins mondains » du Tout-Athènes et du Tout-Rome du Louvre.

Il advint même que les sens de Jean furent affectés à ce point que, pour échapper à l'étreinte de la nervosité croissante, il fixa ses regards sur l'enveloppe de toile de la Diane de l'Archipel. Il voulait ainsi revenir à la réalité prosaïque et dangereuse de sa situation. Vain effort! Sous ses yeux l'enveloppe s'agita. Est-ce que la jeune fille se réveillait, est-ce qu'elle luttait contre la cuirasse métallique qui l'étouffait?

Sans réfléchir, l'artiste se suspendit par les mains à la corniche de la tablette qu'il avait choisie pour refuge, il sauta à terre. Il courut vers Diane, écarta violemment l'enveloppe... et mit en fuite un chat noir, gardien à quatre pattes du Musée, qui s'était glissé en cet endroit.

Cet incident grotesque eut du moins l'avantage de donner un autre cours aux pensées de Fanfare. Durant plusieurs minutes, il considéra Diane-Nali, souriant à la captive, avec une larme sous la paupière.

— Va, fit-il enfin avec une douceur infinie. Je te sauverai, et loin d'Ergopoulos, loin des musées complices de ta séquestration, nous vivrons heureux.

Un bruit lointain de pas interrompit son affectueuse improvisation. Une ronde arrivait. Elle était loin encore, peut-être vers l'escalier Daru; mais dans les galeries silencieuses, le moindre son s'enflait démesurément.

Sur la pointe des pieds, Jean se rapprocha des Caryatides. Sans respect pour ces nobles sculptures, il les escalada comme un simple mât de cocagne.

Quand le surveillant de ronde pénétra dans la salle, il paraissait inquiet. Son oreille exercée avait perçu un bruit inaccoutumé. Mais il eut beau promener la lumière de sa lanterne de tous côtés, il ne vit rien d'insolite, et finalement, convaincu de s'être trompé, il s'éloigna.

C'était à la ronde de trois heures du matin que Fanfare avait ainsi échappé. Rendu circonspect par cette aventure, il ne bougea plus de sa cachette jusqu'au moment de se mettre à l'œuvre.

Enfin vers la cinquième heure, la dernière promenade de surveillance eut lieu. A l'apparition du falot, l'artiste poussa un soupir de soulagement. Sa faction tirait à sa fin. Un sourire railleur retroussant ses lèvres, il écouta les pas du gardien se perdre dans l'éloignement, puis il étira ses membres et de nouveau descendit de son perchoir.

Courbé en deux, se dissimulant derrière les piédestaux des statues obéissant en un mot à l'instinct des voleurs, qui, même dans une maison inhabitée, conservent involontairement une démarche louche et défiante, il se glissa près de la caisse abandonnée par les camionneurs.

Avec peine, il tira de l'emballage les lourds fragments, antiques témoins de civilisations éteintes, qui allaient être enfouis dans l'oubli du musée de Nantes, et, ce premier travail achevé, il se mit en devoir de les remplacer par sa chère statue de Diane.

Son émotion devint si forte en cet instant que, durant plusieurs minutes, il fut incapable de poursuivre sa besogne. Il se ressaisit pourtant, domina son trouble et fit glisser, auprès du piédestal de la malheureuse Nali, le cric à plateau qui devait lui permettre d'achever son œuvre.

D'un geste impétueux, il arracha l'enveloppe dont la statue était recouverte. Diane apparut, baignée des rayons d'argent de la lune. L'aluminium poli se piquait de paillettes brillantes; on eût dit que Nali était drapée dans une tunique d'or en fusion. Son front se nimbait d'une auréole éclatante. Il semblait que l'expression pensive de son gracieux visage se modifiait pour faire place à la joie, à l'espérance.

— C'est moi, murmura le peintre avec l'accent de la prière. C'est moi, Nali. Je viens délivrer ta douceur, ta beauté. Ne crains pas, bientôt tu seras libre, et le sourire refleurira sur tes lèvres!

Tout en parlant, sans s'apercevoir peut-être qu'il proférait des sons, le jeune homme, par une série de saccades, faisait passer la pseudo-sculpture grecque de son support sur le plateau du cric.

Puis il roula l'appareil, chargé du précieux fardeau, à côté de la caisse qu'il avait vidée tout à l'heure, et, faisant manœuvrer le déclic de la manivelle, laissa le plateau s'abaisser jusqu'au niveau du fond du coffre.

Cinq minutes lui suffirent pour y coucher la statue, la dissimuler sous les coussinets, toiles, etc., destinés à remplir les vides de l'emballage, et à remettre en place le couvercle.

— C'est fait! dit-il joyeusement.

Mais ses regards tombèrent sur les fragments antiques déposés sur le sol :

— Il s'agit seulement de dissimuler cela. Derrière la statue géante de Melpomène, m'a indiqué Frig. Allons-y.

Un à un, il chargea sur la brouette les débris réunis pour le musée de Nantes et se mit en route.

Cette promenade à travers les galeries lui causa des transes épouvantables. Le roulement de la brouette, enflé par la résonnance des voûtes sonores, se prolongeait avec le bruit tumultueux d'une chute d'eau.

Il semblait impossible au peintre qu'un tel vacarme n'attirât pas les gardiens réveillés en sursaut.

Cependant il atteignit sans encombre la salle de Melpomène. Alors avec des forces doublées par la crainte d'être surpris, il enleva torse d'Hercule, tête de Junon, jambes d'Apollon, et les jeta pêle-mêle derrière la masse imposante de la muse grecque. Dans sa précipitation, il ajouta sans doute quelques dégâts à ceux que les siècles avaient causés à ces respectables vestiges de la statuaire d'Attique, mais il n'y songea même pas.

Une seule pensée le tenait : se hâter, retourner à sa cachette, ne pas compromettre par une hésitation le succès de son expédition.

Aussi rapidement que possible, il ramena la brouette à sa place primitive et se mit en devoir de grimper à son gîte.

Déjà il s'accrochait sans respect au nez d'une Caryatide, quand il eut une

LA RONDE DES GARDIENS.

exclamation de stupeur. Ses doigts desserrèrent leur étreinte et il retomba sur les dalles.

Par la rainure de la porte capitonnée, qui donne accès dans le vestibule de l'escalier Henri II, filtrait un rayon de lumière. Une ronde arrive. Dans dix secondes, des surveillants pénétreront dans la salle.

Un instant, Fanfare sent un vent de folie souffler sur lui. Il n'a pas le temps d'escalader le dais qui toute la nuit lui a servi d'asile. Il va être pris, arrêté... On découvrira le motif de sa présence. Nali est perdue!

Ses yeux se portent sur le piédestal vide de la statue. Réussît-il même à se dissimuler, qu'il est impossible que l'on ne s'aperçoive pas de la disparition de la victime d'Ergopoulos.

Que faire? Les pas des gardiens se rapprochent, ils sonnent sur le dallage. La porte va s'ouvrir. La fatalité a condamné le peintre et sa fiancée. Non, pas encore. Une lueur traverse le cerveau de Jean.

D'un bond, il est auprès de la toile qui cachait Diane. Il s'en enveloppe, saute sur le piédestal au moment même où les surveillants de ronde se montrent sur le seuil.

Une minute s'écoule, minute d'angoisse aiguë. Le gardien passe. Il n'a rien vu.

Et, quand il a quitté la salle, Jean, dont les genoux ploient, s'assied sur le socle de la Diane de l'Archipel, et, les jambes pendantes, la tête vide, il reste là inerte, brisé, palpitant de l'émotion terrible dont il a été secoué.

CHAPITRE X

SUR LES ROUTES DE FRANCE

Bientôt le peintre secoua sa torpeur. Obéissant aux recommandations de Frig, il quitta son siège, et, avec des morceaux de bois, confectionna une carcasse qui, disposée sous la bâche, donnait suffisamment l'illusion d'une statue voilée. Après quoi, il s'empressa de se hisser au-dessus des Caryatides et, pelotonné sur son lit de pierre, il attendit.

Six heures, sept heures sonnèrent au pavillon de l'Horloge. Un jour gris et terne se levait. Au dehors des passants affairés traversaient la cour du Vieux Louvre. La ville endormie s'éveillait et son bourdonnement géant arrivait jusqu'à Jean.

Un peu avant huit heures, les roues d'un véhicule grondèrent pesamment sur les pavés. Fanfare frissonna de la tête aux pieds. Ce devaient être ses alliés, les camionneurs improvisés. Avaient-ils réussi dans leur entreprise? S'ils avaient échoué, tous ses efforts personnels n'auraient abouti qu'à changer Nali de prison.

Enfin plusieurs personnes entrèrent dans la galerie. Jean regarda. Des surveillants accompagnaient deux hommes couverts d'amples limousines et coiffés de casquettes de cuir portant des lettres en cuivre.

L'artiste hésita à les reconnaître; pourtant l'un d'eux ayant levé la tête vers l'endroit où il se trouvait, le jeune homme respira. C'était Frog.

Méthodiquement, les Anglais présentèrent leur « ordre d'enlèvement d'un colis », et, après vérification faite par les surveillants, emportèrent successivement la caisse contenant Nali, leur brouette, le cric et leurs divers outils.

Fanfare, tremblant qu'un accident imprévu ne les arrêtât, prêtait l'oreille. Il entendit le camion s'éloigner lourdement.

Alors il respira. Nali était en sûreté. A dix heures, au moment de l'ouverture des portes, il abandonnerait sa cachette et courrait retrouver ses amis. Car désormais ils seraient ses amis les plus chers, ces pauvres clowns qui avaient collaboré à la délivrance de sa fiancée.

Maintenant qu'il n'était plus soutenu par la fièvre du combat, le peintre avait hâte de quitter son incommode station. Une forte courbature, bien justifiée du reste, crispait douloureusement ses muscles. Vraiment, pour employer l'expression familière, il ne savait plus de quel côté se retourner.

Tout a un terme, même les situations ennuyeuses. L'instant si ardemment espéré arriva enfin. Les portes s'ouvrirent devant le public.

Mais un nouveau contre-temps se produisit. Plusieurs surveillants s'installèrent autour d'une bouche de chaleur et entamèrent une conversation variée. Certes, les braves gens qui, pour venir reprendre leur service, avaient traversé la ville par une température glaciale, étaient bien excusables de réchauffer leurs membres engourdis; mais l'artiste, bloqué dans sa cachette, les envoyait in petto à tous les diables. Avec cela, les curieux commençaient à se montrer. Si la conversation des gardiens se prolongeait, personne ne pouvait prévoir quand finirait la captivité du fiancé de Nali.

Ces réflexions moroses n'étaient pas pour égayer l'artiste, et ma foi, la courbature le poussant, il se fût laissé aller à quelque imprudence, lorsque le hasard se prononça en sa faveur.

Un cri de stupeur, des appels effarés retentirent dans la direction de la salle de la Vénus de Milo. Surpris par ces clameurs, les gardiens, les visiteurs se précipitèrent. Des mots incohérents parviennent aux oreilles de Fanfare :

— La Melpomène!... l'envoi de Nantes!

Jean comprit. On avait découvert les sculptures transportées par lui durant la nuit précédente.

Ma foi! l'instant était propice, il n'hésita plus. Dégringolant vivement de son perchoir, il poussa la porte voisine, et, laissant à sa gauche l'escalier Henri II, il gagna la cour.

Cependant, à l'intérieur du Musée, le tumulte allait grandissant. Les surveillants couraient aux bureaux des conservateurs, on envoyait chercher les agents de garde de la nuit, qui avaient remis le colis aux camionneurs.

On ne croyait pas encore à un vol, mais à une simple erreur, et tout en se démenant, chacun étouffait une forte envie de rire.

Bientôt tout le personnel du Musée fut rassemblé dans les galeries des Antiquités grecques et romaines.

On s'abordait. On s'interrogeait. Personne ne devinait ce qui s'était passé, aussi chacun l'expliquait à sa manière sans élucider la question.

Car il importait de savoir quels objets avaient été expédiés à Nantes aux lieu et place des fragments désignés par l'Administration.

Un employé, détaché à la gare Montparnasse pour reprendre la caisse au départ, revint annoncer qu'aucun colis semblable n'avait été remis au chemin de fer.

On se précipita chez l'entrepreneur des camionnages du Louvre. Celui-ci déclara que vers six heures et demie du matin, il avait envoyé deux hommes de confiance et un fourgon pour exécuter l'ordre qu'on lui avait fait parvenir et qu'il n'en savait pas davantage.

Bref, les racontars allaient leur train, l'affaire s'embrouillait de plus en plus. Une question d'un visiteur curieux amena le désarroi à son comble.

Cet amateur de sculpture, s'étant avisé de soulever le voile jeté sur la Diane de l'Archipel, aperçut l'échafaudage édifié par Jean. Il arrêta le premier gardien qu'il rencontra :

— Où est donc la Diane en aluminium maintenant? demanda-t-il d'un air entendu.

— Salle des Caryatides, expliqua l'agent, piédestal n° 16 *bis*.

— Mais non, j'en viens.

— Comment? vous en venez?

— A telle enseigne que j'ai aperçu un petit échafaudage.

— Un quoi?

— Un échafaudage.

Il fallut au surveillant la longue habitude de politesse contractée dans les galeries pour ne pas traiter de fou son interlocuteur. Néanmoins, par réflexion, il alla voir et demeura pétrifié en constatant la disparition de la précieuse statue.

De ce subalterne, l'affreuse nouvelle remonta jusqu'aux conservateurs. Du coup, le Musée fut en révolution.

C'était à en perdre la tête. On retrouvait l'envoi pour Nantes et la Diane était perdue !

Tout s'éclaircit vers midi. L'entrepreneur de transports fit irruption dans le Louvre. Il avait retrouvé ses employés ivres morts dans un cabaret, son camion stationnant dans la rue. Le débitant de vins lui avait conté que des amis de ses ouvriers s'étaient chargés de leur besogne, afin de leur éviter une semonce, et cœtera. Le doute n'était plus possible; la vérité éclatait au grand jour; d'audacieux cambrioleurs avaient enlevé Diane.

Aussitôt on courut au télégraphe, au téléphone. La direction générale des Beaux-Arts, la préfecture de police furent avisées. L'émoi du personnel du Louvre gagna de proche en proche.

Des photographies de la statue furent distribuées dans tous les commissariats de police; les agents secrets se répandirent dans le monde des vagabonds; un service de surveillance fut établi à toutes les gares, tandis que sur les fils du réseau télégraphique, des ordres couraient, mettant sur pied les gendarmeries des départements limitrophes.

Malgré ce déploiement de forces, ce luxe de précautions, la journée se passa sans apporter le plus léger éclaircissement au mystère. Mais le lendemain, une note de commissariat fut communiquée au Louvre. Voici ce qu'elle relatait :

« Ce matin, vers neuf heures, j'ai été appelé place Pigalle, par une con-
« cierge inquiète de la disparition d'un de ses locataires. Ledit locataire est
« un peintre, du nom de Jean Fanfare, absent depuis quarante-huit heures.
« Un serrurier, requis par moi, a ouvert la porte de l'atelier de l'artiste.
« A l'intérieur j'ai trouvé un tableau reproduisant exactement la photogra-
« phie de la Diane de l'Archipel, il était peint à l'huile, mais avec les couleurs
« d'une personne vivante. Sur une chaise, un plan des galeries du Louvre
« a attiré mon attention. Je n'ose exprimer un soupçon. A tout hasard, j'ai
« établi dans l'immeuble une *souricière*, où le sieur Fanfare tombera, s'il
« revient. J'attends des ordres. »

Fanfare! Un conservateur se souvint que l'artiste avait obtenu une « autorisation de travail dans le Musée ». On interrogea les surveillants, on reconstitua l'emploi des journées du peintre et l'on arriva à cette conclusion, très compromettante pour lui, qu'il ne travaillait guère. De là à l'accuser de complicité dans le rapt de Diane, il n'y avait qu'un pas; il fut vite franchi. Un reporter adroit confessa un employé du Louvre, et bientôt la presse annonça à ses lecteurs qu'un artiste apprécié avait commis un vol au Musée, ce qui permit aux marchands de tableaux, détenteurs de toiles du jeune homme, de les « pousser » et de réaliser ainsi de jolis bénéfices, à la plus grande gloire de la badauderie humaine.

Cependant que devenait le héros de ce formidable scandale?

A peine sorti du Louvre, Jean avait couru au bureau d'omnibus de la place du Palais-Royal. Lee l'attendait en cet endroit. Sans entrer dans des explications oiseuses, l'Anglaise poussa Fanfare dans un fiacre arrêté le long du trottoir, y monta après lui, et le cocher, sans doute stylé d'avance, fouetta aussitôt son cheval qui partit bon train.

— Où allons-nous? interrogea l'artiste.

— Rejoindre le mari de moi et son cousin.

— En quel lieu?

— Montmartre.

Vous avez tout à fait l'air d'un manant.

En effet, la voiture gagnait les hauteurs de la butte parisienne. Elle s'arrêta en face d'une petite maison de la rue des Abbesses.

Les voyageurs descendirent et Lee, s'adressant à son compagnon, lui dit avec cet accent inimitable dont les dialogues du cirque lui avaient donné l'habitude :

— Marchez dans les traces de moi.

Jean obéit. Derrière son gracieux guide, il traversa un vestibule modeste et s'engagea dans un escalier obscur aux marches hautes et raides. Au troisième étage, l'Anglaise fit halte et heurta de façon particulière une porte close. Celle-ci tourna sur ses gonds, et une double exclamation salua l'arrivée du peintre :

— Aoh! Vous voici. Well!

Frig et Frog étaient là. Fanfare voulut les remercier. Ils l'interrompirent :

— Pas le temps de bavarder. Temps précieux. Venez. Nous faire votre tête et partir de souite.

Tiré, poussé, l'artiste ahuri fut entraîné dans une petite pièce, assis dans un fauteuil devant une toilette dont la plaque de marbre était encombrée de flacons, de pots de pommades; on lui passa une serviette sous le menton, et Frig, s'improvisant coiffeur, le rasa, puis lui coupa les cheveux.

Il avait expliqué sa pensée par cette phrase laconique :

— Besoin changer figuioure... pour pas être reconnu.

Cette opération terminée, il ajusta sur le nez du jeune homme une paire de lunettes bleues, lui fit endosser une blouse de toile, un carrick de drap épais, le coiffa d'un chapeau mou. Après quoi, il le considéra avec satisfaction et s'écria en se frottant les mains :

— All right! Vous avez tout à fait l'air d'un manant!

— Oh yes! tout à fait! appuya Lee.

Et, laissant le Français devant une glace, où il contemplait, non sans une grimace, sa nouvelle apparence, tous deux se hâtèrent d'empiler dans des valises les objets accumulés sur la toilette.

— Nous y sommes? dit enfin le clown Frig. En route.

Sur cet ordre, toute la bande descendit. Rue des Abbesses, l'Anglais se dirigea vers la place de la mairie et s'engagea dans la voie circulaire qui escalade la crête de la butte. Tournant le dos au centre de Paris, il guidait ses compagnons. On passa près du moulin célèbre situé au sommet de la hauteur, puis par des ruelles bordées de jardins, la petite troupe arriva jusqu'au mur d'enceinte. Elle sortit de la capitale, traversa la zône militaire et atteignit une maison isolée, petite, sombre, à laquelle attenait une cour envahie par les herbes et entourée d'un mur de clôture peu élevé.

Au milieu de la cour, une carriole attelée d'un vigoureux cheval attendait.

— Ici, nous allons nous séparer, prononça Frig.

Jean eut un haut le corps :

— Nous séparer!

— Yes. Montez dans l'équipage. Il contient aussi le statue de Miss Nali.

— Elle?

— Parfaitement. Nous l'avons fait sortir du Louvre, il s'agit de le faire sortir de France.

— Permettez...moi tout seul...?

— Vous toute seule, vous ferez ce que dit cette feuille de *paper*... papier, oui, papier.

Et le clown tendit à son interlocuteur une fiche couverte d'indications.

— Vous voyez le itinéraire, reprit-il, Beauvais, Amiens, Abbeville. Partout vous descendrez de ma part dans les hôtels désignés.

— On vous connaît?

— Tiens. J'ai déjà fait le tournée de France. D'Abbeville vous irez à Saint-Valéry, vous vous rendrez chez le père Bossiaux, voici son adresse. C'est une pêcheur. De nuit, il chargera le emballage dans son béteau, et il vous conduira en Angleterre, à Tilbury, où Lord Waldker vous espérait. C'est là que nous vous rejoindrons.

— Mais comment y arriverez-vous?

— Par le chemin de fer, jusqu'à Boulogne, et le steamer *Marguerite*, Boulogne-Tilbury, ensuite.

— Pardon, s'exclama Fanfare, il me semble qu'il vaudrait mieux ne pas nous quitter et voyager en chemin de fer.

Frig leva les yeux au ciel, étendit les bras d'un air de pitié.

— Le railway... avec miss Nali, gémit-il enfin? Pour être caputiouré à le première station. Vous pensez bien que le télégraphe, il va jouer, que les gendarmes de service dans les gares seront prévenus.

— Oui, c'est vrai.

— Tandis que par le voie de terre, vous passez sans que l'on s'inquiétait de vous. La seule difficulté était sur le côté de la mer; mais le brave père Bossiaux sait faire le contrebande. Il emmènera la jeune dame sans que les douaniers s'en aperçoivent.

— Soit!

— Nous sommes d'accord?

— Entièrement.

— Alors, prenez place sur le siège de le voiture.

Avec une émotion dont il ne fut pas maître, le jeune homme serra les mains des dignes clowns et de la jolie écuyère, puis sautant sur le siège, il rassembla les rênes.

Frig ouvrit la porte de la cour et la carriole sortit de l'enclos. A ce moment, deux gendarmes passaient sur la route. Jean ne put entièrement réprimer un mouvement de frayeur. A la vue des représentants de la loi, il venait de se souvenir qu'il partait pour l'exil, qu'il commençait la première étape du douloureux voyage des proscrits.

CHAPITRE XI

NALI

Une semaine environ après ces divers événements, vers cinq heures du soir, Lucien Vemtite se présentait pour la vingtième fois chez son ami Jean, et d'un air désolé, écoutait la concierge prolixe lui expliquer longuement que le peintre n'avait pas reparu.

Le facétieux disciple d'Apollon était méconnaissable. Le départ de Fanfare l'avait désespéré, car, sous l'apparence d'un poète badin, Lucien cachait un cœur aimant, dévoué, sensible. L'artiste était son ami le plus cher, et depuis de longs jours, il s'épuisait à le défendre contre les accusations dont l'accablaient l'Administration, la Presse et le public.

On avait beau dire, entasser les preuves, accumuler les faits, Vemtite se refusait à croire son ami coupable.

Sa raison lui rappelait vainement les confidences du peintre, le portrait de l'Américaine Nali qui ressemblait si étrangement à la Diane de l'Archipel, son affection répondait : coïncidences fortuites et sans signification précise.

Chaque jour, il montait à la place Pigalle, avec l'espoir qu'à sa question accoutumée, la portière répliquerait :

— Montez, Monsieur, vous trouverez M. Fanfare dans son atelier.

Et chaque jour, c'était une nouvelle désillusion.

Or, le poète restait planté devant la porte de la loge, ainsi qu'un homme qui ne sait à quelle résolution s'arrêter.

Enfin, avec un geste découragé, il salua la concierge et fit un pas en arrière. Il heurta une personne qu'il n'avait pas vue, une jeune femme, autant que l'on pouvait en juger par la tournure, car une voilette épaisse cachait ses traits.

Lucien bégaya des excuses et gagna l'extérieur. Mais il s'était à peine engagé dans la rue Frochot, chemin indiqué pour retourner à son bureau qu'une main fine se posa sur son bras, tandis qu'une voix douce, mélodieuse, résonnait à son oreille :

— Pardon, Monsieur, si je me trompe. N'êtes vous point Monsieur Lucien Vemtite, naguère ami de M. Fanfare?

— Naguère et toujours, Madame, repartit le secrétaire du Ministre.

— Toujours... malgré les soupçons qui pèsent sur lui?

— Plus que jamais. Que penser d'une amitié qui se déroberait à l'heure des tristesses?

— Il avait raison, murmura l'inconnue. Vous êtes vraiment son ami.

— Qui, il? demanda Lucien non sans surprise. Est-ce de Jean que vous parlez?

Et, sur un signe affirmatif de la femme voilée :

— Vous le connaissez donc?

— Oui, fit elle d'une voix étouffée.

Il y eut un silence, puis, le poète, ne pouvant plus longtemps réprimer sa curiosité, poursuivit :

— Et moi... Est-ce que je vous connais?

Son interlocutrice secoua la tête en signe de doute :

— Peut-être. Vous ne m'avez jamais vue, moi — elle appuya fortement sur ce dernier mot — et cependant, puisque vous étiez des familiers de M. Jean, vous avez dû vous trouver en ma présence.

Troublé par ces paroles mystérieuses, Vemtite s'arrêta net.

— Je ne comprends pas, Madame. Que voulez-vous dire?

— Êtes-vous l'ami dévoué que je pense, reprit-elle avec force sans tenir compte de la question?

Dominé par son accent, il répliqua sans hésiter :

— Absolument.

— Désirez-vous sauver M. Jean; le tirer de l'affreuse situation où il s'est jeté?

— Parlez, je suis prêt.

L'inconnue laissa échapper un mouvement de joie. Elle saisit le poète par la main, l'entraîna sous un réverbère. Là, elle leva brusquement son voile et mettant son visage en pleine lumière :

— Regardez-moi... et dites si vous me reconnaissez.

Il obéit. Un étonnement prodigieux se peignit sur ses traits, et il prononça enfin d'une voix hésitante ces mots étranges :

— La Diane de l'Archipel!

Nerveusement elle lui reprit la main :

— Oui, la Diane, ou plutôt miss Nali, la cause involontaire du malheur de Jean... de M. Jean; Nali qui ne veut pas le voir condamner comme voleur, qui ne veut pas qu'il traîne ses jours dans l'exil, loin des siens, loin de sa patrie.

Vemtite écoutait l'Américaine.

— Miss Nali, répéta Lucien tout étourdi de l'aventure. Vous avez quitté Athènes?

— Malgré moi.

— Malgré vous?

— Oui. Cela vous paraît obscur. Prenons un fiacre. Accompagnez-moi au Grand Hôtel où je suis descendue. Là je vous conterai ma triste histoire, la fatalité qui pèse sur moi et fait que, ne pouvant être heureuse, je répands le malheur sur tous ceux qui me sont chers.

Elle essuya une larme coulant au bout de ses longs cils, héla une voiture qui passait, y fit monter Lucien complètement dominé par l'étrangeté de la situation et s'assit à côté de lui, après avoir jeté l'adresse au cocher.

Une demi-heure plus tard, les jeunes gens, installés dans un angle du salon de lecture du Grand Hôtel, causaient, ou plutôt Vemtite écoutait l'Américaine qui faisait le curieux récit de l'intrigue menée par le traître Ergopoulos.

Elle disait sa première entrevue avec Jean, le rappel du peintre en France, sa tristesse à se sentir poursuivie par l'épithète de Peau Rouge, la sympathie hypocrite du sculpteur grec.

— Un jour, continua-t-elle, sous couleur de me montrer une lettre venant de France, ce misérable m'attira dans son atelier du mont Saint-Georges, près d'Athènes. Sans défiance, j'acceptai un sorbet. La boisson glacée contenait un narcotique. Je m'endormis et quand je sortis du sommeil, j'étais prisonnière dans le sous-sol de la demeure du traître.

Et comme Lucien fermait les poings, pris de rage contre le cauteleux personnage, elle poursuivit :

— Attendez pour vous irriter. Ma captivité dura un mois. Le désespoir me prenait. Je souhaitais ardemment recouvrer ma liberté. Insensée, j'ignorais qu'en sortant de la cave où je gémissais, mon infortune serait plus grande encore. Un soir, on mêla de nouveau un soporifique à mes aliments. A mon réveil, j'étais à bord d'un yacht de plaisance appartenant à mon ennemi.

Sans savoir où l'on me conduisait, je traversai la Méditerranée. Pour la troisième fois, un sommeil factice ferma mes yeux. J'ai su depuis que, durant ce temps, nous avions séjourné dans le port de Marseille. Je me retrouvai en pleine mer. Le yacht gagna la côte du Maroc, jeta l'ancre dans un petit port de pêche où il resta près de deux semaines.

Ergopoulos paraissait ravi. Il ne me parlait plus de son désir de m'épouser. Mais un soir, un brigantin pénétra dans le port. Un canot amena à bord du yacht des hommes avec lesquels le sculpteur s'enferma dans sa cabine. Au matin, le navire mystérieux repartit pour revenir huit jours après.

Alors devant lui, mon geôlier me fit amener et avec le plus effroyable cynisme m'expliqua le plan infernal qu'il avait exécuté :

— Après vous avoir endormie, plongée en état cataleptique, à Athènes, me dit-il, j'ai pris un moulage de vous. Grâce à ce soin, j'ai pu obtenir un moule admirable et j'ai fondu une statue d'aluminium qui est un chef-d'œuvre. Des retouches habiles ont complété mon ouvrage. Nul ne soupçonnera le procédé, car pour cela, il faudrait briser la statue et en extraire la carcasse de fer bien moderne qui assurait la solidité parfaite du moule. J'ai adressé ma « Diane », car vous êtes devenue une Diane, à la Direction des Beaux-Arts, à Paris, comme une pièce rare trouvée dans des fouilles circumméditerranéennes. Par une lettre particulière, j'ai avisé Jean Fanfare de cette expédition ; je lui ai affirmé que ma statue avait été obtenue en vous jetant, vous, endormie, dans une cuve de galvanoplastie, que vous étiez enfermée dans une cuirasse d'aluminium, et que, après un laps donné, vous sortiriez de la léthargie où ma science vous avait plongée, pour subir en quelques secondes la plus horrible agonie. Un ami sûr, un savant.., je puis vous le nommer, Lord Waldker, médecin de la cour d'Angleterre, a fait tenir mon épître en temps utile.

— Oh ! murmurai-je, à quoi bon cette vengeance cruelle, puisque déjà par votre adresse, vos mensonges, vous avez fait que le père de M. Fanfare m'a refusée pour fille ; puisque ainsi nous sommes séparés à jamais.

Il ricana :

— J'ai voulu qu'il ne fût plus digne de vous. Je comptais sur son tempérament exalté d'artiste. Mes prévisions étaient justes. Affolé par ma lettre, obsédé par la pensée de vous arracher à une mort inévitable, il s'est introduit au musée du Louvre, où ma « sculpture » avait été admise. Il a réussi à emporter la Diane qu'il croit vous-même. Et maintenant, il est hors de France, traînant l'existence misérable d'un voleur, flétri par la justice de son pays, déshonoré, avili.

Je restais sans voix, écrasée par l'horreur de cette confidence. Et le fourbe riait, sans pitié de mon angoisse :

— Vous l'aviez choisi, continua-t-il. Vous admettrez bien que maintenant, il n'est plus un fiancé sortable. Mais c'est assez parler de lui. Par le passé, vous devez être assurée que j'arrive toujours au but que je me suis désigné. Voici l'avenir que je me réserve. Demain au jour, nous lèverons l'ancre. Mon yacht nous conduira sur la côte africaine, en un endroit où les autorités, moyennant honnête rétribution, nous marieront sans demander le moindre renseignement. C'est, à quoi bon vous le cacher, dans la république nègre de Liberia que notre union sera célébrée. J'aurai ainsi vaincu mon rival et conquis mon épouse.

J'écoutais sans parvenir à parler, à exprimer mon mépris à cet infâme. Pourtant la pensée de mettre ma main dans sa main criminelle me secoua à ce point que je retrouvai l'énergie de lui crier :

— Jamais je ne serai votre femme, plutôt mourir.

Il ne s'émut pas. Un sourire railleur crispa ses lèvres :

— Soit, dit-il négligemment. Vous m'épouserez ou vous mourrez.

Et comme je le regardais avec épouvante.

— Vous comprenez bien, chère miss, que si je vous ai conté par le menu ma petite machination, c'est que je suis résolu à vous empêcher de me dénoncer. Vous m'avez en horreur aujourd'hui, qu'importe? Demain votre colère tombera, et vous vous rendrez compte qu'il est préférable d'être unie à un homme capable de vouloir, qu'à un artiste faible, soupirant, à la cervelle farcie de billevesées.

— Jamais, répétai-je.

Il haussa les épaules avec indifférence et me fit reconduire dans ma cabine.

Une fois seule, je me sentis défaillir. Ma situation m'apparaissait dans toute son horreur. J'étais sans défense au pouvoir de cet homme qu'aucun scrupule n'était capable d'arrêter.

La fuite seule aurait pu me sauver. Mais fuir n'était pas possible. Le navire se balançait à plus de deux milles du rivage, et à moins d'être une excellente nageuse..... Certes! Je n'ignorais point l'art de la natation, et bien souvent, dans les eaux claires de la rivière Delaware, j'avais mis un grain de vanité à exécuter des prouesses qui épouvantaient mes compagnes.

Mais deux milles à franchir, cela dépassait mes forces. Sans cela, l'évasion eût été facile. Ma cabine, située à l'arrière du navire, recevait le jour par un sabord. Rien de plus simple que d'y attacher une corde et de me laisser glisser dans l'eau.

Je constatai cela avec un regain de tristesse. Ergopoulos savait bien que je ne pourrais lui échapper ainsi; sans cela, il ne m'aurait pas laissée en cet endroit; il eût cherché une prison plus sûre.

Tel était le désarroi de mes pensées, que j'avais presque oublié Jean. Soudain son nom se présenta à mon esprit, et en même temps je compris son affreuse situation. Il était réputé voleur, pourchassé comme tel, et s'il était surpris par des limiers de la police, il serait jugé, condamné au bagne, ainsi qu'un escroc vulgaire, lui qui, en enlevant une statue, avait seulement tenté de m'arracher à la mort.

Si j'étais libre, je pourrais l'aider à se justifier. Libre! hélas! Entre moi et la liberté s'étendait une nappe d'eau infranchissable!

Et pourtant une voix murmurait à mon oreille :

— Avant de désespérer, il faut tenter l'impossible. Il n'a pas hésité, lui, à sacrifier son honneur, bien plus précieux que la vie. Et tu hésites, tu te consultes, quand, avec un peu de courage, tu le rejoindrais et lui rendrais le droit de marcher le front haut. Sa famille t'a repoussée, tu dois renoncer à t'unir à l'époux que tu avais choisi, venge-toi en écartant le déshonneur de celui que tu pleures.

Peu à peu j'en arrivais à me persuader que traverser deux milles de mer à la nage n'était pas bien difficile.

Une dernière réflexion me décida :

— Après tout, me dis-je, si je succombe, je serai à jamais délivrée d'Ergopoulos. Partons.

J'attendis le milieu de la nuit. Je fixai une extrémité de ma couverture au sabord et je rejetai l'autre au dehors. En me penchant par l'ouverture, je m'aperçus que ma « corde improvisée » atteignait presque la surface de l'eau. Je revêtis un costume de bain et bravement j'enjambai le sabord.

Puis, avec des précautions infinies, je me laissai glisser dans la mer. Personne ne s'était aperçu de mon évasion. Ce premier succès m'encouragea, mais il me restait une zone dangereuse à traverser. La lune brillait d'un vif éclat et les hommes de quart m'eussent infailliblement aperçue sur les vagues voisines du steamer.

Je plongeai, nageant sous l'eau aussi longtemps que possible. Remontant à la surface, je renouvelai ma provision d'air et replongeai. Après avoir répété ce manège quatre ou cinq fois, je jugeai que j'étais suffisamment éloignée du yacht et je me dirigeai normalement vers la côte.

La mer était paisible, une longue houle la soulevait paresseusement; j'avançais sans beaucoup d'efforts.

Pourtant, fût-ce l'effet des émotions qui m'avaient agitée, je sentis bientôt que la fatigue me gagnait.

— Ah! murmurai-je avec terreur, est-ce que je dois périr?

Me haussant sur l'eau, je jetai autour de moi un regard terrifié. J'étais à peine à mi-chemin de la terre.

Le découragement m'envahit. J'essayai de lutter.

— Voyons, me dis-je, lorsque l'on est las, on se repose. Je vais m'étendre sur le dos et rester quelques minutes sans bouger. Je continuerai ensuite ma traversée.

Je fis ainsi que je l'avais dit. Pendant un quart d'heure je me laissai bercer par la lame. Il me semblait que mes membres avaient recouvré leur souplesse, je repris ma nage.

J'avançai encore de deux ou trois cents mètres vers la terre. La confiance m'était revenue.

Je fis une nouvelle halte horizontale. Or, tandis que je me reposais, l'idée me vint de m'assurer qu'aucun danger ne me menaçait du côté du navire que j'avais quitté.

Je regardai. Le yacht se profilait dans l'éloignement, mais entre lui et moi, la mer était déserte. Ma fuite n'était donc pas découverte, car autrement Ergopoulos n'eût pas manqué de faire descendre les chaloupes à l'eau pour me poursuivre.

Je me réjouissais, quand naquit pour moi une nouvelle source d'alarmes. Le steamer me paraissait dériver insensiblement vers la haute mer. Je redoublai d'attention.

Le mouvement persista et cependant, le balancement régulier du yacht indiquait qu'il était solidement affourché sur ses ancres.

D'où provenait donc mon illusion? Soudain une exclamation de terreur jaillit de mes lèvres.

C'est moi qui dérivais en sens contraire du déplacement apparent du vaisseau. J'étais entraînée par un courant!

Brusquement je me remis à la nage, tournant fréquemment les yeux vers le steam pour juger du chemin parcouru. Bientôt le doute ne me fut plus permis. Le courant m'emportait irrésistiblement, il m'éloignait du rivage où j'espérais aborder. Il me portait vers l'extrémité opposée de la baie, vers la haute mer!

CHAPITRE XII

LA PIEUVRE

Dire le découragement qui s'empara de moi est impossible. Cependant, ce n'était pas de la peur que je ressentais. En face de la mort certaine, une sorte d'indifférence se développa dans mon esprit.

En le constatant, j'eus la force de sourire.

Fille d'un Irlandais et d'une Indienne, c'était l'âme de la Peau Rouge qui s'éveillait en moi. Je songeai aux guerriers hurons ou mohicans de Fenimore Cooper, attachés au poteau du supplice, insoucieux des tortures, qui clamaient leur chant de mort. J'étais dans une disposition analogue. J'éprouvais du mépris pour le trépas.

Ils avaient raison, ceux qui m'avaient infligé l'épithète cruelle de Peau Rouge.

A l'heure du péril, je redevenais Indienne.

Sans doute ce furent ces réflexions qui m'empêchèrent de m'abandonner à mon sort. La frayeur m'aurait paralysée, le dédain de la fin me conserva toutes mes forces.

— Soit, murmurais-je, autant disparaître que vivre en captivité! Mais comme ma vie peut être utile à Jean, luttons jusqu'au dernier instant.

Sans un mouvement, je me laissai charrier par le courant. Je me réservais pour une suprême tentative. Autant que je pouvais en juger, je devais passer à peu de distance du cap qui fermait la baie. Là, j'essaierais encore d'atteindre la terre.

J'attendis sans anxiété, je vous l'affirme. Je dérivais insensiblement vers le point que j'avais désigné pour être le théâtre de mon ultime lutte. Soudain un bruit de rames frappa mon tympan. L'eau, vous le savez, est meilleur conducteur du son que l'air, et j'avais les oreilles au niveau de la surface.

Je n'hésitai pas. L'embarcation que j'entendais était une chaloupe du yacht lancée à ma poursuite.

Avec précaution je soulevai la tête, et à deux cents mètres de moi, j'aperçus la forme noire d'un canot glissant sur les lames.

Une minute d'horrible anxiété se passa, puis je respirai. L'équipage du bateau ne m'avait pas vue. L'esquif suivait une ligne à peu près parallèle à celle du courant; il se dirigeait aussi vers la pointe rocheuse de l'Est du golfe.

Mais ma satisfaction fut de courte durée. Je compris que, sans le savoir, mes ennemis me barraient la route. Le flot qui m'emportait devait fatalement me conduire à leur portée.

Cette constatation me brisa. L'idée de remonter à bord du steamer d'Ergopoulos, d'être la prisonnière de ce traître me glaça. Je fermai les yeux et me laissai couler en murmurant :

— Mort! sauve-moi d'une telle existence!

L'eau bouillonna au-dessus de ma tête; mais, ô surprise! Un corps froid et dur heurta mes membres endoloris. Instinctivement je tâtai de la main. C'était un rocher enfoncé d'un mètre à peine sous la surface de la mer.

D'un mouvement brusque, je m'y accrochai; j'y pris pied, je me redressai, ma tête dépassait le niveau des flots.

La chaloupe s'éloignait de moi, poursuivant sa route, et je restais immobile, je résistais au courant; je n'étais plus l'épave inerte conduite sans résistance possible à la captivité.

Ainsi qu'au sortir du tombeau, je me réjouissais de vivre encore, j'oubliais que ma situation n'avait subi qu'une amélioration bien mince. En somme, j'étais sur un récif que l'eau profonde entourait.

Pourtant l'espoir s'était réveillé en moi. Le désir d'échapper à mes adversaires renaissait.

Avec précaution je fis un pas, puis deux, puis dix. La plate-forme rocheuse continuait. Elle s'élevait même insensiblement, je dus bientôt me courber pour que ma tête seule, point invisible parmi les vagues, s'élevât au-dessus de la surface.

Bientôt il me fallut ramper, le rocher n'était plus qu'à trente centimètres de profondeur environ, mais là il se terminait par une cassure abrupte. Étais-je parvenue aux limites de mon nouveau domaine?

D'un œil anxieux je regardai autour de moi. A quelques mètres, je le reconnus à la couleur de l'eau, se trouvait un second récif. Sans hésiter, je me laissai glisser dans la crevasse qui m'en séparait et j'atteignis le second rocher.

Durant une heure, j'allai ainsi, de roc en roc. Mon cœur palpitait de joie. J'étais sur une sorte de chaussée sous-marine, qui aboutissait aux hautes falaises du rivage.

Parfois je jetais les yeux vers la chaloupe ennemie. Elle était maintenant perdue dans l'ombre de la côte, mais les matelots avaient allumé une torche, et grâce à cette lumière je suivais sa marche.

A quelle opération se livrait donc l'équipage? On eût dit que l'embarcation prolongeait lentement la falaise, s'arrêtant parfois. Si elle continuait ainsi, elle arriverait bientôt au point vers lequel je me dirigeais moi-même. Seulement j'avais moins de chemin à parcourir qu'elle.

Alors je hâtai ma marche. Je fus bientôt à dix mètres de la muraille rocheuse, dont me séparait un étroit canal en eau profonde. Là je m'arrêtai incertaine.

Le mur de la falaise se dressait sans une coupure, sans une sente. J'étais près de la terre tant désirée et je ne pouvais aborder. La seule ouverture visible était une caverne de petite dimension creusée au pied même des rochers. Et la barque approchait, je n'avais plus le temps de revenir en arrière. Les marins d'Ergopoulos allaient me découvrir.

A cette minute critique, obéissant plutôt à l'instinct de l'être traqué qu'à un raisonnement, je plongeai dans le canal, et en quelques brassées je fus à l'entrée de l'anfractuosité. J'y pénétrai sans cesser de nager, car je ne réussissais pas à toucher le fond.

C'était un simple trou de trois à quatre mètres carrés se prolongeant parallèlement à la direction de la falaise en un couloir étroit. Ce réduit ornait une cachette très convenable; je m'y glissai et mes pieds foulèrent un seuil rocheux, sur lequel il me fut possible de me tenir debout.

Il était temps.

Sur l'eau noire, à l'entrée de ma retraite, je voyais danser les reflets rougeâtres de la torche de mes ennemis.

Dans peu d'instants, ils passeraient, s'éloigneraient sans me soupçonner en ce lieu.

Hélas! ces réflexions agréables furent interrompues par une épouvantable sensation. Un corps froid, gluant, s'enroula autour de mes jambes.

Comment pus-je retenir un cri d'effroi, je ne me l'explique pas. Sur l'eau de la grotte, que la clarté du fanal du canot teignait de sang, je vis apparaître une sorte de sac brun percé de deux yeux glauques fixés sur moi et puis des bras armés de ventouses, s'agitèrent autour de ma tête.

La vérité se fit jour en mon esprit.

Je m'étais réfugiée dans la retraite d'une pieuvre, et l'horrible animal m'enlaçait avant de me dévorer.

Mes mains se crispèrent sur le rocher pour résister à l'attirance du monstre. Ma résistance devait être courte, car sur mes bras s'abattirent les tentacules, dont les ventouses me causèrent une douleur cuisante.

Cela dura à peine, et pourtant mes tempes battaient, j'allais perdre connaissance, quand une lueur soudaine envahit le réduit de la pieuvre, et des paroles parvinrent confusément à mes oreilles :

— Nous cherchons inutilement, disait une voix rude. On ne peut escalader la falaise qu'à la pointe Est de la baie, ou bien au fond même de l'échancrure. C'est évidemment vers un de ces deux points que miss Nali s'est dirigée.

— Alors elle s'est noyée, car la traversée est longue.

La réplique insouciante du matelot me glaça. Je n'étais pas noyée encore, mais de combien peu il s'en fallait.

Pourtant la pieuvre me serrait moins fort. Sans doute l'animal était préoccupé par la vue de la lumière, et tout à coup son étreinte cessa. Un choc sonore résonna dans la cavité; mes prunelles avaient eu l'impression d'un corps noir, allongé, passant ainsi qu'une flèche.

— Touché! s'écria-t-on au dehors.

Je regardai mieux. Le corps du poulpe était traversé par un croc emmanché au bout d'une perche. L'équipage avait aperçu le monstre et lui avait lancé un harpon.

La bête blessée se dressa, agitant ses formidables tentacules ainsi qu'une chevelure formée de serpents; mais les marins frappaient, probablement avec un couteau affilé, car deux, puis trois pattes de l'être horrible tombèrent fauchées.

Et alors un bruissement retentit. Il me sembla que l'eau devenait de la couleur de l'encre. La pieuvre avait projeté la liqueur noirâtre qu'elle sécrète, et elle avait fui sous l'onde troublée.

— Nage, commanda un organe rauque! Nous ne sommes pas là pour nous amuser, garçons!

Les palettes des avirons frappèrent la mer, les reflets de la torche disparurent. Mes ennemis s'éloignaient sans avoir soupçonné ma présence.

De nouveau une obscurité compacte emplissait la fissure. Penchée en avant, j'écoutais le bruit des rames décroître. J'avais hâte de sortir de l'ombre, car un frisson me prenait à la pensée que la pieuvre blessée pouvait revenir à son gîte.

Aussitôt que la chaloupe fut à une distance suffisante, je quittai la grotte. Les brèves paroles échangées par les marins m'avaient fourni une indication précieuse. Le sentier le plus voisin permettant d'escalader la falaise était situé à la pointe Est de la baie. Je me dirigeai de ce côté, en suivant le pied de la muraille granitique; tantôt je marchais avec de l'eau jusqu'à la cheville; tantôt je traversais à la nage des trous brusquement ouverts sous mes pas.

Enfin j'atteignis mon but.

Un sentier de chèvres serpentait le long du flanc abrupt de la falaise. Au prix d'efforts incroyables, j'arrivai au sommet de l'escarpement, et là, brisée par les émotions de cette nuit terrible, les membres glacés, à bout d'énergie, je me couchai sur des mousses qui tapissaient la pierre, et je tombai dans un lourd sommeil.

Les rayons tièdes du soleil me ranimèrent. Je me levai avec peine, et les jarrets raidis, chaque mouvement me causant une douleur, je suivis une sente qui s'éloignait de la mer.

Bientôt je rencontrai un douar. Là, je me procurai des vêtements. J'avais heureusement fixé à ma taille, par une ceinture de cuir, une sacoche contenant mon argent, mes carnets de chèques, etc. Mes achats terminés, ma toilette faite, je m'enquis de la ville la plus voisine.

C'était Ceuta, distante d'une dizaine de kilomètres. Un indigène m'offrit de me guider et de me louer un cheval. J'acceptai. Le soir même, j'entrais à Ceuta, et je faisais prix pour mon passage avec le capitaine d'un navire espagnol, en partance pour le port de Barcelone. De ce point, le chemin de fer m'a amenée à Paris.

L'Américaine se tut, et Lucien Vemtite murmura avec une nuance de respect que l'on trouvait rarement dans ses discours :

— Et maintenant, Mademoiselle, qu'exigez-vous de moi?

Nali lui tendit la main :

— Je vous remercie de parler ainsi. Vous êtes bien l'ami que je cherchais. Écoutez-moi.

— Ordonnez.

— Ce qu'il faut, c'est retrouver Jean, l'obliger à revenir en France avec la statue qu'il a dérobée au Louvre. Il s'expliquera, démontrera qu'il n'est pas un voleur vulgaire. Il reprendra sa place dans sa famille.

— Il serait nécessaire de connaître sa retraite.

— Je sais où il est, ou plutôt je crois le savoir.

— Vous?

— Oui. Vous avez remarqué, dans mon récit, que l'infâme Ergopoulos avait confié sa lettre pour notre ami à Lord Waldker?

— En effet.

— Lord Waldker est un homme honnête, juste, et je crois qu'il n'est pas étranger au rapt de la Diane.

— Où prenez-vous cela?

— Je me suis informée. J'ai vu le camionneur du Louvre que l'on avait grisé pour prendre sa place, le marchand de vin chez lequel la scène avait eu lieu. De leurs déclarations, il résulte que les voleurs, qui ont disparu depuis ce moment, sont anglais.

— Ah bah!

— D'un autre côté, la concierge de Jean Fanfare se souvient que des Anglais sont venus voir le pauvre garçon peu de jours avant son départ. Le signalement qu'elle en donne correspond absolument à celui des faux camionneurs.

— Et vous supposez?

— Que Lord Waldker trompé, comme Jean lui-même par la lettre d'Ergopoulos, a aidé le peintre à arracher sa proie au Louvre. C'est un savant, ne l'oubliez pas. Il pense qu'une créature humaine est emprisonnée dans la statue d'aluminium. Quelle gloire s'il parvenait à lui rendre la vie!

— C'est vrai! Vous vous y entendez à suivre une piste!

La jeune fille eut un sourire mélancolique :

— C'est un don des Peaux Rouges, comme disait Cooper.

— Je n'avais pas l'intention de rappeler cela, bredouilla le poète.

— J'en suis certaine. Mais ne regrettez pas vos paroles. Ce surnom ne me fait plus souffrir comme autrefois. J'ai hérité des qualités des ancêtres de ma mère. Les circonstances m'ont appris que j'avais le sang-froid, le courage silencieux, l'insouciance de la mort des anciens possesseurs de l'Amérique. Si je réussis à sauver Jean, je serai fière de m'appeler moi-même: Peau Rouge. Une Peau Blanche ne ferait pas ce que j'ai déjà fait... Une Peau Blanche ne montrerait pas, après le succès, une abnégation aussi complète, un oubli de soi-même aussi entier.

Elle s'arrêta soudain et, avec une ironie douloureuse :

— Mais je me laisse entraîner à chanter mes exploits comme mes aïeux maternels. Ce n'est pas de moi qu'il s'agit, mais de lui. Nous allons partir pour l'Angleterre.

La pieuvre.

— Bien.

— Nous découvrirons la demeure de Lord Waldker qui sait, je le sens, j'en suis sûre, où se cache nôtre malheureux ami. Connaissant sa retraite, nous l'enlevons ainsi que la Diane de l'Archipel, et nous les ramenons en France.

— Pourquoi l'enlever? interrompit Lucien. Quand il vous verra, il ne se fera pas prier...

Nali était devenue très pâle :

— Il ne faut pas qu'il me voie, prononça-t-elle d'une voix sourde.

Du coup, la physionomie mobile du poète exprima l'ahurissement :

— Je vous garantis que cela lui ferait plaisir.

— Peut-être, reprit-elle. Mais vous oubliez que son père s'est opposé à notre mariage; il le considérait comme une sorte de mésalliance. Or, je ne veux entrer ni par force, ni par ruse, dans une famille qui me repousse. Et si je le ramenais à ce père, cruel parce qu'il l'aime, n'aurait-il pas le droit de croire que j'ai voulu forcer sa décision, lui arracher le consentement qu'il refuse?

— Et quand il le croirait, la belle affaire. Une femme charmante, dévouée, vaillante; il devrait vous bénir de lui assurer une telle bru.

Elle eut encore son triste sourire :

— Non, cela ne se peut. Comprenez donc que si mon caractère me permettait d'agir ainsi, je n'aurais pas besoin de votre secours.

— Dame... je l'avoue.

— Tandis que je désire le sauver, notre Jean, et disparaître ensuite. Vous seul n'ignorerez pas en quel coin du monde je vivrai. Mais avant de vous confier ce secret, j'exigerai votre parole de n'indiquer cet endroit à personne, à moins que le père de celui qui sera toujours mon fiancé, n'oublie ses injustes préventions et ne me désire pour fille.

Lucien s'inclina respectueusement :

— Mademoiselle, dit-il d'un ton pénétré, c'est de la délicatesse outrancière; mais l'outrance, en matière de noblesse, ne peut exciter que l'admiration.

— Vous obéirez donc?

— Comme un esclave. Quand partons-nous?

— Demain matin, si cela est possible.

— Cela le sera. Ce soir, il y a réception au Ministère de l'Instruction Publique. Je m'y rends, je vois mon patron, j'obtiens un congé...

Et, dans son émotion joyeuse, retrouvant la verve poétique qui semblait l'avoir abandonné depuis le départ de Fanfare, l'aimable garçon conclut :

— Il était sobre et vif, Godefroy de Bouillon,
Ce vaillant qui, jadis, administra Sion.
Je l'imite, et dînant d'un bol froid de bouillon,
Je cours de ce pas à l'Administration !

Puis, échangeant avec Nali un vigoureux shake-hand :

— Quel train prenons-nous?

— Midi, pour Boulogne.

— A onze heures, je me présenterai demain à l'hôtel.

— Je vous attendrai.

— Et vous savez, Mademoiselle, ne m'épargnez pas. De poète à soldat il n'y a qu'un pas. Ma parole, je crois que je deviens ultra-belliqueux.

— Comme Godefroy de Bouillon, fit l'Américaine souriant de cette exubérance?

— Peuh! s'écria-t-il avec impétuosité, comme Godefroy, doublé de Du Guesclin, de Bayard, de Turenne et de Napoléon..... Bah! pendant que j'y suis, mettons Alexandre et César par-dessus le marché. En voulez-vous encore, des héros?

Ils riaient tous deux, et ils se séparèrent réconfortés par leur conversation. Chacun avait conscience d'avoir gagné, ce soir-là, un ami sincère et dévoué.

CHAPITRE XIII

TILBURY-STATION

— O temps! O mœurs! Nous prenons le chemin de fer
Pour descendre en Tilbury!

s'écria Vemtite le lendemain de ce jour, en posant le pied sur le quai de la coquette station du comté d'Essex, située sur la rive gauche de la Tamise, en face de la cité de Gravesend.

Et comme Nali, un peu lasse de cette journée employée à passer de wagon en paquebot, se rapprochait :

— Ma foi, Miss, ce voyage de Paris à Tilbury — Angleterre — a effarouché ma muse. Je souhaitais vous offrir un quatrain, je dois vous prier de vous contenter d'un distique.

— Cela me suffit, dit doucement l'Américaine. Mais cherchons un hôtel. C'est en cette ville que réside lord Waldker. Les valises déposées, vous voudrez bien vous rendre chez ce savant personnage ; car moi, je ne dois pas paraître. Vous m'affirmez que vous ne trahirez ma présence que dans le seul cas spécifié hier?

— Sur l'honneur, Mademoiselle.

— Je vous crois. Vous expliquerez au lord la vérité. Je ne doute pas du résultat.

— Et j'ajouterai qu'hier, en sollicitant un congé du Ministre de l'Instruction Publique, je lui ai conté l'affaire par le menu; qu'il m'a dit : Ramenez vite votre ami. Dans ces conditions, il n'est plus un escroc, mais un homme trompé comme nous par un sinistre mystificateur; tout s'arrangera.

— Merci.

Un instant après, les deux voyageurs pénétraient dans l'hôtel de *Londres et Tamise* tenu par le corpulent et disert John Standard.

Celui-ci se précipita à leur rencontre, et lorsque Lucien se fut enquis de l'adresse exacte de lord Waldker, son amabilité ne connut plus de bornes.

Tout en conduisant ses hôtes à leurs chambres, il les bombarda, honneur rare, de ses connaissances locales :

— On ne s'arrête pas assez à Tilbury, disait-il d'une voix essoufflée. La ville est curieuse. Sans parler de ses immenses docks sur la Tamise, avec chantiers de radoub et bassin à flot, on peut y voir le Fort-Tilbury, principale défense de l'estuaire du fleuve, construit en 1667 et successivement doté de tous les progrès réalisés dans l'art de la fortification. Hors de la cité se trouvent les champs célèbres, où la reine Élisabeth passa la revue de ses troupes, quand les Espagnols envoyèrent leur flotte, l'invincible Armada, contre l'Angleterre.

Une pause pour reprendre haleine et le gros homme continua :

— Sans compter que le railway mène à Londres en un quart d'heure. Vous connaissez Londres? Non, alors j'aurai le plaisir de vous conserver quelques jours, gentleman, lady. C'est une ville curieuse, la plus peuplée du monde, et par des Anglais, ce qui lui donne un charme particulier. Aimez-vous les monuments? Il y en a : Saint-Paul, Westminster, la Tour de Londres. Des jardins? On en rencontre partout, notamment Hyde-Park continué par le parc de Kensington; et des théâtres, des music-halls, et le Métropolitain, et Regent-Circus, et le Strand, Bayswater, Chelsea, Cremone, et la colline de Notting, la Banque, la Cité affairée, le vieux Londres pittoresque au bord de la Tamise. Certainement, sur le continent, vous montrez aux voyageurs des choses curieuses; mais croyez-moi, gentleman, lady, sur le continent vous n'avez pas Londres, et c'est pour cela qu'il n'y a qu'une Angleterre.

Puis, comme Lucien sortait pour se rendre auprès du médecin de la cour, l'hôtelier crut de son devoir de ne pas laisser Nali toute seule. Avec une obséquiosité infatigable, il l'amena dans la salle commune, lui présenta sa fille Betsy, qui sans doute par suite de la théorie des compensations d'Azaïs, était aussi sèche que son père paraissait rebondi.

Miss Betsy, avertie par un clignement d'yeux qu'elle avait affaire à une cliente d'importance, poursuivit aussitôt la nomenclature des attractions

Londoniennes. Cela devait faire partie du programme des réceptions et figurer sur la note avec la rubrique : *Service*.

— Oui, Lady, déclama-t-elle d'une voix pointue. Nous possédons à Londres un musée sans rival, le *National Gallery*. Vous n'êtes pas indifférente à la peinture?

La question fit rougir la pauvre Nali, qui se rappela qu'elle se trouvait là justement à cause d'un peintre. Mais comme les peintres et la peinture sont assez étroitement liés, elle put répondre sans mentir :

Le Tailleur de MORONI. (*National Gallery.*)

— Non, pas indifférente du tout!

— Je m'en doutais, s'écria joyeusement Betsy. Eh bien, vous aurez du plaisir à *National Gallery* — et, avec la mémoire imperturbable d'un guide de profession : — Vous y verrez *le Tailleur* de Moroni; *la Femme au chapeau de paille*, de Rubens; *la Mort de Nelson*, de Turner; *le Dernier arrivant*, par Mulready. Je crois en outre que le musée a acquis, ou est sur le point d'acquérir plusieurs toiles de sir John Everett Millais : *Ophélie*, *l'Apparition*, *la Rêverie*. Après cela, vous aurez à visiter le British Museum, avec ses collections de sculptures et bas-reliefs antiques...

L'énumération dura longtemps, si longtemps que Vemtite reparut avant qu'elle fût terminée.

Avec un mot d'excuse rapide, dont Miss Betsy se sentit profondément mortifiée, Nali quitta la jeune Anglaise et courut au-devant du poète.

Elle l'entraîna à l'autre extrémité de la salle, et d'une voix tremblante prononça ces seuls mots :

— Eh bien?

Lucien eut un geste attristé, un monosyllabe décourageant :

— Rien.

— Comment rien? Vous n'avez pas vu lord Waldker?

— Si, Mademoiselle, je l'ai vu.

— Alors vous ne lui avez pas parlé?

— Je vous demande pardon. Je lui ait dit tout ce qui était convenu.

— Tout?

— Sans omettre un iota. Il m'a écouté avec attention.

— Mais qu'a-t-il répondu?

— Ceci : « Je regrette, Monsieur, de ne pouvoir vous être d'aucune utilité; mais j'ignorais complètement tout ce que vous venez de me conter. Il est vrai que, sur la prière du sculpteur Ergopoulos, j'ai fait tenir une lettre à M. Jean Fanfare, mais je n'en connaissais pas le contenu. J'ai appris également par les journaux le vol dont le musée du Louvre a été victime, mais vous auriez dû penser qu'un gentleman dans ma situation ne saurait être mêlé à de pareilles aventures. »

Nali courba la tête.

— C'est vrai, murmura-t-elle. C'est vrai... et pourtant.....

— Pourtant?

— Je ne puis renoncer à mon idée.

Vemtite la considéra avec surprise :

— Je crois que vous avez tort. Vos déductions semblaient exactes..... Seulement, il est inadmissible, en effet, qu'un homme comme lord Waldker collabore.....

— Au détournement d'une statue. Ma raison parle ainsi que vous le faites, pourtant un instinct m'avertit que je ne me trompe pas.

— C'est le chagrin de renoncer à une espérance.

— Non, c'est plus que cela.

Affectueusement, le poète prit dans les siennes la main de la jeune fille :

— Voyons, Mademoiselle, je ne veux pas vous contrarier. Cependant les instants sont précieux. Souvenez-vous des paroles du ministre : Ramenez vite votre ami.

— Comment le pourrons-nous? interrompit-elle en levant son regard humide sur son interlocuteur?

— En cherchant. Or, la meilleure façon de chercher est d'oublier une idée qui ne vaut rien. Nous nous sommes égarés tous deux, revenons dans le bon chemin.

Obstinée, elle secoua la tête :

— Non!

— Vous ne voulez pas?

— Je veux dire que nous ne nous sommes pas trompés.

— Encore?

— Toujours. Je n'ai aucune preuve, et cependant je sens que je suis dans la vérité. Pourquoi attacherais-je plus d'importance à la parole de lord Waldker qu'à la voix de mon cœur?

— Mais c'est de l'entêtement, murmura Lucien. Il a dit une chose juste... rien que sa situation devait l'empêcher...

— De vous répondre franchement, à vous inconnu, qui vous présentiez tout à coup chez lui. C'est là qu'est notre faute. Nous n'avions pas prévu cela. Évidemment le médecin de la cour ne pouvait pas vous déclarer qu'il avait participé.....

— Revenez à vous.

— Bien plus, continua Nali sans tenir compte de l'interruption, vous lui avez inspiré de la méfiance. Ce visiteur n'est-il pas un agent de la police française? s'est-il demandé.

Du coup, Vemtite protesta énergiquement :

— Ah! non! pas ça! Je n'ai pas l'air d'un policier.

Très froissé par cette idée, le secrétaire du ministre allait poursuivre, quand un grand bruit s'éleva dans la cour de l'hôtellerie. C'étaient des roulements de chariots, des piétinements, des cris.

— Qu'est cela? fit l'Américaine en se tournant vers l'endroit où elle avait laissé Betsy?

La question demeura sans réponse, car miss Standard venait de quitter précipitamment la salle.

Cependant le vacarme continuait.

— Je vais voir, dit Nali, avec une curiosité qui ne lui était pas habituelle.

— Ne prenez pas cette peine. J'irai moi-même, puisque cela vous intéresse.

Et Lucien marchait vers la porte, quand celle-ci livra passage à un groupe de personnages, hommes et femmes que John Standard et sa fille escortaient respectueusement.

— Oui, digne John, s'exclama l'un des nouveaux venus avec des inflexions de voix bizarres, il nous faut un dîner de Sardanapale. Lord Lucullus dîne chez lord Lucullus! Et du *champain*, du *champain* de France à flots. Nous buvons à le santé de cet honorable gentleman qui nous a fait restituer notre matériel, voitures, chevaux, éléphants, dromadaires. Hurrah pour lord Waldker!

— Hip! Hip! Hurrah! crièrent les autres.

Au nom du médecin, Nali avait fait un pas en avant; l'hôtelier s'en aperçut, et, frappant sur l'épaule de l'orateur :

— Ne parlez pas si haut, sir Frig, il y a ici des amis du lord que vous venez de nommer.

— Des amis, reprit le clown, car c'était lui, et aussi Lee, Frog et les principaux sujets du cirque ambulant. Des amis! By God! Ils trouveront à qui parler de l'estimable lord.

Soudain il s'arrêta net. Une surprise intense se peignit sur ses traits. Les yeux agrandis, *désorbités* selon l'heureuse expression d'Alphonse Daudet, il regardait Nali.

Et brusquement, avec un de ces gestes intraduisibles dont il avait le secret :

— Frog, Lee, dit-il, vous reconnaissez?... oh yes! des amis.

Son étonnement s'était communiqué aux personnages interpellés. Eux aussi fixaient sur l'Américaine des yeux effarés.

Et la jeune fille, interloquée par l'attention dont elle était l'objet, cherchait vainement à se rappeler où elle avait vu ces inconnus qui semblaient la reconnaître.

Du reste, Frig ne lui laissa pas le loisir de la réflexion. Il esquissa un rond de jambe, et, avec des grâces burlesques il reprit :

— Miss, et vous gentleman, vous ne refuserez pas de *sabler le champain*, ainsi que dit un Alexandre français de mes amis; nous ne sommes que des clowns, mais le reconnaissance pour lord Waldker a établi entre nous une sorte de petit confraternité. Nous passons à travers des cerceaux de papier, well! Vous, vous passez à travers des cercles de métal.

Il secoua cordialement la main de Yemtite, que la scène avait jeté dans un état voisin de l'ahurissement, puis il réédita son salut compliqué devant Nali, et, la bouche en cœur, lui débita cet étrange compliment :

— Miss, vous êtes fraiche et jolie comme un petit rose d'Écosse. Les médecins, ils prétendent que le traitement par le fer était favorable à le santé; à vous voir, on comprend que l'aluminium vaut encore mieux.

Une exclamation de l'Américaine interrompit son madrigal. Nali fit un mouvement vers lui, elle le saisit au collet, et, ses yeux noirs fouillant les regards du clown :

Vous savez donc? Expliquez-vous...

— L'aluminium, avez vous dit... Vous savez donc? Expliquez-vous... Non pas ici, trop d'oreilles nous écoutent.

Elle entraînait Frig étourdi au dehors. Lucien, Lee et Frog suivirent.

L'Américaine ne s'arrêta qu'au milieu de la place sur laquelle donnait l'hôtel, et alors, d'une voix tremblante qui émut profondément ses auditeurs :

— Vous avez parlé d'aluminium, Monsieur, murmura-t-elle. Vous savez donc ce qui s'est passé au Louvre?

Frig eut un sourire. D'un regard circulaire, il s'assura qu'aucun importun ne se trouvait à proximité.

— Certainement, Miss. Je puis vous l'avouer ici. Mais si j'étais accusé, je soutiendrais que j'ignore tout.

— Qui songe à vous accuser?

— Oh! pas vous certainement. Vous devez nous considérer comme des sauveteurs.

Vemtite ouvrait la bouche pour protester, Nali lui imposa silence de la main et froidement :

— Jean Fanfare aussi?

— Sans doute. Lord Waldker également.

— Oui, oui, dit la jeune fille avec effort. Ce que je désire en ce moment, c'est que vous m'appreniez comment vous avez tous travaillé à me sauver.

Bénévolement Frig se prêta à cette fantaisie.

Il se présenta ainsi que son cousin germain Frog et son épouse Lee. Il raconta la rencontre d'Ergopoulos et de lord Waldker à Marseille, la photographie de la lettre mystérieuse au moyen des rayons X, l'assaut du Louvre, l'enlèvement de la Diane de l'Archipel, sa remise aux mains de lord Waldker.

Nali écoutait avidement.

De temps à autre, elle adressait à Lucien un regard expressif. Son instinct ne l'avait pas trompée. C'était bien le médecin de la cour qui eût pu la guider vers la retraite de Jean Fanfare.

Un instant elle eut la pensée de renoncer à tous ses scrupules de délicatesse, de courir chez le savant, de lui apprendre la vérité, de lui crier :

— Rendez-moi Jean et cette statue qui prouvera son innocence.

Mais un nouveau compliment de Frig renversa cette résolution.

— En vous voyant, Miss, terminait le clown, je me rends compte de le grâce de la Diane. Si jolie était le statue, que lord Waldker, quand il l'aperçut, s'écria : Oh! quel malheur que ce ne soit pas un vrai sculpture. Cela aurait fait l'orgueil de le *National Gallery!*

— Comment! de la *National Gallery?* Le docteur ne l'aurait pas restituée au Louvre?

— Oh no! Un chef-d'œuvre est mieux dans le Angleterre qu'en France. Il parait du reste que l'on agit parfois ainsi entre Musées. On dérobe un objet précieux à une galerie concurrente. Puis on l'expose chez soi...

Et devant un mouvement de doute de son interlocutrice :

— Si, si, Miss, appuya-t-il. Seulement sur l'étiquette de l'objet, sur le catalogue, on se gardait bien d'avouer que c'est, un « original ». On le donne comme une reproduction, une « réplique » suivant le terme consacré.

— Mais alors, que faire? gémit l'Américaine, convaincue par ces paroles qu'une démarche auprès de Lord Waldker serait inutile.

— Quoi faire? répéta Frig. Je ne comprends pas ce que vous voulez dire?

Alors, comme un fleuve trop longtemps contenu par une digue, la vérité s'échappa des lèvres de Nali :

— Vous ne comprenez pas. Toute cette histoire est un mensonge. Jamais je n'ai été enfermée dans une enveloppe d'aluminium. Je suis ici vivante, et la statue est chez lord Waldker.

— Indeed...! Hurrah pour le *National Gallery*.

— Non, il ne faut pas que la Diane soit remise à ce musée.

— Pourquoi, je vo prie?

— Pourquoi, je vous l'expliquerai. Vous êtes un honnête homme, vous qui avez risqué votre liberté pour sauver une inconnue...

— Et pour reconquérir mon cirque, compléta l'époux de Lee.

— Aujourd'hui Jean Fanfare est accusé du vol. Il sera condamné, déshonoré, tandis que s'il revient en France, s'il montre la statue qui a motivé son erreur...

— Il sera réhabilited, interrompit gravement la blonde Lee. Je pense comme vous, Miss, que cela est juste. Ce jeune homme a agi par affection, sans le moindre idée d'intérêt ; il ne doit pas être flétri comme un voleur.

— Ah! soyez bénie pour cette parole! s'écria Nali en prenant les mains de l'écuyère.

— Bénie, oh! du tout. C'était de la probité élémentaire. Nous avons aidé mister Jean à se mettre dans l'embarras; il est équitable que nous l'aidions à s'en tirer. Cela est une opinion toute simple.

— Vous voulez nous aider?

— Yes. Et je veux revenir en France avec vous; nous sommes témoins, moi, Frig et Frog.

— No, no, s'écrièrent les clowns. Lord Waldker volait pas rendre le sculpture, mais il a rendu notre cirque.

L'écuyère haussa les épaules :

— Alors, vous refusez d'être honnêtes?

— No, mais...

— Il n'y a qu'un moyen de l'être, faire ce que je dis.

— Mais faire quoi?

— Reprendre mister Jean et le Diane et les reconduire à Paris.

Et comme ils ne répondaient pas, hésitant devant la responsabilité qui résulterait d'une lutte ouverte avec le médecin de la cour, Lee continua :

— Si vous avez peur, le jeune miss et moi nous agirons seules. Elle pensera, et moi de même, que Frig et Frog, les premiers clowns de l'Angleterre sont des poltrons, bons tout au plus à des petits travaux de couture.

Les deux hommes tressaillirent sous l'injure :

— Vous ne penserez pas cela, Lee. Nous ferons ce que vous voudrez.

— Et moi donc, s'écria chaleureusement Vemtite, oubliant dans son émotion qu'il était personnage officiel de la République Française.

Cinq minutes après, Nali ayant expliqué à ses nouveaux alliés les motifs pour lesquels ni son nom, ni sa présence ne devaient être dévoilés à Jean Fanfare, tous reprirent le chemin de l'hôtel.

— Nous sablons le *champain* tout de même? insinua Frig.

— Sans aucun doute, déclara Lee. Il ne faut pas que John Standard s'aperçoive que nos dispositions à l'égard de lord Waldker sont changées.

— Elles ne le sont pas.

— Pouvez-vous affirmer cela?

— Certainement. Nous devions boire à le santé du Lord...

— Oui.

— Nous le ferons. Seulement en disant : A son santé, nous exprimerons maintenant le souhait que le *pilioule* que nous allons lui faire avaler ne l'étrangle pas.

Un sourire détendit les lèvres des conjurés, et, la face joyeuse, Nali s'appuyant sur le bras de Lee, ils rentrèrent à l'hôtel où le gros John attendait leur bon plaisir.

CHAPITRE XIV

L'EAGLE

Dès l'aube, Nali et ses amis se rendirent au bord de la Tamise. Ils admirèrent en passant les docks vantés par l'hôtelier, et se mirent en quête d'un petit bâtiment pouvant les transporter en France.

Bientôt ils jetèrent leur dévolu sur un élégant vapeur amarré au quai. Le patron de l'*Eagle* — c'était le nom du steamer — traita avec eux après une longue discussion, où il affirma que le coquet navire, gréé en sloop, *arrivait à la voile aussi vite qu'à la machine*, ce qui en langage ordinaire signifiait que le bateau marchait aussi bien sous sa toile que lorsque l'hélice était son propulseur. A ceux qui s'étonneraient de cette observation du patron Hook jetée dans un débat financier, celui-ci, personnage matois, grand, sec, osseux, au profil d'oiseau de proie, celui-ci, disons-nous, répondrait qu'invariablement ladite réflexion lui permet d'extorquer deux guinées de plus à ses passagers.

Le prix convenu, Hook s'engagea à se tenir sous pression à partir de la nuit tombante. Il lui manquait deux hommes d'équipage, mais il les enrôlerait dans la journée, et au besoin s'en passerait, la traversée d'Angleterre en France ne présentant pas de sérieuse difficulté.

Tranquilles de ce côté, les conjurés retournèrent à l'hôtel. Frig et Frog remirent à leur père la direction momentanée du cirque, et dans l'après-midi, les roulottes, et la cavalerie quittèrent la ville.

Après leur départ, les clowns, Vemtite, Nali et sa nouvelle amie Lee annoncèrent à maître Standard qu'ils passeraient la soirée à Londres; ils réglèrent leur dépense, se dirigèrent vers la gare, prirent leurs billets pour la capitale où ils arrivèrent vers six heures. Près de la gare de Charing-Cross, tous dinèrent, les Anglais de bon appétit, les Français du bout des dents.

— Le dernier train pour Tilbury est à 11 h. 50, déclara Frig au dessert. C'est le plus convenable pour nos projets. Allons à le *théater* voir jouer une pièce en attendant.

Dociles, Nali et Vemtite, suivirent le trio britannique. Tous s'empilèrent dans une loge du théâtre du Strand où l'on donnait la 1755e représentation d'un drame à succès. Les clowns s'intéressèrent aux péripéties de l'œuvre, mais Lucien et Nali y demeurèrent indifférents. Que leur importait la fiction, à eux qui palpitaient dans un drame réel, à eux dont le cœur se serrait à la pensée que, dans la nuit même, ils tenteraient une démarche désespérée pour rendre l'honneur à Jean Fanfare?

Lee s'apercevait bien de la souffrance secrète de l'Américaine, mais l'émotion de la jeune fille n'était pas très compréhensible pour elle. Habituée aux vicissitudes de la vie nomade, il lui paraissait tout simple d'enlever à Lord Waldker un objet d'aussi peu d'importance qu'une statue.

Cependant sa bonté native l'avertissait que sa compagne avait besoin d'être encouragée, et à diverses reprises, alors que se déroulaient les situations pathétiques de la pièce, elle lui dit avec une expression affectueuse, que l'accoutumance du cirque dosait à son insu de bouffonnerie.

— Oh! chère miss, pleurez donc comme moa. Cela sera une distraction pour vous et vous fera paraître l'attente moins long.

Alors Nali secouait doucement la tête, touchée de l'intention de l'écuyère, mais étonnée qu'elle pût réunir ces deux mots : pleurs, distraction.

Enfin, à son grand soulagement, Frig annonça que le moment de partir était venu. Deux *handsoms* — voitures à deux roues — transportèrent la petite troupe à la gare. Tous prirent place dans le train en partance, et, à minuit vingt, ils descendaient à Tilbury.

Sortant des bâtiments de la station, ils s'engagèrent dans les rues silencieuses de la petite ville. Tout dormait déjà. Les maisons, les cottages montraient leur façade noire que n'égayait aucune fenêtre éclairée.

Sans rencontrer âme qui vive, les conjurés parvinrent au square, sur l'un des côtés duquel se dressait la demeure spacieuse du médecin de la cour. Un jardin l'entourait, enclos de murs. Des ruelles sombres bordaient la propriété.

Frig entraîna ses compagnons dans l'une de ces voies étroites :

— On réparait une porte à l'extrémité du jardin. Nous pourrons entrer sans escalade. Cela sera plus aisé pour le jeune dame qui n'a pas l'habitude, je pense, de promener soi-même sur les murs.

Ce qui, nonobstant son trouble, arracha un sourire à Nali.

Le clown avait dit vrai. Au bout de cent mètres, on rencontra une porte dont les vàntaux descendus de leurs gonds étaient simplement posés contre un échafaudage provisoire.

Les deux cousins frayèrent un passage à leurs amis, et tous se trouvèrent bientôt rassemblés dans le jardin de Lord Waldker. Vemtite finissait par s'amuser de l'aventure; il murmura à l'oreille de l'Américaine :

— S'ils me voyaient, que diraient-ils au ministère,
Ne pouvant louer leur cher ami, ni se taire?

Elle ne répondit pas. Son cœur battait à se rompre. Elle songeait qu'elle pénétrait d'illégale façon dans un domicile privé; que dans un instant peut-être un cri d'alarme retentirait dans la nuit; que des policemen accourraient; qu'elle serait arrêtée avec ces braves gens qui se dévouaient à sa cause. Alors, un magistrat l'interrogerait, et quelle apparence y avait-il qu'on l'écoutât quand elle accuserait le puissant et respecté lord Waldker?

Cependant elle suivit ses compagnons à travers les allées du jardin. En cette saison, les arbres dépouillés ne donnaient pas l'ombre protectrice de leur feuillage, ce qui augmentait les risques de l'entreprise.

Bientôt, entre les branches entrecroisées, les nocturnes promeneurs aperçurent la façade de la maison d'habitation. Ils s'arrêtèrent brusquement, avec une exclamation étouffée. Des rayons lumineux filtraient entre les lames des persiennes de deux croisées du premier étage.

On veillait encore chez le lord. L'expédition était manquée. Car il ne fallait pas songer à pénétrer dans l'hôtel, alors que des gens éveillés pouvaient accourir au plus léger bruit.

Sans se communiquer leurs pensées, tous esquissèrent un mouvement de retraite. Seul Frig était demeuré à la même place, les yeux fixés sur la demeure du savant. Et tout d'un coup, il prononça à demi-voix ce mot :

— Well!

Son inflexion joyeuse arrêta ses amis dans leur fuite. Ils se pressèrent autour de lui, avides de savoir ce qui motivait son attitude satisfaite. De la main, le clown désigna les fenêtres éclairées :

— Laboratoire de lord Waldker.

— Son laboratoire?

— Yes. Il travaillait.., mais tout le reste de le maison dort. Nous n'avons rien à craindre. Venez, je connaissais le logis, j'y suis entré pour remercier le lord.

— Mais s'il entend?

— Il n'entendra pas. Un savant occupé n'avait pas d'oreilles.

Et sur cette affirmation, Frig se dirigea tranquillement vers la maison.

Or, à cet instant même, deux hommes étaient debout dans le laboratoire.

Partout des rayons surchargés de fioles, d'alambics, de creusets, de serpentins, d'éprouvettes, au milieu desquels les cornues étalaient leurs ventres arrondis et leurs cols recourbés. Dans un angle, l'un des personnages remplissait d'eau une vaste cuve quadrangulaire cerclée de fer. De temps à autre, il consultait une échelle graduée appliquée contre la paroi intérieure de l'appareil. Enfin le liquide atteignit sans doute la hauteur qu'il désirait, car il ferma le robinet et se tourna vers son compagnon.

Dans ce mouvement, son visage se trouva en pleine lumière. C'était Jean Fanfare, mais le peintre n'était plus que l'ombre de lui-même. Les jours d'angoisse qu'il venait de traverser, avaient pâli ses joues. Il était nerveux, agité; ses yeux battus s'étaient enfoncés dans leurs orbites.

— C'est fait, docteur, dit-il d'une voix tremblante.

Celui auquel il s'adressait était occupé à aiguiser une mèche de vilebrequin. La tige d'acier tournait entre ses doigts avec de soudains éclairs. Il suspendit un instant son opération, abaissa le chef d'un air enchanté, puis reprenant son travail :

— Très bien, sir, très bien. Nous allons nous assurer de l'épaisseur de la croûte d'aluminium, et nous doserons l'acide nécessaire pour la dissoudre sans altérer les tissus de notre cliente.

Il eut un rire sonore :

— Car miss Nali est notre cliente, et je suppose qu'elle ne sera pas de celles qui reprochent aux médecins de venir sans être appelés.

Mais changeant de ton :

— Demain, elle déjeunera, j'espère, à ma table, et elle narguera les misérables acharnés à sa perte.

— Oh oui, bien misérables, gronda le peintre! Surtout cette sœur, dont elle ne m'avait jamais parlé, cette miss Arbel.

— Bon! ne vous emportez pas, dear sir. Nous triompherons.

— Oui, mais sans cette lettre qui vous a mis sur vos gardes, vous auriez cru mon ami Vemtite lors de sa visite d'hier.

— Sans doute, sans doute. Ce jeune gentleman ne saurait inspirer la méfiance.

— C'est un brave garçon, j'en réponds. Il a été trompé, comme nous l'aurions été nous-mêmes.

Jean tira de sa poche une lettre froissée.

— Quelle trame d'infamies, murmura-t-il, et d'une voix basse, il lut :

LE LABORATOIRE DE LORD WALDEER.

A Lord Waldker, en son hôtel de Tilbury.

« Je sais la malade que vous cachez en votre maison. Vous désirez la « guérir. Prenez garde, d'autres ont un intérêt opposé. Miss Arbel, sœur de « Nali à qui elle ressemble à s'y méprendre, a toujours haï votre sujet. « Aujourd'hui, elle espère garder pour elle seule un héritage qui la met en « possession d'une mine d'argent dans le Colorado, et pour arriver à ses fins, « elle fera tout au monde et tentera surtout de vous empêcher d'arracher « son innocente victime au trépas. Cette sœur dénaturée que Miss Nali avait « dû fuir, dont elle avait dû oublier l'existence, essaiera de profiter de sa « miraculeuse ressemblance avec la Diane de l'Archipel pour vous induire « en erreur, vous amener à renoncer à votre entreprise. Soyez sur vos gardes.

« *Signé :* Une confidente qui refuse d'être complice. »

L'artiste avait penché la tête en avant, il réfléchissait.

— C'est effroyable, fit-il enfin. Au dix-neuvième siècle, dans notre Europe civilisée, de pareils drames se passent malgré les lois, en dépit de la justice. Nali captive sous une enveloppe de métal, sa sœur Arbel acharnée à sa perte, et nous, nous, ainsi que des alchimistes du moyen âge, cherchant à faire jaillir la vie d'un bloc de métal. Étrange! Étrange!

A ce moment, lord Waldker l'interrompit :

— Le scalpel est prêt, dit-il d'une voix émue qui fit tressaillir son interlocuteur. Achevons de tout disposer pour l'expérience qui se prépare.

Il désigna une forme allongée, emprisonnée dans une enveloppe de grosse toile, qui gisait sur une sorte de couchette :

— Allons, mon jeune ami, du muscle. Il s'agit de porter la patiente sur la table d'opération.

Sans répondre, Jean le suivit près du lit de camp. Avec effort les deux hommes soulevèrent la forme raide et l'étendirent sur une table de chêne occupant le milieu de la salle.

— Bien, reprit le docteur. Maintenant, accompagnez-moi dans le cabinet voisin; nous amènerons ici une bonbonne d'acide. De la sorte, nous n'aurons plus à nous déranger jusqu'à la fin de l'aventure.

Sur ces mots il ouvrit une porte, et, suivi de l'artiste, quitta le laboratoire.

A l'extrémité d'un couloir de faible longueur, le médecin et son compagnon pénétrèrent dans une pièce encombrée de récipients de verre, de porcelaine; tout un côté du mur était caché par un meuble, dont les nombreux casiers portaient des étiquettes latines. Sur le dallage s'alignaient des bonbonnes au ventre énorme protégé par un manchon d'osier.

Lord Waldker choisit une de ces dernières, la déplaça avec peine. Fanfare s'empressa de l'aider, et tous deux, poussant devant eux le vase pesant, revinrent dans le laboratoire.

Leur absence avait duré à peine cinq minutes.

L'Anglais eut un soupir de satisfaction et marcha vers la table.

— A présent dit-il, mesurons l'épaisseur de la cuirasse de miss Nali.

Il défaisait en même temps la toile grossière sous laquelle se dessinait les contours de la statue. D'un mouvement brusque, il rejette l'enveloppe; mais alors un cri stupéfait s'échappe de ses lèvres.

Au lieu de la Diane de l'Archipel, c'est une forme noire qui est couchée sur la table. Et cette forme s'agite, se roule en boule, frappe le docteur en pleine poitrine et le renverse en tombant avec lui.

Effaré, Jean veut se porter au secours de son compagnon. Il ne le peut. Ses jambes s'embarrassent dans un obstacle qui a brusquement surgi devant lui. Il est culbuté, bâillonné; il a les poignets liés par une fine cordelette avant d'avoir pu se rendre compte de ce qui arrive.

Et tout à coup, une voix rieuse, cocasse, murmure à son oreille :

— Well! Vous étiez tout prêt pour le navigation. Un bon bâillon était le meilleure précaution contre le mal de mer.

C'est Frig qui parle. Et Frog, qui a réduit le Lord à l'impuissance, se rapproche. Ils ont profité de la courte absence des opérateurs pour enlever la Diane, que Lee et Vemtite transportent à travers le jardin.

Ils rient, saisissent chacun par un bras le peintre abasourdi et l'entraînent au dehors, laissant le docteur garrotté, se rouler sur le plancher, dans un accès de rage inexprimable.

Le jardin est traversé au pas de course. Dans la rue deux voitures, que Nali est allée quérir, attendent le long du trottoir. Fanfare s'engouffre dans l'une avec ses conducteurs, les autres ont déjà pris place dans la seconde.

Les véhicules s'ébranlent, gagnent les bords de la Tamise. Leurs voyageurs passent sur un petit steamer amarré le long du quai. Aussitôt le léger navire se met en marche, divisant de sa proue les eaux limoneuses et laissant en arrière un sillage allongé, qui bouillonne sous le brouillard jaunâtre, flottant lourdement à la surface du fleuve.

CHAPITRE XV

OU NALI DEVIENT ARBEL

Jean avait été conduit dans la cabine qui occupait le milieu du pont. Lucien Vemtite vint l'y rejoindre et l'ayant débarrassé de ses liens, de son baillon, il s'apprêtait à lui expliquer l'aventure, mais le peintre ne lui en laissa pas le temps.

— Toi, toi, dit-il avec égarement, tu te ligues avec mes ennemis.

— Tes ennemis, répéta le poète auquel l'excès de son étonnement arracha ce souvenir classique :

Soyons amis, *Jeannot*, c'est moi qui t'en convie.

— Au diable Apollon, Pégase et les Muses, gronda Fanfare. A l'heure où la plus douce des créatures est en danger de mort, tu débites des vers.

— Il me semble que les vers de Cinna jouissent de quelque réputation, et que tu pourrais en parler avec plus de respect.

— Du respect... quand Nali va peut-être périr par ta faute.

— Nali, prononça en écho son interlocuteur?

— Oui, Nali que tu viens d'aider à enlever, alors que lord Waldker allait la délivrer.

Le secrétaire du Ministre de l'Instruction Publique se prit la tête à deux mains.

— Qu'est-ce que tu me racontes là?

— La vérité, hélas!

— Es-tu fou?

— Non, mais je connais l'intrigue à laquelle tu t'es imprudemment mêlé.

— Ah ça, explique-toi, tu me fais l'effet de parler hébreu.

Un triste sourire détendit les lèvres du peintre :

— Oh! je ne t'accuse pas.

— C'est heureux.

— Tu es un instrument inconscient aux mains d'une aventurière.

— Tu m'ennuies à la fin, se récria Lucien; instrument, moi?

— Ne t'irrite pas, prête-moi seulement une oreille attentive.

— Mon oreille et mon bras sont à toi, fichtre! Je suis ton ami.

— Je le sais. Aussi je compte sur ta franchise. Voyons, tu m'as enlevé, tu as transporté Nali à bord de ce bateau?

— Pas tout seul, rectifia le poète.

— Peu importe. Mais tu agissais pour le compte d'une personne?

La question embarrassa Vemtite. Nali lui avait interdit de divulguer sa présence. Cependant il réfléchit que la défense n'allait pas jusqu'à lui ôter le droit d'avouer la part que la jeune Américaine avait prise à l'affaire. Aussi il répondit nettement :

— Oui, une personne qui, te voyant poursuivi par la justice française, n'a pas voulu que tu fusses déshonoré. Une personne qui a assuré ton retour en France.

— Une personne, interrompit Jean avec violence, qui ressemble à s'y méprendre à la pauvre Nali.

— Qui ressemble?... Je crois bien, c'est elle.

— Elle! ah! malheureux, tu l'as cru, tu le crois. Apprends qui est ce monstre.

— Voilà que tu recommences à divaguer.

— Cette femme s'appelle miss Arbel. Elle est sœur indigne de l'ange dont elle a juré la perte. Elle veut que Nali meure afin de garder pour elle seule un riche héritage.

Et comme Vemtite restait muet devant cette étrange accusation, Fanfare lui narra en termes véhéments ce qui s'était passé chez lord Waldker. Il lui dit la lettre anonyme reçue, le calcul monstrueux qui avait uni dans la pensée du crime le sculpteur Ergopoulos et l'Américaine Arbel.

En vain le poète tenta de lui démontrer la folie de ses suppositions. Il manquait de conviction. Les affirmations si nettes de son ami le troublaient.

— N'oublie pas, disait Jean, que Miss Arbel a du sang indien. De ses ancêtres rouges, Nali n'avait pris que le courage, la générosité. Sa sœur a reçu les défauts de la race; cruelle, dissimulée, elle a imaginé une vengeance étrange, inusitée, contre celle dont la bonté exaspérait son envie. Ergopoulos lui-même n'a été qu'un comparse, un pantin qu'elle faisait mouvoir à sa guise. Il s'est compromis, accusé, lié, tandis qu'elle n'a pas fait une fausse démarche. Elle restait dans la coulisse, riant d'un mauvais rire de notre naïveté.

— Mais pourtant elle te ramène en France.

— Pour me livrer à des juges.

— Non, j'ai parlé au ministre. Elle sait que la statue retrouvée, la preuve donnée qu'elle est une œuvre moderne, tu ne seras pas inquiété.

— Mais cette preuve, quelle sera-t-elle?

— Un examen que je dirigerai, sois en sûr.

— Alors nous n'aborderons pas en France, soupira le peintre obstiné dans sa croyance.

Du coup, Vemtite haussa les épaules :

— Tu admettras donc, si nous entrons dans le port de Boulogne, que ton accusation est dépourvue de fondement?

— Oui, je l'admettrai, seulement.....

— Seulement?

— Nous n'entrerons pas à Boulogne.

— Ça, c'est de l'entêtement.

— Ah! gémit douloureusement le peintre, si tu savais à quel point je serais heureux de faire amende honorable.

Et, vaincu par les émotions de la soirée, il se cacha le visage dans ses mains et éclata en sanglots.

Attristé, bouleversé, gagné par le doute, Vemtite, contrairement à son habitude, ne trouva aucune rime consolatrice. La tête basse, il quitta la cabine.

Sur le pont, adossée au bastingage, il aperçut la silhouette de Nali. Instinctivement il voulut l'éviter, mais la jeune fille vint à lui et d'un air agité :

— Savez-vous, demanda-t-elle à voix basse, quel est le personnage qui se tient auprès du matelot placé à la barre?

Lucien regarda dans la direction indiquée.

A côté du marin, debout auprès de la roue du gouvernail, un homme brun à l'épaisse barbe noire, un bonnet de fourrure enfoncé jusqu'aux yeux, s'appuyait à l'habitacle, demeure de la boussole, ce guide du nautonnier à travers les déserts de l'Océan.

Évidemment cet individu n'appartenait pas à l'équipage. Son costume, l'ample manteau qui le couvrait, le démontraient suffisamment.

— Je ne sais, miss. Peut-être un passager.

— Peut-être, reprit-elle avec agitation. Il faudrait vous en informer auprès du patron de l'*Eagle*.

— Il doit être couché comme nos amis les saltimbanques.

— Non, un capitaine ne dort pas à la descente d'un fleuve aussi fréquenté que la Tamise. Cherchez-le, et obtenez de lui le renseignement dont j'ai besoin.

Horngiver.

— Mais pourquoi? Que vous importe cet homme?

— Il me fait peur.

— Lui! il paraît cependant bien pacifique.

— Vous ne sauriez me comprendre. Son regard m'épouvante. Ma mère autrefois me disait les traditions des tribus huronnes, jadis puissantes, alliées dévouées des Français au Canada, aujourd'hui presque anéanties. Elle me répétait : c'est dans l'œil qu'il faut chercher la vérité; un fourbe peut déguiser son visage, sa voix, son allure, mais son regard le trahira toujours pour qui sait observer.

— Et les yeux de cet inconnu?

— Me rappellent ceux du traître qui a fait le malheur de Jean et le mien.

— Ergopoulos?

— Vous l'avez nommé. Interrogez maître Hook, je vous en prie.

Dominé par l'accent de la jeune fille, Lucien se mit en quête du patron. Il le trouva bientôt à l'avant, observant avec attention les rives du fleuve qui s'éloignaient à droite et à gauche et commençaient à ne plus apparaître dans la brume que comme des masses confuses.

— Eh! eh! nous approchons de la haute mer, dit le capitaine au moment où son passager l'abordait.

Il répondit d'ailleurs volontiers aux questions du poète. Le gentleman, qui avait attiré les soupçons de Nali, était un passager, marchand de bestiaux du comté d'Essex, lequel, ayant à faire en France l'achat d'un lot important de bêtes normandes, avait profité du départ de l'*Eagle*.

— Il a du reste un nom prédestiné, acheva le patron en riant. Horngiver, — donneur de cornes — on ne pouvait rêver mieux pour un négociant en bœufs.

Nanti de ce renseignement, Lucien revint auprès de Nali. Ses explications ne calmèrent pas la jeune fille.

— On change de nom comme de visage, répliqua-t-elle avec obstination. L'œil seul ne se déguise pas. Cet homme m'inquiète. Pourvu que sa présence à bord n'annonce pas l'échec de nos projets.

Vemtite tressaillit. L'Américaine exprimait en d'autres termes la pensée, que tout à l'heure, Jean avait formulée; la défiance du secrétaire en fut augmentée.

Si son ami avait dit vrai. S'il avait été le jouet d'une étrange ressemblance; si son interlocutrice était non miss Nali, mais la perfide Arbel. Depuis Amphytrion, les sosies notés par l'histoire sont nombreux. Et puis l'inexplicable perspicacité de l'Américaine le mettait en défiance. Il se souvenait de son insistance à accuser lord Waldker, alors que lui-même croyait s'être trompé. Là encore s'était-il laissé duper par une habile comédie?

Et les paroles de Jean lui revenant en mémoire :

— Nous n'aborderons pas en France!

Il se surprit à murmurer :

— A-t-elle préparé quelque nouvelle machination, et ses craintes présentes ne sont-elles pas destinées à nous donner le change?

Ses yeux se fixèrent sur sa compagne. A la vue de ses traits si doux, de son regard sincère, il eut honte de sa méfiance, mais la foi est une plante fragile, que le moindre doute flétrit. La bizarre confidence du peintre portait ses fruits empoisonnés.

Bientôt, fatigué de se sentir moralement écartelé par des sentiments contraires, craignant de montrer le trouble de son esprit, Lucien s'excusa de la lassitude de la journée et se retira dans la cabine.

Pour ne pas augmenter les angoisses de Jean, il ne lui parla point des incidents qui venaient de se passer et, s'allongeant sur la banquette, il fit mine de s'endormir.

Cependant l'*Eagle* avançait. Les rives du fleuve étaient devenues invisibles; de longues lames soulevaient le petit steam, dont l'étrave fendait maintenant les flots verts de la mer du Nord.

A son tour, Master Hook s'en fut s'étendre dans un hamac, après avoir prescrit à l'homme du gouvernail de le faire prévenir en vue de Boulogne et au mécanicien de ne pas ménager les signaux de la sirène, car par ce temps de brume, un abordage était à craindre.

Nali resta sur le pont. Ses regards ne pouvaient se détacher de l'inconnu qui s'était fait appeler Horngiver. Il lui sembla un moment que, tout en occupant le pilote avec une histoire quelconque, le marchand de bœufs, glissait sa main derrière son dos et la posait sur la boussole; mais en somme un geste, involontaire sans doute, ne signifiait rien, puis l'aiguille aimantée n'obéit qu'à l'attraction du pôle magnétique, et la baguette de la plus puissante des fées d'autrefois ne la ferait pas dévier de la direction.

Bientôt d'ailleurs l'inconnu se retira à son tour.

Nali, elle, ne s'éloigna pas. Elle eut un mouvement en entendant le matelot grommeler :

— Voilà ce que c'est que de bavarder. Un courant nous a fait dériver. Allons, un tour de roue. Bon! nous revoilà dans le bon chemin. Heureusement qu'il n'y a pas longtemps que j'ai consulté l'aiguille, sans cela du diable si je sais où nous serions arrivés.

Le silence se rétablit, troublé seulement par les halètements de la machine et les sifflements intermittents de la sirène.

Les heures s'écoulaient. Insensible au brouillard glacé, l'Américaine ne bougeait pas. Perdue au milieu de la mer, sur un frêle navire qui semblait captif sous une cloche de brume, elle rêvait. Elle oubliait l'heure présente pour songer au lendemain. Jean serait réhabilité; elle se serait noblement vengée des dédains de sa famille, mais alors elle devrait s'éloigner, ne plus le voir.., à moins que les injustes préventions qui les avaient séparés ne s'effaçassent.

Un double courant s'établissait dans son esprit : Tantôt un sourire se jouait sur ses lèvres à la pensée de l'avenir heureux; tantôt elle secouait tristement la tête quand l'adieu éternel, qu'il lui faudrait peut-être dire à son espoir, se présentait à son imagination.

Un jour blême se leva, sans parvenir à dissiper la nappe des vapeurs qui cachait la surface des flots. Plus stridents, les appels de la sirène couraient sur les eaux en plaintifs gémissements.

L'Américaine remarqua que le pilote paraissait inquiet. Cet homme ne pouvait réprimer des mouvements impatients.

— Qu'y a-t-il donc, demanda-t-elle?

— Rien de grave. Seulement je ne sais pas où je suis, et avec ce brouillard, je n'ose pas rallier la côte.

— Pourquoi ne pas stopper?

— Parce que la Manche est remplie de courants, et qu'en arrêtant la machine, on n'est pas certain de rester en place.

— Soit, mais si vous dépassez Boulogne?

— On abordera ailleurs. Notre tirant d'eau est faible et tout port nous est bon. Je n'ai pas fait appeler master Hook, il ne ferait pas plus que moi. En somme, comme vous vous rendez à Paris et Mister Horngiver en Normandie, que vous descendiez à Boulogne où dans un endroit plus rapproché du Havre, cela ne tire pas à conséquence.

La jeune fille dut se contenter de cette réponse. Après tout, la situation n'avait rien d'inquiétant, et comme le disait le marin, peu importait de « toucher » en Normandie ou dans le Boulonnais.

Hook parut bientôt sur le pont et se rangea à l'avis du pilote. Lucien, Frig, Lee, Frog se montrèrent ensuite, et tous, accoudés au bastingage, fouillèrent anxieusement du regard le voile de brume qui les entourait.

Peine inutile, les vapeurs demeurèrent impénétrables.

Peu à peu, Nali se sentit reprise par l'inquiétude. Elle constatait, sans en comprendre la cause, une sorte de gêne chez ses alliés de la veille. Le poète et les clowns lui lançaient à la dérobée des regards singuliers; quand elle leur adressait la parole, ils ne parvenaient pas à dissimuler leur vague embarras.

L'apparition du marchand de bestiaux, Mister Horngiver, porta son malaise à son comble.

Mis au courant de l'aventure, cet homme témoigna une indifférence qui déplut à la jeune fille. Ce n'était point là l'attitude d'un négociant troublé dans ses opérations commerciales. Il se rendait, il est vrai, sur les marchés normands, et il pouvait lui importer peu d'y arriver par eau ou par terre. Cependant l'Américaine le trouva trop calme, et avec une impatience croissante, elle attendit l'instant où le capitaine serait en mesure de reconnaître sa position.

Vers midi seulement un vent léger se leva, roulant devant lui les flocons de brouillard. Peu à peu les buées devinrent moins épaisses, elles se dissipèrent, et les rayons pâles du soleil d'hiver brillèrent sur l'Océan.

Tous, passagers ou matelots, parcoururent des yeux le cercle d'horizon. Au loin, en avant du steamer, une côte apparaissait confusément :

— Terre! cria un homme de l'équipage.

— Tant mieux, s'exclama l'aide mécanicien qui venait de monter sur le pont, car j'accourais prévenir le capitaine que notre combustible tire à sa fin.

— A sa fin?

C'était master Hook qui proférait cette question.

— Sans doute, Monsieur. Nous étions approvisionnés pour aller de Tilbury à Boulogne, quatre ou cinq heures de traversée. Or, il y a plus de huit heures que nous sommes en route.

Tous s'entreregardèrent sans prononcer un mot. Huit heures de navigation! En face de quel point de la côte française se trouvait le navire?

Comme Nali interrogeait l'espace, ses yeux rencontrèrent le passager dont la présence l'avait inquiétée jusqu'à cette heure. Le marchand de bestiaux semblait, comme ses compagnons, préoccupé de savoir où l'*Eagle* l'avait conduit.

A l'aide d'une jumelle marine, il observait la terre lointaine. Il sembla à l'Américaine qu'un sourire ironique contractait le visage de l'inconnu, mais cette impression fugitive ne persista pas. Mister Horngiver avait repris son impassibilité, et d'une main distraite il caressait sa longue barbe blonde.

Poliment il offrit sa lunette au capitaine Hook :

— Je n'ai pas la vue d'un marin, dit-il, mais il me semble apercevoir une construction surmontée d'un drapeau. Voyez donc, capitaine. Vous qui avez l'habitude de ces parages, vous nous renseignerez sans doute.

Sans se faire prier, master Hook braqua la longue-vue dans la direction indiquée, mais à peine avait-il appliqué l'œil au verre grossissant, qu'il poussa un véritable rugissement :

— C'est un pavillon allemand!

— Allemand, répétèrent les assistants avec étonnement?

— Mais oui.

— Sur les côtes de France?

— Allons donc!

— Ce n'est pas possible.

Les exclamations se croisaient, pressées, nerveuses.

— Comment cela se fait-il?

— Eh! put enfin articuler le capitaine, je n'en sais rien. A moins que l'homme de barre ait dormi à son poste.

Et remettant la lunette aux passagers stupéfaits, il bondit vers le matelot immobile à la roue du gouvernail.

— Quelle route suivons-nous, gronda-t-il?

— Ouest-sud-ouest, répondit paisiblement l'homme, avec un angle moyen de 30 à 35 degrés.

— Tu en es sûr?

— Consultez la boussole, Monsieur.

De plus en plus étonné, Hook se pencha sur l'habitacle. Son subordonné avait dit vrai. La ligne suivie par le steamer faisait avec l'aiguille aimantée un angle de 33 degrés.

— C'est curieux, murmura le patron.

Puis se tournant vers le marin :

— As-tu souvenir qu'il existe entre Boulogne et le Havre, un fortin déclassé sur lequel flotte le drapeau allemand?

La bouche de l'homme s'ouvrit dans un large rire :

— Ah! non, Monsieur, vous voulez plaisanter.

— Non, alors où sommes-nous? Tu as suivi le bon chemin, et pourtant cette terre, vers laquelle nous nous dirigeons, est sous les couleurs allemandes?

Le matelot haussa les épaules :

— Vous avez mal vu, capitaine.

— Comment, j'ai mal vu?

— Sûrement. Il est inadmissible qu'un honnête navire, dont la barre est tenue par un homme qui n'a pas bu une goutte de gin, s'en aille à l'Est, quand il doit marcher en sens opposé. Votre drapeau, je ne sais pas ce que c'est; mais je donnerais ma tête à couper que la côte est française.

Cependant le tableau se précisait. Une large échancrure, golfe ou estuaire d'un fleuve, se découpait. L'édifice qui avait fixé l'attention de Hook devenait visible à l'œil nu. Aucun doute n'était plus possible, c'était bien le pavillon de l'empire d'Allemagne qui le surmontait.

En proie à une perplexité sans bornes, le capitaine ne tenait plus en place. Il courait à l'avant, inspectait le rivage inconnu, puis revenait auprès de la boussole qu'il frappait de petits coups secs. Manœuvre sans résultat. L'aiguille tremblotait mais continuait à marquer la même direction.

Non moins affolés que lui, les passagers suivaient tous ses mouvements.

Soudain, mister Horngiver, qui placidement avait repris sa lorgnette, appela le patron :

— Voyez donc, maître Hook. Un bateau vient à nous, on dirait qu'il nous fait des signaux.

L'Anglais regarda à son tour :

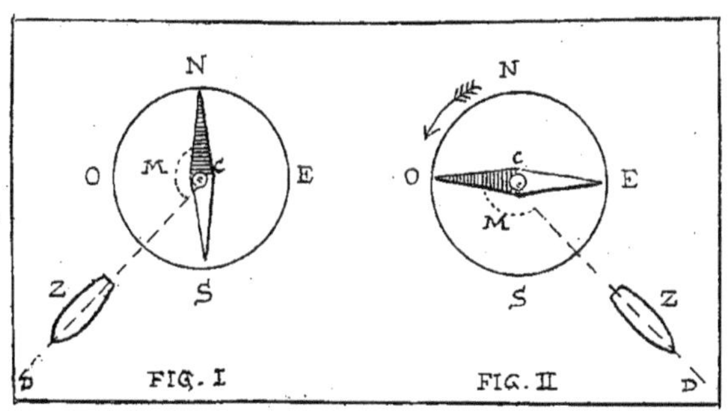

— Un bateau pilote, dit-il. Il nous ordonne de stopper. Attendez donc... le pavillon d'arrière...

Un silence suivit, puis Hook leva les bras au ciel :

— Allemand, s'écria-t-il, allemand! C'est à perdre la tête. Ou j'ai la berlue, ou la boussole est affolée.

Ce mot fut une révélation. En effet, si un vaisseau Z suit une ligne faisant avec l'aiguille aimantée un angle M (fig. I), il marche vers le S. S. O. Mais si, pour une raison quelconque, l'aiguille est déviée à l'insu du timonier comme dans la figure 2, le barreur continuant à diriger le navire suivant la ligne qui forme l'angle M, il est évident que le bateau ira à l'E. S. E., c'est-à-dire à l'opposé de sa route normale.

C'est ainsi que l'*Eagle*, en route pour la France, arrivait en vue de la côte allemande.

Mais, il y avait un mais,.., une boussole ne se dérègle guère que lorsque, au cours d'une tempête, la tension électrique ou magnétique de l'atmosphère devient assez considérable pour transformer l'aimantation de l'aiguille en intervertissant les pôles. Or, la traversée avait été calme!

Selon le signal du pilote, le steamer avait stoppé, et tous, passagers et matelots, rangés autour de l'habitacle, considéraient avec stupeur la boussole, qui évidemment avait « perdu le Nord ».

Cependant le bateau signalé approchait. Il s'arrêta à une encâblure et l'attention se porta de ce côté. Un canot déborda bientôt venant sur l'*Eagle*, Au bout de cinq minutes, le pilote, un homme de taille moyenne, à la barbe blonde jaunie par l'air marin, sauta sur le pont.

Tous l'entourèrent et eurent un même geste de désappointement quand il parla. Son langage était incompréhensible.

Seul Vemtite sourit :

— C'est de l'allemand, dit-il; nous ne nous étions pas trompés sur les couleurs du drapeau.

— Personne de nous ne le parle.

— Pardon, moi.

— Vous?

— Eh oui! comme tout bon officier de réserve de l'armée française.

Puis se tournant vers le pilote qui semblait attendre, il eut avec lui un colloque de quelques instants. Après quoi, l'allemand se dirigea vers la roue du gouvernail.

— Que vous a-t-il dit, clamèrent impatiemment tous les assistants?

— Ma foi, murmura Lucien d'un air déconcerté, c'est extraordinaire.

— Mais encore?

— Nous sommes à l'embouchure de l'Elbe.

— De l'Elbe?

— Parfaitement. Et ce brave homme nous conduit dans le port de Hambourg, auquel il est attaché.

Il y eut un silence. L'*Eagle* avait repris sa marche et se dirigeait à petite vapeur vers l'estuaire du grand fleuve allemand.

CHAPITRE XVI

HAMBOURG.

Entre les rives basses de l'Elbe, bordées de villes, de villages, le steamer filait, obéissant comme un cheval bien dressé à la main ferme du pilote.

Brunsh, Neuhaus, Glackst, Stausk, Elsnsten, Wedel, restaient en arrière. L'*Eagle* laissait à sa droite les îles nombreuses qui divisent le fleuve à partir de Mithlenberg, et dont la première est celle de Firkenwürder; il franchissait Teufelsbrucke, Dulgonne, Neumilhden, la cité commerçante et industrielle d'Altona, dont le musée d'Ethnographie et d'Histoire naturelle est réputé, et il s'arrêtait enfin, le long du quai du Sandthorhafen, l'un des bassins du port de Hambourg, ville libre d'Allemagne, place de commerce la plus importante d'Europe après Londres et Liverpool.

Durant tout le trajet, Horngiver n'avait cessé de se lamenter sur le retard que la fausse direction de l'*Eagle* apportait à ses affaires. Lucien, Frig, Frog et Lee l'avaient plaint et avaient senti leurs soupçons contre Nali croître à mesure qu'ils s'apitoyaient davantage sur le sort du marchand de bestiaux.

Comment l'Américaine avait-elle osé accuser ce brave homme? Ne paraissait-il pas évident qu'elle avait voulu ainsi égarer l'opinion, masquer ses manœuvres. Et sous l'empire de ces pensées, ils s'éloignaient de la jeune fille, qui devenait pour eux une ennemie, la miss Arbel dont Jean avait parlé au poétique Lucien.

A peine le steamer eut-il accosté, que Horngiver prit congé de ses compagnons de traversée. Il allait courir à la gare, prendre le premier train pour la France et tâcher de rattraper le temps perdu.

On le vit galoper sur le môle qui sépare le Sandthorhafen du Gratsrookhafen et disparaître parmi les constructions édifiées en cet endroit.

Sur le pont, les clowns, le poète et l'Américaine restaient pensifs, quand master Hook s'approche d'eux :

— Mesdames, gentlemen, dit le patron, il me faudra cinq ou six heures, pour renouveler ma provision de charbon. Profitez de ce délai pour parcourir la ville. Nous repartirons ce soir, et demain je vous déposerai à Boulogne, ainsi qu'il était convenu. Tant pis pour moi, si une fausse manœuvre rend mon voyage moins profitable. Soyez tranquille, je changerai ma boussole.

La proposition plut aux assistants. Seulement Nali attira Vemtite à l'écart :

— Voulez-vous me rendre un service, demanda-t-elle?

— Des chevaliers français, nous sommes les modèles,
Ordonnez, miss, un mot; vous verrez, ce mot d'ailes
Me pourvoira

répliqua galamment le jeune homme rassuré par l'affirmation de Hook.

— Eh bien, informez-vous de l'adresse du marchand d'habits le plus voisin.

— Marchand d'habits? répéta-t-il un peu surpris.

— Oui, j'ai besoin de me déguiser. Hier, dans ma précipitation, j'ai mal pris mes mesures. Il ne faut pas que Jean me sache près de lui. Je vous ai expliqué mes motifs.

— Sans doute, murmura Lucien avec une soudaine réserve.

— La nuit, cela n'avait pas grande importance; mais à présent, d'un moment à l'autre il peut paraître sur le pont. Il boude, garde la chambre, cela ne saurait durer. Je désire me rendre méconnaissable, afin qu'à notre arrivée en France, certaine de l'avoir sauvé, il me soit possible de me séparer de vous et d'aller attendre dans la retraite l'appel de son père, qui peut-être ne résonnera jamais à mon oreille.

Le ton résigné et doux dont elle prononça ces paroles émut le disciple d'Apollon :

— Si, si! Miss, vous l'entendrez cet appel, je vous le promets. En attendant je vais faire ce que vous souhaitez.

Un douanier passait sur le quai, Lucien l'appela :

— Y a-t-il un marchand d'habits dans le voisinage?

— Ya, herr, répondit l'homme. Suivez le môle jusqu'au bout, traversez le Brookthor, ce pont que vous voyez là bas et qui sépare le bassin de Sandthor de celui de Brookthor. Juste en face s'ouvre la rue Ste-Anne (Bei St-Annen). Dans les premières maisons à droite, vous trouverez votre affaire. Seulement le marchand est une marchande anglaise.

— Anglaise, parfait. Merci Monsieur.

Tandis que le douanier continuait sa promenade, Vemtite traduisait à Nali des indications qu'il venait de recevoir.

— Alors, répondit l'Américaine, je n'ai pas besoin de vous imposer la corvée de m'accompagner. Le chemin est tellement simple que je ne risque pas de m'égarer.

Saluant Lucien d'un signe de tête, elle franchit la passerelle qui reliait le steamer au quai et se dirigea à pas pressés vers le Brookthor.

— Bon, murmura philosophiquement le secrétaire du ministre de l'Instruction Publique, elle a raison : visitons Hambourg.

Mais avant de partir, il voulut revoir Jean Fanfare. Sombre et absorbé, celui-ci était enfermé dans sa cabine. Avec indifférence il accueillit la visite de son ami.

— Où sommes nous, questionna-t-il seulement?

— A Hambourg.

— Hambourg au lieu de Boulogne... tu vois.

— Mais la faute en est à la boussole...

— Ou aux ennemis de la pauvre Nali.

— Nous repartirons ce soir pour la France.

— Je ne l'espère plus.

Malgré toute son éloquence, Vemtite ne put tirer autre chose du peintre affligé. De guerre lasse, il quitta la cabine et rejoignit les Anglais qui l'attendaient auprès de la passerelle. Le poète prit la conduite de la petite troupe, et guidé par ses préférences artistiques, l'entraîna vers le Kunsthalle, le coquet musée de peinture de la ville libre de Hambourg.

Traversant le Brookthor, les voyageurs s'engagèrent sur le Brookthorquai, franchirent le canal de Zoll (Zollkanal) et par la Bahnhofstrasse, gagnèrent la promenade plantée d'arbres, créée sur l'emplacement des anciens remparts de la cité. Remarquant au passage le Johannis Kloster, le Muséum historique, la statue d'Adolphe IV, ils parvinrent au Kunsthalle.

Mais là, Frig et Frog, qui depuis quelques instants se frottaient les joues avec un visible mécontentement, déclarèrent que leur barbe n'étant pas faite, ils allaient se mettre en quête d'un coiffeur, tandis que Lee et Vemtite visiteraient les galeries de peinture.

Le poète leur fit observer qu'ils ignoraient l'allemand et qu'il serait heureux de les aider dans leurs recherches. Mais avec la confiance dédaigneuse, que du haut en bas de l'échelle sociale on rencontre chez tous les citoyens de la Grande-Bretagne, Frig répondit :

— Je parle anglais, c'est suffisant.

Paysage de RUYSDAEL.
(Musée de Hambourg).

Réflexion profonde à laquelle Lee applaudit. Seul contre trois, Lucien céda et offrant le bras à l'écuyère, qui parut très flattée de cette attention, il pénétra dans le Kuntshalle, tandis que les clowns, le nez au vent, s'en allaient de leur côté.

Au milieu des toiles intéressantes, il les oublia bientôt. Il allait à travers le Musée expliquant les sujets représentés à Lee, toute étonnée de son érudition.

Il lui signalait *le Messager* de Hoogh; un *Paysage* de Ruysdaël; une *Nature morte* de Heda; *Cromwell ouvrant le cercueil de Charles Ier*, de Delaroche; puis la collection Schwabe, composée surtout de tableaux de l'école moderne anglaise, et qui à ce titre intéressa particulièrement l'épouse de Frig.

Cependant, avec leur belle présomption britannique, Frig et Frog s'enquéraient de la demeure du barbier le plus proche.

Les sociétés se sont formées, a dit un profond philosophe, afin que l'homme pût se servir de sa langue pour demander son chemin à ses semblables.

Philosophe sans le savoir, Frig arrêta une commère qui passait, et se frôlant la joue de la main, geste qui, dans sa pensée, devait faire naître dans l'esprit de son interlocutrice l'idée de rasoir, il articula lentement :

— For shaving?

L'expression anglaise, qui correspond au delà de la Manche au : c'est pour la barbe, Monsieur? de nos artistes capillaires, l'expression, disons-nous, amena sur le visage de la bonne femme, une apparence d'étonnement; et comme le clown répétait en scandant les syllabes :

— For shaving?

Elle fit signe qu'elle ne comprenait pas et continua sa route.

L'insuccès de sa tentative n'enleva pas à Frig la conviction que parler anglais suffit pour se faire entendre en Allemagne. Il renouvela sa question à dix personnes sans arriver à un meilleur résultat :

— Ces habitants de Hambourg sont bouchés comme des bouteilles de Champain, grommelaient les deux cousins. Ils ne devinent pas l'anglais, ce qui prouverait déjà un pauvre cervelle, mais de plus, ils ignorent le mimique. Ils n'ont donc jamais vu de cirque?

Tout en échangeant ces réflexions, les clowns exploraient du regard les alentours, cherchant un passant, de physionomie intelligente, capable de discerner les beautés de la langue saxonne. Soudain Frog poussa une exclamation :

— Well!

Sur un mouvement interrogatif de son compagnon, il désigna du doigt une vingtaine de petits garçons marchant deux à deux, sous la conduite d'un jeune homme grave, blond, au nez surmonté de lunettes.

— Un pension, dit-il.

— Yes, bonne idée, des petits gentlemen qui faisaient leur instruction, ils doivent nous renseigner.

Rejetant la tête en arrière, faisant bomber leur poitrine, les cousins se dirigèrent vers le personnage aux lunettes, qu'ils jugeaient devoir être un professeur. Avec ensemble, ils portèrent la main à leurs chapeaux, geste que l'Allemand imita aussitôt, puis Frig répéta pour la douzième fois :

— For shaving?

En complétant sa question par le mouvement approprié.

Leur interlocuteur les regarda, prononça quelques mots en allemand; mais comme ils indiquaient l'impossibilité où ils étaient de converser dans

For shaving!

ce dialecte, le jeune professeur sourit, et, curieux effet de la discipline militaire qui pèse sur toute l'Allemagne, ses élèves, qui s'étaient arrêtés et examinaient curieusement les étrangers, sourirent également.

Très aimable, le blond jouvenceau pria par signes les cousins de l'accompagner. Ils acceptèrent avec un nouveau salut. La chose leur paraissait claire, le Hambourgeois voulait les guider vers l'officine d'un barbier, afin qu'ils ne courussent pas le risque de s'égarer.

Derrière le maître qui riait toujours, derrière les élèves qui se mordaient les lèvres pour étouffer les éclats d'une gaieté intempestive, Frig et Frog quittèrent le boulevard et s'engagèrent dans la Rabotsenstrasse.

Au bout de dix pas, leur conducteur fit halte devant un magasin d'apparence sévère, au-dessus de la porte duquel se balançait une plaque de tôle découpée de façon bizarre et couverte de caractères rouges.

Le professeur indiqua aux clowns qu'ils pouvaient entrer dans cette boutique. Ceux-ci ne se le firent pas répéter. Ils pénétrèrent dans une salle sombre, aux murs cachés par des armoires de chêne à casiers. Au fond, trônant derrière un comptoir de bois noir ciré, une grosse femme blonde, opulente, au visage sans expression qui semblait avoir été sculpté par un fabricant de poupées de Nuremberg, se tenait droite, raide et majestueuse.

Elle accueillit les Anglais par un sourire et marcha à leur rencontre.

Eux s'inclinèrent de cette manière inimitable qui leur était propre, et Frig se frottant de nouveau la joue, articula nettement :

— For shaving?

La dame eut un mouvement de surprise, considéra le visiteur de ses yeux bleu-faïence, puis fixa son regard sur les écoliers, qui du dehors, le nez contre les vitres, paraissaient jouir énormément de la scène. Frig répéta avec un commencement d'impatience :

— For shaving?

Son interlocutrice le toisa derechef, eut un nouveau regard pour les curieux massés dans la rue, puis comme frappée d'une idée, elle se toucha le front, désigna des chaises aux cousins et se dirigea vers une armoire, en se dandinant avec la grâce d'un canard qui a bien dîné.

Elle ouvrit un casier, tâtonna un instant, et revint avec un objet volumineux, soigneusement enveloppé de papier. Déroulant le paquet, elle en tira une énorme seringue de métal blanc et la présenta triomphalement, en susurrant en pur allemand :

— Ceci, Messieurs, est le dernier modèle pour pensionnats !

Le professeur facétieux avait conduit les clowns chez un fabricant d'irrigateurs, et la commerçante, trompée par la présence des jeunes étudiants, avait traduit à sa façon la question de Frig.

Ce dernier ne comprit pas la dame, mais il vit le geste, il reconnut l'instrument. Il le repoussa avec un geste de dégoût en criant :

— No! no!

Au dehors un formidable éclat de rire retentit. Élèves et professeur s'éloignèrent en se tordant en un accès de folle gaieté, tandis que la grosse blonde, fronçant les sourcils redisait rageusement :

— Je vous affirme, Messieurs, que c'est le dernier modèle pour pensionnats.

— No! no! for shaving? clamaient de leur côté les clowns agacés.

— Dernier modèle...

— For shaving.

— Des pensionnats.

— Aoh! gronda Frog qui piétinait, ce femme est résolument stioupid; on n'a jamais vu un gentleman se raser avec un seringue.

— Dernier modèle, glapit la négociante.

— Vos êtes entêtée comme une mule.

— Modèle adopté à l'université d'Heidelberg.

— Oh! s'écria Frig, une idée.

— What's, interrogea Frog cessant brusquement de gesticuler?

— Ce milady va comprendre, vous allez voir.

D'un mouvement rapide, l'époux de Lee tira son mouchoir de sa poche, le secoua et l'attacha sous le menton de la commerçante que, d'un croc en jambe habile, il fit choir sur une chaise.

— Well! murmura Frog en maintenant la grosse personne qui se débattait en promenant sur les Anglais des regards épouvantés.

Il la tenait fortement. Alors Frig saisit délicatement, entre le pouce et l'index de la main gauche, le nez de la patiente, et de la dextre il lui frotta les joues en redisant comme un refrain :

— For shaving? Vo comprenez? pour faire tomber le barbe de mon face.

Ah non, elle ne comprenait pas, l'infortunée marchande. Rendue muette par l'épouvante, persuadée qu'elle était captive de malfaiteurs qui en voulaient à ses jours, elle s'épuisait en vains efforts pour échapper à l'étreinte de Frog. Enfin l'excès de sa terreur lui rendit quelque présence d'esprit, et d'une voix perçante, brisée, fantastique, elle hurla :

— A l'assassin!

Des cris répondirent de l'arrière-boutique. Une porte s'ouvrit, des hommes armés de bâtons, de manches à balais, de tringles de fer, apparurent. La dame redoublait ses appels.

Les clowns jugent que la situation devient dangereuse; il faut gagner le large. Faisant pirouetter leur victime, ils la jettent dans les bras du premier assaillant, et tandis que celui-ci chancelant sous le choc reprend son aplomb, ils ouvrent la porte de la rue et s'élancent au dehors.

Les défenseurs de la marchande les poursuivent avec des clameurs discordantes. Les cousins regagnent la promenade, croisent Vemtite et Lee au moment où ils sortent du musée. Sans ralentir leur allure, ils leur crient :

— Retournez au béteau. Très occupés à présent, vous expliquerons plus tard!

Ils courent toujours. Un soldat se met en travers de leur route; d'un saut périlleux ils franchissent l'obstacle en uniforme. Ils prennent de l'avance, distancent leurs ennemis essoufflés qui, un à un, retournent au magasin d'irrigateurs, où la marchande bouleversée par la scène qui vient d'avoir lieu fait brûler du kirchenwasser pour se redonner du calme.

Inquiets d'abord, Lucien et sa compagne avaient été vite rassurés sur l'issue de la chasse à l'homme où leurs amis jouaient le rôle de gibier. Mais la curiosité leur faisait presser le pas. Ils avaient projeté de faire le tour de l'Aussen-Alster et du Binnen-Alster, ces deux lacs entourés de plantations, de maisons somptueuses, qui sont l'originalité et le luxe de Hambourg; mais ils renoncèrent à cette promenade dans leur hâte de savoir comment les clowns avaient ameuté le quartier en voulant se faire raser.

De nouveau ils traversèrent le Brookthor, et suivant le quai, arrivèrent bientôt en face de l'*Eagle*.

Mais là, une surprise les attendait. Des ballots étaient empilés sur le pavage et des hommes sur deux files les transportaient sur le steamer. Au milieu d'eux, le patron Hook affairé, donnait des ordres, gourmandait celui-ci, poussait celui-là. Et près de là, appuyé contre la pile de colis, un mousse, autant qu'on en pouvait juger à sa taille, se tenait immobile, la tête basse, formant un contraste frappant avec le remuant capitaine. Tout près Frig et Frog regardaient les yeux écarquillés.

Hook aperçut ses passagers :

— Bonjour, leur dit-il, je complète un chargement pour Londres.

— Pour Londres?

— Oui... C'est vrai, vous ne savez pas. Je ne vous conduis plus en France, défense de la police.

— De la police?

— Yes, parfaitement. Votre ami est arrêté pour une affaire d'aluminium.

Les clowns abaissaient la tête de haut en bas et l'élevaient de bas en haut d'un air consterné.

— Mais qu'est-ce que cela signifie, interrogea Vemtite d'une voix tremblante?

— Je n'en sais pas plus que vous, je ne parle pas l'allemand.

— Jean non plus.

— Jean, votre ami? Oh! il n'a pas eu besoin de parler. Des gens de la police sont venus à bord. Ils ont trouvé quelque chose en aluminium. Ils l'ont emporté, et pour engager votre ami à les suivre, ils lui ont mis des menottes.

Comme les voyageurs se regardaient avec une angoisse affreuse dans les yeux, un homme se dressa tout à coup devant eux, livide, échevelé, hagard, l'air d'un fou. C'était Jean Fanfare.

— Jean, s'écria Vemtite, c'est toi, libre!

Il tendait les bras à son ami. Le peintre s'y jeta et avec un accent impossible à rendre :

— Libre, oui, mon pauvre Lucien. Libre, mais frappé à mort.

— Toi, allons donc! balbutia le rimeur?

— Ils ont pris Nali. Sur un ordre du bureau central de la police, on la transporte à Berlin, et dans quelques jours il sera trop tard pour la sauver.

Le mousse appuyé contre les ballots avait levé la tête. Il écoutait. Il fit un mouvement comme pour se rapprocher.

— Eh! reprit fougueusement Vemtite, en unissant nos forces, nous la sauverons, nous sommes courageux, libres de nos mouvements...

Il s'arrêta en voyant son ami hausser ironiquement les épaules.

— Nous sommes prisonniers et allons être conduits à Berlin.

Vemtite eut un haut le corps. Ses yeux parcoururent un cercle. Autour du groupe, des hommes à l'allure militaire formaient une circonférence infranchissable.

Le mousse aussi avait regardé. Une contraction pénible crispa son visage, il reprit son attitude nonchalante, tandis que le cercle se rétrécissait et que les Français et leurs amis anglais, chacun entre deux policiers, étaient entraînés vers le Brookthor.

CHAPITRE XVII

REMBRANDT, RUBENS, VAN DICK ET QUELQUES AUTRES

Bientôt les prisonniers pénétrèrent dans la Berliner Bahnhof (gare de Berlin), ainsi nommée parce qu'elle est tête de la ligne ferrée de Hambourg à la capitale de l'empire allemand.

Leur venue causa quelque émoi parmi les voyageurs, mais les agents pressèrent le pas, filèrent sans s'arrêter à traver le hall d'attente et atteignirent le quai. Là, le chef de gare attendait. Il s'excusa de n'avoir à sa disposition aucune voiture du service pénitentiaire. A tout hasard, il avait fait accrocher au train formé pour Berlin un car d'un type nouveau encore à l'essai, composé de deux salons accolés. Celui d'avant serait occupé par les policiers et leurs captifs, l'autre serait ouvert aux voyageurs.

Comme ceux de tous les pays civilisés, les agents allemands aiment leurs aises; aussi ne firent-ils aucune objection à l'arrangement proposé par le chef de gare. Ils s'installèrent, après avoir agrémenté les portières de verrous et les poignets des amis de Jean de menottes.

Les Anglais supportaient flegmatiquement leur mauvaise fortune, mais Lucien Vemtite montrait moins de patience. Il grommelait, parodiant le distique fameux de Banville.

— Fureur! Au clou nous mène une locomotive,
O fureur, que le choix de tels locaux motive.....

Un instant il se tut. Sur le quai, il avait cru apercevoir le petit mousse entrevu près du steamer de master Hook. Ce singulier marin s'était précipité dans le salon contigu à celui qu'occupaient les prisonniers.

Mais était-ce bien le même mousse? Et puis en somme, que ce fût lui ou non, la chose avait trop peu d'intérêt pour arrêter longtemps la pensée du poète. Il revînt à sa préoccupation présente par cette exclamation :

— Et tout cela parce qu'une sotte boussole s'est avisée de devenir folle!

Ces mots tirèrent Fanfare de son abattement :

— Elle n'est pas devenue... on l'a rendue folle, rectifia le jeune homme.

— Comment cela, s'exclamèrent Lucien et les Anglais?

— Oh! d'une façon fort adroite. Un lingot de fer doux a été accroché sous le cadran. Résultat : l'aiguille aimantée, déviée du Nord, a donné une indication fausse à l'homme du gouvernail, et au lieu d'atteindre un port français, nous sommes arrivés à Hambourg, où la police devait nous arrêter, enlever l'infortunée Nali, nous faire perdre les quelques jours pendant lesquels on aurait pu la sauver.

— Mais qui a glissé ce lingot?...

— Qui? vous le demandez. Miss Arbel, ce mauvais génie attaché à la perte de sa sœur.

D'une voix acerbe, Jean formulait son accusation. Il parlait, s'animant au son de sa voix, reprochant à ses amis de s'être laissés tromper par l'astucieuse Arbel, de l'avoir aidée à arracher Nali de la maison du docteur Waldker.

Comme Lucien, très affligé, essayait de discuter, affirmant que le peintre lui-même eût été pris à l'étonnante ressemblance qui caractérisait les deux sœurs, Fanfare lui lança cette apostrophe véhémente :

— Le démon ne saurait avoir le regard de l'ange. Au surplus, ne t'avais-je pas prévenu, la nuit dernière, dans la cabine de l'*Eagle*. Toi, mon ami, sur une côte étrangère tu aurais dû surveiller cette femme, l'empêcher de quitter le bord, racheter une première faute en essayant d'éviter de nouveaux malheurs. Au lieu de cela, tu es allé visiter le musée et durant ton absence, qu'a-t-elle fait, elle? Chez le chef de la police elle a couru nous dénoncer. Elle lui a dit : le long de tel quai, dans tel bassin, un vapeur est amarré. Allez-y avec vos argousins, perquisitionnez. Vous découvrirez la statue dérobée au Louvre et auprès d'elle le voleur.

Et soulignant ces mots d'un ricanement pénible, déchirant :

— Car pour la police ignorante, je suis un coupable. Les agents de la loi se font les complices de miss Arbel; ils facilitent son œuvre de haine et pour que la dénonciatrice soit certaine d'assassiner sa victime, ils lui prêtent le secours des lenteurs administratives.

— Calme-toi, balbutia Lucien éperdu, tout s'arrangera..? nous dirons...

— Nous dirons la vérité, n'est-ce pas? Inutile, on ne nous croira pas, ou bien l'on nous croira trop tard. D'une belle et exquise jeune fille, des misérables avaient fait une statue. De la statue on aura fait une morte. Et la vraie coupable triomphera. Avec les revenus acquis par le crime, elle brillera dans le monde, elle sera adulée,

Les syndics, tableau de REMBRANDT. (Musée d'Amsterdam.)

choyée, entourée, et personne ne songera que son luxe, son éclat, sa beauté ont pris racine sur une tombe désolée.

Vemtite n'écoutait plus. A travers la cloison contre laquelle il s'appuyait, il lui avait semblé entendre un sanglot. Ses regards avaient curieusement parcouru la paroi. Un peu haut, au-dessus du capitonnage, une fissure étroite existait entre deux planches mal jointes.

D'un bond, le poète fut debout sur la banquette, appliqua son œil à l'imperceptible ouverture. Il aperçut ainsi le second salon du car. Le compartiment était vide, mais soudain une personne, assise le long de la paroi et que sa position rendait invisible au Français, se leva, traversa la salle roulante et Lucien étouffa avec peine un cri de stupéfaction.

Le voyageur était le mousse qu'il avait cru reconnaître un instant plus tôt, et ce voyageur, le visage caché par son mouchoir, pleurait ainsi qu'on en pouvait juger au mouvement saccadé de ses épaules.

Un agent ordonna au secrétaire du ministre de l'Instruction Publique de descendre et le captif dut obéir.

Du reste, le train s'ébranlait lentement, passant sur les plaques tournantes de la gare avec un bruit de tonnerre, et laissait derrière lui la gare de Berlin et la cité de Hambourg.

Aux questions de ses amis, étonnés de son brusque mouvement, Vemtite répondit évasivement. La douleur d'un enfant est chose sainte, et ce mousse en larmes avait profondément ému le rimeur. Il ne voulut pas le mettre en butte aux regards indiscrets de ses compagnons.

Ceux-ci, d'ailleurs, n'insistèrent pas. Ils mangèrent du bout des dents les aliments que l'un des agents avait achetés au buffet de la gare; après quoi chacun prit ses dispositions pour passer la nuit.

Les ténèbres avaient couvert la terre et le train filait au milieu de la campagne noire comme dans un tunnel d'ombre. De loin en loin, il franchissait une station; on apercevait des lanternes allumées, un pan de mur, des clôtures éclairées, puis tout s'effaçait et la course dans l'obscurité recommençait.

A Dôneburg, cinq minutes d'arrêt, personne ne bougea. Tout le monde dormait ou feignait de dormir.

Cependant la nuit s'avançait. La voie qui suit la rive gauche de l'Elbe jusqu'à ce nom franchit ce fleuve sur le pont de Domitz, et déroule ensuite son ruban sur la rive gauche : Lenzen, Wittenberge, Vilsnach, Neustadt étaient dépassés. Au point du jour, le train entrait dans l'immense plaine humide et boisée dont Berlin occupe le centre.

Du ciel bas, voilé de nuages gris, tombait une lumière pâle, sans éclat, qui faisait ressortir les traces de fatigue imprimées sur le visage des captifs. Ceux-ci avaient ouvert les yeux; ils s'étiraient pour secouer l'engourdissement que cause toujours une mauvaise nuit.

— Voulez-vous une goutte d'eau-de-vie, c'est excellent pour chasser les brouillards du matin?

A cette question prononcée en excellent français, tous regardèrent celui qui avait parlé. C'était l'un des agents, lourd, blond, rose, l'œil rêveur. Il sourit et reprit :

— J'ai été en service en France autrefois; voilà pourquoi je me sers de votre idiome. Voulez-vous, je le répète, une gorgée de cognac?

Les prisonniers hésitant à répondre, l'agent poursuivit :

— Je regrette la France, allez; j'y serais encore, si...

— Si, interrogea Lucien?

— Si mon amour de l'art ne m'avait rendu impropre aux délicates fonctions de valet de chambre.

Bayern.

Sans s'arrêter à l'ébahissement peint sur toutes les physionomies, il se leva, déboucha la gourde qu'il portait en bandoulière, et ayant rempli un petit gobelet d'étain, il le présenta au poète; et comme celui-ci, embarrassé par ses menottes, éprouvait quelque peine à élever le récipient jusqu'à ses lèvres, le policier l'aida avec une sollicitude vraiment paternelle. Après quoi, ce fut le tour de Jean et des clowns.

Tout en s'improvisant l'échanson des captifs, le singulier personnage pérorait :

— Mon père m'a légué le nom de Ralph Bayern. Il était encadreur, et voyez l'effet de l'atavisme si merveilleusement élucidé par les philosophes modernes, dès l'âge le plus tendre, j'adorais la peinture. A seize ans, léger d'argent, je partis pour Paris, afin de me mettre en condition, car c'est encore le meilleur moyen de faire des économies. Hélas! l'amour des tableaux devait me perdre. J'entrai d'abord chez un homme que vous devez connaître, vous qui êtes Parisiens, M. Giraudon.

— Giraudon, répéta Fanfare intéressé malgré lui par le bavardage de Bayern? Serait-ce du photographe d'art que vous parlez?

— Précisément. Giraudon, celui que les peintres appellent « le roi de la documentation ». C'est ce titre qui m'avait décidé. A défaut des toiles célèbres, je vivais au milieu de reproductions souvent merveilleuses. Dès le premier jour, il y eut un malentendu entre mon maître et moi. Monsieur Giraudon avait cru prendre un domestique, il n'avait reçu chez lui qu'un amateur; au lieu de ranger l'appartement, le magasin, je dérangeais les collections de photographies; cela ne pouvait pas durer, n'est-ce pas? A mon grand regret, je me mis en quête d'une nouvelle place.

Ralph poussa un soupir :

— Hélas! mon goût s'était affiné; je n'étais plus capable de m'engager dans une maison bourgeoise. Quand je voyais accrochés aux murs des tableaux sans valeur ou des gravures de « style pompier », j'éprouvais une répulsion que je ne pouvais cacher : « Madame, Monsieur, disais-je aux personnes auxquelles je me présentais, comment supportez-vous la vue de pareilles horreurs; jetez-moi tout cela au panier et remplacez ces épouvantails par de belles photographies de chefs-d'œuvre. Vous aurez sous les yeux des lignes pures, des compositions adorables qui développeront votre goût et celui de vos enfants! Je tirais de ma poche des réductions que j'ai toujours sur moi, c'est ma joie, je les leur montrais.....

Ce disant, Ralph fouilla dans sa houppelande, en sortit un volumineux portefeuille de cuir jaune, l'ouvrit et présentant à ses auditeurs des photographies :

— N'avais-je pas raison? Croyez-vous que ce *Joyeux Buveur*, ce *Ménage*, de Franz Hals, si pleins d'expression et de vérité, ce *portrait de Guillaume II et de Marie Stuart*, par Van Dyck; celui-ci qui représente *Anna Maria*, femme de Rubens et est l'œuvre du grand coloriste, ne valent pas cent fois les œuvres ridicules dont on couvre les murailles des appartements parisiens? Et les paysages donc? A la place « des plats d'épinards » à bon marché que l'on exhibe, pourquoi ne pas mettre *les Moulins*, de Jacob Van Ruysdael ou la *Vue sur la Meuse*, de Jan Van Goyen? Tout cela est dans le seul Musée d'Amsterdam. Aimez-vous la mise en scène : prenez-y le *Schuttermaaltijd*, de Van der Helst, les *Funérailles de Philippe-le-Bon*, de Van Beers; la *Ronde de nuit*, de Rembrandt. Préférez-vous le portrait? On y rencontre de Rembrandt, le maître du genre, la reproduction des traits de *Sa mère* et des *Syndics des drapiers*. Sont-ce les scènes gracieuses qui ont le don de vous plaire? Le choix est immense : *La Saint-Nicolas*, de Jean Steen; le *Garde-manger* et l'*Intérieur*, par Pieter de Hooch, sans compter les *marines*, les *Pêcheuses*, *la Liseuse* et surtout la *Lecture*, de Scholten.

Le policier s'animait. Il parlait d'abondance, avec de grands gestes.

— Et que répondaient les « patrons » que vous sollicitiez en ces termes, insinua malicieusement Lucien?

— Ils me mettaient à la porte, répondit naïvement Ralph Bayern, et cependant j'avais raison, ajouta le pauvre diable.

— Cent fois, mille fois, appuya Jean, empoigné par cet être fruste

Guillaume II et Marie Stuart, tableau de VAN DYCK (Musée d'Amsterdam.)

si sensible aux belles choses. Le goût n'est que l'habitude de ce qui est beau, et le peuple qui suivrait vos conseils deviendrait l'arbitre du goût de l'univers.

— Moa, interrompit Frig dont la figure s'était épanouie, je retenais le domestique artiste pour un petit pantomime. Ce sera très absolument drôle. Le serviteur qui dira à son maître : Monsieur, vous comprenez rien à le peinture, alors moi, je servais pas le potage.

Quelles que fussent leurs préoccupations, tous éclatèrent de rire à cette saillie de l'Anglais; mais ils avaient envie de connaître la suite de l'histoire du policier, aussi demandèrent-ils d'une seule voix :

— Enfin, avez-vous retrouvé une autre place?

— Sans doute! et une place qui semblait devoir me convenir. C'était, chez MM. Lévy et fils, photographes du Rejks Museum d'Amsterdam et des musées Royal et Wiertz de Bruxelles.

— Lévy et ses fils, mais je ne connais que cela, s'exclama Jean. Des gens charmants, aimables au possible, et dont les collections photographiques présentent un intérêt de premier ordre.

— C'est cela même, Monsieur, qui m'a perdu.

— Perdu?

— Complètement. MM. Lévy riaient d'abord de ma malencontreuse manie. Ils m'appelaient « domestique fin-de-siècle »; ils prétendaient que si M. Meilhac m'avait connu, il m'aurait silhouetté dans la *Vie Parisienne*. Mais comme au temps de M. de Mazarin, s'ils riaient, ils payaient également. Un beau jour, ils se lassèrent et me tinrent à peu près ce langage :

— Ralph, vous êtes un excellent garçon, et nous sommes infiniment flattés de la façon dont vous appréciez nos travaux photographiques. Malheureusement, nous allons être obligés de prendre un nouveau serviteur pour faire le travail que vous négligez. Voici vos huit jours, cherchez un emploi.

Oh! ces messieurs furent gracieux jusqu'au bout. Ils poussèrent la bienveillance jusqu'à me permettre d'emporter un lot de photographies. Oui, mais j'étais sur le pavé.

— Pauvre homme, souligna Lee.

— Ma bonne étoile, poursuivit Ralph, me fit rencontrer un ancien ami, attaché à la police belge, qui cherchait à Paris des escrocs ayant commis divers vols aux musées de Bruxelles et d'Anvers. Mis au courant de ma situation, il m'expédia en Belgique comme agent secret, avec la mission de surveiller les collections dépouillées. Ce fut le plus heureux temps de ma vie! Durant deux semaines, je fis la navette entre Bruxelles et Anvers. Dans la première de ces villes, j'étudiais au Musée Royal l'admirable « *Kermesse flamande* », de Téniers le Jeune, *l'Affection, les Truands*, les tableaux de genre de Stevens; au Musée Wiertz : *Humanité, la Nymphe, la Jeune Sorcière, le Triomphe de la lumière, les Quatre Ages, la Vie et la Mort*. Puis je prenais le train pour Anvers, et là je faisais de longues stations devant le *Tryptique* célèbre de Roger Van der Heyden, les toiles de Rubens, le *Saint Norbert* de Breughel. Ah! les jours de bonheur! Je conversais avec les gardiens apprenant d'eux les détails de la vie des grands peintres.

— De la vie, interrompit Fanfare?

— Oui, tenez, par exemple, savez-vous comment Rembrandt exécuta son chef-d'œuvre, les Syndics?

— Vaguement.

— Écoutez donc. Les syndics des drapiers avaient résolu de se faire portraicturer. Ils convinrent du prix avec l'artiste, mais chacun vint le trouver en particulier et lui déclara que, vu son importance, il voulait être en bonne

Kermesse flamande
(Musée de Bruxelles.)

place dans le tableau. Voilà pourquoi Rembrandt les mit tous au même plan et réussit malgré cela à réaliser une merveille.

— Bravo!

— Et Rubens, ignorez-vous qu'il fut le meilleur et le plus galant des époux? Il a peuplé tous les musées d'Europe de portraits de sa femme Anna Maria. Comme certain jour, un de ses concitoyens lui reprochait de toujours reproduire le même modèle, il répondit en souriant : Vous avez raison, mon cher Monsieur, mais en art il faut viser à la perfection. Je l'ai rencontrée et je m'y tiens.

— A la bonne heure, s'écria Lee, voilà un mari aimable.

— Bon! susurra comiquement le clown Frig; si cela vous est agréable, je dirai le même chose de vo, Lee, et j'ajouterai que vous êtes une écuyère sans rivale..... Je m'arrête parce que, ô chère épouse, votre fiancé Frog fait le grimace.

L'interpellé secoua la tête :

— No, no, Frig, continuez, mon garçon; un traité est un traité. Vous avez le droit de formiouler des compliments à votre femme; seulement si elle tombait en veuvage, ce serait mon tour et vous n'auriez rien à dire.

Interrompant l'altercation burlesque des clowns, Lucien reprit en s'adressant à Ralph :

— Et le voleur que vous étiez chargé d'arrêter ?

— Je ne l'ai jamais vu, Monsieur.

— Alors?

— J'ai arrêté un innocent. Et voyez la destinée, cet homme, ignorant même le *coup* exécuté au Musée, était un maraudeur dangereux. Ma bévue passa pour du flair, si bien que j'obtins un poste bien rétribué dans la police hambourgeoise. Mais je m'ennuie, pas de collections artistiques sérieuses. J'étais en instance pour permuter avec un collègue de Dresde ou de Munich, quand on me proposa de vous convoyer jusqu'à Berlin. J'acceptai avec joie, car les Königlichen Museen, les Musées royaux comme vous dites en France, sont dignes de mon attention. Voilà comment j'ai l'honneur de jouir de votre compagnie.

Depuis quelques minutes, le train filait entre des rangées ininterrompues de maisons. Il traversait les faubourgs de Berlin. Comme le policier finissait, la vitesse du convoi se ralentit, et bientôt la ligne de wagons pénétra sous le hall vitré de la gare de Lehrte (Lehrte Bahnhof), où elle stoppa. Les voyageurs étaient arrivés.

CHAPITRE XVIII

A LA PRÉFECTURE DE POLICE BERLINOISE

Les agents attendaient que les nombreux passagers du train se fussent dispersés pour faire descendre leurs prisonniers. Près de la fenêtre, Vemtite regardait. Soudain il fit entendre une légère exclamation :

— Qu'y a-t-il, demanda Fanfare?

Son ami, les yeux toujours fixés sur un point invisible, répondit :

— Trop tard. Il a disparu dans la salle d'attente.

— Qui, il?

— Le mousse.

— Quel mousse? As-tu juré de ne parler que par rébus?

— Non, du tout. Seulement, au moment où l'on nous arrêtait à Hambourg, j'ai remarqué, à quelques pas de nous, un mousse dont l'attitude m'a frappé.

— Eh bien?

— Eh bien, ce petit bonhomme a voyagé dans le compartiment voisin. C'est lui que j'espionnais lorsque j'étais perché sur la banquette.

— Quoi d'étonnant à cela?

— Quoi? Tu le demandes? Tu trouves naturel qu'un mousse se paie des places de luxe, de wagon-salon?

— Il peut appartenir à une famille aisée.

— Possible. Mais il m'intrigue, ce jeune navigateur. Je comptais voir son visage à l'arrivée. Fol espoir! Il a sauté sur le quai d'un bond et s'est précipité vers les salles d'attente où il s'est engouffré en coup de vent.

Insoucieusement Jean haussa les épaules et d'un ton amer :

— Je t'envie tes préoccupations futiles en un pareil moment. Seulement, ami poète, tu oublies nos gardiens. Ils nous font signe de descendre à notre tour : ne les laissons pas s'impatienter.

En effet, les agents avaient ouvert la portière, et debout sur le quai, appelaient les captifs. Ceux-ci quittèrent leur prison roulante, traversèrent les bâtiments de la gare et se trouvèrent bientôt sur le quai Friedrich, au bord de la Sprée, cette morne rivière qui arrose la capitale allemande.

L'un des policiers, qui était parti en avant, attendait au bord du trottoir auprès de trois *droschken* — voitures à quatre places — dont les cochers, corrects dans leur uniforme bleu au col galonné d'argent, ne le perdaient pas de vue.

— Einsteigen, ordonna le chef.

— Montons, traduisit Vemtite à ses amis.

Deux prévenus, deux agents prirent place dans les deux premiers véhicules; le troisième ne reçut que Frog et un gardien. Aussitôt les cochers fouettèrent leurs chevaux et le cortège s'ébranla.

— Où allons-nous, demanda Jean?

— Préfecture de police, répondit laconiquement le poète.

Le jeune homme courba la tête, mais presque immédiatement il la redressa. Il allait être interrogé par un fonctionnaire; il lui dirait la vérité tout entière. Qui sait? Nali pouvait encore être sauvée.

Réconforté par cette pensée, il regarda par la vitre les avenues que parcourait la voiture.

Le fiacre franchissait la Sprée sur le pont Alsen, suivait l'Alsenstrasse, contournait la Kœnigs-Platz, et par la Sieges-Allée rejoignait la Charlottembourg-Chaussée qui divise en deux parts le Thiergarten, la jolie promenade berlinoise figurant dans la ville une petite forêt de deux kilomètres de long.

A l'extrémité de la chaussée de Charlottembourg, le peintre apercevait une porte triomphale percée de cinq ouvertures, séparées par de puissantes colonnes doriques et surmontée d'un *quadrige de la Victoire*, en cuivre repoussé.

— Qu'est cela, demanda Vemtite?

— La Porte de Brandebourg, répliqua l'un des surveillants.

La Porte de Brandebourg! Le jeune homme se souvint qu'elle se dresse à l'entrée de l'*Unter den Linden*, l'allée des Tilleuls, réputée la plus belle avenue de Berlin.

Le véhicule passa sous la voûte réservée aux voitures, traversa la place de Paris, où se trouve l'ambassade française et pénétra dans l'allée des Tilleuls. A chaque tour de roue pour ainsi dire, Jean apercevait un monument qui l'intéressait, au moins au point de vue social : Le Ministère des Cultes, l'Ambassade de Russie, le Ministère de l'Intérieur. Plus loin il voyait l'Aquarium, la Kaisergallerie, passage couvert très luxueux. Puis ses yeux s'arrêtèrent sur la statue de Frédéric-le-Grand qui occupe un des côtés de la place de l'Opéra, les autres étant formés par le palais de l'empereur Guillaume Ier, la Bibliothèque royale, l'Opéra et diverses autres constructions.

Cette place traversée, le fiacre s'engagea sur le pont du Château avec ses huit groupes de marbre symbolisant la vie du guerrier.

— Nous repassons la rivière, observa Fanfare?

— Un bras seulement, répondit l'agent qui n'avait pas encore parlé. Nous allons entrer dans l'île où Berlin a pris naissance.

— Tiens, dans une île, comme Paris dans l'îlot de la Cité?

— Exactement, Monsieur. Primitivement, l'agglomération se nommait *Kœlln*, du latin *colonia*, et elle était tout entière comprise entre les deux bras de la Sprée.

Le policier s'interrompit pour saluer :

— Le Palais du roi, fit-il, là, à droite. A gauche les musées royaux et le Lustgarten.

Le véhicule roulait toujours. Il traversa le pont Kaiser-Wilhelm, prit la rue du même nom, tourna à droite, le long du chemin de fer métropolitain et s'arrêta enfin à l'un des angles de la place Alexandre (Alexander-Platz) devant la façade du *Polizei-Prœsidium*, vulgairement Préfecture de police.

L'agent silencieux ouvrit la portière et prononça ce seul mot :

— Aussteigen.

— Il faut descendre, expliqua Vemtite.

Un instant après, tous, captifs et gardiens, étaient réunis sur le trottoir, et les voitures s'éloignaient après que le chef des agents eut remis à chaque cocher la somme de deux marcs, dont cinquante pfennigs de pourboire.

A la suite de leurs conducteurs, Jean, Lucien, Frig, Lee et Frog, franchirent avec une secrète terreur la haute porte de la Préfecture. Ils parcoururent en frissonnant le vestibule, puis un large escalier, puis d'interminables corridors.

Parfois une porte s'ouvrait sur leur passage, un employé affairé les croisait en les couvrant d'un regard oblique et s'éloignait sans se retourner, en homme qu'aucune arrestation ne saurait étonner.

Enfin la troupe fit halte dans une antichambre, où des huissiers graves se chauffaient devant un poële de faïence. L'agent qui avait pris la tête s'entretint à voix basse avec ces fonctionnaires, et indiquant du geste à ses prisonniers qu'ils devaient l'attendre là, il disparut dans un corridor sombre.

Son absence dura quelques minutes seulement et quand il reparut, ce fut pour intimer à Jean l'ordre de le suivre.

Le peintre obéit et pénétra dans un bureau luxueux, où un monsieur blond, à la tournure militaire, était assis dans un large fauteuil de cuir.

— Meinher Wolfburg, chef de section à la police centrale, souffla le policier à l'oreille de son prisonnier.

Le haut fonctionnaire ne parut pas s'apercevoir de leur entrée. Il continua gravement à faire flamber un bâton de cire à la flamme d'une bougie et apposa méthodiquement son cachet sur une enveloppe. Après quoi, il fixa son regard froid sur Fanfare.

— Vos noms, prénoms, demanda-t-il en français avec un accent rude?

— Fanfare, Jean.

— Profession.

— Peintre.

— Français, n'est-ce pas?

— Oui.

Meinher Wolfburg hocha la tête et du geste montra la porte à l'agent qui s'éclipsa aussitôt.

— Vous avez été arrêté, reprit alors le chef de section, comme détenteur d'une statue de Diane enlevée aux collections du musée du Louvre.

— Sur la dénonciation d'une misérable qui m'a empêché de ramener cette Diane en France, commença le jeune homme......

Mais le fonctionnaire l'arrêta sèchement :

— Vous êtes ici pour répondre à mes questions, non pour accuser.

Comme l'artiste voulait protester, le Teuton poursuivit :

— Taisez-vous. J'aurais pu avertir immédiatement la police française. Je ne l'ai pas fait, parce que j'ai eu une idée meilleure, dont vous aurez lieu de vous féliciter, car elle vous épargnera la punition de votre crime.

Jean ouvrit de grands yeux, ne comprenant pas vers quel but tendait son interlocuteur.

— La Diane, continua ce dernier, a été trouvée en un point quelconque des côtes méditerranéennes; les droits du Louvre à sa possession ne sont pas établis. Je considère donc que vous n'avez pas volé, mais seulement déplacé cette œuvre d'art. L'indulgence est d'ailleurs d'accord avec mes sentiments de patriote allemand. La statue est en Allemagne, il faut qu'elle y reste.

— Qu'elle y reste, répéta Fanfare avec ébahissement?

— Oui, et voici ce que je vous propose. Vous et vos compagnons garderez le silence; vous vivrez librement à Berlin, sous la surveillance de la police; si vous manquez d'argent, on vous avancera une petite somme pour subvenir à vos premiers besoins.

— Mais la statue, balbutia l'artiste effaré de la tournure que prenait l'entretien?

— Elle entrera aux Musées Royaux, avec la mention : « Réplique de la Diane de l'Archipel », ce qui coupera court à toute réclamation ultérieure.

— Comment? Votre musée s'appropriera....? Le directeur des galeries, le chef de la police consentent....?

Celui-ci avait tiré un revolver de sa poche.

— Pas encore, expliqua paisiblement Wolfburg. Le directeur est absent en ce moment; quant à M. le Préfet de Police, il accompagne Sa Majesté l'Empereur qui dirige des manœuvres d'hiver. Ma proposition ne sera homologuée qu'à son retour, dans quarante-huit heures probablement.

D'un air très satisfait de lui-même, le fonctionnaire frisa sa moustache et cligna de l'œil en regardant le prisonnier.

Jean avait pâli ; si le plan de Wolfburg réussissait, Nali était irrémédiablement condamnée. Ne l'aurait-il arrachée au Louvre que pour l'entraîner dans une prison allemande? Non, cela ne serait pas, il dirait à cet homme son douloureux secret.

Et véhément, le cœur déchiré, il parla. Il dit tout. Son rêve de fiancé sous le ciel bleu d'Athènes, son retour en France, la lettre d'Ergopoulos. Comme preuve de la véracité de son récit, il mit cette missive sous les yeux du chef de section.

Sans un mouvement, l'Allemand avait écouté. Son front plissé indiquait qu'il réfléchissait. Il prit la lettre que lui tendait Fanfare, la parcourut rapidement du regard, puis d'un geste brusque il l'approcha de la bougie toujours allumée; le papier prit feu aussitôt.

Un rugissement s'échappa des lèvres de Jean, il s'élança vers le fonctionnaire; mais déjà celui-ci avait tiré un revolver de sa poche et le braquait sur son captif.

— Un pas de plus et je tire, dit-il froidement. Légitime défense. Assailli par le prévenu durant l'interrogatoire.

— Mais c'est une infamie!

— Non, une mesure de prudence. Avec cette lettre, vous pensiez obtenir l'indulgence des tribunaux français, pouvoir résister à ma volonté. Maintenant vous comprenez que vous êtes dans ma main.

— Vous oubliez que Diane est vivante, que vous la tuez en...

— Je n'oublie rien, Monsieur. Je transmettrai vos allégations à M. le Préfet de Police, et s'il y ajoute foi, ce dont je doute, la science allemande fera le nécessaire.

Sans attendre une nouvelle protestation, Volfburg appuya la main sur le bouton d'une sonnerie électrique.

Sans doute les agents avaient des ordres, car la porte s'ouvrit aussitôt, et Vemtite, Frig, Lee, Frog furent poussés pêle mêle dans la salle.

— Madame, Messieurs, déclara d'un ton rogue le chef de section, votre ami, Jean Fanfare, vous expliquera les mesures de clémence que je prends à votre égard. Vous allez sortir d'ici, vous vous rendrez au n° 95 de Bartelstrasse, chez Mme Gothtag. On parle français dans cette maison. Vous y serez logés, nourris jusqu'à nouvel ordre. N'oubliez pas que la police vous surveille, et qu'à la moindre tentative pour quitter la ville, les prisons s'ouvriraient devant vous. Il vous est également interdit d'envoyer toute correspondance.

— Mais Nali, questionna Lucien en s'adressant à son ami?

— Ils la volent pour la placer dans les Musées royaux, gémit Jean, brisé par la scène précédente.

— Ils la volent?

Et le poète, couvrant le chef de section d'un regard d'inexprimable ironie, ajouta :

— Si nous refusions vos faveurs?...

— Vous seriez immédiatement enfermés en lieu sûr.

— Bref, vous cambriolez, et vous nous punissez.

— Monsieur, gronda l'Allemand d'un accent plein de menace !

Mais déjà le sourire avait reparu sur les lèvres du Parisien, qui narquois lança ce huitain au visage de son interlocuteur :

En France, nous disons :
Pour cent bonnes raisons,
Quoique très, très coûteuse,
La justice est boiteuse.
En pays allemand,
C'est bien différent,
La loi n'y traine pas la patte,
Elle est cul-de-jatte !

Sous l'ironie, un flot pourpre monta aux joues de Meinher Wolfburg.

— Prenez garde, Monsieur, ces vers sont...

— Libres, interrompit le disciple d'Apollon, car, plus heureux que nous, les vers sont libres lorsqu'ils n'ont pas le même nombre de pieds que leurs voisins. Si j'avais omis de les faire rimer, ils seraient blancs.

La réponse ne fit qu'augmenter l'irritation du chef de section. Il grommela brutalement :

— Taisez-vous. Vous n'êtes pas ici pour donner des leçons.

— Je m'en aperçois, repartit l'incorrigible railleur, car j'en reçois. Vous m'enseignez une fois de plus que la force prime le droit.

Troublé peut-être par la justesse de la réflexion; peut-être aussi désirant tout simplement mettre fin à la séance, Volfburg sonna de nouveau.

Des agents firent irruption dans le bureau et poussèrent les prisonniers, à travers les corridors, escaliers; ils les traînèrent jusqu'à la porte extérieure de la préfecture et se dispersèrent ensuite.

CHAPITRE XIX

LE PETIT MOUSSE

Les prisonniers se retrouvaient dans la rue. Ils étaient libres en apparence, mais ils sentaient peser sur eux les regards d'invisibles espions. Pour d'honnêtes gens, accoutumés à considérer la gendarmerie comme une institution protectrice, il est troublant de se savoir sous la surveillance de la police. De cette situation nouvelle résulte un déclassement de l'individu; on passe du groupe où l'on peut être volé, mais non soupçonné, dans celui où l'on peut être soupçonné alors même que l'on n'a pas volé.

Comme pour souligner leur avatar, l'officieux Ralph Bayern les rejoignit et leur indiqua minutieusement le chemin de la demeure choisie à leur intention par les autorités berlinoises.

— Vous serez très bien, conclut l'agent. On parle français dans la maison.

Après quoi, faisant montre d'une discrétion louable, le digne homme prit congé de ses compagnons de voyage et rentra à la préfecture.

— Que faire, murmura Jean, encore abasourdi par ce qui venait de se passer? Que faire?

— Obéir, répondit nettement Vemtite. L'administration, je la connais, ne plaisante, pas. Allons prendre possession de notre logement, et cette marque de soumission donnée à la police, nous tiendrons conseil. Car, ajouta-t-il d'une voix moins assurée, il est inadmissible que nous laissions périr cette pauvre miss Nali.

Fanfare le regarda :

— Tu crois donc à ce que je te disais, maintenant?

— Oui, fit le poète.

— Je ne te parais plus insensé en accusant Arbel et Ergopoulos...?

— D'une effroyable machination? Non. Mes yeux se sont ouverts. Cette femme, que je prenais pour sa sœur Nali, reste seule, la nuit, sur le pont de l'*Eagle*. La boussole est déviée, nous abordons à Hambourg. Cette femme nous quitte; aussitôt des policiers nous arrêtent. Il est évident que sa main est dans tout cela.

Il se tut brusquement. Son visage exprima l'étonnement :

— Qu'as-tu donc, questionna le peintre?

Il murmura :

— Encore le mousse!

— Quel mousse?

— Celui du train de Hambourg; celui qui est descendu à la gare de Lehrte. Vois, là-bas, devant le magasin blanc.

Tous portèrent leurs regards dans la direction indiquée. Debout en face de l'étalage d'une boutique, un mousse était à l'autre extrémité de la place Alexandre.

— C'est un enfant, remarqua l'artiste; vois comme il est délicat et frêle.

— Un enfant, soit! Mais un enfant qui se trouve trop souvent sur notre route.

— Tu penses donc qu'il nous suit?

— Oui. Au reste, nous allons bien voir.

Déjà le bouillant secrétaire du Ministre de l'Instruction publique se dirigeait vers l'inconnu, quand Fanfare l'arrêta :

— Pourquoi lui parler? Dirigeons-nous vers le logis que nous a assigné la police; si c'est à nous qu'en veut ce jouvenceau, il nous filera et...

— Et nous le pincerons *flagrante delicto*. Tu as raison, en route!

La petite troupe se mit en marche. Personne ne tournait la tête du côté du mousse, mais tous regardaient par-dessus leur épaule.

A peine avaient-ils dépassé le petit marin, que Vemtite poussait légèrement son ami et lui disait :

— Il nous suit.

En effet, l'inconnu s'était arraché à la contemplation de l'étalage, et d'un air indifférent emboitait le pas à ceux qui l'observaient.

Il se trouvait à vingt mètres d'eux.

— Attends, fit tout bas le peintre, je vais te démasquer, petit traître.

Brusquement il se jeta, ainsi que ses compagnons, dans une rue latérale, et les laissant poursuivre leur marche, il se colla contre la muraille, à deux pas de l'angle formé par la première maison.

Le mousse avait pressé son allure, sans doute dans la crainte de perdre de vue ceux qu'il surveillait.

Il atteignit le coin de la rue et tourna, mais il se rejeta en arrière avec un cri de surprise en voyant Fanfare se dresser devant lui.

Quant au peintre, il pousse un rugissement étouffé, ses paupières palpitent, ses mains s'étendent à droite et à gauche comme pour chercher un point d'appui.

Celui qu'il vient de surprendre a les grands yeux noirs de Nali, sa bouche mignonne, son nez régulier aux narines délicates. C'est elle, et en même temps c'est une autre personne. Sous le béret dont est coiffé l'inconnu, sous le caftan jeté sur ses épaules, l'apparition a une autre allure, un aspect différent. Et soudain, avec un serrement de cœur, le jeune homme songe à cette miss Arbel qui lui a été signalée par une amie anonyme.

La colère s'empare de lui. C'est l'ennemie acharnée de sa fiancée, celle qui a condamné sans pitié l'Américaine au plus cruel des trépas, qui se trouve en sa présence.

Elle est là, rougissante, déconcertée, un sourire embarrassé sur les lèvres :

— Jean, murmure-t-elle sans savoir ce qu'elle dit !

Alors il éclate. Il a la conviction qu'elle veut le duper comme elle a dupé Vemtite, les clowns, tout le monde.

— Miss Arbel, gronde-t-il d'une voix sourde, le mensonge est inutile, je vous connais.

Son interlocutrice le regarde saisie. Il continue :

— Je vous hais et je vous méprise. Complice de ce monstre qui a nom Ergopoulos, vous avez juré la perte de votre sœur. C'est vous qui l'avez ravie aux soins de lord Waldker; vous qui avez dévié de sa route le navire qui nous ramenait en France; vous qui nous avez livré à la police allemande. Soyez maudite.

Elle est devenue très pâle, un brouillard humide monte à ses yeux. Elle balbutie :

— Que dites-vous? Je ne vous comprends pas. Je suis Nali.

Le peintre l'interrompt avec rage :

— Mensonge ! Je vous connais. Être de ruse, vous ne me tromperez pas.

Elle fait un pas vers lui, les mains jointes :

— Jean !

Mais il la repousse. Sans avoir conscience de son mouvement, il lui saisit les bras; de ses mains nerveuses, il meurtrit ses chairs délicates. Elle a un petit cri de douleur.

Des passants s'arrêtent. Alors les amis de Fanfare se rapprochent, ils entraînent l'artiste éperdu, non sans qu'il ait pu lancer à son interlocutrice cette phrase menaçante :

— Arbel ! vous tuez Nali, vous me tuez moi-même; mais avant de rejoindre votre victime dans l'inconnu, elle sera vengée, vengée, je vous le jure !

Il s'éloigne avec ses compagnons. Le mousse reste à la même place, immobile, figé, statue vivante de la douleur. Il promène autour de lui des regards éperdus. Il voit l'écuyère Lee, qui est demeurée en face de lui; il s'élance vers elle, se cramponne à son manteau :

— Lee, s'écrie-t-il avec un sanglot, Lee, nous avons fait pacte d'amitié à Tilbury; Lee, expliquez-moi le malheur qui m'atteint.

Lee, expliquez-moi.

Son appel est entendu. Lee est femme, elle a pitié. Et cependant le soupçon n'est pas éteint dans son esprit :

— Sauvez Nali, fait-elle doucement. Ils vous pardonneront, ils vous feront présent de cette mine d'argent qui vous inspire la folie du crime.

— La mine d'argent, répète l'Américaine qui ne comprend pas?

— Oui, la mine du Colorado dont vous héritez.

— Mon oncle Jeffries est donc mort?

A cette question, l'épouse de Frig fait un pas en arrière. De nouveau la défiance la reprend. La mine d'argent existe, donc tout est vrai, le crime, la trahison, tout!

— Vous venez de vous trahir, miss Arbel, dit-elle froidement.

— Arbel, gémit la jeune fille, encore ce nom. Pourquoi m'appelez-vous ainsi?

L'Anglaise ne répond pas de suite. Des badauds groupés à peu de distance ont les yeux braqués sur elle. Tout à coup elle empoigne le mousse par le bras, et, l'obligeant à marcher à côté d'elle, elle l'entraîne.

— Mais répondez-moi donc, gémit sa compagne?

Sans ralentir son allure, Lee se décide à parler. Malgré les apparences, elle ne peut se défendre d'une vague sympathie pour celle qu'elle accuse :

— Je vous donne ce prénom d'Arbel parce qu'il vous appartient — elle hésite et continue — à ce que l'on m'a dit. Avec l'aide d'un sculpteur grec, Ergopoulos, vous avez résolu la mort de Nali.

— Nali, c'est moi?

— Non. Vous seriez sa sœur, Arbel.

— C'est insensé. Je n'ai pas de sœur; j'étais fille unique.

Lee s'arrête, plonge son regard dans celui de son interlocutrice :

— Il faudrait le prouver.

— C'est facile. Il suffit d'écrire en Amérique. Mais comment M. Jean a-t-il pu se figurer?... Il sait bien que je suis seule au monde. Croyez-moi, vous, Lee. Défendez-moi. Je me débats dans un abîme, je ne vois plus.

L'accent de la jeune fille est si vrai que l'écuyère adoucit sa voix. Elle lui raconte ce qu'elle ignore encore, et la lettre anonyme et les accusations qui pèsent sur elle.

Nali comprend enfin, son visage s'illumine :

— Comme il a dû souffrir, dit-elle.

Ces mots touchent l'Anglaise. Elle se penche vers sa compagne :

— C'est bien, vous le plaignez au lieu de le blâmer.

— Eh! le puis-je, est-ce qu'il n'a pas péché par excès d'affection?

— Sans doute — et retrouvant avec le calme la formule bizarre de dialogue dont les pantomimes du cirque lui ont donné l'habitude, Lee achève — Oui, c'est de l'affection de vouloir vous tuer pour vous empêcher de mourir.

Dans l'excès de son émotion, Nali ne remarque même pas cela :

— Conduisez-moi vers lui, je lui parlerai, il me croira. Adieu mes idées de sacrifice, de retraite; la douleur est trop grande. J'avais du courage, je l'ai perdu. Une idée me reste. Je veux qu'il me sourie, que ses yeux se reposent sur moi avec bonté. Je ne veux pas qu'il me méprise plus longtemps.

Mais l'écuyère ne partage pas son enthousiasme :

— Il ne vous croira pas sans preuves, pauvre miss Nali.

— Pourquoi? Vous me croyez-vous, murmure l'Américaine interdite?

— Oui, moi. Mais lui dont l'âme est bouleversée, pensera que vous tentez une ruse nouvelle.

— Une lettre en Amérique lui démontrera...

— Il refusera d'écrire.

— Il refusera?

— Oui. Il se dira : elle cherche à gagner du temps. Avant l'arrivée de la réponse, des pièces établissant que miss Arbel est un mythe, le délai qu'il s'est fixé pour tirer Nali de sa prison de métal sera expiré.

La jeune fille se tordit les mains :

— Mais alors que faire?

Lee parut chercher.

— Une preuve immédiate, voilà ce qu'il faudrait.

— Comment voulez-vous que je la fournisse....?

Brusquement Nali s'interrompit. Ses pupilles dilatées se fixèrent sur un homme qui passait sur le trottoir opposé.

— Une preuve immédiate, murmura-t-elle comme se parlant à elle-même, la voici peut-être.

Et se retournant vers l'écuyère :

— Allez, Lee, allez. Si vous ne me revoyez pas, dites-vous que miss Nali est morte pour démontrer qu'elle n'est pas capable de traîtrise.

— Que prétendez-vous faire?

— Conquérir mon fiancé.

Sur ces paroles énigmatiques, l'Américaine s'élança à la poursuite du personnage dont la vue avait opéré en elle un si brusque changement. Lee la vit s'éloigner, disparaître au tournant de la rue, et pensive elle se dirigea vers Bartelstrasse où devaient l'attendre ses compagnons de voyage.

Cependant Nali, en proie à une exaltation bien justifiée par les émotions qu'elle venait de traverser, suivait l'homme dont la vue l'avait si profondément impressionnée.

Tout en marchant elle monologuait :

— C'est lui! Sa présence explique tout. Le surprendre, le démasquer enfin, voilà ce qu'il faut. Ruse contre ruse. Nali, fille des anciens maîtres rouges des grandes plaines d'Amérique, montre que tu possèdes les qualités de ta race.

Avec un sourire pénible, elle ajouta :

— Car je suis une peau-rouge. Que ce sobriquet dont ils m'ont flagellée, serve au moins à sauver Jean.

L'homme ne se doutait pas qu'il était épié. Il traversa Alexandre-Platz, parcourut dans toute sa longueur la rue royale, — Königstrasse — passa la Sprée sur le pont Lange, contourna le palais du roi et s'engagea dans le square de Lustgarten.

L'Américaine ne le perdait pas de vue.

— Plus de doute, murmura-t-elle, il se rend au musée.

Mais l'individu laissa à sa gauche les bâtiments de l'ancien et du nouveau Musée et se dirigea sans hésiter vers le monument isolé, qui répond à l'appellation de Galerie Nationale affecté à la peinture moderne.

Il n'y pénétra point pourtant. Frôlant les murs, il en atteignit l'extrémité qui se développe en demi-cercle et la contourna, masqué pour la jeune fille par le rempart de pierre.

Nali précipita sa course. A son tour, elle dépassa la rotonde; mais là, un faible cri de désappointement monta à ses lèvres. Elle voyait les allées du square établi en bordure de la Sprée, la façade de la Galerie Nationale s'étendait à sa droite, mais l'homme avait disparu.

Vainement elle fouilla du regard le jardin désert; nulle trace de l'inconnu. Il semblait qu'il se fût englouti sous terre.

Haletante, elle cherchait encore. Soudain d'une porte basse, analogue à une entrée de cave, dont le quadrilatère se découpait au pied de la muraille, elle vit émerger le personnage. Celui-ci regarda dans la direction du pont Lange et courut précipitamment vers un homme qui, appuyé au tronc d'un arbre à quelque distance, semblait absorbé par une profonde rêverie.

Sans réfléchir, l'Américaine bondit vers la porte. Dans sa précipitation, celui qu'elle poursuivait ne l'avait point refermée. Une grosse clef était restée dans la serrure.

D'un coup d'œil Nali s'assura que personne ne l'observait et se glissa par l'ouverture.

Un corridor étroit et sombre s'allongeait devant la jeune fille. Courageusement elle s'y engagea. Ses pieds glissaient sans bruit sur la terre battue du sol. Au bout de vingt pas, le corridor fit un coude brusque, et Nali aperçut devant elle une lumière.

Un instant elle hésita. En marchant en avant, n'allait-elle pas se jeter entre les mains d'ennemis occupés à une mystérieuse besogne? Mais un léger bruit de voix s'élevant en arrière lui apprit que la retraite lui était coupée. D'un geste rapide elle porta la main à sa poche, et ses doigts se crispèrent sur la poignée d'un poignard ionien. Alors elle marcha droit devant elle et pénétra dans une salle qu'éclairait imparfaitement une bougie posée sur un tréteau.

Des pas résonnaient dans le couloir. On allait venir, il fallait se dissimuler.

Dressés le long de la muraille, des fragments de statues, de bas-reliefs profilaient de façon étrange leurs formes mutilées. Nali comprit qu'elle se trouvait dans une cave de débarras du musée, et avisant un énorme bloc de pierre sur lequel des personnages coiffés de mitres assyriennes figuraient une procession, elle se glissa derrière cet abri.

Il était temps. La porte qui fermait le corridor s'ouvrit et deux hommes entrèrent.

L'un était celui que la jeune fille avait suivi depuis la place Alexandre, petit de taille, brun de peau et de cheveux, les yeux noirs au regard dur, le visage allongé par une barbe en pointe, toute sa personne avait une expression de cruauté tranquille.

— Ergopoulos, se dit à elle-même l'Américaine!

L'autre gros, pâle, flasque, le nez crochu surmonté d'une paire de lunettes, le crâne couvert d'un bonnet de fourrure; une houppelande graisseuse enveloppant son obèse personne, parla le premier :

— Vous êtes sûr que personne ne soupçonne notre affaire, demanda-t-il avec un léger tremblement dans la voix, qui démontrait le peu de solidité de son courage?

Abraham.

— Personne, répliqua l'autre d'une voix sèche. Je vous répète, Abraham.....

Son interlocuteur leva les bras au ciel :

— Pas mon nom, pas mon nom, mon respectable ami. Il est trop connu à Berlin pour être prononcé en semblable circonstance.

— Oh! vous n'avez rien à craindre. J'ai fermé l'entrée sur le quai, et nous pourrions rugir tout à notre aise sans que le bruit de nos voix fût entendu.

— C'est vrai, c'est vrai, mais deux précautions valent mieux qu'une. J'ai de la famille, et si je me dévoue pour la nourrir.....

— Vous désirez vous dévouer avec circonspection.

— Vous avez dit le mot juste.

Ergopoulos eût un sourire cruel aussitôt réprimé et frappant amicalement sur l'épaule de son interlocuteur :

— Rassurez-vous, brave Abraham. Ici nous n'avons rien à craindre, les trompettes de Jéricho y retentiraient sans que les passants berlinois s'en aperçussent. Ensuite, je vous le répète, on n'entre jamais ici. C'est pour cela que herr Wolfburg a choisi cette cachette.

— Bon cela. Mais après, ne serons-nous pas inquiétés?

— Comment le serions-nous? On ignore que j'ai une fausse clef... et puis la police ne cherche pas lorsqu'elle a des coupables sous la main. Or, elle en a.

— Oui, oui, vous avez raison, mais c'est égal, faisons vite.

De sa cachette, Nali entendait. Son cœur battait avec violence les parois de sa poitrine. Elle devinait que le hasard lui dévoilait une trame nouvelle ourdie contre ses amis.

— Soit, pressons, fit le sculpteur grec en ricanant. Venez par ici, digne descendant de Moïse.

En parlant il s'était approché de la paroi de gauche et se penchait sur une caisse, que l'Américaine n'avait pas remarquée en arrivant. Abraham l'imita; de sa voix blanche, il laissa tomber ces paroles qui firent tressaillir la jeune fille :

— C'est là-dedans que se trouve la Diane?

Nali appuya une main sur ses lèvres pour retenir un cri de triomphe prêt à s'échapper. Ainsi son instinct ne l'avait pas trompée. A la vue d'Ergopoulos, sans hésiter, elle avait pressenti qu'il était l'artisan des nouveaux malheurs de ses amis. L'expérience démontrait la justesse de ses soupçons.

— Oui, répondit le Grec, elle est là — et soulevant le couvercle — Diane est visible pour un futur compagnon de voyage. Regardez.

Il avait saisi la bougie, et sous la flamme dansante, la statue d'aluminium se piquait d'étincelles mobiles.

— Ça, murmura le juif, c'est très beau.

Puis, comme s'il considérait qu'en prononçant cet éloge il avait commis une maladresse, il reprit :

— Seulement d'un placement difficile... En dehors de moi, qui voudrait se charger de cet objet encombrant, recherché par la police.

Dans le souterrain.

Un éclat de rire du sculpteur lui coupa la parole :

— Allons, père Abraham, ne « débinez » pas la marchandise, puisque je ous la donne.

Son interlocuteur le regarda d'un air soupçonneux :

— Cela tient donc comme il a été convenu.

— Absolument.

— Je n'ai à ma charge que les frais d'enlèvement et de transport?

— Pas autre chose. Et vous vendrez fort cher comme une image sainte, cette statue de Diane... en or d'aluminium, comme vous dites, pour en augmenter le prix.

— Ne parlez pas de cela.

— Pourquoi. Nul ne saurait nous surprendre. Laissez-moi rire en pensant à ces bons Cosaques des rives du Volga...

— De la Volga, je vous prie.

— De la Volga, si vous le désirez, de ces bons Cosaques qui adoreront cette image à l'égal d'une statue sainte. Vous vous y entendez, vous, à utiliser l'antique. Mais comment diable êtes-vous en relation avec les populations riveraines de la Volga et de la Moskva?

— J'étais un juif russe, et alors.....

— N'ajoutez rien, j'ai compris. Mais revenons aux choses sérieuses. La nuit prochaine, il faut que vous enleviez votre Diane.

— Oui. Comme il a été entendu.....

— Nous scierons l'objet en plusieurs morceaux. Cela sera plus commode pour le transport et aussi pour passer la frontière.

— Évidemment.

— Plus tard, rien de plus aisé que de rajuster les tronçons. Vous êtes bien sûr de ceux qui vont emporter..?

— Ce sont mes fils.

— Oh alors! Ils savent que l'opération doit rapporter un gros bénéfice?

— Un gros bénéfice, vous voulez rire, protesta Abraham. Les temps sont durs, l'argent rare. Vous seriez étonné si vous appreniez pour quelle modique somme je risque ma liberté.

Derechef le Grec fit entendre un rire sonore.

— Ah! Abraham, ricana-t-il, abandonnez ces formules-là. Notre affaire est assez avantageuse pour que vous disiez la vérité. Une fois par hasard, cela ne vous fera pas de mal.

Et reprenant un air grave :

— Vous avez vu l'objet; il vous convient..... Donc à ce soir, onze heures.

— Mes enfants et moi serons exacts.

Ces paroles échangées, les deux hommes se dirigèrent vers la porte.

Nali ne bougea pas. Dans sa cachette elle n'avait pas perdu un mot de la conversation. Une joie immense chantait en elle. Elle allait sortir, avertir la police de ce qui se préparait, livrer les coupables et du même coup se justifier aux yeux de Jean.

L'oreille tendue, elle écouta décroître le bruit des pas de ses ennemis; elle entendit la porte du quai se refermer.

Alors elle eut un cri de délivrance. Avant de sortir, Ergopoulos avait éteint la bougie; une obscurité compacte remplissait la pièce. La jeune fille se souvint qu'elle avait sur elle une boîte d'allumettes, elle en enflamma une, et à sa lueur, elle aperçut la caisse où gisait la Diane d'aluminium.

Un sentiment de curiosité la prit. Instinctivement elle se rapprocha du coffre, elle considéra curieusement la statue qui reproduisait ses traits. Elle sourit en la trouvant belle, puis le souvenir de Fanfare lui revint. Tandis qu'elle sacrifiait à la coquetterie, il souffrait, accusé d'un crime. Elle se reprocha la minute perdue et marcha vers la porte qui s'ouvrait sur le corridor. D'une main impatiente elle la poussa, mais un frisson parcourut son corps. La porte avait résisté.

Une nouvelle tentative ne fut pas plus heureuse. Évidemment Ergopoulos l'avait fermée sans qu'elle y fît attention. Durant un moment, elle secoua le vantail de chêne renforcé de barres de fer, sans réussir à l'ébranler.

Son allumette s'était consumée. Dans les ténèbres l'Américaine s'agitait, une sueur froide perlant sur son front. L'obstacle qui l'arrêtait jetait à bas tout son plan. Elle avait pensé arriver jusqu'à l'extrémité du corridor, et alors séparée du jardin par une porte seulement, elle eût attiré les passants par ses cris; mais à cette heure, elle se rendait compte que ses appels ne parviendraient pas au dehors.

Pourtant elle cria; elle cria jusqu'au moment où sa gorge ne laissa passer que des sons rauques. Personne ne vint.

Alors elle se laissa tomber sur un fragment de pierre, et elle s'abandonna au désespoir. Elle était captive dans une cave de la Galerie Nationale, immobilisée, impuissante à défendre ses amis. Cependant elle voulut réagir, et d'abord dissiper l'obscurité qui l'oppressait. Elle ralluma la bougie laissée par le Grec et lentement elle examina sa prison. Mais elle n'aperçut que des sculptures écornées, incomplètes, têtes privées de corps, dont les yeux immobiles se fixaient sur elle, corps sans tête dont les bras se tendaient dans sa direction, mornes supplications d'êtres de pierre.

Elle abaissa ses paupières pour échapper à ce spectacle. Précaution inutile. Son imagination lui retraçait le tableau qui l'entourait. C'était un cauchemar que la jeune fille subissait éveillée.

Celà dura de longues heures, Nali avait faim. Depuis la veille, elle n'avait rien pris; l'angoisse de son estomac était sans doute pour quelque chose dans son abattement. Depuis longtemps sa bougie, consumée jusqu'au bout, s'était éteinte avec un grésillement sinistre. A la clarté d'une allumette, Nali consulta sa montre. Les aiguilles marquaient neuf heures et demie.

Le cœur de la jeune fille se serra. Était-elle déjà si près de l'instant où Ergopoulos reviendrait avec son complice, où ils enlèveraient la Diane sans qu'elle pût s'opposer à leur dessein?

Un trouble croissant régnait dans sa pensée; la faim, l'humidité de la cave glaçaient son sang, et elle restait immobile se demandant toujours à quel parti elle allait se résoudre.

Soudain un bruit la tira de sa torpeur. On marchait dans le couloir. Ainsi qu'une biche effrayée elle bondit vers le bas-relief qui, le matin, lui avait servi d'abri, et se glissa entre le bloc de pierre et la muraille.

Presque aussitôt une clef grinça dans la serrure, la porte fut repoussée, et plusieurs hommes pénétrèrent dans la salle. En tête du groupe, Nali reconnut Ergopoulos et Abraham. Tous portaient des sacs de toile grossière.

— Tiens, remarqua le Grec, j'ai oublié d'éteindre la bougie ce matin, il n'en reste pas trace. Heureusement nous avons une lanterne.

— A l'ouvrage, à l'ouvrage, fit Abraham d'une voix mal assurée. Je ne serai tranquille que lorsque je serai sorti d'ici.

Et Nali, qui regardait à travers une fente de la pierre, assista alors à un spectacle étrange.

Dans un coin de la salle les hommes prirent des outils qu'elle n'avait pas remarqués. Ils entourèrent la caisse de la Diane, et avec un ciseau ils tracèrent sur le corps de la déesse des lignes qui la divisaient en plusieurs tronçons. Après quoi, au moyen de légères scies américaines, ils se mirent à couper l'aluminium suivant les raies marquées.

Sous la lueur rougeâtre de la lanterne, le groupe prenait un aspect bizarre. Ces hommes penchés sur la brillante statue, procédant à leur travail avec des mouvements rythmés, semblaient des esprits infernaux des mythologies antiques se livrant aux mystérieuses besognes que signalent sans les expliquer les bas-reliefs de la vallée du Nil ou de la Mésopotamie.

Terrifiée, Nali était incapable de faire un geste. La scie grinçait avec une régularité agaçante; parfois les travailleurs l'humectaient d'huile afin d'en faciliter le glissement, puis ils reprenaient leur occupation.

Il leur fallut plus d'une heure pour partager la statue en six tronçons. Alors chacun souleva un morceau de métal, l'introduisit avec précaution dans le sac dont il était muni et s'en chargea.

Ils allaient partir. De nouveau la jeune fille serait enfermée. Elle voulut parler, une soudaine épouvante arrêta la voix sur ses lèvres.

N'était-ce point son plus terrible ennemi qui était en face d'elle, cet Ergopoulos qu'elle haïssait et méprisait? La mort n'était-elle point préférable à la pitié de cet homme? La pitié, mot vide de sens auprès d'un tel personnage. Alors qu'il n'avait rien à craindre de l'Américaine, il l'avait séquestrée; de quoi ne serait-il pas capable maintenant qu'elle possédait son secret?

Tandis que ces réflexions se heurtaient sous son crâne, le sculpteur et ses compagnons s'éloignaient emportant leur butin. La porte se refermait avec bruit, et la prisonnière se trouvait seule dans l'obscurité froide redevenue maîtresse de la salle.

Durant quelques minutes, une sorte d'anéantissement la cloua dans sa cachette. Immobile, appuyée contre le bas-relief dont elle semblait faire partie, la jeune fille songeait. Allait-elle périr de faim et d'horreur en cet endroit? Une cave de débarras du musée serait-elle son tombeau?

Et avec une tristesse infinie, Nali se surprit à proférer l'adieu de ceux qui se penchent vers le sépulcre. Adieu à la jeunesse, adieu aux affections, adieu à la nature, aux arbres verts, aux ruisseaux gazouilleurs, aux fleuves majestueux; adieu aux nuits tièdes peuplées d'étoiles, au soleil, père ardent et lumineux de la terre, des civilisations, du rêve.

Mais une révolte lui vint. Non, elle ne mourrait pas ainsi sans lutte. Elle ne pouvait sortir de la vie sans avoir revu Jean, sans avoir chassé le soupçon cruel de son esprit.

Il lui fallait quitter ce caveau plein d'ombre. Mais comment? Ses mains délicates ne sauraient vaincre la résistance des portes massives; elles se briseraient sur les panneaux de chêne, sur les ferrures épaisses que la rouille même n'entamait qu'à la surface.

Un cri lui monta aux lèvres. Elle se souvenait. Les outils dont les ravisseurs de Diane s'étaient servis; ces outils, ils ne les avaient point emportés. Leur besogne terminée, ils les avaient dédaigneusement abandonnés. Cela, elle en était certaine, la mémoire lui revenait. Avec le ciseau, le marteau, les scies, elle serait en mesure d'attaquer la porte de sa prison.

Elle se dressa. Les premières atteintes de l'abstinence se faisaient déjà sentir; elle éprouvait une faiblesse singulière; mais la soif de la liberté lui rendit toute son énergie. A la lueur d'une allumette, elle parcourut sa cellule, ramassant sur le sol les instruments libérateurs, puis elle s'approcha de l'entrée, et dans la nuit, à tâtons, elle enfonça le ciseau dans les planches épaisses qui empêchaient sa fuite.

Le labeur était pénible pour l'élégante jeune fille, inaccoutumée aux travaux de force, épuisée par un jeûne prolongé. Parfois les outils trop lourds échappaient à ses mains meurtries. Alors elle enflammait une allumette et se rendait compte des progrès de son assaut. Puis elle recommençait avec cette obstination patiente que connaissent seuls ceux que la prison a gardés.

Enfin, après des efforts surhumains, l'Américaine réussit à pratiquer dans le panneau une profonde rainure qui traversait la planche de part en part. Elle l'élargit. Bientôt elle put passer le bras par l'ouverture. Alors elle mit la scie dans le bois et parvint à détacher un rectangle assez grand pour que le trou béant livrât passage à son corps.

Par cette brèche, elle se coula dans le corridor. La partie la plus ardue de sa tâche était accomplie, mais elle était à bout de forces. La pensée qu'il ne lui restait à faire que quelques pas pour atteindre la porte extérieure la ranima. Une fois là, elle pourrait appeler, attirer l'attention des passants.

Faisant mouvoir avec peine ses membres raidis, elle parvint au coude du couloir, elle le dépassa et alors elle s'arrêta, saisie d'une émotion sans bornes. Au ras du sol, en avant d'elle, sous la porte qui ne fermait pas « à bloc » filtrait une bande de lumière. Nali s'approcha, se courba sur la terre et regarda au dehors par l'étroite ouverture.

Il faisait grand jour. Quelle heure était-il? la jeune fille prit sa montre elle était arrêtée. Après tout, ce détail avait peu d'importance. A de longs intervalles des passants faisaient sonner le sol durci sous leurs talons. Ils étaient rares, car une bise glaciale soufflait, arrivant jusqu'à la prisonnière, et par ces temps de frimas, à moins d'être obligé de sortir, on préfère se tenir au coin du feu.

Nali guettait. Elle appellerait le premier passant qu'elle apercevrait. Cependant, un bruit de pas retentit au dehors et elle se tut. Pourquoi? Une réflexion avait arrêté la voix sur ses lèvres. On lui ouvrirait certainement, mais on voudrait savoir ce qu'elle faisait dans ce sous-sol du Musée. On la conduirait chez un policier quelconque; elle serait maintenue en état d'arrestation. Que de temps perdu pour elle et pour ses amis! Que de temps gagné pour ceux qui emportaient la statue d'aluminium vers les plaines immenses que baigne la Volga.

Outillée comme elle l'était, ne valait-il pas mieux essayer de venir à bout de la serrure grossière qui fermait la porte du quai. Les promeneurs étaient peu nombreux, partant peu gênants. Il lui suffirait de prêter l'oreille et d'interrompre son travail quand elle entendrait approcher quelqu'un.

Avec peine, elle se traîna jusqu'à la cave où elle avait laissé ses instruments. Elle avait froid, elle se sentait faible comme une enfant. Pourtant, stimulée par sa volonté, elle revint à la porte extérieure, et à l'aide du ciseau transformé en levier, elle s'efforça de faire jouer le pêne.

Tout d'abord ses essais furent infructueux; sa main tremblante et glacée dirigeait mal son attaque. Engourdie, découragée, à bout d'énergie et de vigueur, Nali était sur le point de renoncer au succès, quand tout à coup, un mouvement inconscient fit ce qu'un effort raisonné n'avait pu produire. Avec un claquement sec, le pêne céda et le panneau s'entr'ouvrit.

Éperdue de ce résultat, l'Américaine se précipita au dehors. Heureusement pour elle, le square était désert. Aucun regard n'observa cette jeune fille blême, aux traits décomposés, qui sortait de terre, ainsi qu'une personnification de la souffrance.

Elle respirait, elle revoyait la lumière. La joie lui faisait oublier ses fatigues, ses privations. D'un pas rapide, elle s'éloigna de la Galerie Nationale, quitta le jardin, parvint sur le quai; un pont se présenta devant elle, elle le traversa. Mais sa surrexcitation momentanée avait épuisé ce ce qui lui restait de forces. La lassitude la ressaisit plus impitoyable; le vent qui soufflait avec force glaça son sang.

Elle eut l'impression vague que la vie l'abandonnait. Ses yeux se troublèrent soudain, il lui sembla que son cœur ralentissait ses pulsations. Tout se prit à tourner autour d'elle. Elle eut peur, voulut crier, mais de la bouche un soupir haletant sortit seul. Ses mains crispées s'étendirent à droite et à gauche cherchant un point d'appui; elles ne battirent que le vide, et la jeune fille, fléchissant brusquement, roula sur le sol en poussant un gémissement.

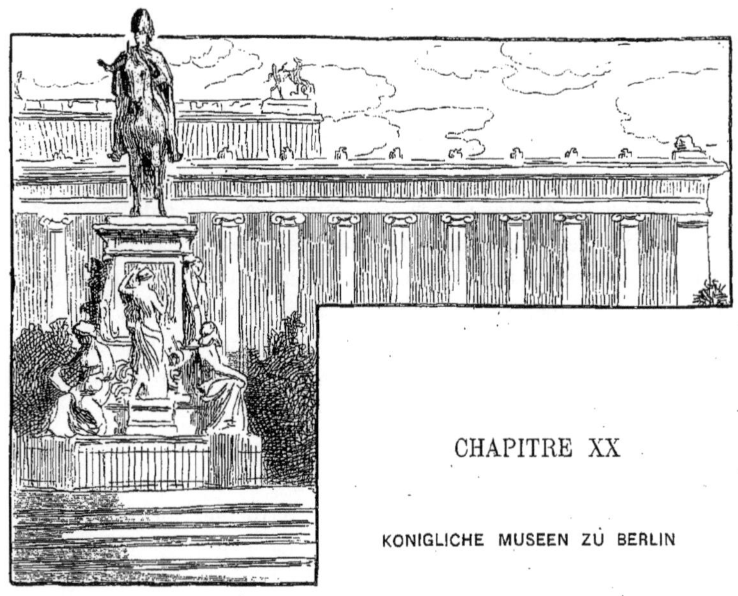

CHAPITRE XX

KONIGLICHE MUSEEN ZÜ BERLIN

Tandis que celle qu'il prenait pour une ennemie passait une journée aussi terrible, Jean ne restait pas inactif.

Avec ses compagnons, il avait pris possession de l'appartement, que la bienveillance de la police lui avait réservé dans Bartelstrasse. Lee, en rejoignant la petite troupe, tenta vainement de le faire revenir sur ses injustes préventions à l'égard de Nali. Elle réussit à ramener son mari, le brave Frog, et dans une certaine mesure Lucien, mais le peintre se refusa à partager ce qu'il appelait ses illusions.

La conviction que l'Américaine se trouvait enfermée dans un linceul de métal avait pris chez le malheureux artiste les proportions d'une idée fixe, et quiconque mettait en doute cette horrible supposition lui paraissait insensé ou ennemi.

Une légère collation expédiée, le jeune homme entraîna ses amis vers les Musées royaux de la capitale allemande. C'était là, pensait-il, qu'avait dû être conduite la pseudo-Diane.

Il marchait d'un pas saccadé, perdu dans un douloureux monologue intérieur. Ses compagnons avaient peine à le suivre. Presque courant ils gagnèrent Lastgarten, traversèrent le square, passèrent sans les remarquer auprès de la belle statue équestre de Frédéric-Guillaume III, auprès du bassin placé derrière le piédestal, et dont la cuvette de près de 7 mètres de diamètre a été creusée dans un seul bloc erratique.

Devant le perron de l'ancien Musée, le peintre s'arrêta un instant. Non qu'il admirât le portique soutenu par dix-huit colonnes ioniques, ni le dôme surmonté de ses superbes groupes de bronze; *les dompteurs de Chevaux du Quirinal, Pégase abreuvé par les Heures.* Il ne les voyait pas, non plus que *l'Amazone combattant un tigre*, ni *le Cavalier terrassant un lion*, dont les formes altières se dressent de chaque côté du perron. Il réfléchissait. Enfin, avec un geste dont ses amis ne comprirent pas le sens, il gravit les degrés, et entra dans les galeries.

Sans s'arrêter, mais en fouillant du regard les angles des salles, en passant derrière les piédestaux des œuvres d'art comme s'il avait espéré y rencontrer celle qu'il cherchait, il parcourut la rotonde, la salle des Héros, le Cabinet Étrusque, les galeries affectées aux bas-reliefs provenant des fouilles de Pergame, les Cabinets grecs. Puis il monta au second étage dans les salles de peinture.

Là, une idée nouvelle le prit. Il appela Lucien :

— Toi qui parles allemand, demande donc à un gardien, s'il y a au Musée un conservateur entendant le français. Si oui, prie-le de me conduire vers ce fonctionnaire.

— Qu'espères-tu de cette visite?

— Un appui. Il est impossible qu'un homme qui s'occupe d'art s'associe aux procédés inqualifiables de Herr Wolfburg.

— Tu as raison, je t'accompagnerai.

— Non. Inutile de te compromettre. La lutte avec les policiers est dangereuse. Je veux seul en courir le risque.

Le ton du jeune homme n'admettait pas de réplique, Vemtite se plia à sa fantaisie.

Un surveillant consulté, se chargea de guider Fanfare vers le bureau d'un secrétaire, dont les connaissances en langue française faisaient l'admiration de ses compatriotes. Il était en train, affirma le brave homme, de traduire Victor Hugo en vers allemands.

Avant de se séparer de ses compagnons, Jean les pria de continuer la visite du Musée et de s'assurer que la statue vivante ne s'y trouvait pas, puis il s'éloigna avec son guide.

Tristement ses amis le suivirent des yeux.

— C'est de l'entêtement, murmura l'écuyère. Certes, le Diane est utile pour démontrer son innocence, mais s'il voulait croire que c'est un simple bloc de métal, il serait moins malheureux.

Et tous poursuivirent leurs investigations.

Ils allaient plus lentement à cette heure, et Vemtite, décidément persuadé

Les princesses d'Urbino, bustes de LAURANA et SETTIGNANO. (Musée de Berlin.)

par Lee, sacrifiait à l'admiration que lui inspiraient les chefs-d'œuvre étalés sous ses yeux.

La Femme au collier, de Van der Meer; *l'Homme à l'œillet*, de Van Eyck, *un Paysage tourmenté*, de Ruysdael, *la Fuite en Égypte*, par Altdorfer, *des portraits de jeunes hommes*, de Bronzino, d'Holbein, de Dürer, *la jeune Romaine* de Sébastiano del Piombo, *un paysage de la Campagne romaine*, du Poussin, *Henriette Stoffel*, par Rembrandt, *la Sainte-Cécile* de Rubens, *les Vierges* de Raphaël et d'Andréa del Sarte, les Teniers, les Ter Borch, les Titien; *Minerve et Mars*, de Paolo Caliari dit Véronèse; *les*

Enfants par Cornelis de Vos et tant d'autres toiles lui arrachèrent des cris d'admiration.

Il cherchait à faire comprendre aux Anglais la poésie, la puissance de ces œuvres; mais ni les clowns, ni l'écuyère n'étaient amateurs de peinture, et Frig, avec sa franchise habituelle, traduisit ainsi son opinion :

— Yes. Certainly tout cela est joli, joli. Seulement quoi... c'était de la couleur qu'un monsieur confortablement assis avait déposé sur le toile. Quand on est bien à son aise, cela n'est pas très difficultueux. Ah! si Rubens, ou Raphaël avaient peint le tête en bas, ou bien en équilibre en haut d'une perche... Oh alors, ce serait tout à fait un autre chose!

Devant une conception artistique aussi particulière, Lucien n'avait qu'à s'incliner. Il redescendit à la sculpture, se délecta en égoïste de la vue des frises de *l'Autel de Jupiter*, *d'Apollon Musagète*. Il fit de longues stations devant *le buste de Teodorina Cibo*, fille d'Innocent VIII attribué à Sansovino, *le Saint Jean Baptiste enfant*, de Michel Ange, *un retable* de Nicolo Pizano, *les Bustes de princesses* de Laurana et de Settignano.

— Mais je ne connaissais pas tout cela, s'écria-t-il dans un accès de lyrisme. Je veux avoir des reproductions de ces œuvres; ce seront d'adorables souvenirs de voyage.

Cinq minutes plus tard, le poète, chargé d'un certain nombre de fort belles photographies achetées aux gardiens, entraînait les Anglais vers l'escalier situé en arrière de la rotonde, et traversant le couloir-passerelle jeté au-dessus de la rue qui sépare l'ancien musée du nouveau, pénétrait dans ce dernier.

Mais il eut beau gravir l'escalier orné de peintures murales de Kaulbach, errer à travers les galeries des moulages, allemandes, égyptiennes, d'Asie occidentale, des estampes et des antiquités, nulle part il n'aperçut la moindre trace de la Diane de l'Archipel.

Suivi des Anglais, le poète sortit du nouveau musée, traversa le Square aux arbres dépouillés, qui étendaient leurs branches nues sous un ciel bas et sombre, et atteignit la galerie Nationale, exposition des peintres et sculpteurs modernes.

Mais il parcourut vainement la galerie transversale, les salles Cornélius, les cabinets nombreux, la statue d'aluminium demeurait invisible. Et à cette heure, sous ses pieds, dans la crypte du bâtiment où il se livrait à cette inutile perquisition en faveur d'un bloc métallique, Nali bien vivante gémissait enfermée.

Bientôt Jean rejoignit ses compagnons. Le conservateur auquel il avait parlé, lui avait déclaré ne rien comprendre à son récit. La préfecture de police n'avait adressé au musée aucune communication relative à la statue confisquée à Hambourg.

— Au surplus, avait affirmé le fonctionnaire, Monsieur Schöne, Directeur général des collections royales, absent de Berlin en ce moment, ne se prêterait à aucune combinaison de ce genre. Avant deux jours, il serait de retour et s'emploierait sûrement à tirer l'affaire au clair.

> Il sera certes un bien grand clerc
> S'il tire cette affaire au clair

murmura Lucien ragaillardi par l'espoir qui brillait dans les yeux de son ami, et comme celui-ci ne le rabroua pas, il poursuivit :

> Chez les Grecs, Diane était la Lune
> Ce sera donc un clair de lune !

Calembour inepte auquel Fanfare ne prêta aucune attention. D'ailleurs trois heures sonnaient; c'était l'instant où les musées de Berlin ferment leurs portes. Les visiteurs sortirent et revinrent vers Bartelstrasse.

Chez tous, la fatigue excessive, supportée depuis deux jours opérait. Ils avaient besoin de repos.

En arrivant à leur domicile, ils dînèrent de saucisses, de choucroute et de jambon arrosés de petite bière, puis chacun gagna sa chambre et s'endormit bientôt jusqu'au lendemain.

A peine debout, Jean courut au musée. On lui répéta ce qui lui avait été dit la veille, à savoir que M. le Directeur général ne rentrerait que le lendemain, et désœuvré le jeune homme erra à travers la ville, puis talonné par l'ennui il rejoignit ses compagnons.

Ceux-ci déjeunaient. Pour tuer le temps, ils avaient projeté une courte visite à la forêt de Grunewald que dessert le chemin de fer métropolitain. Avec indifférence le peintre accepta d'être de la partie. La promenade fut triste sous un ciel sombre, à travers des arbres secoués par la bise de décembre, sur un sol humide et marécageux.

A la nuit tombante les excursionnistes revinrent découragés. C'est que la forêt n'est consolante qu'aux jours d'été, alors que sa parure verte réjouit les yeux.

Mais si Jean et ses amis avaient pensé se reposer, ils se trompaient.

Un groupe de dix agents les attendait dans Bartelstrasse, et le chef de la troupe leur annonça brutalement qu'il était chargé de les amener à la Préfecture de police, devant Herr Wolfburg.

Toute résistance était inutile. Aussi les jeunes gens, sans se permettre une observation, se placèrent-ils docilement entre les policiers, qui se mirent aussitôt en marche vers le Politzer Prœsidium.

Dix minutes après, captifs et geôliers franchissaient le seuil redouté de l'office central de la police, et à travers le dédale des corridors, parvenaient au bureau, où, une fois déjà ils avaient été mis en présence du chef de section Wolfburg.

Mais cette fois, le fonctionnaire avait perdu son beau calme d'antan. Le visage contracté, les sourcils froncés, il arpentait la salle, faisant sonner sous son talon rageur le plancher recouvert d'un tapis.

A l'entrée de la troupe, il congédia les agents d'un geste brusque et regardant les prisonniers avec une expression indéfinissable :

— Ah! vous voilà, vous autres, fit-il brutalement?

Saisis, ils ne trouvèrent rien à répondre. Alors, enflant sa voix, le chef de section continua :

— Vous êtes trop bien logés dans Bartelstrasse; vous voulez tâter du régime des prisons?

— Mais, parvint à articuler Jean stupéfait, tandis que l'incorrigible poète murmurait ironiquement :

Un agneau se désaltérait
Dans le courant d'une onde pure.
Un loup survint..........

— Assez de poésie, hurla Wolfburg!

— C'est du Lafontaine, expliqua Vemtite sans se déconcerter. *Le Loup et l'Agneau.* Le loup, c'est vous, wolf en allemand, et l'agneau, ou plutôt le troupeau d'agneaux...

Le fonctionnaire piétina sur place :

— Il ne s'agit pas de ces balivernes, interrompit-il en grinçant des dents, mais bien de la statue de Diane que vous avez dérobée et dont vous allez me dire ce que vous avez fait.

Tous le considérèrent avec ahurissement. Dans l'excès de son emportement, le policier ne s'en aperçut même pas :

— Vous refusez de répondre?

— Vous intervertissez les rôles, hasarda Frig. C'est vous qui avez caché le Diane; ce n'est pas nous.

Un ricanement échappa au fonctionnaire :

— Bien! Bien! Vous prétendez nier. Inutile. Le rapport dressé sur vos faits et gestes est assez clair. Hier, vous vous êtes rendus aux musées royaux.

— C'est exact.

— Ah! vous le reconnaissez, c'est heureux. Vous sembliez agités, hors de vous. Rapidement vous avez parcouru le premier étage du vieux musée. Au second, M. Fanfare s'est séparé de votre compagnie et s'est fait conduire chez l'un des secrétaires.

— Cela est vrai, répliqua le peintre. Je désirais.....

— Lui répéter le conte absurde dont vous m'avez déjà gratifié. Passons. Vous avez rejoint vos compagnons à la galerie Nationale. On a remarqué que votre exaltation était tombée, vous aviez recouvré le calme... pourquoi?

— Parce que la personne, à qui j'avais raconté l'histoire que vous trouvez absurde, m'avait affirmé que M. le Directeur général reviendrait bientôt à Berlin et qu'il ferait cesser la persécution dont je suis l'objet.

Le policier haussa les épaules :

— Vous espérez me faire croire que cette assurance vague avait suffi pour....

— Certainement!

— Vous mentez!

Une rougeur ardente couvrit les traits de Jean à cette injure. Il fit un pas en avant.

— Monsieur, gronda-t-il.

Déjà sur la défensive, son révolver à la main, Herr Wolfburg railla :

— Des manières. Un voleur qui veut se faire prendre pour un gentilhomme, un *Wohlgeboren!* Enfantin, ma parole, ce n'est point avec des attitudes semblables que l'on nous prend. Pour vous démontrer l'inutilité de cette comédie, je vais vous dire ce qui avait motivé votre tranquillité.

— Je viens de vous l'apprendre.

— Vous vous obstinez? A votre aise. La vérité, la voici. Une parole imprudente, une supposition dont l'employé du musée ne se souvient même pas, vous avait mis sur la piste de la statue que vous cherchiez. Oh! vous êtes très intelligent, je le reconnais.

— Vos allégations sont dénuées de tout fondement, s'écria Jean exaspéré; le secrétaire ignorait même l'arrivée à Berlin de la Diane, puisqu'on la nomme ainsi.

— Trala la, persifla le chef de section. Alors, pouvez-vous m'expliquer comment vous avez découvert que la sculpture en question avait été enfermée dans une cave de débarras de la galerie Nationale?

A cette déclaration, Fanfare poussa un gémissement :

— Elle était si près de nous, et nous l'ignorions.

— Mais non, mais non, vous ne l'ignoriez pas. La preuve en est dans votre conduite. Vous quittez le musée à trois heures de l'après-midi, vous faites une promenade, vous rentrez au logis, vous dînez et vous couchez bien tranquillement. Pour me tromper, il fallait continuer à jouer l'inquiétude; il fallait rôder toute la soirée comme une âme en peine... Ne vous défendez pas, c'est une maladresse, mais jamais un accusé ne pense à tout.

Et Jean essayant de protester, le policier lui coupa la parole :

— Au milieu de la nuit vous vous êtes relevé, vous avez gagné sans être vu le square de la galerie nationale, vous vous y êtes introduit. Armé d'un marteau, d'un ciseau et de scies américaines que vous avez oubliés, vous forcez la porte de la cave de débarras, vous sciez un panneau d'une seconde fermeture. Vous n'êtes pas seul. Vos complices sont là. J'en retrouve la preuve dans la poussière d'aluminium répandue sur le sol. Elle m'indique que vous avez divisé la statue en plusieurs morceaux, afin de l'emporter plus aisément. Des scies, encore saupoudrées de poudre de bronze d'aluminium, indiquent votre façon de procéder.

Jean était devenu blême. D'une voix étranglée il demanda :

— On a scié la Diane?

— Mais oui, cher Monsieur.

— Alors il y avait du sang... du sang..?

Il parlait d'un air égaré; mais le fonctionnaire ne pouvait pas être troublé dans sa conviction.

— Non, non, pas de traces; ce qui jette à bas votre conte fantastique d'une personne enfermée dans un linceul métallique.

Le peintre ne trouve pas une parole.

Il se prend la tête à deux mains, il chancelle, s'affaisse sur une chaise en murmurant des phrases entrecoupées :

— Ce n'était pas vrai. Mais alors, Nali, Nali... C'est elle que j'ai repoussée. Insensé! Insensé!

Toujours ancré dans son idée, Wolfburg voit là l'écrasement d'un coupable convaincu du crime dont on l'accuse. Il sourit fièrement :

— Ah! Vous êtes bien persuadé de l'excellence de mes renseignements. Écoutez bien. De deux choses, l'une : ou bien vous allez me remettre la statue et votre position ne sera pas aggravée; ou bien vous refuserez, et vous sortirez d'ici pour être conduits en prison. Choisissez...

— Eh! je n'ai pas la possibilité de faire le choix, commence Jean éperdu.

Mais Frig lui met la main sur l'épaule; l'artiste le regarde; il remarque

que le clown sourit. Ce dernier échange un coup d'œil avec Frog, et se glissant près du policier qui considère la scène avec satisfaction, il pose sur le bureau son chapeau de feutre.

— Hein, interroge Wolfburg?

Frig salue et avec son inimitable accent :

— Monsieur de le police, dit-il, vous avez raison tout à fait. On va vous rendre le statue de Miss Diane.

Le fonctionnaire se rengorge. Il se loue tout bas de son habileté.

— On va vous le rendre, reprend le clown qui montre son chapeau. Miss Diane va apparaître sous ce couvre-tête. Frig, mettez aussi votre hat... no, chapeau sur le table.

Et comme son cousin germain se place de l'autre côté de l'Allemand, celui-ci s'écrie :

— Oui, vous cédez à la force de façon spirituelle; mais abrégeons, je vous prie.

— Ce sera fait à l'instant. Regardez bien mon couvre-chef. Je dis : Un... je dis : deux. Soufflez sur le chapeau, *if you please.*

Wolfburg amusé, souffle.

— Et trois, clame Frig qui, d'un mouvement rapide saisit son feutre, l'enfonce jusqu'au menton sur la tête du policier, tandis qu'avec une dextérité prodigieuse, Frog lui attache les poignets et les chevilles.

En dix secondes, le fonctionnaire pieds et poings liés, un bâillon sur la bouche, se tord vainement sur le plancher.

Telle a été la rapidité de la scène, que ni Jean, ni Vemtite n'ont eu le temps de s'y opposer :

— Malheureux! que faites-vous, demande l'artiste?

— Je sauvais nous-mêmes. Vite, Frog, faites de moa un policier.

Tous deux s'agitent avec une prestesse merveilleuse. Wolfburg est dépouillé de ses vêtements que Frig endosse. De sa valise dont il ne se sépare jamais, le clown tire une barbe blonde postiche qu'il s'adapte. Il se drape dans le pardessus fourré de l'allemand, il en relève le col, enfonce sur son crâne le chapeau. On ne voit plus que le bout de son nez et une touffe de barbe blonde. Il a l'allure de sa victime, il marche comme elle, a les mêmes gestes de bras, c'est à s'y méprendre.

— Il faut cacher le Monsieur, murmura-t-il, pour qu'on le trouvait pas tout de suite.

Une bouche de calorifère chauffe le bureau, la cheminée est vide de feu.

— Dans le cheminée, reprend Frig.

Son cousin a compris.

Il saisit délicatement le policier sous la nuque et sous les jarrets; il le replie comme un livre que l'on ferme, l'introduit dans la cheminée et abaisse le tablier.

— *Well*, approuve son camarade! Maintenant venez avec moi, et surtout empêchez vos langues de remuer.

... et trois, clama Frig.

Il ouvre paisiblement la porte.

Les dix agents qui ont escorté les prisonniers attendent dans le couloir. Tous saluent militairement le chapeau et le pardessus de leur chef. D'un geste noble, Frig les invite à suivre, et la troupe parcourt processionnellement les salles et galeries de la Préfecture.

On arrive dans la rue.

Frig, toujours imperturbable, se dirige vers l'Est de la ville. Il sait que de ce côté la campagne est moins éloignée.

A cent pas de la préfecture, il saisit un agent par le bras, le met en faction devant une porte et lui mime l'ordre de la surveiller. La nuit est complète et la lueur des réverbères n'est pas suffisante pour trahir la supercherie.

Dix fois, il procède de même.

Avec l'obéissance passive des subalternes allemands, les agents veillent consciencieusement à la porte de bons bourgeois qui n'ont rien à démêler avec les représentants de la loi.

— Maintenant, il s'agit de courir comme si nous avions des bottes de sept lieues, murmure Frig.

Il donne l'exemple, ses compagnons l'imitent, riant du tour singulier qu'il vient de jouer à la police. Et lui, tout en arpentant le terrain à grandes enjambées, déclame :

— L'existence est un pantomime, pas une autre chose. On dit toujours : La vérité, il est au théâtre, ce n'était pas vrai; le vérité, il est au cirque, et les personnes sérieuses, ce sont les clowns. Mais le pioublic ne comprend pas. Sans cela, avec une tute petite raisonnement il penserait : Un bon chef d'État, il devait povoir se tenir sur le tête, sur les mains, n'importe comment. Autrement, il était incapable d'assurer l'équilibre européen.

Vemtite s'amusait de ces boutades. Jean, rassuré sur le sort de Nali, s'abandonnait à la fantaisie joyeuse de Frig. Seuls, Lee et Frog conservaient des mines graves, ponctuant les discours de leur camarade d'exclamations approbatives :

— *Well! well!*

Les fugitifs sont arrivés au Stralan, presqu'île resserrée entre la Sprée et le Rummelsbg, sorte de havre qui s'avance dans les terres. Ils sont sortis de la ville; ils sont en sûreté.

Non. Le bruit d'une course rapide parvient à leurs oreilles; des pas nombreux font retentir la terre. Ils s'arrêtent indécis. Soudain au tournant de la rue apparaît une forme humaine. Elle court, elle se rapproche, elle rejoint le groupe. C'est le mousse.

— Nali, s'écrie Jean en tendant les mains vers l'Américaine!

Mais elle le repousse :

— Plus tard! Votre évasion est découverte. Les agents et des soldats sont tout près. Jetez-vous dans la ruelle de droite. Elle conduit à la rivière. Des bateaux sont amarrés. Traversez la Sprée, et dans le quartier de Rixdorf, allez au 9, Mohlstrasse, chez mistress Away; elle vous cachera. Vite! Vite!

A son accent, tous comprennent qu'il n'y a pas un instant à perdre. Vemtite, les clowns entraînent Jean qui veut parler, s'excuser, expliquer la douloureuse méprise qui l'a rendu si cruel envers celle qui le sauve en ce moment.

Nali les regarde se perdre dans l'obscurité. Le matin, quand elle est tombée d'inanition, elle a été relevée par une compatriote, amie d'autrefois qui maintenant habite Rixdorf. Mistress Away l'a soignée. Aussitôt sur pied, la jeune fille a couru à la Préfecture, avec l'intention de dénoncer les voleurs de la Diane. Mais elle est arrivée trop tard. On a découvert l'évasion des prisonniers. Wolfburg fou de rage sort déjà avec un peloton d'agents; des soldats requis se présentent. Dans son trouble, le chef de section mêle le français et l'allemand. Quelques mots font deviner à Nali ce qui vient de se passer. La chasse commence. Elle la suit. Un à un, on rencontre les policiers placés en faction par Frig.

— Ils sont dans Stralan, s'écrie Wolfburg, ils ne peuvent échapper!

L'Américaine tressaille. Mistress Away lui a parlé de Stralan. Elle sait que la rivière et la baie barreront la route à ses amis. Alors elle s'élance en avant, et elle prévient ceux avec qui est tout son cœur.

Maintenant elle est seule. Il s'agit de leur donner le temps de fuir, et pour cela, il faut attirer les poursuivants dans une fausse direction. Frappant du pied avec violence, elle reprend sa course.

Cependant Jean et ses compagnons ont parcouru la ruelle sombre. Ils sont au bord de la Sprée.

Les indications de Nali sont exactes. Des barques de pêche sont amarrées le long de la rive, et en face, de l'autre côté de l'eau, on aperçoit les lumières du faubourg de Rixdorf.

En un instant, tous se jettent dans un bateau; l'amarre est coupée. Frog manie les avirons. On est au milieu de la rivière. Des cris, des vociférations retentissent dans Stralan.

Les agents traquent l'Américaine dont la ruse a réussi. Le cœur serré, Jean écoute. Il sait bien ce qui se passe. Celle qu'il a insultée, méprisée, haïe, use ses forces pour le sauver.

Tout à coup un silence, puis un coup de feu suivi d'un cri déchirant, éperdu, qui passe sur les eaux comme un appel de mort :

— Jean!

Le nom du peintre! Fanfare se dresse tout droit. Il a reconnu la voix, c'est Nali! On a tiré sur elle. Elle est blessée, morte peut-être pour lui. Il veut retourner en arrière, et sur le refus de ses compagnons, il essaie de se jeter dans l'onde noire sur laquelle vogue silencieusement la barque.

Frig et Lucien l'empoignent, le réduisent à l'impuissance.

— Pourquoi nous condamner à la prison, disent-ils? N'est-ce pas nous enlever toute chance de sortir de la situation où nous sommes?

Le peintre insiste quand même, répétant toujours :

— Nali est morte! qu'importe le reste?

Ses amis emploient la violence pour le faire débarquer. Ils le traînent jusqu'à Mohlstrasse.

Le n° 9 est marqué sur un coquet hôtel. Les fugitifs y sont reçus par mistress Away, une petite femme mince, blonde, souriante qui, au seul nom de Nali, déclare que ses hôtes sont chez eux dans sa demeure.

Elle leur sert elle-même une abondante collation. Elle s'émeut de la tristesse de Jean, partage son inquiétude et gentiment offre d'aller aux nouvelles :

— Je mets un chapeau, je cours à la gare de Gœrlitz (Gœrlitzer-Bahnhof). Là, je trouverai une voiture, et je ne reviendrai qu'après avoir été rassurée sur l'état de ma chère amie Nali.

Sur ces mots, l'obligeante femme s'en va. Au bout de deux heures, elle était de retour.

Elle avait appris de M. Wolfburg lui-même qu'un soldat trop zélé avait fait feu sur l'Américaine qu'il avait prise pour un des prisonniers évadés. La balle avait atteint la jeune fille à la poitrine, mais sans toucher les organes essentiels. On répondait de la guérison de la blessée, que l'on avait fait transporter à l'hôpital de Kranken-Haus. Dès le lendemain, mistress Away s'efforcerait d'obtenir la permission de voir la malade.

Sa bonne grâce, la tranquillité qu'elle affectait, calmèrent l'anxiété des fugitifs qui passèrent paisiblement leur première nuit sous le toit hospitalier de leur excellente hôtesse.

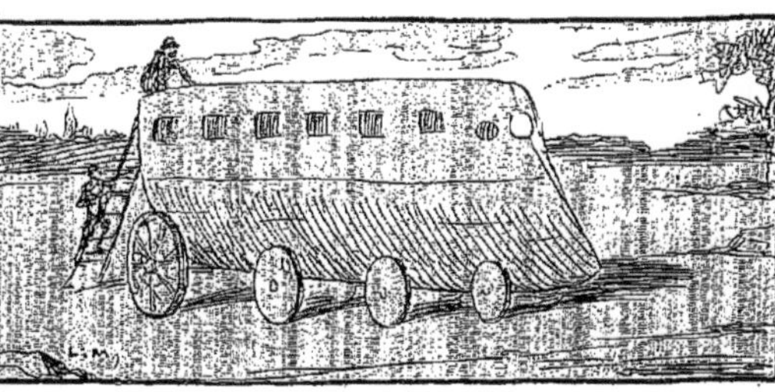

CHAPITRE XXI

ANACHARSIA

C'était une captivité d'un mois qui commençait pour les voyageurs. Comme l'avait promis mistress Away, elle se rendit le lendemain à Kranken-Haus. Elle revint avec des nouvelles qui impressionnèrent diversement les amis de Nali.

La jeune fille avait été prise de fièvre; le délire lui faisait prononcer des paroles étranges, Moskva! Ergopoulos! Diane!

Ses jours n'étaient pas en danger, sa blessure étant peu grave en somme; mais elle avait subi une commotion morale qui inspirait des inquiétudes aux médecins.

Aussitôt Jean manifesta l'intention de courir auprès de la malade. La blonde Mme Away l'arrêta. Tout d'abord Nali n'était pas en péril, elle l'affirmait. La jeune fille du reste était admirablement soignée par une infirmière grecque d'origine, répondant au doux nom d'Arnacharsia. Enfin, le directeur général de la police était rentré à Berlin; il avait sévèrement jugé l'excès de zèle de son subordonné Herr Wolfburg et s'était empressé d'aviser la police française de la présence en Allemagne des voleurs du Louvre, attitude très correcte mais éminemment dangereuse pour les voyageurs.

Il fallait demeurer cachés, ne pas donner signe de vie, laisser les agents épuiser leurs forces dans les premières recherches et quitter le pays lorsque le bruit fait autour de l'affaire se serait éteint.

Jusque-là du reste, l'aimable femme se déclarait heureuse d'abriter sous son toit les compagnons de sa chère Nali.

Et comme ils s'étonnaient de sa bienveillance, du dévouement avec lequel elle risquait une condamnation pour recel de coupables, elle dit ses relations anciennes avec la famille de Nali, où elle, orpheline, avait rencontré l'affection; puis son mariage avec Sir Away, diplomate accrédité en Europe; union heureuse trop tôt brisée par la mort. Elle conta aussi comment, sortie la veille pour faire un peu de marche, sport qu'elle affectionnait, elle avait rencontré Nali, mourante de froid et de faim; comment l'Américaine après s'être reposée l'avait quittée brusquement en lui apprenant de façon laconique le péril dont ses amis étaient menacés.

— Miss Nali n'a pas de sœur, interrompit alors Lee, avec un regard à l'adresse de Jean?

— Non, non, jamais. Pourquoi me demandez-vous cela?

— Pour rien. On nous avait parlé d'une sœur jumelle à la merveilleuse ressemblance.

— Pure imagination, croyez-le bien.

— J'en suis persuadée.

Ces répliques avaient déchiré le cœur de Fanfare en ravivant ses remords. La blessure, le délire dont souffrait l'Américaine, c'était lui qui les avait causés. Il avait été insensé de croire à la lettre d'Ergopoulos reçue à Paris, à la dénonciation anonyme adressée à Lord Waldker. Est-il possible d'envelopper sans la tuer une créature vivante dans une cuirasse galvanoplastique? Est-il raisonnable d'accorder sa confiance à une histoire de Sosie, moyen de théâtre naïf, renouvelé des Grecs comme le jeu de l'oie, que les Hellènes nés malins, et Molière après eux, ont placé, pour le faire accepter de la foule, sous la protection de Jupiter, de Mercure et d'Amphitryon?

Une tristesse profonde le prenait, en songeant à ce qu'elle avait dû souffrir, cette bonne et généreuse jeune fille qui n'avait d'autre but que de le sauver. Il se rappelait les paroles cruelles, les menaces stupides dont il l'avait souffletée, et tout bas il se demandait avec angoisse :

— Me pardonnera-t-elle jamais?

Cependant il se résigna, comme ses compagnons, à accepter l'hospitalité de mistress Away.

Chaque jour, l'Américaine allait visiter la malade. A son retour elle répondait avec une humeur toujours égale aux interminables questions de ses hôtes. Mais son doux visage s'assombrissait de plus en plus.

Pourtant Nali allait mieux. Sa blessure se cicatrisait; la fièvre l'avait abandonnée. Alors pourquoi ces mines inquiètes? Pourquoi ces phrases commencées que mistress Away ne finissait pas?

Pressée de s'expliquer, elle avait parlé avec embarras. Les mots échappés au délire de Nali avaient attiré l'attention. On avait conclu en les rapprochant que la Diane avait été enlevée par des Russes établis sur la Moskva; que la jeune fille connaissait les ravisseurs. Aussi attendait-on avec impatience sa guérison complète pour la mettre en demeure d'éclairer la justice.

Une autre fois, la gentille femme avoua que des policiers étrangers étaient arrivés à Berlin, qu'ils se livraient à des ruses d'Apaches pour approcher la pensionnaire de l'hospice de Kranken-Haus.

Puis il fut question d'une demande d'extradition introduite par le gouvernement français.

Lors de sa guérison, Nali serait prisonnière. On la conduirait en France; elle aurait à subir des interrogatoires pénibles, des accusations insolentes.

— Ah! s'écriait alors Jean. Si on l'arrête, je me livrerai. J'aime mieux être réputé coupable, être déshonoré que savoir qu'elle souffre encore pour moi.

Miss Away secouait tristement la tête, et son sourire pénible semblait prévoir un malheur plus grand que ceux qu'elle annonçait.

Maintenant Nali commençait à se lever, elle descendait dans le parc qui entoure l'hôpital. Oh! elle était bien veillée; sa garde, la jeune infirmière Anacharsia, l'avait prise en amitié. Elle se montrait pleine de prévenances, de soins, d'attentions.

Un mois s'était écoulé, et les compagnons de Jean, toujours enfermés se sentaient envahis par le découragement. Au dehors la neige tombait, il faisait un froid terrible. Ils passaient des heures à regarder par les vitres, la rue détrempée, boueuse, où piétinaient les passants emmitouflés.

Or, le soir, mistress Away revint toute bouleversée.

Le médecin en chef de l'hôpital délivrerait le lendemain son *exeat* à la malade; exeat étrange, car elle ne sortirait de Kranken-Haus que pour être remise aux mains des policiers qui la dirigeraient sur la France.

Il était trop tard pour tenter quelque chose, mais Jean déclara tout net que, le lendemain matin, il se constituerait prisonnier.

Personne ne songea à le dissuader. Tous comprenaient que c'était le devoir, que le peintre ne pouvait pas laisser la jeune fille souffrir de l'aberration qui l'avait conduit à enlever la Diane de l'Archipel au musée du Louvre.

Et accablés, dans un silence morne, ils dînaient du bout des dents quand la sonnerie de la porte extérieure retentit.

On s'entre regarda. Qui pouvait venir à pareille heure? Soudain une servante parut et annonça :

— Mlle Anacharsia et son père, le docteur Georges Taxidi.

Tous se levèrent. Anacharsia était le nom de l'infirmière de Nali ; que voulait-elle ?

Elle entra, vêtue d'un élégant costume de voyage, regardant sans timidité de ses yeux noirs qui trouaient son visage irrégulier mais charmant de gaieté. Un homme d'une cinquantaine d'années la suivait. Il était de haute taille, légèrement voûté comme ceux que courbe l'étude, des favoris poivre et sel encadraient sa figure énergique, aux yeux enfoncés sous l'arcade sourcilière, dont le développement indiquait la volonté et la réflexion.

Anacharsia entra.

Saluant gracieusement l'assistance, l'infirmière le présenta :

— Mon père, le docteur Georges Taxidi.

Et comme mistress Away avançait des chaises, la jeune personne l'arrêta :

— Inutile, Madame, nos instants sont comptés. Ceux que je vois autour de cette table sont sans doute les amis de la malade qui a été confiée à mes soins?

— Oui, Mademoiselle, répliqua l'Américaine, dominée par l'aisance de la nouvelle venue — et désignant chacun des convives — mistress Lee, MM. Jean Fanfare, Lucien Vemtite, Frig, Frog.

Tous eurent un même geste. Ils trouvaient la présentation imprudente. Anacharsia se mit à rire, montrant ses dents blanches :

— N'ayez crainte, fit-elle, ce sont des amis qui se tiennent devant vous, vous allez en avoir la preuve.

Elle prit un temps et doucement :

— Mon père, qui est un vrai savant et qui veut bien parfois m'employer comme garçon de laboratoire, s'est beaucoup occupé de la folie. Il a constaté que la démence, résultant d'une crise morale, peut toujours être guérie, si la manie du patient a un but et si ce but est susceptible d'être atteint.

Mistress Away avait pâli. Ses regards troubles se portaient alternativement de l'infirmière à ses hôtes :

— Nous venons donc vous demander si vous voulez avoir confiance en nous, et nous permettre de travailler à rendre la raison à la pauvre enfant qui...

Elle ne put achever sa phrase. Jean s'était dressé brusquement, il avait couru à elle et d'une voix étranglée, il bégayait :

— Je ne comprends pas, bien certainement... De qui parlez-vous ?

— De qui, répéta Anacharsia avec une nuance d'étonnement, ne le savez-vous pas?

Son regard interrogeait l'Américaine. Celle-ci courba la tête en murmurant :

— Je n'ai pas eu le courage de le lui dire.

— Vous avez eu tort. Si j'avais su... j'aurais mis plus de ménagements...

Un cri rauque retentit. Fanfare s'était pris la tête à deux mains :

— Nali... non cela n'est pas... Nali, folle!

Avec douceur, l'infirmière lui prit les mains, et plongeant dans ses yeux son regard clair :

— Cela est. Mais une folie guérissable. Elle a un but, la Moskva dont le nom revient sans cesse sur ses lèvres, la Diane qu'elle appelle à tout instant. Il faut la conduire là-bas, retrouver la maudite statue, et elle guérira, mon père l'affirme.

— Oui, appuya le docteur d'une voix grave.

— Mais elle est prisonnière, on va la ramener en France, clama désespérément le peintre qui, après avoir puisé dans les paroles d'Anacharsia un vague espoir, retombait dans la désespérance !

Son interlocutrice secoua la tête :

— Non. A cette heure elle est libre.

— Libre!

— Oui, ce soir, j'ai feint de la forcer à se coucher. Comme cela on ne s'en inquiétera pas jusqu'à demain matin. Je m'étais procuré des vêtements d'infirmière, je l'ai habillée. Elle est douce et obéissante, je lui ai recommandé de se taire et je l'ai emmenée. A la porte, le concierge a pensé voir passer deux employées de l'hôpital; il ne nous a pas arrêtées,... et demain nous serons loin.

L'infirmière parlait avec une assurance qui plongeait ses auditeurs dans une muette stupéfaction.

Enfin Jean retrouva la parole :

— Merci à vous, généreux étrangers qui ne craignez pas de secourir des malheureux. Mais vous ignorez notre situation. Les polices de l'Europe sont liguées pour nous arrêter.

— Elles ne vous attraperont pas, fit la jeune fille avec un sourire moqueur.

— Que comptez-vous donc faire!

— Vous emmener.

— Comment?

— En voiture.

— En voiture, répétèrent les assistants?

— Automobile encore, répliqua Anacharsia. Une invention de mon père dont, je pense, vous serez satisfaits.

— C'est un moyen d'attirer l'attention.

— Précisément. Aussi personne ne songera qu'elle transporte des gens qui se cachent. Allons, ayez confiance! Le véhicule stationne à cinq cents mètres d'ici, en dehors de la ville. Miss Nali vous attend, vous m'aiderez à la guérir.

Au nom de sa fiancée, Jean n'hésita plus :

— Je vous suis, Mademoiselle.

— Et nous aussi, s'écrièrent les amis du peintre.

— En route alors. Il faut qu'au jour, nous ayons fourni une longue course.

En cinq minutes tout le monde fut prêt, et, prenant congé de mistress Away, les fugitifs, précédés par leurs nouveaux alliés, quittèrent la demeure hospitalière de l'Américaine.

D'un pas rapide ils parcoururent les rues sombres de Rixdorf, traversèrent la voie du métropolitain et se trouvèrent dans la campagne.

Auprès du *Plantage*, sur la route une masse sombre attira leurs regards. On eût dit un grand wagon de forme bizarre, supporté par huit roues.

— C'est là, indiqua la fille de Georges Taxidi. Pressons-nous.

Une légère échelle de fer était dressée à l'arrière du véhicule. Sur l'invitation de leurs guides, les fugitifs la gravirent, atteignirent une porte qui s'ouvrait à la partie supérieure de l'automobile et pénétrèrent à l'intérieur.

Un même cri monta à leurs lèvres.

Nali était devant eux, éclairée par la lumière d'une lampe électrique. Jean courut à elle, il lui prit les mains et les yeux humides, il murmura :

— Nali, chère Nali, pardonnez-moi.

La jeune fille le repoussa doucement :

— Chut! dit-elle en appuyant un doigt sur ses lèvres. Le corps de Diane, est là-bas, là-bas, au-delà des steppes glacés, et son âme souffre, pas de bruit!

Une douleur lancinante fit pâlir l'artiste. Un instant il avait oublié la folie annoncée par l'infirmière et l'affreuse réalité le reprenait.

Mais Nali continuait :

— Diane, dont le diadème brille au ciel dans les nuits sereines, Diane, coiffée du croissant lunaire, nous appelle. Les tatars Tchérémisses lui offrent la myrrhe et l'encens, et le juif s'en va chargé d'une sacoche qui contient beaucoup d'or. Marchons, Diane s'ennuie; elle regrette l'Olympe et les étoiles, ses fidèles suivantes, dont l'essaim étincelant accompagnait sa course vagabonde. Dans ses mains elle tient l'honneur d'un homme, la raison d'une femme. Qui sont ceux-là? Je ne sais, mais il convient de leur rendre ce qui est à eux. Libre! Diane ouvrira sa main et les prisonniers s'envoleront.

Tous écoutaient, terrifiés par l'attitude de l'insensée qui ne se souvenait plus de leur présence. Soudain une légère oscillation se produisit; le wagon se mettait en marche.

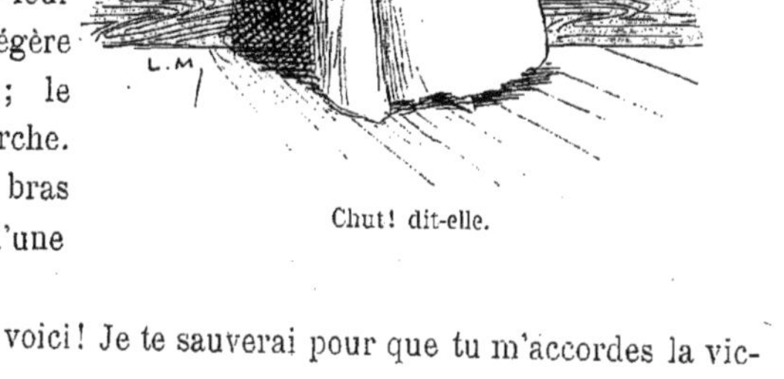

Chut! dit-elle.

Alors Nali étendit les bras dans un geste farouche; d'une voix rauque elle cria :

— Je viens, Diane, me voici! Je te sauverai pour que tu m'accordes la victoire, me voici.

Et tombant sur les genoux elle se prit à sangloter, tandis que ses amis éperdus s'empressaient vainement autour d'elle.

FIN DE LA PREMIÈRE PARTIE

DEUXIÈME PARTIE

CHAPITRE PREMIER

LE KARROVARKA

En revoyant Nali qui, dans sa folie, ne le reconnaissait pas, Jean était demeuré atterré. Ses compagnons rendus muets par l'immensité de ce nouveau malheur, le regardaient tristement. Alors Anacharsia, la fille du maître de l'automobile, s'approcha et de sa voix musicale prononça ces paroles :

— Elle guérira; mon père l'a affirmé, croyez-le. Avant de songer au sommeil, laissez-moi vous faire les honneurs de notre demeure mobile.

Et avec un sourire :

— Le wagon est divisé en trois compartiments : celui où nous sommes, à l'arrière, qui vous sera particulièrement affecté. Au plafond, vous distinguez les jointures de la trappe par laquelle vous y avez pénétré, et enroulée autour d'une bobine, l'échelle métallique articulée servant d'escalier.

Le ton paisible de la jeune personne rendait insensiblement le calme à ses auditeurs, et Fanfare put lui demander :

— Pourquoi avoir placé la porte si haut?

Elle secoua la tête :

— Vous le comprendrez plus tard. Venez, passons dans le second compartiment.

Elle démasqua une ouverture ménagée dans la cloison et entraîna ses compagnons à sa suite dans la pièce centrale. Comme la première, celle-ci était meublée sommairement; il s'y trouvait également des coffres formant banquettes longitudinales. Une sorte de capitonnage couvrait les parois. En y appuyant la main, Jean remarqua son élasticité parfaite. L'ancienne infirmière vit le geste :

— Capitonnage spécial, expliqua-t-elle; lames d'acier entrecroisées, recouvertes d'une étoffe bonne conductrice de l'électricité, qui circule entre la double enveloppe du véhicule. Cette salle servira de demeure à ces dames et à moi.

— L'appareil est donc mû par l'électricité, hasarda Vemtite?

— Parfaitement!

— Comment s'effectue la manœuvre?

— Au moyen d'un tableau de direction. Au surplus, dans la salle d'avant, occupée par mon père et son préparateur, Monsieur Vouno, il vous sera aisé de vous éclairer.

Ce disant, elle poussait une seconde porte, et tous firent irruption dans le dernier compartiment. Celui-ci était fort différent des autres; il affectait la forme d'un triangle dont l'entrée occupait la base. Au sommet, assis sur une estrade devant une sorte de clavier aux touches noires et blanches alternées, Taxidi se tenait raide, les yeux fixés sur des hublots trouant la paroi à hauteur de sa tête, qui lui permettaient de voir au dehors.

Un fanal électrique, encastré dans l'enveloppe du wagon, éclairait à la fois le compartiment et la route sur laquelle roulait l'automobile.

Sur un signe du docteur, M. Vouno, nonchalamment étendu sur un coffre, remplaça son maître au tableau de direction. Taxidi se retourna aussitôt vers les visiteurs et leur tendant les mains :

— Eh bien, mes chers hôtes, que pensez-vous de mon ermitage?

— *Very curious*, articula Frig, *very curious wagon;* vous étiez anglais, sir?

— Non, Monsieur, non : je suis Crétois.

— *Indeed!* Alors votre appareil est doublement curious; je n'aurais jamais cru que cela pût sortir d'autre part que d'un english cerveau.

Le docteur considéra son interlocuteur; un vague sourire détendit ses lèvres, puis sans relever l'impertinence naïve du clown, il reprit en s'adressant aux Français :

— Mon wagon est formé de deux enveloppes de tôle d'acier, rivées l'une à l'autre par des barres de fer en T. Les vides sont remplis par une série de bobines et d'électro-aimants de ma façon, dont vous apprécierez plus tard l'utilité.

— Pourquoi pas de suite?

— Parce que le moment n'est pas venu.

C'était la seconde fois que cette réponse frappait les oreilles des voyageurs. Sans prendre garde à l'expression étonnée qui se marqua sur leurs traits, Taxidi continua :

— Huit roues supportent le tout. Six sont simplement porteuses, les deux autres, placées à l'arrière, sont motrices.

Et revenant au clavier :

— D'ici, ajouta-t-il, je règle leur marche. Cette touche amène l'arrêt, celles-ci font obliquer la voiture à droite ou à gauche, cette autre arrête. En voici pour le ralentissement sur les pentes et cœtera.

A mesure qu'il parlait, sa main se plaçait successivement sur les touches. Lucien s'aperçut qu'il ne désignait que les blanches.

— Et les noires, interrogea-t-il avec curiosité?

— Oh! les noires ne servent pas en même temps que leurs voisines, répliqua le docteur.

— Quand les utilise-t-on?

— Cela vous sera montré quand il sera utile.

Comme les assistants, déçus dans leur attente, ne pouvaient cacher un léger mécontentement, le Crétois se prit à rire et gaiement :

— Ne vous impatientez pas. Huit à dix jours nous seront nécessaires pour gagner Moscou et la Moskva. Il est nécessaire de vous réserver quelques surprises durant le voyage. A l'arrivée, je vous le promets, je n'aurai plus de secrets pour vous. Pour l'instant qu'il vous suffise de savoir que vous êtes en sûreté, dans une véritable forteresse roulante, car il faudrait du canon pour entamer nos murailles de tôle; sachez aussi que, sous le plancher que nous foulons, existe un quatrième compartiment contenant les pièces nécessaires à la réparation des avaries possibles ainsi que mes piles électriques.

— Quoi, s'écria Jean, c'est avec de simples piles que vous mettez en mouvement cette énorme masse? Je croyais que les courants produits par les piles étaient trop faibles.....

— Pour cela? Vous avez raison en ce qui touche les piles ordinaires, car il se produit un phénomène de polarisation, c'est à dire que la majeure partie du courant déterminé est absorbé par le travail d'usure des pôles. Mais celles que j'emploie sont d'un modèle spécial, et j'ai fait disparaître ou à peu près la polarisation, de sorte que toute l'électricité produite est utilisable.

— Mais cette découverte est quelque chose comme le triomphe du moteur électrique?

— Je le pense, dit le savant. Encore quelques perfectionnements et je lancerai mon idée en Europe. En attendant, je suis heureux que mon invention m'ait permis de tirer de peine d'honnêtes gens persécutés.

Les jeunes gens ne démêlèrent pas la nuance imperceptible d'ironie qui accompagnait ces paroles. Avec effusion ils pressèrent les mains de leur sauveur.

Mais en se retournant, une image singulière appliquée sur la cloison à côté de la porte par laquelle ils étaient entrés, attira leur attention. C'était une grossière chromolithographie dont voici la reproduction :

Néanmoins Jean tomba en arrêt devant l'inscription grecque qui la surmontait :

Πρέπει να ὁ Ἕλληνας ἦνε δένει μὲ δὺο σελήνης.

Il la lut à haute voix :

— *Prepei na o Ellènas ène denei mè duo sélènés.*

Le docteur avait eu un mouvement de dépit, ses sourcils s'étaient froncés, une ombre fugitive avait passé sur son visage. Cependant il se domina et ce fut d'une voix calme qu'il dit :

— Vous prononcez mal. Dans les collèges français d'ailleurs, on n'enseigne pas la prononciation grecque réelle. Voici comment nous lisons cette phrase.

Accentuant chaque syllabe, il déclama :

— *Prépi na o Elinas iné théni mè thio célinis.*

— Soit, reprit Fanfare! En tout cas, autant que je puis me souvenir du grec ancien, celui-ci est moderne et me paraît avoir un sens assez obscur.

De nouveau Taxidi fronça les sourcils.

— Et ce sens, interrogea-t-il comme malgré lui?

— Le voici : Il faut que la nation grecque soit liée avec, ou par, deux lunes.

Le médecin respira et avec un rire affecté :

— En effet! C'est bien cela. Quant à vous expliquer la signification de cette légende baroque, j'en suis incapable. J'ai trouvé cette image en Crète, dans une chaumière de montagnard, et je l'ai conservée parce qu'elle me rappelle ma patrie.

L'embarras de Taxidi était manifeste, mais son interlocuteur n'eut pas le loisir de s'appesantir sur ce trouble inexplicable.

Une voix douce se fit entendre dans le compartiment voisin.

— C'est Nali, murmura le peintre en faisant un pas vers la porte.

La main nerveuse du docteur l'arrêta.

— Elle chante. Ne la troublez pas. Écoutons plutôt. C'est dans les paroles même des déments qu'il faut chercher le moyen de les rendre à la raison.

Tous s'étaient tus. La voix de la folle s'enflait. Une sorte de mélopée grave et plaintive arrivait jusqu'aux amis de l'Américaine. Voici ce que disait, avec un accent d'indicible tristesse, la pauvre insensée :

Mon corps a disparu, je ne suis plus qu'une âme
Insensible aux frimas, insensible à la flamme,
Errant dans l'infini comme un souffle de vent.
La terre est à mes yeux un point noir dans l'espace;
Je ne comprends plus rien à tout ce qui s'y passe.
Les intérêts humains me semblent du Néant.

Et pourtant je voudrais encore être une femme.
Pourquoi? Je ne sais pas, car la vie est un drame
Horrible, fait de nuit et de longues douleurs.
Désir extravagant, singulière démence!
Des tristesses, dont j'ai la vague souvenance,
Je déplore la fin et regrette mes pleurs.

Il y avait des larmes dans tous les yeux. Les tristesses, les pleurs dont Nali avait gardé le souvenir, qui donc les avait causés, sinon Jean. Et avec désespoir l'artiste se rappelait sa dureté envers la jeune fille. Peut-être, s'il ne l'avait point repoussée brutalement, serait-elle encore à ce moment l'intelligente et aimable créature qu'il avait connue?

Soudain le chant cessa brusquement, puis il reprit sur un mode plus gai, presque sautillant. Avec l'excessive mobilité d'impression qui caractérise les fous, Nali prête à sangloter dix secondes plus tôt, devait maintenant sourire joyeusement. Elle modulait ces vers :

De l'infini, je suis bergère.
Dans les prés d'azur du ciel j'erre,
Conduisant les brillants troupeaux
D'astres flambeaux.

L'araignée d'or fixe ses toiles
Aux pointes claires des étoiles,
Pour capter le bolide blanc
Sournoisement.

Oiseau d'argent, marcheur rapide,
A travers les déserts du vide,
La planète s'en va chantant
Incessamment.

Voici le croissant de la lune,
Navire ancré près de la dune
Lumineuse, où brise le flot
Sombre indigo.

De brouillard je tissai ses voiles.
J'y porte ma moisson d'étoiles
Pour en façonner en secret
Un doux bouquet.

Cette fois le silence se rétablit pour tout de bon. La fantaisie musicale de la malade avait pris fin.

Cependant personne ne bougeait; comme pétrifiés, les asistants semblaient écouter encore. Un appel du préparateur Vouno les fit tressaillir :

— Maître, dit-il, est-ce ici que nous allons traverser la Sprée? Nous sommes assez éloignés de Berlin et les berges en pente douce sont favorables.

Le savant regarda par un des hublots ménagés à l'avant :

— Si vous le voulez, Vouno.

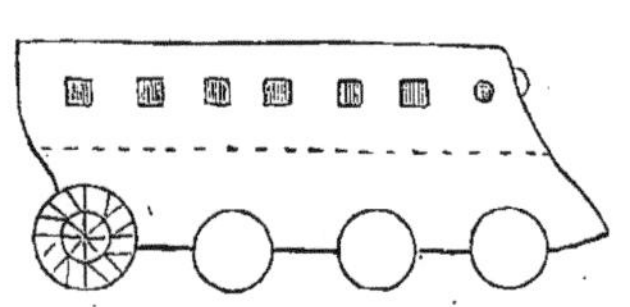

Vue perspective.

Coupe horizontale.

ABC. — Compartiments.
DD'. — Portes.
EEE. — Roues porteuses.
L. — Roue motrice.
M. — Appareil de direction.
NN'. — Fanal.
P. — Enveloppe extérieure.
R. — Enveloppe intérieure.
S. — Échelle articulée.

Coupe verticale.

Roues du Karrovarka.

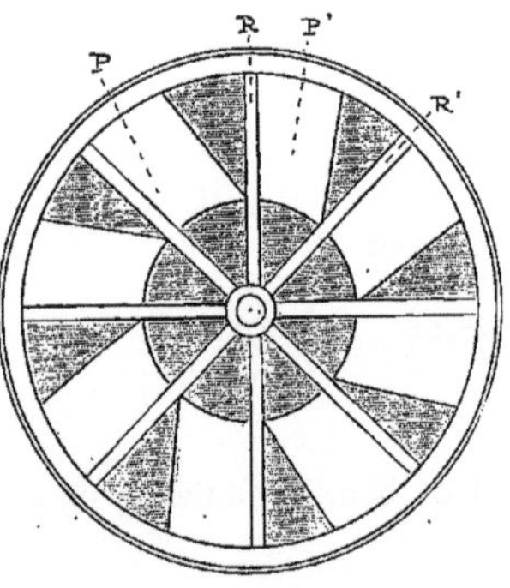

1. — Sur terre
RR'. — Rayons.
PP'. — Palettes repliées.

2. — Sur l'eau (coupe).
A. — Essieu renforcé. B. — Jante.
CC. — Palettes ouvertes (surface externe).
C'C'. — Palettes ouvertes (surface interne renforcée de croisillons d'acier).

Plans et coupe du Karrovarka.

Et rappelant du geste Jean Fanfare auprès de lui :

— Vous demandiez tout à l'heure quelle est l'utilité des touches noires du clavier de direction? Appliquez l'œil au hublot et vous comprendrez.

L'artiste obéit. Le Karrovarka stationnait à quelques mètres de la rivière, dont le fanal éclairait les eaux sombres.

Vouno avait appuyé la main sur une des touches du clavier directeur; le véhicule se remettait lentement en marche.

— Mais nous allons tomber dans la Sprée, s'écria Fanfare!

Taxidi secoua la tête :

— Non pas tomber, descendre, car la berge est en pente douce.

— Et nous coulerons à fond?

— Du tout, nous flotterons, mon appareil étant incomparablement plus léger que le volume d'eau qu'il déplace.

— Soit, acquiesça le jeune homme. Seulement vous oubliez que le courant nous ramènera vers Berlin?

— Du tout! nous le remonterons.

— Comment?

Une secousse légère se produisit à ce moment. A la trépidation causée par le roulement du wagon sur la route succéda un glissement doux qui berçait mollement les passagers.

— Nous flottons, s'exclama Jean qui avait collé son visage au hublot!

— Certainement. Allons, Vouno, en avant!

Et cet ordre donné, le docteur montrant le clavier à nos voyageurs :

— Maintenant, les touches noires vont servir.

En effet, le préparateur posait successivement les doigts sur plusieurs palettes d'ébène. Aussitôt une sorte de frémissement passa dans l'appareil qui, poussé en avant, se mit à remonter le courant à une allure modérée.

Muets de surprise, les voyageurs regardaient sans comprendre.

— Le nom seul de mon wagon eût dû vous mettre sur la voie, reprit doucement Taxidi.

— Le nom? mais nous l'ignorons.

— Le voici : *Karrovarka*, rappelez vos souvenirs grecs, monsieur Fanfare. *Karros*, chariot, et *varka*, bateau, barque.

— Chariot-barque.

— Justement.

Le savant s'était redressé. Une flamme brillait dans son regard.

— Oui, le chariot-barque, l'automobile idéale qui, selon la nature de la route à parcourir, roule ou nage. Ce dont je suis très heureux c'est que la transformation de la forteresse roulante en navire est d'une simplicité extrême. Au surplus, jugez-en, car je lis la curiosité dans vos yeux et je ne veux pas vous faire languir plus longtemps.

D'un coffre, il tira un carton, l'ouvrit et montrant à ses auditeurs une feuille de papier sur laquelle étaient tracées les figures suivantes.

— Sur terre, mes roues motrices ont l'apparence de la planche I. Chaque rayon, porte à sa partie supérieure, près de la jante deux palettes appliquées l'une contre l'autre. Je veux naviguer, je mets mon véhicule à flot, ainsi que vous l'avez vu faire tout à l'heure. Une série de déclanchements font glisser les roues porteuses sur leurs essieux; elles viennent s'appliquer sur la paroi intérieure formant ainsi une fausse quille. Quant aux roues motrices, elles se transforment en aubes. Les palettes s'ouvrent ainsi que des volets (fig. 2) et frappent l'eau. Leur résistance, augmentée par des croisillons d'acier est presque infinie. Si bien que, marchant sur route à 25 kil. à l'heure et à 14 ou 16 en rivière, je puis me déplacer de 500 kilomètres en moyenne par vingt-quatre heures. Eh bien, croyez-vous que cette habitation ne vaut pas mille fois les hôtels somptueux dont les propriétaires sont condamnés à voir sans cesse le même panorama, ces hôtels que l'on est obligé d'abandonner si l'on désire voyager. Moi j'emporte ma maison, ou plutôt elle m'emporte où il plaît à ma fantaisie.

— Et parfois aussi, ajouta Jean d'un ton pénétré, elle emporte ceux que vous sauvez.

Un sourire bizarre entrouvrit les lèvres du savant, mais il répondit :

— Ne parlons plus de cela. Je suis votre obligé, croyez-le, car ma bonne action contient en elle-même sa récompense.

Puis détournant la conversation :

— Mais vous devez avoir besoin de repos. Dans une heure, nous trouverons le long de la rive droite une large route, sur laquelle je compte lancer mon Karrovarka. Allez dormir, et surtout pas de mauvais rêves, nul policier ne peut nous gagner à la course.

Il serra la main à ses interlocuteurs et s'installant au tableau-directeur :

— Vouno, dit-il, conduisez ces messieurs au salon d'arrière et enseignez leur comment on se couche sur le Karrovarka. Anacharsia prendra soin des jeunes dames.

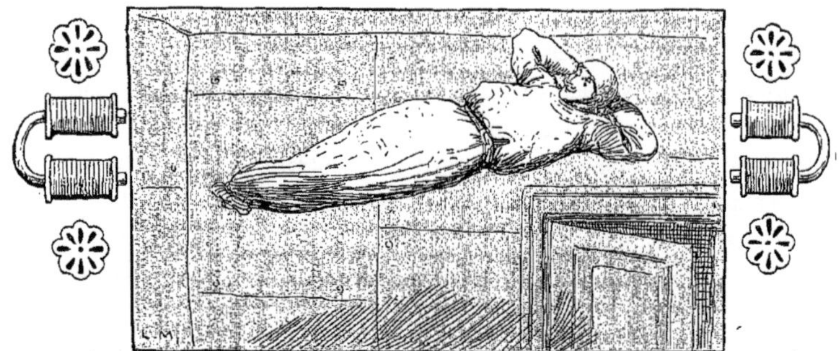

CHAPITRE II

LA SUPPRESSION DE LA PESANTEUR

Guidés par le préparateur, Jean, Lucien et les deux clowns regagnèrent le compartiment situé à l'arrière du Karrovarka.

— Messieurs, fit Vouno après avoir refermé la porte de communication; nous allons, si vous le voulez bien, procéder à votre toilette de nuit et vous donner quelques indications nécessaires pour bien dormir.

— Oh! répliqua Frig en désignant les coffres appuyés aux parois. Il suffisait d'allonger soi-même là-dessus pour trouver le sommeil. Ces boîtes devaient être un peu dures, mais on pouvait supposer que l'on était dans un Sleeping-Car de 3e classe.

Joignant le geste à la parole, l'Anglais s'installait déjà; mais le préparateur l'arrêta par cette phrase pleine de promesses :

— Non, non, monsieur. Une caisse de bois est un lit barbare indigne de notre automobile. Ici vous aurez des couchettes plus moelleuses que tout ce que vous avez rencontré jusqu'à ce jour. Seulement veuillez revêtir le costume indispensable.....

Tous se regardèrent ahuris.

— Revêtir un costume, s'écrièrent-ils d'une seule voix?

— Je viens de vous le dire.

— Vous voulez plaisanter. Pour se mettre au lit, on se déshabille.....

— Généralement, c'est vrai. Ici c'est le contraire, on s'habille.

Sans s'inquiéter de la mine ahurie de ses auditeurs, Vouno ouvrit un coffre et en sortit méthodiquement plusieurs grandes blouses et des calottes sphériques qu'il tendit à ses compagnons.

Ceux-ci examinèrent curieusement ces vêtements. L'étoffe à trame large leur était inconnue. La moitié de la surface environ était couverte de passementeries légères, douces au toucher comme si elles avaient été tissées avec des fils de fer doux.

— Que devons-nous faire de cela, interrogèrent-ils?

— Placez la calotte sur votre tête et la blouse sur vos épaules.

— Soit, mais après?

— Faites ce que je vous demande, afin de ne pas compliquer la démonstration.

Avec un haussement d'épaules, les voyageurs obéirent. Les toques, munies de jugulaires, emprisonnèrent leurs crânes. Ils passèrent les blouses, si longues qu'elles traînaient à terre.

— Bien, reprit Vouno. A présent, veuillez attacher les coulisses qui se trouvent au cou, à la taille et sous les pieds.

— Sous les pieds?

Tout en riant, les hôtes de Taxidi se conformèrent à l'invitation.

— Ma parole, remarqua Lucien, on croirait que nous nous préparons à une course en sac.

En effet, les jeunes gens, du col à la semelle, disparaissaient dans ces sacs d'un nouveau genre, et il leur devenait impossible de marcher autrement que par bonds.

— On est très mal ainsi, soupira Frig.

— Très mal, *well*, appuya son cousin.

Imperturbable, Vouno continua :

— Ceci est la toilette de nuit. Vous comprendrez tout à l'heure son utilité. Mais avant tout une question. Vous avez remarqué, n'est-ce pas, que les lits les plus doux sont des instruments de torture. Que l'on se couche sur le dos ou sur le flanc, une partie du corps est toujours comprimée par les matelas; partant, la circulation est gênée et le repos lui-même est accompagné de fatigue. Le rêve, tous les hygiénistes l'ont constaté, serait de pouvoir flotter dans l'air. Là pas de compression, le repos parfait.

— Seulement c'est impossible s'exclamèrent les assistants!

— Pourquoi, je vous prie?

— Parce qu'il faudrait supprimer la pesanteur, c'est-dire la force qui nous attire vers le centre de la terre.

Un large sourire distendit les lèvres du préparateur :

— Parfait! Messieurs. Vous avez admirablement posé le problème que maître Taxidi a résolu.

— Résolu, dites-vous?

— Vous en jugerez vous-mêmes. Je veux d'abord vous rappeler une petite expérience de physique, qui a servi de point de départ aux recherches de mon vénéré maître. Je parle de l'attraction qu'exerce l'aimant sur le fer.

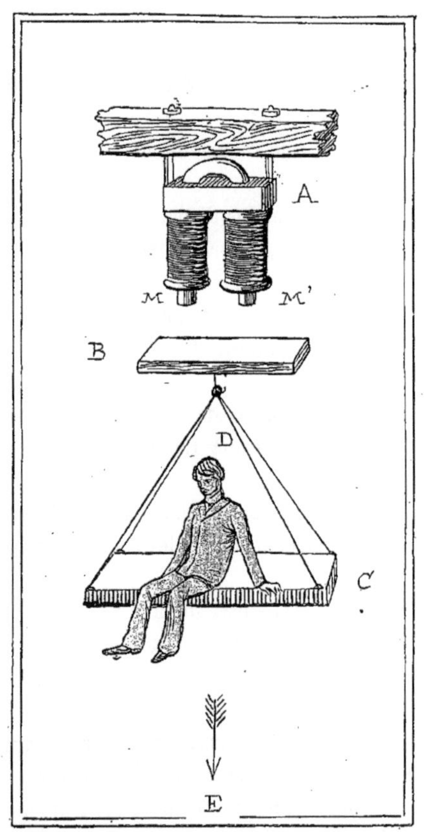

— Nous connaissons cela, soupira Jean. C'est l'attraction magnétique. Elle nous a même joué un vilain tour à bord de *l'Eagle*.

— *Aoh yes*, modulèrent les clowns!

— C'est cela même, poursuivit Vouno. Seulement avez-vous parfois réfléchi au phénomène qui se produit lorsque vous approchez un aimant d'une aiguille. Par la pesanteur, par son poids, l'aiguille tend à s'appuyer sur la surface de la terre. L'aimant l'oblige à monter vers lui. Qu'est donc cela, sinon la suppression de la pesanteur, c'est-à-dire l'annihilation d'une force par une force de sens inverse plus puissante?

Tous se regardèrent avec étonnement :

— Mais c'est vrai, firent-ils comme malgré eux.

— Vous le reconnaissez. Eh bien voilà le point de départ des recherches de M. Taxidi. Si au lieu d'une aiguille, nous prenions une solive de fer de quinze cents kilogs et que nous augmentions la puissance de l'aimant dans la même proportion, le phénomène se reproduirait.

Le préparateur radieux avait tiré son carnet de sa poche, et sur une page blanche, il crayonnait nerveusement :

— Regardez cette figure, dit-il. En A est un électro-aimant, B est une plaque de fer doux supportant une balancelle C, où un homme D peut s'asseoir. Plaque, personnage et plateau sont attirés par la pesanteur dans la direction de la flèche E. Faites passer dans l'électro-aimant un courant assez puissant; la plaque B viendra s'appliquer en M M′ et l'attraction terrestre sera vaincue.

— Sans doute, sans doute, mais le monsieur placé en D a besoin d'un support.

— Que nous avons remplacé par le costume que vous portez en ce moment.

D'un même mouvement, tous considérèrent les sacs bizarres dans lesquels ils étaient emprisonnés.

— Mais oui, insista Vouno. Ces blouses, ces calottes sont agrémentées de passementeries en fer doux, dont la surface est calculée de telle sorte que l'attirance des électro-aimants, fixés entre les deux enveloppes du véhicule, équilibre juste l'attraction terrestre. De cette façon, quand j'aurai établi le courant, cette salle deviendra ce que l'on appelle un point mort, un point d'égale attraction, où les objets sollicités par des forces équivalentes et contraires n'obéissent à aucune. En un mot, vous ne pèserez plus, et il vous sera loisible de vous étendre sur l'air ambiant à telle hauteur qu'il vous conviendra.

Peindre la stupeur des jeunes gens est impossible. Quoi! Ce problème de la suppression de la pesanteur, réputé insoluble, un homme l'avait résolu à la surface même de la terre? Vouno ne leur laissa pas le temps de se livrer à leurs réflexions. S'approchant de la cloison, il pressa un bouton assez semblable à ceux des sonneries électriques :

— Attention, Messieurs, je détermine le courant.

Aussitôt les voyageurs éprouvèrent une sensation étrange. Il leur sembla que les chaînes qui les rivaient à la terre s'étaient brusquement brisées. Leurs mouvements s'exécutaient sans efforts, leurs bras levés ne cherchaient plus à s'abaisser. Et le clown Frig, ayant voulu manifester sa surprise par un léger déplacement des jambes, se trouva suspendu en l'air, où il flotta ainsi qu'un ballon d'hydrogène.

En une seconde, tous le rejoignirent, amusés par cette situation nouvelle. Ils se promenaient sans appui, se dirigeant avec une étonnante facilité. Un même cri monta à leurs lèvres :

LE DORTOIR DU KARROVARKA.

— Prodigieux!

Ce à quoi Vouno ravi répondit par un : n'est-ce pas? empreint d'orgueil. Le brave préparateur prenait sa part de l'admiration excitée par l'œuvre de son maître. N'en avait-il pas été le collaborateur obscur? N'avait-il point calculé les formules algébriques de Taxidi?

En somme sa gloriole était justifiée. Du reste, il reprit bientôt son attitude modeste.

— A présent, Messieurs, dit-il doucement, je n'ajouterai plus que quelques mots. L'air vous assure une couche hygiénique; pour que l'hygiène triomphe complètement, il est indispensable que cet air ne se vicie pas comme dans les chambres à coucher des sédentaires. — Ce dernier vocable fut prononcé avec un mépris écrasant. — Pour cela, j'ouvre légèrement le robinet de ce récipient de métal accroché à la paroi d'arrière. C'est un réservoir d'oxygène. Le gaz bienfaisant va couler goutte à goutte, et remplacer celui qui aura apporté la vie dans vos poumons. Des trous imperceptibles percent le plancher, mettant ce compartiment en communication avec celui qui occupe le fond du Karrovarka. Dans ce dernier sont des bains de potasse caustique, avide, vous le savez, d'acide carbonique et exerçant sur lui une véritable attraction. C'est vous dire que votre air se débarrassera automatiquement des produits de la combustion qui seraient susceptibles de le vicier.

— Admirable, s'écria Jean!

— Superbe, appuya Lucien!

— *Very curious*, clamèrent les clowns, qui profitaient de leur situation pour se livrer à des exercices de souplesse tout à fait réjouissants!

Vouno s'inclina avec satisfaction :

— Sur ce, Messieurs, je vous souhaite le bonsoir, et j'espère que vous vous trouverez bien de la couchette Taxidi.

Il ouvrit alors la porte de communication et disparut. Pendant longtemps encore les voyageurs émerveillés se promenèrent dans le compartiment, montant au plafond, revenant au plancher par d'insensibles mouvements. Les clowns esquissèrent quelques culbutes aériennes, et se firent ainsi deux ou trois bosses, car ils ne savaient point calculer leur effort et allaient parfois donner de la tête contre les parois.

Enfin le besoin de repos calma les jeunes gens, et tous s'étendant mollement sur l'air à mi-hauteur du salon, s'endormirent bientôt d'un profond et paisible sommeil.

Une clarté les réveilla. Ils ouvrirent les yeux. De chaque côté de la pièce s'ouvraient des petites fenêtres carrées garnies de verres épais. Une plaque de tôle rabattue à l'intérieur montrait comment elles étaient masquées à l'occasion.

Par l'une des ouvertures pénétraient les rayons pâles du soleil d'hiver. Au dehors s'étendaient jusqu'à l'horizon de vastes plaines couvertes de neige, sans une butte, sans une éminence.

— Où sommes-nous, commença Jean?

— Ma foi, répliqua Frig, pour le savoir, il fallait le demander. Quittons donc le toilette de nuit et allons rejoindre cette docteur Taxidi.

Joignant le geste à la parole, il retira la toque qui couvrait son crâne. Mais cet acte si simple eut un résultat inattendu. Ainsi qu'une balance dont l'un des plateaux est trop chargé, le clown bascula sur lui-même et se trouva suspendu dans le vide, la tête en bas.

Stupéfait, il tenta de reprendre son équilibre; mais ses efforts, accompagnés des plus énergiques exclamations britanniques, ne réussirent qu'à appuyer sa tête au plancher.

Ses compagnons riaient aux larmes.

Enfin Jean put lui dire :

— Remettez votre coiffure. En la quittant vous avez détruit l'équilibre électrique.

— Vo croyez, glapit le clown qui obéit cependant et reprit ainsi une position moins incommode?

Avertis par cette expérience involontaire, les voyageurs se dépouillèrent d'abord de leurs blouses-sacs, puis de leurs toques.

Les effets de la pesanteur se firent sentir aussitôt, et tous debout enfin se regardèrent.

— Admirable, s'écria lyriquement Lucien! La découverte de Taxidi nous indique le moyen de locomotion de l'avenir. Les capitales du monde seront reliées par des couloirs neutralisés au moyen d'électro-aimants. Les touristes y pénétreront, et un courant d'air les emportera mollement, sans secousses, au but de leur voyage.

Comme la plume au vent,
Femme courra le monde
D'autant plus vivement
Qu'elle sera plus ronde!
Nunc, être dans le train
Veut dire : Être pratique.
Il faudra donc demain
Devenir pneumatique

L'incorrigible rimeur était lancé. Il eût continué longtemps sur ce ton si le docteur Taxidi, l'interrompant sans cérémonie, n'était entré dans le compartiment.

Avec la plus exquise politesse, il s'enquit de la santé de ses hôtes, reçut avec un plaisir évident leurs compliments enthousiastes. Après quoi, il s'adressa au peintre :

— A cette heure, Monsieur Fanfare, on a dû s'apercevoir de la fuite de Nali et de ma fille. Seulement nous avons parcouru dans la nuit cent quatre-vingts kilomètres, franchi l'Oder et sommes arrivés aux environs de la petite ville de Blesen. Ce n'est pas là que l'on nous cherchera. Demain nous aurons passé la frontière, et nous parcourrons les plaines de la Pologne russe.

— Mais la douane ne nous arrêtera-t-elle pas?

Le savant eut un sourire :

— Rassurez-vous, Monsieur. Le docteur Taxidi et ses élèves — il appuya sur ce dernier mot — ont des passeports en règle. Sur ce, s'il vous plaît de prendre un café au lait préparé à l'électricité,... un fourneau de mon invention,... nous allons déjeuner.

Les jeunes gens ne se firent pas prier.

L'excellente nuit qu'ils venaient de passer, dans un air incessamment renouvelé et que le voisinage des électro-aimants ozonisait légèrement, leur avait ouvert l'appétit.

Tous gagnèrent le compartiment d'avant.

Déjà Nali, Anacharsia et Lee, fraîches et reposées, s'étaient installées devant des planchettes mobiles fixées aux parois et supportant des tasses où fumait l'aromatique boisson.

A la vue de Nali, le cœur de Jean cessa un instant de battre. Le jeune homme s'approcha de la folle; il lui prit la main et d'une voix émue :

— Bonjour, Nali, dit-il.

Elle le couvrit d'un regard surpris.

— Étranger, pourquoi m'appelles-tu Nali? Je suis Diane. Tu ne me connais donc pas. C'est moi qui, la nuit, parcours le ciel avec à la main ma lanterne ronde que l'on nomme la lune. Le monde dort, je lui verse mes rayons argentés porteurs des songes riants; je suis la veilleuse de la Terre.

Il demeurait sans voix, bouleversé par cette poésie troublante de la démence.

Alors elle reprit :

— N'aie point de regrets... point de regrets. Je t'emmènerai dans ma course nocturne. Tu verras comme les champs, les cimes des forêts, les fleuves sont beaux sous la lumière de la lune. Et puis, là-haut, au fond du ciel noir, tu apercevras mes sœurs, elles portent des étoiles et distribuent la clarté à l'infini.

Une larme brûlante roula sur la joue de l'artiste.

— Tu pleures, murmura la folle d'un air étonné. Il ne faut pas en ce moment, Phœbus luit; réserve cela pour le soir. Au ciel nous pleurerons ensemble, et nos larmes deviendront la rosée qu'attendent les fleurs altérées, car je suis aussi l'échanson des fleurs.

Soudain elle s'interrompit, se frappa le front et la voix changée :

— Je comprends. Tu ne peux pas me reconnaître. Je ne suis plus qu'une âme. Ils m'ont volé mon corps et l'ont emporté là-bas, là-bas, au delà des déserts de neige.

Sa main se tendait vers l'Est en un geste douloureux, ses traits se contractaient.

Brusquement le docteur lui saisit le poignet.

— Diane, dit-il d'un ton ferme, Diane, je vous ai défendu de songer à cela. Votre corps vous sera rendu, je vous l'ai promis.

Immédiatement le visage de la jeune fille se rasséréna.

— C'est vrai, je me souviens.

— Alors déjeunons tranquillement.

Tandis que soumise à sa volonté, Nali reprenait docilement sa place, le savant se pencha à l'oreille du peintre :

— Et vous, mon jeune ami, quittez cet air désolé. Je vous jure que votre fiancée retrouvera la raison.

CHAPITRE III

LA RUSSIE A TOUTE ÉLECTRICITÉ

A toute électricité, le Karrovarka poursuivait sa route. Ainsi que l'avait promis le docteur, la frontière russe fut franchie sans difficulté à Powidz.

— Maintenant, déclara alors le savant, les routes sont moins encombrées et nous pouvons forcer la vitesse.

— C'est-à-dire?

— Marcher à cinquante kilomètres à l'heure. Dans dix jours nous serons à Moscou.

Et de fait le Karrovarka prit une allure rapide, invraisemblable. Ce n'était plus une automobile, mais un train lancé à toute vapeur. Les journées s'écoulaient rapides avec des horizons sans cesse nouveaux. Si le voyage se fût effectué durant la belle saison, il eût été charmant; mais en hiver le manteau neigeux qui couvrait la campagne lui imprimait un caractère fatigant d'uniformité.

Cependant les passagers du chariot-barque ne s'ennuyaient pas, et Jean notamment éprouvait un grand plaisir à causer longuement avec le docteur.

Taxidi était un homme universel. Les problèmes de mécanique, de médecine, d'astronomie qui avaient occupé sa vie ne l'avaient point détourné des choses artistiques, ainsi que cela arrive trop souvent à certains hommes de science.

Dans ses voyages à travers le monde, il avait visité tous les musées, toutes les collections, tous les monuments remarquables. Et visité, non pas comme le touriste vulgaire, mais en connaisseur émérite, en dilettante délicat. Non sans surprise, Fanfare l'entendait désigner, avec une sûreté incontestable, les œuvres maîtresses de chaque galerie, ce que lui peintre n'aurait su faire sans de longues réflexions.

Ainsi, l'artiste ayant exprimé le regret d'avoir été entraîné par les circonstances, sur une route qui passait en dehors de Munich, Dresde, Vienne, Saint-Pétersbourg, ces villes délicieuses, dans les musées desquelles sont accumulés d'inestimables trésors, que lui, Jean ne connaissait que par les reproductions photographiques, le docteur lui répliqua tranquillement :

— Vous en avez une idée suffisante. Les photographies que l'on fait aujourd'hui sont presque aussi belles que les toiles elles-mêmes. Elles donnent l'impression de la couleur, sinon la couleur elle-même. D'ailleurs dans toutes les peintures anciennes, les nuances ont varié sous l'action du temps; elles n'assurent plus la gamme rêvée par leurs signataires et empruntent leur principal intérêt à la ligne et à la composition, toutes choses que la photographie rend facilement.

Et avec une éloquence abondante, il se mit à passer en revue les différentes galeries citées par son interlocuteur :

— A Munich, quatre toiles sont pour moi supérieures à toutes les autres : *La Nativité*, d'Albert Dürer, conception originale dans un décor intéressant; *la Légende de Sainte-Anne*, Quentin Matsys pinxit, *le Saint Maurice et Saint Erasme*, par Grunewald, deux œuvres naïves et sincères; enfin la *Fête de paysans* de Breughel le Vieux, d'un réalisme qui ne recule pas devant la caricature.

— Mais à côté de cela, insinua Jean, il y a...

— Une infinité d'œuvres de valeur, mais ayant.., comment dirai-je, une personnalité moins puissante, une conception moins particulière.

Là-dessus une discussion s'engagea. Vemtite, qui écoutait, y mit fin en demandant :

— Je vois que Munich ne développe pas en vous l'instinct de la concorde. Que pensez-vous du musée de Dresde, Monsieur Taxidi?

— De Dresde, reprit bénévolement le savant, avec un coup d'œil railleur à l'adresse de l'artiste? Trois tableaux : Un Dürer, l'admirable *portrait de Bernhard van Orley's;* un Raphaël, *la Madone Sixtine;* un Lucas Cranach, le *Melanchton.*

Et taquin, pressant son débit comme pour empêcher Fanfare de lui répondre, le docteur poursuivit :

— A Vienne, trois œuvres également, toutes trois au premier étage des

Musées Impériaux : La *Madone aux champs*, de Raphaël; *la Légende de Justine*, de Moretto et la *Jeune Vénitienne* de Rubens.

Les jeunes gens ne songeaient plus à l'interrompre. Ils s'étonnaient de

Bernhard van Orley's, par Albert Durer.
(Musée de Dresde.)

l'instruction extraordinaire de leur interlocuteur qui semblait avoir fait une étude spéciale de toutes choses.

— Et maintenant, dit celui-ci, voulez-vous que nous passions à l'Ermitage de Saint-Pétersbourg, en russe Императорскій Эрмитажъ? Nous laisserons de côté, bien entendu, les sculptures antiques de toute beauté contenues dans les salles dites, de Jupiter Nicéphore, des Muses, de la Vénus de l'Ermitage, de Kertch; les collections de dessins où les Français tiennent la plus large place; les armures et antiquités de l'arsenal et de la collection Basilevski, pour nous occuper seulement des galeries de peinture. Ici le choix est difficile, car les chefs-d'œuvre abondent. On peut dire qu'en ce qui concerne les maîtres espagnols, d'un côté, et les maîtres français de l'autre, seuls les musées du Prado à Madrid, et du Louvre à Paris, sont plus riches. Pour la peinture flamande, l'Ermitage peut soutenir la comparaison avec les principales galeries flamandes. Sa caractéristique est sa supériorité incontestable sur toutes les autres collections en ce qui concerne l'école hollandaise et particulièrement Rembrandt. Cependant je mets hors de pair les portraits de ce dernier, les *Philippe IV* et *Olivarez*, de Velasquez et *l'Assomption*, *la Fuite en Égypte*, le *Pierre en prison*, de Murillo.

Les journées s'écoulaient ainsi rapides, remplies par d'intéressantes conversations. De temps à autre, les passagers, désireux de prendre l'air, déroulaient l'échelle mobile rangée dans le compartiment d'arrière, et par la trappe ménagée à la partie supérieure du Karrovarka, gagnaient le toit du véhicule. On dressait alors tout autour un léger balcon de fer qui d'ordinaire était rabattu, et la toiture devenait un véritable pont, d'où les touristes pouvaient considérer le paysage qu'ils traversaient.

Mince distraction. La neige couvrait la terre d'un manteau blanc sans limites. Les provinces polonaises, le gouvernement de Grodno offraient sans cesse le même aspect monotone et glacé.

Parfois à la traversée d'un bourg, un gendarme russe arrêtait le véhicule, lisait attentivement les passeports de Taxidi, les trouvait en règle, et la course folle recommençait.

Pour renouveler les provisions, le docteur s'adressait aux relais de poste. Alors c'étaient des discussions sans fin, où le maître de poste, le smotritiel, ou surveillant (смотритель) et les postillons (ямщикъ) ou iamstchiks, s'efforçaient à l'envi d'exploiter les voyageurs, dont le véhicule concurrençait victorieusement leurs kibitkas ou traineaux de louage.

Après de longs pourparlers, on tombait d'accord; mais alors les employés du relais faisaient de leur mieux pour tromper les passagers du Karrovarka sur la route à suivre. Ils confondaient avec un acharnement comique les chaussées (Дорога тоссейняя), les grands chemins (Ооьпiая-дорога) les chemins vicinaux, parlaient d'obstacles infranchissables, ravins, voies défoncées, amoncellements de neige; et quand toutes leurs imaginations avaient échoué, ils prenaient un air affligé pour dire au départ :

— Puisse le danger t'épargner, petit père.

Taxidi souriait. La voiture se remettait en marche à travers le désert de neige, croisée à de rares intervales par des kibitkas dont les trois chevaux, attelés de front, faisaient tintinnabuler les grelots suspendus à leur cou. Et toujours la plaine blanche se développait au loin.

Un matin cependant, en regardant à travers les vitres, Jean s'aperçut avec surprise que le paysage avait changé.

Le Karrovarka filait sur une large chaussée, bordée de marais couverts de glace. A perte de vue s'étendait la surface gelée, au dessus de laquelle se dressaient ainsi qu'une forêt de lances, d'innombrables roseaux desséchés.

— Qu'est-cela, demanda-t-il à Vouno, chargé en cet instant de la direction du chariot?

— Marais de Pinsk, répondit laconiquement le préparateur.

— Formés par la rivière Prepet, au sud du gouvernement de Minsk?

— Oui.

— Il me semble pourtant que la route directe de Moscou doit passer au nord de ces marécages?

— Possible!

— Alors pourquoi ce détour?

— Volonté de maître Taxidi.

Évidemment Vouno ignorait le motif qui avait guidé le docteur, ou bien il ne voulait rien dire. Fanfare n'insista pas. Après tout, le savant pouvait bien aussi avoir des intérêts à assurer, et puis l'on ne chicane pas sur la route à suivre un homme qui, après vous avoir sauvé des griffes de la police, vous mène là où vous désirez aller. Pour résister à la tentation, le peintre s'emmitoufla de fourrures et alla prendre place sur la toiture de l'automobile.

Le spectacle était grandiose. Il faisait un temps clair, un froid intense, mais sous les rayons du soleil, le champ de glace se piquait de facettes brillantes. On eût dit un lac d'argent en fusion sur lequel les roseaux se découpaient en noir.

De loin en loin, des groupes de moujicks engoncés dans leurs vêtements d'hiver, glissaient au jeu, avec des cris d'enfants sur le miroir solide des marais. Des traineaux chargés de roseaux coupés les suivaient. Ces braves gens récoltaient les tiges souples et flexibles, desquelles leurs femmes tresseraient des nattes, des paniers, mille objets dont la vente ferait entrer quelques roubles dans la maison.

Ils saluaient le voyageur d'un : Bonjour, petit père! rempli de déférence. Puis ils demeuraient au bord de la chaussée, regardant s'éloigner l'étrange voiture dont la marche leur semblait incompréhensible. A ces gens simples, ignorants, les principes élémentaires de mécanique sont inconnus. Dans certaines contrées, les paysans accusent de sorcellerie tout ce qu'ils ne comprennent pas, mais les moujicks sont bons. Devant ce char étrange, ils avaient l'intuition de la supériorité morale de ceux qui le conduisaient, et leur surprise était empreinte de respect.

Jean s'amusa quelque temps du tableau changeant que le Karrovarka faisait défiler sous ses yeux, mais la température ne permettait pas l'immobilité même relative, à laquelle l'exiguïté du « pont » le condamnait. Pour ne pas geler sur place, il fut contraint de revenir tout frissonnant à l'intérieur.

Il trouva Lucien qui, la face appuyée à l'un des hublots, contemplait le paysage avec admiration. Quand aux clowns, ils n'avaient point quitté leur costume de nuit, et à la faveur des électro-aimants toujours actionnés, ils composaient entre plafond et plancher une pantomime endiablée. C'étaient des contorsions, des gambades, des cabrioles à dérider le plus grave des pessimistes.

Nali, adossée à la cloison, oubliait son rêve de folie et riait d'un rire enfantin devant cette bizarre représentation.

— Eh! Monsieur Fanfare, cria Frig en apercevant l'artiste. Vous ne volez pas venir jouer un petit peu avec nous?

— Non, merci beaucoup.

— Vraiment? Vo refusez, là, sans façon?

— Sans la moindre façon, Monsieur Frig.

— Vous avez tort, je assurais vo. Il manquait un personnage pour le pièce. Autrement nous avions une chose très complet, great attraction. Le titre surtout est exquisite. Voulez-vous savoir le titre?

— Mais certainement.

— Eh bien! Cela s'appelait « le Volière de Sir Humbug ». Ce sera le plus immense succès de le Season.

Les clowns reprirent alors leur répétition; mais toute leur fantaisie ne parvint pas à dérider Jean. C'est qu'il avait les yeux fixés sur Nali, dont l'inconsciente gaieté lui faisait mal.

Et comme il s'abîmait dans sa douloureuse contemplation, Frig qui simulait une querelle burlesque avec son cousin, glapit avec son inimitable accent :

— Certainement, gentleman, vo conduisez vo comme une paltoquette, une sauvage, une peau-rouge.

Ce dernier mot fit tressaillir la folle. Elle cessa de rire, promena autour d'elle un regard égaré et balbutia avec animation :

— Peau-rouge ! il ne faut pas l'appeler ainsi. C'est cruel. Elle aimait sa

Légende de Justine de MORETTO.
(Musée de Vienne.)

mère la Huronne. Quelle est donc la face pâle plus digne d'être aimée.

Jean tendit les bras vers la jeune fille, mais Lucien l'arrêta :

— Laisse, dit-il. Ce n'est point le réveil de l'intelligence, mais c'est le souvenir qui renaît. Prends garde de la troubler.

Elle continuait :

— Pourquoi les blancs sont-ils honorés... Pourquoi? Parce qu'ils ont volé la terre aux Peaux-Rouges, ses légitimes possesseurs. Ils les ont chassés, massacrés, spoliés; les descendants des bandits sont remplis d'orgueil, ils méprisent les fils des victimes. Pourquoi?

Les clowns avaient suspendu leurs jeux. Flottant dans l'air ils écoutaient la plainte de l'Américaine, et sur leurs faces comiques se peignait une émotion.

Mais brusquement, l'insensée secoua la tête et se tournant vers l'Est elle reprit :

— Chez les Tchérémisses, sur un autel, je la vois. L'isba est peinte en bleu. Les Cosaques Tchérémisses sont là, ils se prosternent... C'est au corps de Diane qu'ils prodiguent leurs génuflexions; ils la prennent pour une image sainte. Ah! ah! ah!

Elle éclata d'un rire argentin, sonore, puis regardant les clowns immobiles, elle joignit les mains et supplia :

— Encore, jouez encore, enfants des oiseaux. Jouez, c'est le matin. Le soleil s'est mis à la fenêtre de l'horizon; les nids s'éveillent. Jouez, enfants des oiseaux; vos ébats sont la joie de la terre.

Interloqués les clowns ne bougèrent pas.

— Mais jouez donc, répéta Nali avec impatience.

— Je vous en prie, Messieurs, appuya Lucien, ne contrariez pas notre chère malade.

— Eh! soupira Frig, je volais pas le contrarier, mais, en vérité, de l'entendre je n'avais plus envie de m'amiouser. Cependant je vais essayer.

Et d'une voix lamentable, avec une mine désolée, l'Anglais gémit :

— Mister Frog, volez-vo jouer avec moa.

La pantomime recommença, languissante d'abord, les acteurs ayant peine à surmonter l'impression de tristesse causée par la scène qui venait d'avoir lieu; puis bientôt l'amour de leur art fouailla la verve des clowns, et leur imagination fantasque trouva des effets irrésistibles.

Le déjeuner réunit tout le monde à l'avant. Taxidi était là. A l'entrée de Fanfare, il vint à lui et sans autre préambule :

— Vous vous étonnez, m'a dit Vouno, de me voir traverser les marais de Pinsk?

— Oh! une remarque à laquelle je regretterais de vous voir ajouter la moindre importance.

— Soyez sans inquiétude à ce sujet. Mais toute question demande une réponse. Je tiens à vous répondre.

L'artiste s'inclina :

— Je vous écouterai avec plaisir, monsieur Taxidi.

— Vous aviez raison. La voie la plus directe de la frontière à Moscou passe au nord des marais, seulement en matière de voyage, le chemin droit n'est pas toujours celui qui permet d'arriver le plus rapidement.

— Je comprends. L'état des routes est meilleur de ce côté.

— Précisément.

Il y avait dans le ton du savant quelque chose de sarcastique qui frappa son interlocuteur. Un instant il regarda fixement Taxidi, mais celui-ci soutint son inspection avec un visage impassible.

— Bon, pensa Fanfare, j'ai dû me tromper. Quel intérêt aurait à m'induire en erreur cet homme qui, pour nous tirer d'embarras, a risqué de se compromettre. Car il n'y a pas à le nier; si la police nous avait rejoints, il eût été certainement arrêté pour recel de « voleurs ».

Cependant un sentiment de malaise lui resta. En vain, le savant se montra causeur, aimable; en vain il mît la conversation sur la guérison prochaine de Nali, toujours à l'oreille du jeune homme résonnait l'accent bizarre avec lequel le docteur lui avait parlé.

Malgré lui, Jean observait son hôte à la dérobée. Il cherchait à surprendre un geste, une inflexion de voix qui justifiassent sa vague défiance. Effort inutile! le père d'Anacharsia demeurait impénétrable.

A la nuit on était arrivé à hauteur de Lousunetz. Au loin la bourgade apparaissait, piquant l'obscurité de lumières. On dîna de meilleure heure que les jours précédents, et après le repas, le docteur insista pour que ses hôtes se retirassent dans leurs compartiments respectifs.

— Nous entrons dans un pays difficile, expliqua-t-il. Vouno et moi aurons besoin de toute notre attention pour diriger la marche de l'appareil, et il nous est indispensable de demeurer seuls.

Il n'y avait pas moyen de résister à une prière ainsi formulée. Dix minutes plus tard, Frig, Frog, Vemtite et Jean, revêtus de leur costume de nuit, perdaient le sentiment de la pesanteur et s'étendaient mollement sur les couches d'air de la salle d'arrière.

CHAPITRE IV

OU TAXIDI DEVIENT MYSTÉRIEUX

Les compagnons de Jean dormaient, mais lui, résistait au sommeil. En entrant dans le compartiment, il avait remarqué que les fenêtres étaient osbtruées par les volets de tôle qui, les jours précédents, étaient restés abaissés.

Cette constatation, bien futile en apparence, aviva ses soupçons. Tout bas il se disait que le savant avait eu un but en le sauvant ainsi que ses amis. Certes Taxidi était aimable, prévenant au possible. Indiscutablement il conduisait les passagers là où ils souhaitaient d'aller; mais il était inadmissible qu'il fît tout cela par pure bonté, sans en attendre une récompense quelconque.

Pendant longtemps le jeune homme monologua ainsi, tantôt se reprochant d'accuser son bienfaiteur, tantôt au contraire se remémorant tous les indices de nature à justifier sa méfiance.

Peu à peu cependant cette lutte contre l'inconnu le fatigua. Ses paupières s'appesantirent; il allait s'endormir. Soudain un bruit léger le fit sursauter. Il coula un regard prudent vers le point où le son s'était produit, et de suite il referma les yeux, simulant un profond sommeil.

Dans l'encadrement de la porte du compartiment, ouverte avec précaution, il avait aperçu les silhouettes du docteur et de Vouno.

Taxidi entra. A pas de loup il se rapprocha de ses hôtes, les regarda l'un après l'autre, puis se retournant vers son préparateur :

— Ils dorment, dit-il d'une voix faible comme un souffle.

— J'en étais sûr, répondit Vouno. Comment voulez-vous qu'ils se doutent de quelque chose?

— Je ne sais. Il m'avait semblé, à tort je le reconnais, que M. Fanfare m'observait avec persistance.

— Enfin, vous êtes rassuré, maître?

— Oui. Il ne faut pas qu'ils voient Myriadès.

— Bon. Admettez qu'ils le voient, pensez-vous qu'ils devineraient? Nous sommes si loin de là-bas.

— Tu as raison, néanmoins je pense que tout est mieux ainsi. Maintenant en route. Dans vingt minutes, nous atteindrons l'isba.

Sur ces mots, les deux hommes se retirèrent comme ils étaient venus. La porte se referma et Jean, se redressant brusquement, promena autour de lui des yeux effarés.

Cette fois, il n'y avait plus à le nier; une cause mystérieuse dirigeait les actions de Taxidi, cela ressortait clairement de ses paroles. Mais quelle cause? Qui était ce Myriadès dont le nom avait été prononcé? Dans quelle isba attendait-il le docteur?

Dans son impuissance à résoudre ces questions, le peintre se sentait envahi par une curiosité douloureuse, lancinante. Rien n'est plus atroce que de se rendre compte qu'entre les mains d'un étranger, on est un instrument docile, employé à une besogne ignorée.

Il fallait savoir. Comment? A quitter le Karrovarka, l'artiste ne devait pas songer. Au moindre mouvement, Taxidi serait prévenu. N'avait-il pas indiqué à ses hôtes que toute l'enveloppe extérieure de la forteresse roulante n'était qu'un énorme conducteur électrique dont les fils aboutissaient au clavier directeur?

Sans cela, il eût été aisé de grimper sur le pont et de surprendre le secret du docteur.

Tout à coup Jean eut une exclamation étouffée :

— Je suis naïf, murmura-t-il. Je vais ouvrir le volet d'une fenêtre. J'espère que ces plaques mobiles ne sont pas parcourues par les courants. Si elles le sont, tant pis; qui ne risque rien, n'apprend rien.

D'un mouvement insensible il se glissa le long de la paroi, et se mit en devoir de dévisser les écrous qui fixaient la plaque la plus rapprochée.

Il procédait avec lenteur, prêtant l'oreille, craignant à tout instant d'être dérangé. Pourtant il réussit sans incident fâcheux et le volet s'abaissa, démasquant la vitre sur laquelle le froid de la nuit avait déposé des arabesques de glace.

Quelques frictions énergiques débarrassèrent le carreau de ces floraisons de la gelée, et à travers la surface transparente Jean put voir au dehors.

Toujours le Karrovarka filait entre des marais figés. Au ciel couraient des nuages noirs, qui de temps à autre s'écartaient pour livrer passage aux rayons lunaires. Alors la campagne sombre s'éclairait; le tapis de neige scintillait; puis de nouveau les ténèbres régnaient en maîtresses sur la terre.

Mais cette vision fantastique, ce tableau funèbre d'un pays enseveli sous un linceul neigeux, n'intéressaient point le jeune homme. Avec une impatience croissante, il attendait que le chariot stoppât, que l'isba annoncée par le préparateur parût, et surtout que se montrât le personnage désigné par le docteur sous le nom évidemment grec de Myriadès.

Bientôt Jean remarqua que la chaussée s'élargissait. La ligne de roseaux qui marquait la rive du marais s'infléchissait vers le sud, laissant entre elle et la route de vastes champs. Un bois de sapins, dont les aiguilles, couvertes de givre, brillaient ainsi qu'une floraison de diamants, borda le chemin, et cet obstacle dépassé, le peintre eut un geste de satisfaction. La façade sombre d'une ferme se découpait sur le fond blanc de la plaine.

Il n'hésita pas. C'était là que Taxidi allait faire halte, il en était sûr. En effet le chariot modéra sa vitesse et bientôt il s'arrêtait en face de l'entrée qu'indiquait un sentier creusé dans la neige.

Le Karrovarka était attendu, car la porte s'ouvrit aussitôt, et un homme enveloppé d'une pelisse, la tête couverte d'un bonnet de fourrures qui lui descendait jusqu'aux yeux, sortit en courant.

En quelques enjambées le nouveau venu fut près de l'automobile. Il porta à son front ses mains garanties par des moufles, esquissant un salut militaire. Une boule blanche, que l'artiste devina être un papier roulé, tomba aux pieds du personnage. Il la ramassa prestement, salua de rechef et rentra dans la maison, tandis que la forteresse roulante se remettait en marche.

Jean regardait toujours. Quoi! La conférence était déjà terminée et il n'était pas plus éclairé que tout à l'heure? Et puis, comment le docteur avait-il pu faire passer à l'inconnu son singulier message? Dans le compartiment d'avant, comme dans les autres, les vitres étaient fixes, elles ne s'ouvraient pas; force fut au jeune homme désappointé de penser qu'il existait un tube traversant la double paroi pour avoir permis l'expulsion de la boulette de papier.

Cependant il avait bien examiné la salle de direction, il n'avait rien remarqué de semblable. Décidément le Karrovarka renfermait encore plus d'un mystère.

Deux heures encore, il conserva la faction. Enfin il dut se rendre à l'évidence. Le savant avait agi selon ses désirs et il ne se produirait plus rien de nouveau cette nuit-là. Très penaud du succès minime de son espionnage, Fanfare referma soigneusement le volet, puis venant s'étendre auprès de ses compagnons, il ferma les yeux et s'efforça de dormir.

Si moelleuse était la couche d'air, si pure l'atmosphère incessamment purifiée par l'oxigène, qu'en dépit du désarroi de ses pensées, le peintre tomba bientôt dans un profond sommeil.

Au matin il voulut cependant tenter une expérience.

A peine levé, si l'on peut s'exprimer ainsi, il gagna le compartiment d'avant. Taxidi venait de remplacer Vouno au tableau directeur. En apercevant son hôte il eut un sourire que celui-ci trouva railleur :

— Eh bien! M. Fanfare, la nuit a été bonne?

— Très bonne, quoique vos dernières paroles en nous quittant m'eussent causé un peu d'inquiétude.

— Quelles paroles?

— Ne nous aviez-vous pas avertis que nous allions traverser une région difficile?

— Ah oui! c'est vrai.

— Il n'y a eu aucun incident fâcheux?

— Aucun.

— Vous n'avez pas été arrêté une seule fois?

— Non, pas une seule.

— Parfait! parfait! conclut le peintre d'un ton indifférent.

Sa conviction était faite désormais. Il venait de prendre le savant en flagrant délit de mensonge. Il savait pertinemment que le chariot avait fait halte. Donc, tout en ayant l'air de travailler dans le seul intérêt de ses hôtes, Taxidi poursuivait pour son compte une entreprise sur laquelle il ne voulait pas s'expliquer.

Il se promit de veiller, mais il eut beau noter les inflexions de voix du docteur, observer le moindre de ses gestes, scruter ses intentions, il en fut pour sa peine et le mystère qu'il pressentait demeura impénétrable.

Les jours succédèrent aux jours sans apporter aucun changement à la situation des passagers. Au sortir des marais de Pinsk, le Karrovarka avait obliqué vers le nord, traversant les gouvernements de Mohilev, de Smolensk, de Kalouga, suivant la plupart du temps le lit gelé des rivières des bassins du Dnieper ou de la Volga, Matouchka Volga — petite mère Volga — comme disent les Russes.

— Dans la mauvaise saison, répétait souvent le docteur, les meilleurs chemins sont les cours d'eau.

Puis il se livrait à de véritables conférences sur les pays environnants, prouvant ainsi une érudition qui, quoi qu'il en eût, tenait Jean sous le charme.

— La Volga, disait-il, en russe Волга, appelée Ra ou grande-eau par les Morduaus, Edel, Idel ou Atyl par les Kalmoucks et les Tartares, Tamar par les Arméniens, et Rhaa ou Oarous par les Anciens, est nommée Ioul, par les Tchérémisses chez lesquels nous nous rendons actuellement. Ces Tchérémisses sont une peuplade bizarre, et puisque nous sommes obligés d'entrer en relations avec eux, vous me pardonnerez sans doute de leur consacrer quelques minutes. D'origine Finnoise, les Tchérémisses, qui s'intitulent Mari et Méri, c'est-à-dire hommes, forment une population de trois cent mille habitants disséminés dans les forêts et les vallées comprises entre Nijni-Novgorod et Kasan. Les Slaves les désignent sous l'appellation de Черемисы. Ce sont des sauvages naïfs et superstitieux, dont les femmes se parent de coquillages et de pièces de monnaie.

— Comme les nègres africains alors, remarqua Vemtite?

— Absolument. C'est la Russie inconnue cela, et elle vaut la peine d'être connue. Leur langue est formée de $\frac{3}{6}$ de finnois, de $\frac{2}{6}$ de tatar et de $\frac{1}{6}$ de russe, c'est-à-dire que moi, qui parle couramment le russien, je suis incapable de comprendre leur idiome. Et leur religion donc! Ils ont adopté le culte grec et sont orthodoxes, mais d'une façon bien particulière. Dans leurs temples ils ont réuni les saints, les anges, aux cent quarante divinités de leur paganisme, adorant à la fois et la trinité chrétienne et leurs *Ioumas*, génies du bien, ou leurs *Kérémel*, génies du mal. Leurs sanctuaires sont entourés de bois sacrés dont nul profane ne saurait franchir la lisière sans être fustigé en place publique.

— Et le gouvernement russe laisse faire?

— Naturellement. Si la Russie, qui contient tant de races diverses, forme un empire puissant et redouté, c'est que les Lapons ou les Turkmènes, les Russes ou les Mongols, les Cosaques, Tchukuses ou Finnois aiment le gouvernement qui protège leurs coutumes, sans préférence ni parti-pris. Tout le secret de la grandeur russe est dans cette formule intelligente et libérale : « A chacun ses habitudes, sa religion, ses mœurs, pourvu que le dévouement de tous soit acquis à la patrie commune ».

Devisant de la sorte, les journées s'écoulaient rapidement. Seulement, lorsque le docteur Taxidi, occupé de la direction du Karrovarka, faisait trêve à ses savantes dissertations, Jean allait prendre place auprès de Nali; il lui parlait, cherchant à rappeler son intelligence égarée; Vemtite recherchait la conversation d'Anacharsia, avec laquelle il entamait d'interminables discussions poétiques, et les clowns se livraient à des exercices variés, afin, prétendaient-ils, de ne pas se rouiller.

Le dixième jour après le départ de Berlin, on franchit la frontière du gouvernement de Moscou et le lendemain, au matin, Taxidi montrait au loin à ses passagers une immense forêt dépouillée, entre les branches noires de laquelle se dressaient d'innombrables clochers à dômes.

C'était Moscou, la ville sainte, la Ville-Mère selon l'expression respectueuse et touchante des grands Russes, Moscou avec ses jardins, avec son amoncellement de villes et de villages, groupés sans ordre, au hasard; Moscou qui est déjà l'un des premiers entrepôts de commerce d'Europe et qui deviendra sans rivale lorsque le Transsibérien drainera vers elle les richesses du plateau asiatique.

Sur une colline au centre de Kitaï-Gorod, la ville du négoce, on apercevait le Kremlin, merveilleux entassement de monastères, de palais, d'églises, de casernes, tenant à la fois du byzantin, du gothique, du chinois, de l'arabe, donnant l'impression grandiose d'un art ignoré de l'occident, de l'art moscovite.

A l'abri des toits fantaisistes verts ou bleus, étincelants de motifs d'argent ou de cuivre, sous les clochetons bulbeux, les coupoles d'or, les flèches cannelées ou à jour, sous les minarets mauresques, les campaniles aux formes variées, les calottes d'azur, se montre superbement le génie russe, gardé par le rempart crénelé, flanqué de tours, qui enserre cette cité des palais, si justement nommée par Jules Gourdault l'Alhambra du Septentrion.

— Mais cette ville est immense, s'écria Jean!

— Aussi grande que Paris. Moscou (Москва) a la même superficie que la capitale française, bien qu'elle renferme seulement 800.000 habitants. Cela tient aux vastes espaces couverts de jardins.

— Nous y arrêterons-nous?

— Sans nul doute. Miss Nali nous a appris vaguement que la statue dont nous avons besoin, doit être au pouvoir d'une tribu Tchérémisse, mais laquelle?

Le peintre étendit les bras avec une expression attristée.

— Ce n'est pas à Moscou que nous le découvrirons.

— Au contraire.

— Que voulez-vous dire?

— Ceci. La nouvelle de la présence dans le pays d'une image aussi curieuse s'est évidemment propagée, et il est inadmissible que dans la ville sainte, la ville du Sacre, centre religieux de la Russie orientale, on n'en ait pas été avisé.

— Vous prétendez donc interroger les fonctionnaires?

— Ceux du moins qui s'occupent spécialement d'art, par exemple M. le comte Alexis Komaroffsky, conservateur du Musée du Kremlin, et M. A. Wenevstiécoff, directeur du musée Roumiantzoff. Bien que nous ayons un peu plus de chemin à faire, nous commencerons par le Kremlin.

En prononçant ces derniers mots, Taxidi ne put réprimer un léger sourire. Fanfare s'en aperçut. Il pressentit que le savant avait une raison pour se rendre au Kremlin, mais il ne laissa rien paraître. Seulement il se promit d'observer, de s'efforcer de pénétrer le secret de son hôte.

— Commençons donc par le Kremlin, répliqua-t-il d'un ton indifférent, et puisse notre visite n'être pas inutile à la pauvre Nali.

La conversation en resta là. Tous, préoccupés par des idées différentes s'absorbaient dans la contemplation de la plaine basse et marécageuse que le Karrovarka traversait en ce moment.

Bientôt le véhicule, engagé dans une boucle de la rivière Moskwa assez semblable à celle que décrit la Seine entre Billancourt et Argenteuil, s'arrêtait à la barrière du faubourg de Dorogomiliamskaïa.

Là, sur la proposition de Taxidi, Jean et Lucien descendirent avec le savant pour continuer la route à pied, tandis que leurs compagnons restaient à la garde de la forteresse roulante.

— Mon karrovarka, expliqua le docteur, ne pourrait circuler dans Moscou. La ville étrange, bâtie un peu au hasard, contient certes de larges et superbes avenues, mais souvent ces boulevards sont séparés par des ruelles étroites, tortueuses, où une voiture ordinaire passe à grand peine. Partout du reste se retrouve la même opposition. Les quartiers riches confinent aux *Tchasti* pauvres. A l'ombre d'un palais s'abrite une masure branlante. Le tableau est pittoresque, animé, et nulle part au monde misère plus lamentable ne coudoie luxe plus magnifique.

A MOSCOU.

Tandis qu'il développait à ce sujet quelques appréciations sociales, le savant franchissait la barrière, et suivi des deux Français, s'engageait dans la grande-rue de Dorogomiliamskaïa, traversait la rivière Moskva sur le pont Dorogomilov et parcourait la spacieuse avenue Aratskaïa.

Les voyageurs marchaient. Autour deux, malgré le froid, grouillait une foule affairée. Mogols, Tatars, Kalmouks, Cosaques, Tcherkmènes mêlaient leurs costumes. Parmi cette multitude bariolée circulaient gravement des Russes engoncés dans leur houppelande, les pieds chaussés de grandes bottes, le chef protégé par un bonnet de fourrures, ou bien des négociants vêtus à l'européenne.

Tout au spectacle que leur offrait la grande ville, Jean et Lucien ne s'apercevaient pas de la longueur du chemin.

Ils avaient traversé la place Arbatskoï et suivaient maintenant la voie Vosdvijenka, apercevaient les bâtiments de l'Université, longeaient une des faces latérales du Manège et pénétraient dans le Jardin Alexandre près du pont de pierre qui joint la porte Troitsky du Kremlin à la Tour Koutafia.

Devant eux s'étendait la muraille de briques crénelée que dominaient les clochetons, dômes et toitures des palais édifiés sur le plateau du Kremlin.

— Veuillez m'attendre un instant, dit le docteur. Je vais me munir des autorisations nécessaires pour pénétrer dans les palais.

Il disparut sous la curieuse porte Troitski, mélange bizarre d'oriental et de gothique.

Et comme, pour passer le temps, Vemtite s'extasiait sur cet art capricieux, qui mariait l'architecture asiate aux conceptions du moyen âge de l'Ile-de-France, Jean oubliant son impatience, pris par toutes ses fibres artistiques, s'écria :

— Eh! cher ami, la Gaule est le sanctuaire des grandes idées et des grandes choses. Un chaînon mystérieux rattache ses habitants aux nobles populations d'Égypte et de l'Inde. Souviens-toi, ils avaient la même religion astronomique que les pharaons, et le gothique, notre art national, était proche parent des conceptions géantes, fantaisistes, de la vallée du Gange et de celle du Nil. Aussi je déteste les Grecs et les Romains, dont le souvenir a amené chez nous ce que l'on est convenu d'appeler la Renaissance. La Renaissance qui a été la mort de l'inspiration de la patrie. Plus tard on dira : La France a failli à ses destinées parce que les Italiens des Médicis sont venus à Paris. La nation a manqué à sa tradition, elle a maquillé son génie, elle s'est égarée dans le néo-grec, plagiant une civilisation morte, alors qu'elle avait une âme vibrante et vivante, dont le pouvoir, dont l'originalité sont attestés par tant d'admirables créations. Dès ce moment, pour me servir d'une expression qui semble constituer un anachronisme, elle est devenue snob. Elle a imité les Latins, les Hellènes pour arriver plus tard à se mettre à la remorque des Saxons, elle a remplacé l'amour de l'art par la folie du snobisme ; elle s'est ravalée, s'est contrainte à être inférieure à elle-même.

Lucien, toujours plaisant, voulut prendre la défense de la Renaissance. De là une discussion qui durerait encore si Taxidi n'était revenu.

Il était muni d'autorisations de visite des palais, églises et musée du Kremlin, pour lui et ses compagnons.

— Messieurs, leur dit-il, M. le Conservateur du musée des armures, l'Ouroujeinaïa Palata, n'est pas encore à son bureau. Si vous n'y voyez pas d'inconvénient, je l'y attendrai ; tandis que vous vous promènerez. Je vous ai trouvé un guide qui parle le français. De la sorte vous ne sacrifierez pas à l'impatience.

Les jeunes gens acceptèrent. Ils comprenaient que la proposition du savant était sage, et puis, pourquoi ne pas l'avouer, il leur était agréable de pouvoir admirer le Kremlin, ce palais de légende, dont la réputation éclipse les conceptions féériques des récits de la sultane Schéhérazade.

Donc, tous trois gagnèrent la porte Troitsky. Sous la voûte, un employé de tournure militaire les salua :

— C'est votre cicerone, dit le docteur.

— Oui, petits pères, appuya aussitôt l'homme. Nul ne vous expliquera mieux que moi les beautés du Kremlin, j'y suis né. Avant moi, mon grand-père et mon père conduisaient déjà les visiteurs.

Les jeunes gens acceptèrent les bons offices du Russe, et tandis que Taxidi s'engageait à droite dans la rue ménagée entre les deux ailes du palais des armures, ils prenaient à gauche, suivaient la façade de l'Arsenal et gagnaient la place du Sénat, laissant derrière eux la caserne du Kremlin.

Le guide, de son nom Ivan, ainsi qu'il l'apprit aux voyageurs, les força à se retourner pour admirer la rangée de canons alignés devant la caserne. Il leur désigna surtout une pièce monstre, longue de plus de 5 mètres braquée sur un affut massif et richement ornée.

— Ceci, leur dit-il, est l'une des deux étrangetés en bronze du Kremlin. C'est le « Czar des Canons » ; l'autre est le « Czar des cloches ». Ces deux Czars ont ceci de particulier, en dehors de leurs dimensions colossales, que le canon, pesant 39.000 kilogr. et auquel il faudrait une charge de poudre de 2.000 kil., n'a jamais tiré, tandis que la cloche, du poids coquet de 195.000 kil., n'a jamais sonné.

Après ce petit discours humoristique, Ivan reprit sa marche, fit admirer à ses compagnons la porte Nicolas, et contournant les bâtiments du Sénat, suivit le passage resserré entre cet édifice et le mur d'enceinte, qui forme à l'extérieur, l'un des côtés de la Place Rouge. Ils arrivèrent ainsi à la Porte Spasky la plus belle des cinq entrées du Kremlin. Là s'ouvrait devant eux la place du Tzar; à leur droite ils avaient les hautes façades des couvents Voznessenski et Tchoudov et du petit Palais, en face d'eux la cathédrale Ouspensky où se trouve la cloison en vermeil à jour, ornée de statues de saints enrichies de pierres précieuses que l'on nomme l'Iconostase.

Ivan.

— C'est sur la plate-forme qui précède cette cloison, indiqua le guide, que les Czars sont sacrés.

Quelles que fussent les préoccupations des jeunes gens, ils se sentaient envahis par une émotion profonde, en se promenant au milieu de ces édifices dont le nom se mêle aux fastes de la Russie et qui, pour les Occidentaux semblent une rêverie orientale entrevue à travers les fumées du narghileh ou les émanations subtiles du Haschich.

Docilement ils se laissèrent conduire dans le jardin plate-forme qui borde l'enceinte le long de la Moskva. De ce point leurs regards errèrent sur le pont Moskvanitsky, sur le fleuve arrondi en un arc gracieux, sur les quartiers de Pianitzkaïa, de Iakimanskaïa, aux constructions perdues dans les arbres, aux coupoles rouges, vertes, bleues, dorées, dont les bulbes polichromes se profilent sur le paysage moscovite, comme pour rappeler qu'ils constituent la ville sainte, où la puissance temporelle et spirituelle des Czars vient chercher son ultime consécration.

Puis Ivan les ramena vers le Grand Palais et le Musée des armures.

Comme tous trois traversaient la place de l'Empereur, ils furent dépassés par un homme maigre, aux cheveux noirs, lequel disparut sous l'une des portes de l'Ouroujeinaïa Palata.

— Le seul étranger employé au Kremlin, fit le guide en désignant ce personnage. C'est un Candiote, du nom de Vasli. Mais suivons-le. Nous parcourrons rapidement les salles du Musée afin de rejoindre votre ami. Il est probable que M. le Conservateur ne tardera plus maintenant.

Pénétrant dans le palais des Armures, on passa rapidement dans les salles emplies des reliques des souverains russes : trônes, globes, sceptres, armes, vaisselle d'or et d'argent. Ivan traduisait à ses compagnons les inscriptions explicatives placées sous chaque objet.

Et soudain, les Français eurent un même mouvement de surprise. Le guide avait lu :

— Lit de Pierre-le-Grand; lit de voyage d'Alexandre Ier; lits de campagne de Napoléon Ier, pris au passage de la Bérésina en 1812.

— Quoi, s'écria Jean, Napoléon Ier a sa place dans cette galerie Nationale de la Russie?

Le gardien le regarda avec étonnement.

— Bien certainement, petit père. L'Empereur Napoléon est aussi populaire chez nous que nos Czars, peut-être plus même, car il a été sanctifié par les moujicks, et dans bien des bourgades riveraines de la Volga, vous trouveriez encore des images du grand général français, le front entouré d'une auréole, devant lesquelles brûlent des lampes qui ne s'éteignent jamais.

Et s'animant :

— Est-il possible que des gens de France ignorent ces choses? Mais ce Czar d'Occident symbolise la gloire et le triomphe chez tous les peuples d'Europe. En 1815, partout on pleura sa défaite et les Russes, les Prussiens maudirent les vainqueurs de Waterloo. Les Anglais eux-mêmes.....

— Oh! pour ceux-là je vous arrête, s'écria Vemtite. Les Anglais ont mené Napoléon à Sainte-Hélène.

— Le gouvernement anglais, oui, petit père, vous avez raison. Mais la nation anglaise l'en a blamé.

— Allons donc.

— La preuve est facile. De 1815 à 1821, les dames de l'aristocratie anglaise, les grands seigneurs, portaient des broches ou des épingles figurant une bannière tricolore bordée de noir. Sur cet insigne était inscrite la phrase : « *England outlaw* » — L'Angleterre est hors la loi.

— Ah ça! vous parlez anglais?

— Non, répondit modestement le cicérone, seulement en passant ma vie au milieu de souvenirs historiques j'ai appris certaines choses. C'est ainsi que je sais que l'Europe était peuplée de bonapartistes, c'est le mot français je crois, et qu'en sept ans, les différents gouvernements reçurent quatorze cents pétitions, soixante mille lettres privées, demandant la libération du grand général. L'année de sa mort, il y eut quatorze mille suicides causés par cet événement. Dans ce chiffre la France entre pour 347 seulement.

Jean et Lucien écoutaient avec surprise l'humble employé. L'orgueil de la patrie chantait en eux, car cet homme que l'Europe avait admiré était un Français.

Tout à coup, un bruit de voix parvint jusqu'à eux. Ils se trouvaient dans la cage d'un escalier reliant le premier étage du musée des Armures au rez-de-chaussée. En bas deux personnes parlaient, sans se douter que des oreilles pouvaient saisir leurs paroles.

Jean reconnut Taxidi et le Grec Vasli, qu'Ivan lui avait montré quelques minutes plus tôt.

— Alors, disait ce dernier; vous désirez, Excellence, que l'*Artémis* croise en face des bouches du fleuve?

— Oui, mon ami, répondait le père d'Anacharsia.

— Vous ne craignez pas qu'un obstacle...?.

— Mette à néant nos projets. Non, non, mon bon Vasli, tu peux tout dire au capitaine, cela stimulera son zèle.

Fanfare concentrait toute son attention pour percer le sens de ces phrases. Il sentait qu'il était sur la trace du secret du maître du Karrovarka. Un frisson parcourut tout son être, lorsque le Candiote reprit en accentuant chaque syllabe :

— *Prépi na o Elinas iné théni me thio célinis.*

C'était, le peintre s'en souvenait, l'inscription étrange qui accompagnait l'image remarquée par lui dans le compartiment d'avant de la forteresse roulante.

Il se répétait la traduction bizarre :

— Il faut que les Grecs soient unis par deux lunes.

Que signifiaient donc ces mots étranges, inexplicables en apparence?

Cependant Taxidi hochait la tête :

— Dis-lui cela, Vasli. Ajoute que je ramène les gages de liberté annoncés.

— Mais eux... Vous suivront-ils?

L'émotion de Jean redoubla. Eux..... n'était-ce pas de lui, de ses compagnons qu'il s'agissait?

— Eux, continua le savant, ne se doutent de rien. Et eussent-ils un soupçon, comment me résisteraient-ils. Après tout, je les sauve et j'exige d'eux un service. Cela n'est-il pas juste?

Le Candiote s'inclina, convaincu sans doute par l'accent du docteur, car il conclut :

— Ce soir même, Excellence, j'aurai quitté Moscou.

— C'est bien. J'ai confiance en toi. Serrons-nous la main, frère, et souhaitons que les temps espérés soient venus.

Dans ces mots, il y avait une majesté souveraine. Vasli prit dans les siennes la main que lui tendait le savant en se courbant dans une révérence respectueuse, puis d'un pas rapide il s'éloigna.

— Descendons, dit alors Jean d'une voix mal assurée.

Suivi de Lucien et d'Ivan, il gagna le rez-de-chaussée. Taxidi n'avait pas bougé. En les apercevant il ramena le sourire sur son visage préoccupé, et venant à eux :

— Messieurs, déclara-t-il, j'ai été mal inspiré en vous conduisant au Kremlin. Le Conservateur, que j'ai vu, n'a pu me donner aucun renseignement sur notre Diane. Je pense que nous serons plus heureux au Musée Roumiantzoff, et si vous y consentez, nous nous y rendrons de ce pas.

Il avait repris son aspect tranquille, aimable, impénétrable.

— Quel était donc ce..., commença Vemtite.

Mais Fanfare lui saisit le bras violemment, l'obligeant à interrompre l'interrogation qui allait lui échapper, et il reprit d'un ton indifférent :

— Quel était donc le mobile qui vous poussait à venir d'abord au Kremlin?

— Oh! un raisonnement faux. Je supposais être renseigné de suite sur la résidence actuelle de la Diane, mais ne vous inquiétez pas, nous découvrirons sa retraite. Si vous voulez me suivre...?

Sur un signe d'assentiment des Français, le docteur se mit en marche.

— Dis donc, fit Vemtite en retenant son ami en arrière, pourquoi m'as-tu empêché de m'enquérir de ce Candiote qui m'intrigue follement?

— Parce que le docteur doit ignorer que nous avons surpris une partie de sa conversation.

— Je ne saisis pas.

— Je t'expliquerai plus tard. Pour l'instant, pas un mot à personne de ce que tu as entendu. Une intrigue nous enveloppe; il s'agit de la deviner, et à nous deux, nous y arriverons.

Sans prendre garde à l'ahurissement du poète, il l'entraîna dans les traces du savant. Tous trois quittèrent le Kremlin, après avoir glissé deux roubles dans la main tendue du guide Ivan.

De nouveau, ils traversèrent le jardin Alexandre et gagnèrent la rue Moskhovaïa sur laquelle se dresse la façade renaissance du Musée Roumiantzoff (Московскій Пуалнчный и Румянпевскій Музей). Ils la contournèrent

Liseurs de Journaux de Kiprensky,
(Musée de Moscou.)

pour atteindre l'entrée située sur la rue Vagankovski, et moyennant 20 kopecks par personne entrèrent dans les galeries.

Un employé, auquel ils s'adressèrent, leur annonça que M. le Directeur Venevstiécoff faisait une tournée d'inspection dans le Musée et s'offrit à les conduire vers lui.

Taxidi ayant appris à cet homme que ses compagnons étaient Français, le Russe se confondit en protestations d'amitié, et tout en marchant, il présenta son « Roumiantzoff » sous tous les aspects.

— Le Musée, dit-il, contient une bibliothèque de 600000 volumes, de curieuses collections ethnographiques, numismatiques, minéralogiques, des sections de peinture, gravure, antiquités.

Au passage, il fit remarquer aux voyageurs plusieurs toiles de grands artistes russes. *La tête de Saint Jean Baptiste*, par Ivanoff (Ивановъ), la délicieuse *Dentelière*, de Tropinine (Тропининъ), le groupe si vivant des *Liseurs de journaux*, de Kiprennsky (Кипренскій); la poétique *Mourante*, œuvre de Venezianoff (Венеціановъ), ainsi que le tableau si lumineux et si coloré de Bruloff (Брюлловъ), *la fontaine de Bakhtchéssaraï*.

Taxidi et ses hôtes écoutaient avec plaisir leur cicérone, mais ils étaient impatients de se trouver en face du Directeur du Musée. Si ce dernier ignorait en quel endroit avait été conduite la statue de Diane, leur dernière espérance s'évanouissait; ils entraient dans l'inconnu; il leur faudrait continuer leurs recherches au hasard, sans but défini, et ils songeaient aux faibles chances de succès qu'aurait leur exploration à travers les immenses steppes de la Russie Orientale.

Jean remarqua que le docteur paraissait aussi nerveux que lui-même. Quel intérêt avait donc cet homme à retrouver la figure d'aluminium?

Cette question déjà posée bien des fois demeura sans réponse. Oh! Ce mystère, qui planait sur lui, agaçait l'artiste, et il ne pouvait rien dire. Un mot imprudent aurait mis le savant sur ses gardes sans éclairer la situation.

Toujours prévenant, le gardien entraînait les voyageurs à travers la galerie des portraits des russes illustres.

Avec orgueil, il les nommait au passage.

— Voyez, petits pères, voici le grand fabuliste moscovite, *Kriloff*, peint par notre grand Bruloff; voici *Bruloff*, fixé sur la toile par lui-même; plus loin vous apercevez les images de *Césamoff*, de *l'Empereur Alexandre Ier enfant*, de Levitsky, qui a aussi exécuté un remarquable portrait de son père. De ce côté est *Tourguéneff*, par Répine, puis Madame de Manitcharoff et l'évêque *Michel Dessnitzky*, de Borovivoffsky, le *prince Potemkin*, de Lampy.

L'homme s'interrompit soudain, et désignant un promeneur qui se montrait à l'extrémité de la galerie :

— C'est M. le Directeur. Attendez un instant, je vais le prévenir de votre arrivée.

Il quitta aussitôt le groupe et s'approchant du haut fonctionnaire, il l'entretint à voix basse.

Le directeur sourit, regarda les voyageurs et venant à eux, les mains tendues.

— Vous êtes Français, Messieurs?

Jean et le poète s'inclinèrent.

— Oui... et vous avez besoin de moi. Laissez-moi vous remercier de m'offrir une occasion d'affirmer l'amitié franco-russe.

Après avoir exprimé leur gratitude d'un aussi aimable accueil, les jeunes gens exposèrent au courtois directeur l'objet de leur visite.

— Bon! fit joyeusement celui-ci. Je crois que j'ai votre affaire. Un communiqué qui m'est parvenu ces jours derniers. Il est dans mon cabinet... Je vous montre le chemin.

Une minute plus tard, tous étaient réunis dans le bureau du Directeur du Musée Roumiantzoff. Tout en feuilletant une liasse de papiers, le fonctionnaire parlait :

— Nous avons en Russie une foule de propriétaires épris d'art, qui s'intéressent à l'extension de nos collections. C'est ainsi que je suis averti de toute découverte curieuse.

Bruloff. Alexandre Ier. Kriloff. Tourguenoff.

Tenez... Voici précisément la lettre à laquelle je faisais allusion.

Il la parcourut du regard :

— C'est bien cela. Une statue en bronze d'aluminium, dont une tribu tchérémisse a fait une image sainte et qu'elle a placé dans un temple.

— Un temple, répéta Jean d'une voix tremblante?

— Parfaitement. Les Tchérémisses ne sont pas très fixés. Pour eux la statuaire ne doit reproduire que des êtres sacrés. Toute sculpture représente une divinité, et présentement, soyez-en sûrs, ils adorent Diane et lui offrent l'encens. Braves gens au demeurant, ces chasseurs, mais encore à demi sauvages. Ils habitent un pays couvert de forêts et de marécages, où les communications sont presque impossibles. Aussi leur instruction n'avance guère.

— Mais votre correspondant ne vous indique-t-il pas le nom du village ou.....?

— Où Diane à ses autels... Je vous demande pardon. C'est à Mangouscka, petite bourgade établie sur la rive gauche de la Volga, à peu près à égale distance de Nijni-Novgorod et de Kazan.

— Mangouska, redirent les visiteurs avec un accent impossible à rendre!

— Cela vous satisfait?

— Plus que nous ne saurions l'exprimer.

— Croyez que j'en suis personnellement très heureux. Et maintenant, ajouta l'aimable Russe, maintenant que nous avons terminé les discours sérieux, voulez-vous, Messieurs, me faire le grand plaisir d'accepter à déjeuner chez moi. Il est l'heure du repas, et les hôtels ne sont pas favorables à l'estomac des voyageurs.

Les jeunes gens avaient grande envie de décliner l'invitation. A présent qu'ils connaissaient le gîte de Diane, le sol leur brûlait les pieds; ils avaient hâte de rejoindre le Karrovarka et de poursuivre leur route; mais le moyen de refuser l'hospitalité russe si large, si prévenante, si pleine d'aménité!

Bref ils acceptèrent, et ce fut seulement après un excellent repas qu'ils prirent congé du Directeur du Musée Roumiantzoff.

Vers deux heures après midi, tous trois, harassés mais contents de leur expédition, reprenaient place dans la forteresse roulante.

Les clowns furent mis au courant, et Youno se plaçant au tableau de direction, le lourd véhicule se déplaça avec une vitesse modérée.

Longeant les habitations du faubourg Dorogomiliamskaïa, l'automobile gagna la berge de la Moskva, traversa la rivière recouverte d'une épaisse couche de glace, passa près du cimetière Vagankovski, à côté du champ de courses, dépassa le parc Pétrovski, l'étang Boutriky, la bourgade du même nom, et ayant ainsi contourné la ville de Moscou, se dirigea vers l'Est.

Durant quatre jours, le Karrovarka roula au milieu des grandes plaines de Moscovie.

Toujours la neige s'étendait à perte de vue sur la campagne déserte. Puis l'aspect du pays se modifia. Au delà de la rivière Oka, le sol devint montueux. C'était une succession ininterrompue de collines entre lesquelles la route serpentait capricieusement.

On perdait beaucoup de temps à effectuer ces détours incessants. Les lacets du chemin irritaient Jean, pressé d'arriver au terme du voyage. Mais Taxidi répondait placidement à ses exclamations rageuses :

— Nous approchons. Nous avons dépassé la ville d'Arzamaas, et ces coteaux démontrent que nous ne sommes pas éloignés de la Volga.

Mais il avait beau dire, le peintre continuait à s'exaspérer. Le terrain du reste devenait de plus en plus accidenté.

Parfois de véritables falaises bordaient la route, qui escaladait les pentes par des courbes sans fin.

Vers le début de la cinquième journée, l'automobile atteignit un plateau élevé du haut duquel on apercevait un immense panorama. Soudain le docteur éleva la voix :

— La Volga, dit-il.

Du doigt il désignait le fleuve dont la surface glacée courait capricieusement au fond de la vallée, ainsi qu'une avenue triomphale couverte d'un tapis d'argent.

En un instant, les Français, Frig, Frog et Taxidi se hissèrent sur la plate-forme.

Le spectacle était étrange.

Sur la rive droite, des falaises drapées de neige figuraient les ruines d'une fortification titanesque, tandis que l'autre bord s'élevait insensiblement en une plaine spacieuse bordée de forêts.

Une gorge encaissée, à rampe raide, s'ouvrait devant le Karrovarka. Il s'y engagea lentement, tandis qu'une double muraille de rochers s'élevait de chaque côté, dépassait bientôt le pont et arrêtait la vue des voyageurs.

CHAPITRE V

LA RUSSIE INCONNUE

Le Karrovarka avait atteint la surface du fleuve, dont la largeur, en cet endroit, n'était pas inférieure à quinze cents mètres. Il roulait rapidement sur le *field* raboteux.

Certes, durant la mauvaise saison, le lit des rivières est la meilleure route que les voyageurs puissent rêver.

Le spectacle était magnifique. A droite et à gauche, la *Matouchka Volga* s'étendait ainsi qu'un tapis d'argent, que le soleil piquait d'arabesques étincelantes. En arrière, se profilaient les falaises sombres de la rive droite, coupées de loin en loin par des ravines semblables à celle qui avait livré passage à l'automobile.

En avant d'eux, les compagnons de Taxidi apercevaient la rive gauche du fleuve s'élevant en pente douce, tandis qu'au loin des forêts épaisses étendaient leur rideau devant l'horizon.

A mesure que la traversée avançait, les détails se précisaient. Au fond d'une petite vallée se dressaient sans ordre des huttes d'aspect barbare, des cubes de maçonnerie grossière surmontés d'un toit de chaume conique. Sur le sommet de l'un des coteaux dont le val était dominé, un petit bois se montrait et, dépassant la cime dénudée des arbres, une tourelle élancée, peinte d'un bleu lécatant, se terminait par un chapeau doré en forme de tulipe.

En regardant mieux, Jean remarqua que, de place en place, à la lisière du bois, étaient plantées des perches rouges.

— Ceci, expliqua le savant, indique que le bois est « sacré », c'est-à-dire qu'il entoure un temple tchérémisse.

— Un temple, répéta le jeune homme. Serait-ce là que Diane est enfermée?

Taxidi haussa les épaules :

— Je n'en sais rien. A Moscou, on nous a affirmé qu'elle se trouvait dans un village nommé Mangouscka. Est-ce Mangouscka qui s'étale dans la plaine? Je ne saurais le dire en ce moment. Il est certain que nous ne sommes pas très éloignés du but de notre voyage; voilà tout ce que je puis garantir jusqu'à plus ample informé.

En ce moment, le Karrovarka atteignait le rivage et s'engageait à une allure ralentie sur la pente de la berge.

Soudain une exclamation de Frig appela l'attention de tous sur des points noirs, qui se mouvaient avec rapidité à la surface blanche de la plaine couverte de neige.

— Des habitants, clamait le clown, ils accouraient comme de petits locomotives emballées, ce était sans doute pour nous donner le salut de bienvenoue.

Tous regardaient. Le groupe se rapprochait. On distinguait maintenant en avant deux personnes qui, chaussées de raquettes, glissaient sur la croute de neige durcie. Elles semblaient fuir et se dirigeaient en droite ligne vers le Karrovarka.

— Ces gens là ne s'occupent point de nous, murmura Taxidi au bout d'un instant. Une troupe armée est lancée à la poursuite de deux fugitifs. Qu'ont-ils fait?

La détonation d'une arme à feu l'interrompit, une fumée blanche s'éleva au dessus de la bande des chasseurs d'hommes; mais les fuyards ne semblèrent pas avoir été atteints, car la rapidité de leur course ne se ralentit pas.

— Mais ils vont les tuer, s'écria Lucien!

— C'est bien possible, répondit flegmatiquement le savant.

— Alors... Il faut les sauver; nous ne pouvons ainsi laisser massacrer sous nos yeux...

Froidement Taxidi considéra le poète, et d'une voix sèche que n'agitait aucune émotion :

— Nous avons un but et ne devons point nous en écarter, même pour épargner une existence humaine.

— Cependant...

— Cependant? Savez-vous ce que sont ces gens que l'on pourchasse? Peut-être des voleurs, des criminels. Pourquoi risquer de nous brouiller avec les Tchérémisses, alors qu'il nous importe tant d'être bien reçus par eux?

Ni Vemtite, ni Jean ne trouvèrent un mot. La question posée par le docteur avait ramené leur pensée sur Nali. C'était elle qu'il fallait sauver d'abord.

— Vous le voyez, Monsieur Lucien, dit doucement Anacharsia, qui avait souri de plaisir en entendant la proposition généreuse du poète, le Français chevaleresque est tenu par la nécessité.

Le jeune homme tourna la tête vers elle; leurs regards se croisèrent longuement, sur leurs joues s'épandit une teinte rose qui ne provenait pas de la caresse brutale du vent glacé, et brusquement leurs paupières s'abaissèrent, tandis que toute leur personne trahissait une gêne soudaine, inexplicable.

Heureusement Frig intervint :

— Oh! le chevalerie française était en déroute, mais le chevalerie anglaise se portait bien. C'était notre intérêt d'offrir un asile à ces deux patineurs.

Comme tous fixaient sur lui des yeux étonnés, le clown se pencha à l'oreille de Taxidi, prononça à voix basse quelques paroles qui amenèrent un sourire sur la face grave du savant, et s'avançant près de la balustrade, il adressa des gestes d'appel aux fugitifs. Ceux-ci, surpris en se trouvant en face de l'automobile dont la forme étrange leur paraissait sans doute inquiétante, se préparaient à contourner l'obstacle suivant une ligne oblique. Les signes du clown modifièrent leurs intentions, et ils s'élancèrent droit sur le chariot.

Aussi rapidement que possible, le savant lançait au dehors l'échelle articulée, dont l'extrémité frappa le sol en soulevant un nuage de neige pulvérisée.

Maintenant les fugitifs étaient tout près. On distinguait leurs traits, leurs vêtements. C'étaient un homme et une femme; lui, grand, blond, superbement découplé dans le costume peu élégant du pays, blouse et pantalon de fourrures, souliers d'écorce sur lesquels se croisaient les attaches des raquettes; elle petite, brune, gentille en dépit de son type tartare, de son nez légèrement épaté, gracieuse, avec sa tunique de fourrure, ornée d'un plastron agrémenté de pièces de monnaie et de coquillages. A partir du genou, des jambières de drap noir la défendaient contre les rigueurs du froid.

Tous deux arrivèrent jusqu'au pied de l'échelle :

— Comprenez-vous le russe, demanda Taxidi?

— Oui, petit père, fit l'homme. Je suis sujet russe. Pétrowitch, du gouvernement de Vitebsk, garde de la pêche en ce pays.

Tout en parlant il observait ses ennemis. Ceux-ci, massés à quelque distance, semblaient tenir conseil. A leur mimique on devinait que le Karrovarka leur inspirait une crainte salutaire et les empêchait de continuer leur poursuite.

Le docteur s'en aperçut. Avec un geste adressé au clown, il murmura :

— Nous avons le loisir d'interroger nos protégés.

Puis, revenant à ceux-ci :

— Que veulent donc ces gens réunis là-bas?

Ce fut la jeune femme qui répondit :

— Ils veulent nous tuer, petit père.

— Vous tuer, et pourquoi?

— Pourquoi? Eh! si je te le raconte, ils nous atteindront et...

— N'aie aucune crainte, je te sauverai.

— Vrai?

— Je te le promets. Maintenant parle.

Elle eut un coup d'œil à l'adresse de son compagnon, un autre dans la direction des ennemis, et à demi rassurée :

— Vois-tu, petit père, je suis Ouchka, fille de Garavod, le chef et le pope de la bourgade de Mangouscka que vous apercevez là-bas.

— Mangouscka, redit Jean se souvenant que c'était là, le but de son voyage!

Mais Taxidi lui imposa silence de la main, tandis que Ouchka continuait :

— Mon père ne voulait pas me donner en mariage à Pétrowitch. Alors je lui ai dit : Vole-moi à ma famille, selon l'antique usage tchérémisse. Il a consenti et tout se serait passé sans bruit, si nous n'avions été surpris à l'instant où nous quittions le village. Aux cris de mon père, tous les habitants ont pris les armes et se sont lancés à notre suite. C'est aussi l'usage. Les fiancés ne doivent pas être surpris, et quand on les rejoint dans leur fuite, ils doivent mourir.

— Quelles mœurs, fit Lucien incapable de se contenir davantage! Voilà ce que l'on rencontre en pleine Europe.

Il allait continuer, mais il se tut en entendant Taxidi prononcer une phrase russe qu'il ne comprit que grâce au geste donc elle était accompagnée.

— Montez, avait dit le savant en désignant l'échelle de fer.

En une seconde les fugitifs eurent rejoint les voyageurs sur la plate-forme.

Ce mouvement fut accueilli par des cris furieux. Les poursuivants cessèrent de délibérer et s'élancèrent tumultueusement vers le Karrovarka.

Pétrowich et Ouchka blêmirent.

— Nous sommes perdus, gémirent-ils.

Mais Taxidi les rassura par un sourire, puis appelant Frig :

— Sir Frig, lui dit-il, voulez-vous descendre auprès de mon préparateur. Qu'il se tienne prêt à faire le nécessaire.

Le clown inclina la tête en signe d'assentiment, et s'accrochant des deux mains au rebord de la trappe ouverte dans la toiture, il se laissa tomber à l'intérieur.

Surpris de ces différentes manœuvres, Jean et son ami Lucien regardaient, cherchant en vain à deviner ce que préparaient leurs compagnons.

Cependant les ennemis des nouveaux hôtes de la forteresse roulante approchaient. Bientôt, ils furent à portée de la voix, et l'un d'eux, que son vêtement orné de bandes d'étoffe rouge désignait comme un personnage important, s'avança seul.

— C'est mon père, murmura la jeune Tchérémisse. Garavod, chef et prêtre du village.

L'homme était parvenu tout près du véhicule. Il salua en portant les deux mains à son bonnet de fourrure et d'une voix lente :

— Moi, Garavod, chef du village de Mangousckа, je souhaite la bienvenue aux étrangers venus sur notre territoire.

Pétrowich traduisit la phrase prononcée en tchérémisse, c'est-à-dire en finnois, mélangé de tartar et de russe.

— Bien, fit alors le savant; réponds-lui que l'enchanteur Taxidi et ses fidèles saluent à leur tour Garavod.

L'interprète tressaillit. Ses yeux se fixèrent avec un mélange d'ironie et de crainte sur le docteur. Avec un geste de commandement, ce dernier ajouta :

— Dis-lui ce que tu viens d'entendre.

Du coup Petrowitch obéit.

L'effet fut instantané. Garavod prit une attitude humble, presque suppliante, et le dialogue suivant s'engagea :

— Enchanteur, tu es enchanteur, petit père?

— Sans doute. La voiture qui me porte marche sans chevaux; elle vogue aussi sur les eaux, car elle fut construite par *les Kérémel.*

— Les Kérémel, clama Garavod en levant les bras au ciel, les démons?

— Eux-mêmes, et c'est pour leur obéir que j'ai donné asile à ceux que tu poursuivais.

Après cette déclaration, il y eut un silence. Enfin le chef reprit :

— Alors, tu veux les soustraire à ma colère? Songe, petit père, que ma fille Ouchka est une Tchérémisse-Méri, dont le sang est pur de tout mélange, et que je ne dois pas l'accorder pour femme à Pétrowitch le russe.

Taxidi hocha la tête d'un air approbateur:

— Je conçois cela. Aussi je ne veux pas m'opposer à ta volonté. Viens prendre les coupables, et si les Keremel le permettent, emmène-les pour les punir.

La face bronzée du chef s'épanouit :

— Les hommes du village prétendaient employer la force, mais je leur ai dit : à quoi bon nous créer des démêlés avec la gendarmerie russe. Ce sont des voyageurs que Pétrowitch à la langue dorée a trompés. Je leur apprendrai la vérité et ils me remettront les coupables.

— Tu as bien pensé, viens donc reprendre ton bien.

D'un saut, Garavod fut sur l'échelle, empoignant les montants à deux mains, mais il se rejeta brusquement en arrière avec un cri de douleur.

Puis il regarda ses mains, ses bras, se tâta les genoux avec des mines effarées du plus haut comique.

— Qu'a-t-il donc, demanda Jean à voix basse?

— Un courant électrique parcourt l'échelle, fit le docteur sur le même ton.

— Alors?

— ... Il a éprouvé une secousse violente et..... il va en ressentir une seconde, termina Taxidi en voyant le Tchérémisse se rapprocher du léger escalier de fer.

Il achevait à peine, que Garavod roulait dans la neige en poussant des cris d'épouvante.

Le savant saisit Petrowitch par le bras :

— Demande-lui ce que signifie sa conduite. Pourquoi n'accepte-t-il pas mon invitation? Je suis un chef dans mon pays et son hésitation me blesse.

La phrase transmise par l'interprète, Garavod se redressa et considérant l'échelle d'un regard oblique :

— Je voulais monter sur ton char, mais je ne puis. Pourquoi donc les degrés de fer me repoussent-ils?

— Tu as rêvé.

— Non, non, mes bras sont moulus comme si l'on m'avait frappé à coups de gaules.

A ces mots, Taxidi prit un air étonné. Soudain il se toucha le front et gravement :

— Je comprends.

— Tu comprends quoi?

— Que les démons Kérémel ont pris ta fille sous leur protection. Ils ne veulent point que tu t'approches d'elle avec des idées de vengeance.

Et comme le Tchérémisse faisait une épouvantable grimace, le savant poursuivit :

— Ne t'irrite pas. Obéis aux puissants génies de la nuit. Mieux que nous, ils savent ce qui doit être. Sans doute, l'entrée du Russe Pétrowitch dans ta famille doit être pour les tiens et pour toi une source de prospérités.

— Tu crois, petit père, murmura Garavod dont l'avidité naïve fut émue par ces paroles?

— Il me semble que sans cela, les Kérémel ne s'occuperaient point de tes affaires. Au surplus, il nous est facile de nous rendre compte de leurs souhaits. Affirme que tu pardonnes à Ouchka et que tu l'uniras à son fiancé. Si réellement, comme je le pense, les démons désirent cette union, tu graviras l'échelle sans difficulté.

— Je déclare ce que tu viens de dire, prononça le chef non sans hésitation que le Russe remarqua.

Aussi, le jeune homme se pencha vers Taxidi :

— Laisse-moi exiger de lui le grand serment tchérémisse; sans cela, il nous emmènera et nous torturera quand tu ne seras plus là pour nous défendre.

— Va.

Le garde-pêche ne se fit pas répéter l'autorisation et traduisit sa requête à Garavod.

Celui-ci eut un geste de colère, il avança la main vers l'échelle, mais crédule comme tous ceux de sa race, une crainte salutaire l'empêcha d'achever son mouvement :

— Jure, répéta Pétrowitch qui ne le perdait pas de vue.

Un dernier combat se livra dans la pensée du Tchérémisse, enfin il prit son parti et d'un ton rageur s'écria :

— Par tous les saints de l'Église orthodoxe, par les cent quarante dieux — Iouma — et démons — Kérémel — de nos pères, je jure que je pardonne à Ouchka et à Pétrowitch, que nul ne touchera un cheveu de leur tête et que leur union sera célébrée dans le temple de Mangouscka!

— Bien, répondit Taxidi. A présent, essaie de monter auprès de nous.

Lentement, avec l'allure d'un fauve dompté, Garavod mit le pied sur le premier échelon de l'escalier de fer. Sa figure s'éclaira. Vouno aux aguets venait d'interrompre le courant électrique, et le digne Tchérémisse put se hisser sur le pont sans subir la plus légère secousse.

Une fois en haut, il s'approcha des fugitifs, les amena au bord de la plateforme, et leur prenant les mains, il les appuya sur son crâne.

LES TCHÉRÉMISSES.

A ce geste, les villageois toujours en observation poussèrent des cris aigus, et dans une charge folle accoururent vers le Karrovarka.

Garavod alors leur fit un long discours. Il leur expliquait la qualité des voyageurs, l'intervention inattendue des démons, qui à deux reprises l'avaient repoussé.

Il n'avait pas terminé que tous s'étaient jetés à plat ventre sur la neige et psalmodiaient une prière sauvage.

Frig venait de reparaître sur la plate forme; il considérait la scène en clignant de l'œil avec une gravité comique. Enfin il murmura à l'oreille de Jean :

— Il avait raison, mister Taxidi, ces gens étaient très démesurément bétas. Si le statue de Diane est dans leurs cottages, nous le reprendrons easy..... no, facilement.

— Mais que se passe-t-il donc, interrogea le peintre qui n'avait rien compris au dialogue inconnu qui avait frappé ses oreilles?

— Une petite chose pas compliquée du tout. Ils nous prenaient pour des grands sorciers; il pensaient que l'électricité était un démon. Ils ont tous très beaucoup peur de nous.

Le clown s'interrompit, pour empoigner le bras de Taxidi.

— Mister, lui dit-il, le statue doit être dans le temple, d'après ce que le conservator de Moskiou, il avait affirmated.

— Oui.

— Alors, nous devons demeurer dans le temple.

— Ils n'y consentiront jamais.

— Si, si, je suppose. Ils ont le cervelle pas plus solide que le panade. Ils croiront très bien parfaitement les démons ne volaient pas habiter chez des simples particuliers. Chut! Le vieux fou, il désirait de parler.

Cette dernière phrase était motivée par un mouvement du père d'Ouchka. Garavod, ayant terminé son discours, se dirigeait vers Taxidi, ayant Pétrowitch et sa fille à ses côtés.

Le garde-pêche s'inclina devant le docteur :

— Monsieur, lui dit-il, je vous remercie profondément de votre aide. Grâce à vous, je n'ai plus rien à craindre et j'épouserai celle que j'ai choisie. Mon beau-père me charge de vous offrir l'hospitalité dans sa demeure.

— Je lui sais gré de cette bonne pensée, répondit le savant, mais je ne puis accepter. Les démons habitent les temples et non la demeure des mortels.

Le jeune Russe eut une exclamation étonnée. Évidemment il ne partageait pas les superstitions de la peuplade au milieu de laquelle sa fonction l'obligeait à vivre.

— Répétez-lui mes paroles, fit doucement le maître du Karrovarka, je vous en serai obligé.

— Alors je n'hésite pas.

Et fidèlement Petrowitch rapporta au chef la réflexion de son interlocuteur.

Celui-ci eut une mimique désolée :

— C'est vrai, clama-t-il, je n'y songeais pas. Que les esprits me pardonnent. Viens, protégé des génies, je te guiderai vers le temple, à travers les avenues du bois sacré.

— Voilà qui est bien. Seulement, à quoi bon marcher, mon chariot magique nous conduira.

— Mais nous n'avons pas de chevaux pour le traîner.

— Ne t'ai-je pas dit qu'un attelage nous était inutile?

— Si, je me souviens. Je ne croyais pas qu'un pareil prodige fût possible.

— Attends, tu jugeras toi-même.

Sur un signe du savant, Frig ramena l'échelle de fer sur le pont, et Taxidi, se penchant au-dessus de l'écoutille, appela Vouno et lui commanda de reprendre la marche.

Dix secondes plus tard, le Karrovarka roulait pesamment snr la plaine gelée, et les Tchérémisses, affolés par cette voiture merveilleuse, qui courait seule, sans traction visible, la suivaient en emplissant l'air de chants d'allégresse.

CHAPITRE VI

DANS LE BOIS SACRÉ

A la lisière du bois sacré naguère aperçu par les passagers du chariot électrique, les Tchérémisses s'arrêtèrent. Il est en effet interdit aux profanes de pénétrer dans une enceinte de ce genre, sauf à certaines heures consacrées au culte et pendant lesquelles il est permis de se rendre au temple.

Le Karrovarka s'engagea dans une large avenue bordée d'arbres centenaires. En avant se montrait la façade principale de l'église, simple bâtisse en bois, grossièrement enluminée de couleurs criardes et dominée par un clocher carré que coiffait un dôme doré.

Sur les indications de Garavod, on contourna les bâtiments, et par une large porte charretière, ménagée à leur extrémité, l'automobile entra dans la cour intérieure du temple.

Les Tchérémisses, Taxidi et les Français descendirent à terre, tandis que les clowns demeuraient sur le pont et veillaient, avec une rigueur que Jean ne s'expliqua pas, à ce qu'aucune des voyageuses ne se montrât.

Des galeries basses entouraient la cour.

— Ce sont les logements des popes qui traversent le pays, expliqua Pétrowitch au docteur. C'est là que vous demeurerez durant votre séjour en ce pays.

— Oh! notre maison roulante nous suffit.

— C'est possible; cependant le chef mettra à votre disposition les appartements des prêtres.

En effet, Garavod ouvrit toutes les portes, réunit les clefs au moyen d'une ficelle et les remit au père d'Anacharsia en disant :

— Ce temple est ta demeure, tu es chez toi.

— Merci, mais s'il me plaît de rendre hommage aux divinités, ne pourrai-je pénétrer dans la salle de la prière?

— Tu le peux — et désignant le côté de la cour bordé par les constructions les plus élevées. Tu vois là le chevet de notre église. Une petite porte donne accès derrière l'autel, Il te suffira de la pousser pour qu'elle cède.

— Bien. Je suis content, déclara d'un ton bienveillant le docteur qui, nonobstant sa gravité habituelle, avait peine à contenir son envie de rire. Tu nous traites avec déférence et tu n'auras pas à t'en repentir. Maintenant je ne veux pas te détourner plus longtemps de tes devoirs d'administrateur du village. Retourne chez toi; les bénédictions des enchanteurs, tes hôtes, t'accompagnent.

Après force salamalecs, et conduit surtout par la crainte de déplaire aux puissants visiteurs, Garavod consentit à les délivrer de sa présence; accompagné de sa fille et du garde pêche, il reprit la route de sa maison.

A peine la porte s'était-elle refermée sur lui que Frig se laissait glisser le long de l'échelle du Karrovarka, et bondissant près de ses amis, il leur disait :

— A présent, il fallait faire le zèbre et non pas le tortue. Entrons dans leur petit châlet temple et regardons si miss Diane était *at home*, comme le disait le monsieur Directeur du musée de Moskiou.

Jean avait pâli. Les paroles du clown l'avaient ramené au sentiment de la situation dont les incidents précédents l'avaient quelque peu distrait. Si le Directeur du Musée Roumiantzoff s'était trompé; si ses renseignements étaient inexacts, il faudrait reprendre au hasard la recherche de la statue d'aluminium. Et durant cela, Nali resterait folle; rien ne pourrait être tenté pour ranimer sa raison éteinte.

Cependant par un énergique effort, il triompha de son émotion. Ses jambes flageollaient bien un peu, mais il s'appuya sur le bras de Lucien et marcha vers la petite porte découpée au fond de l'église.

Taxidi impassible, Frig souriant le suivirent.

Tous franchirent le seuil et entrèrent dans la salle des prières. C'était un vaste hall affectant la forme d'un parallélogramme. De larges baies y laissaient pénétrer la lumière. Devant eux se dressait une sorte d'autel. Ils le contournèrent et eurent un cri de surprise.

Tout autour de la salle, sur des cubes de bois adossés aux murs, s'alignait la plus baroque, la plus hétéroclite collection de dieux que l'on pût rêver. Saint Jean avait pour voisin le Kérémel des moissons à tête de rat; une divinité à pieds de bouc, à queue de dragon, à tête de cheval surmontant un cou de serpent semblait regarder d'un air ironique une sainte Cécile. Partout le paganisme faisait vis-à-vis à la statuaire orthodoxe. C'était à la fois grotesque et terrible, car les images de l'ancienne foi tchérémisse, taillées grossièrement par des artistes barbares, avaient quelque chose de menaçant et de sauvage qui contrastait avec la grâce efféminée des emblêmes de la religion nouvelle.

Tout à coup un cri de Frig tira ses compagnons de leur stupeur. Sans respect pour le lieu, l'Anglais esquissait un pas de gigue, et sa main tendue désignait l'autel principal.

Tous regardèrent de ce côté et restèrent immobiles, incapables d'exprimer leur satisfaction. Sur le piédestal, la statue de Diane était dressée comme l'image de la beauté dans ce sanctuaire du ridicule et du banal.

Sous la clarté tombant des hautes croisées, son mignon visage s'animait; un sourire de sphinx errait sur ses lèvres. Son col délicat, sa tunique étaient striés de fines lignes parallèles, coupures nettes dues à la scie des marchands qui avaient enlevé la statue dans les caves du Musée de Berlin.

Éperdu, mêlant dans la même tendresse et Nali, intelligence morte, et Diane, matière inanimée, Jean tendait les bras à la douce divinité. Taxidi oubliait sa réserve, une flamme joyeuse brillait dans ses yeux perçants.

Quant à Frig, il se frottait les mains avec une vigueur qui dénotait une jubilation intense.

Comme Lucien, subitement pris d'un accès de lyrisme, s'écriait :

— Salut à toi, Diane
Qui, dans les cieux, conduis
Soit à cheval, soit à bécane,
L'astre des nuits.

Le clown l'interrompit par ces mots :

— L'astre des nouits c'est rond, cela doit donc, *roll*, non, rouler.

— Sans doute, répliqua le poète interloqué.

— Alors, avec l'aide de mademoiselle Diane, il faut donc que nous-mêmes, roulions les Tchérémisses.

— Oui, oui, vous êtes dans le vrai, mon brave ami, balbutia Jean, il s'agit de trouver le moyen.....

— Il était trouvé, Sir.

— Par qui?

— Par moi, ici *presently*.

— Et c'est?

— Vo verrez ce chose plus tard.

— Mais encore?

— Vous demandez une explanation, no..... explication?

— Je vous en prie.

— No, no, pas de prières, ce était beaucoup énormément trop. Vous connaissez ce que l'on nommait dans le cirque le truc de le Galathée?

Jean considéra son interlocuteur avec surprise :

— Le truc de Galathée? Certainement! Grâce à des jeux de lumière, on anime un objet,... une statue — par exemple; seulement je ne vois pas. .

— Vo verrez quand le minute sera venu.

— Je verrai quoi, insista le peintre avec un commencement d'impatience?

— Oh! restez calme; avec le colère on ne fait pas un bon service. Là, vo étiez apaisé, je parle. Vo verrez le Diane descendre beaucoup doucement de son grande piédestal. Elle prendra le bras de moi-même et suivra nous tous dans le Karrovarka.

L'artiste eut un haussement d'épaules :

— Vous n'avez pas la prétention de faire marcher cette statue?

— Si-si, au contraire; c'est précisément tout à fait cela.

— Elle marchera?

— Yes.

— Comment?

— Ça, c'est ma petite secret. Vous le trouverez très bien; les Tchérémisses aussi; ils feront beaucoup de bravos.

Et avec l'inimitable accent qu'il possédait, Frig ajouta :

— Cela, Mister sera un joli pantomime, qui s'appellera le Truc de le Galathée dévoilé.

Certes l'artiste n'était point satisfait. Il allait encore interroger l'Anglais, qui semblait prendre un malin plaisir à ne pas satisfaire sa curiosité, quand Frig parut.

Il venait prévenir ces gentlemen que des serviteurs, envoyés par Garavod, apportaient aux hôtes du temple, aux grands magiciens, des provisions de toute nature : du gibier, des œufs, des volailles, des bassines emplies de *choubal*, lait préparé d'une façon spéciale, des brocs contenant du *piouré*, boisson obtenue par la fermentation du miel.

Les voyageurs se précipitèrent à la rencontre des porteurs annoncés. Ils étaient au moins une dizaine, commandés par Pétrowitch, chargé de cette mission de confiance parce qu'il avait pu s'entretenir avec les étrangers.

Taxidi le pria de rapporter au chef tous ses remerciements, et ce devoir rempli, il congédiait les porteurs; mais Frig le tira par la manche :

— Mister, demandez donc à ce jeune monsieur quand les sauvages, ils venaient prier dans leur temple?

— Chaque matin, vers dix heures, fut la réponse du garde-pêche.

— *Well*, grommela l'Anglais, *well*... Vo povez retourner d'où vous venez.

Il surveilla lui-même le départ de la petite troupe tchérémisse, puis sous le prétexte que le froid le faisait souffrir, il regagna le Karrovarka avec son cousin, et durant toute la soirée, les deux jeunes gens s'entretinrent mystérieusement. En vain, leurs compagnons essayèrent d'apprendre ce qu'ils méditaient. A leurs interrogations ils refusèrent de répondre, et même Taxidi et sa fille s'étant mis de la partie, ils déclarèrent tout net :

Les présents.

— Nous avons un très bon idée. Mais quand on racontait le pièce d'abord, il ne faisait plus d'effet. *Consequently*, prenez un provision de patience.

Bon gré, mal gré, il fallut se contenter de cette déclaration énigmatique.

La soirée s'écoula lente, silencieuse. Nali, comme si un secret instinct l'avertissait qu'une partie capitale s'engageait, montrait une agitation inexplicable.

Elle ne pouvait tenir en place et des phrases bizarres lui échappaient.

A un moment même, elle appuya ses mains sur les épaules de Jean, et le couvrant d'un regard dont il fut troublé jusqu'au fond de son être :

— Le corps de Diane est tout près, dit-elle, tout près! Il semble mort, cela n'est qu'une apparence. A ta voix, ami, il se lèvera pour te suivre.

Et comme les clowns faisaient un mouvement, elle poursuivit :

— Mais l'épreuve ne sera pas terminée. D'autres tristesses viendront.

Une seconde elle se tut, puis elle conclut avec une ferveur profonde :

— Espagne! Espagne..... je vois l'heure de délivrance. Alicante, Puerta del Sol, Prado, Madrid, dernières étapes. Diane sera Nali. Au ciel joyeux rien que l'azur, les nuées méchantes fuient vers le septentrion.

Elle se prit à rire, et quittant le peintre bouleversé elle chanta, en balançant doucement sa tête :

— Au sommet de l'Hymette,
Dans un brouillard doré,
Diane, au front nacré,
Procède à sa toilette.

Le vent peigne sa chevelure;
L'océan vert est son miroir,
Et pour éloigner la froidure,
Le soleil flambe en son bougeoir.

Sa tunique est de blanche écume
Prise aux flots par le rocher dur.
Sur son front, un astre s'allume;
Son manteau n'est qu'un lé d'azur.

Des roses les frêles pétales
Ont fourni les doux ligaments,
Dont elle attache ses sandales
Faites de peau d'agneaux naissants.

Au sommet de l'Hymette,
Dans un brouillard doré,
Diane, au front nacré,
Procède à sa toilette.

Alors la folle s'assit et, le visage dans ses mains, demeura immobile.

Tous l'avaient écoutée avec des impressions diverses. Taxidi avait froncé le sourcil lorsqu'elle avait prononcé ces mots :

— Mais l'épreuve ne sera pas terminée.

Il avait poussé un soupir de soulagement quand l'idée capricieuse de la jeune fille s'était portée sur un autre objet, mais celui qui se fût trouvé auprès de lui l'aurait entendu grommeler :

— Est-il donc vrai que les fous ont une clairvoyance qui manque souvent aux sages?

De leur côté, les clowns paraissaient inquiets. Pour Jean, il regardait sans voir, le cœur tenaillé par une angoisse inexprimable. Seul Vemtite conservait son sang-froid, et poussé par l'implacable besoin de rimer, il s'écria :

— En cette occurrence,
Diane fait concurrence
Au divin Apollon-Phœbus,
Papa des rimes en rébus.

Comme personne ne songea à l'arrêter, il continua :

— Mazette!
Quelle toilette!
Comme peigne on prend l'aquilon;
De l'écume on fait un jupon!
Mais je crois qu'en ce pays russe,
Il faudrait une rime en usse,
Ou bien en koff, ou bien en sky,
Pour la Russkoff Amitiésky!

Le poète promena autour de lui un regard triomphant. S'étant assuré que nul n'émettait une opinion contraire à la sienne, chose facilement explicable vu la préoccupation des voyageurs, il reprit d'un ton dogmatique :

— Aussi, je proposerais de modifier ainsi la première strophe de la ballade de Diane :

— Le vent peigne chevelureff;
L'océan est un miroirsky,
Et pour chasser la froidureff,
Le soleil devient choubersky.

Au moins cela à un goût de terroir.

Il aurait pu continuer longtemps; mais il en est des poètes comme des autres humains. Ils n'aiment que ce qui leur est défendu. Subitement Vemtite, n'étant contrarié par aucun de ses compagnons, sentit son inspiration s'envoler, sa verve s'éteindre, et de nouveau un silence pénible plana dans la salle.

Bientôt les clowns se retirèrent. Leur exemple fut contagieux, et peu après dans le Karrovarka soigneusement clos, qui semblait un monstre endormi au milieu de la cour déserte entourée par la muraille des branchages du bois sacré, chacun s'abandonna au sommeil.

CHAPITRE VII

LE TRUC DE GALATHÉE

Au matin, après une nuit peuplée de rêves, Fanfare ouvrit les yeux, et s'aperçut que déjà Frig et Frog avaient quitté le compartiment d'arrière.

Il secoua Lucien, dépouilla la blouse et la toque qui composaient sa toilette nocturne, puis suivi du poète, il gagna la salle d'avant.

Tous les passagers y étaient rassemblés. Au moment où les Français ouvraient la porte, Frig très grave parlait à son épouse :

— Vo comprenez, Lee? Ni vous, ni le jeune dame Nali, ne devez vous montrer. C'est tout à fait très important.

L'écuyère abaissa la tête en signe d'acquiescement.

— Et surtout, préparez ce que je vos ai prié.

Après quoi, l'Anglais se tournant vers les jeunes gens, ajouta avec un sourire narquois :

— *Good morning!* Vos arrivez un peu beaucoup tard pour le conseil; mais vos êtes libres de no suivre et de regarder le pièce. S'il vos paraît amusante, je demanderai une petite bravo.

Sans s'arrêter à un geste d'impatience de Jean agacé par le mystère dont le clown semblait vouloir envelopper ses projets, celui-ci conclut :

— Donc, Frog, et vous, mister Taxidi, venez jouer avec moi.

Il prit l'intonation funambulesque du cirque pour ajouter :

— Nous allons jouer le Galathée. Je suis le *gars*, Mister Taxidi donne le *la*, et ces dames prépareront le *thé* pour récompenser nous-mêmes.

Sur cette enfilade d'à peu-près, le brave garçon s'effaça pour laisser passer le savant, dans les pas duquel il entraîna Frog. Très intrigués, Jean et son ami suivirent les trois personnages. Avec eux ils montèrent sur le pont, descendirent dans la cour du temple.

En file indienne tous pénétrèrent dans le hall élevé par la dévotion des Tchérémisses. La nef était vide, mais bientôt deux hommes parurent à l'entrée principale. D'un coup d'œil, Fanfare les reconnut. C'étaient Garavod et son gendre Pétrowitch.

Tous se saluèrent et aussitôt le dialogue suivant s'engagea, traduit en russe par Taxidi et en tchérémisse par Pétrowitch.

— Nous étions venus à Mangouscka, prononça lentement Frig, sur l'ordre des démons Kérémel. Ils avaient prescrit à nous , en nous donnant le voiture magique sans chevaux, de nous placer au service de le divinité en métal.

— Garavod est incapable de s'opposer aux désirs des esprits de la nuit, répondit le chef tchérémisse avec une respectueuse terreur.

— Les Kérémel le savaient. Ils tournent leurs yeux sur Garavod qu'ils considèrent être un puissant, grandement brave chef.

Délicieusement flatté par ces paroles, celui qui en était l'objet eut une profonde révérence.

— Que les gens de Mangouscka faisaient tout à fait comme si nous étions absents de cet endroit. Je suppose, les génies veulent manifester le tendresse qui les remplit pour le peuple.

— Vous croyez qu'ils en donneront une preuve?

— J'en étais totalement certain. Mais je pense que le moment de le prière, il était arrivé.

— Sans doute, sans doute, s'empressa de dire Garavod très impressionné par la communication de ses visiteurs; je vais appeler mes administrés au culte, si vous le permettez?

— Je vous y encourageais.

Et tandis que le Tchérémisse courait à la porte et mettait en branle une cloche, dont les sons devaient avertir les habitants que l'entrée du bois sacré était permise, le clown pivotait sur ses talons et disait à ses compagnons :

— Ce personne était extraordinary. Il « gobait » mon historiette comme un poularde un grain de blé.

Bientôt des pas lourds sonnèrent sur le sol durci par la gelée. La population du village s'avançait dans la voie d'honneur du temple. Moujicks, pêcheurs, chasseurs, femmes, enfants, uniformément encapuchonnés de fourrures grossières qui leur donnaient plutôt l'apparence de bêtes sauvages que d'êtres humains, envahirent le hall.

Garavod, en sa qualité de grand prêtre, s'assit à terre au milieu de la nef. Quant aux autres, ils se divisèrent en groupes, dont chacun alla se prosterner devant l'image qu'il vénérait particulièrement. Chacun tira de sa poche, qui une sonnette, qui un grelot, qui une clochette, et tous ces instruments, agités avec rage, remplirent le hall de la plus étourdissante cacophonie.

Les Tchérémisses priaient.

Devant la Diane une foule compacte se pressait. Évidemment la statue d'aluminium jouissait d'une autorité particulière. Le juif berlinois avait dû la vendre fort cher, et les lecteurs civilisés, qui recherchent le diamant à cause surtout de son prix élevé, comprendront aisément l'admiration de la naïve peuplade pour son idole.

Étourdis par le vacarme, ne devinant pas vers quel but tendaient leurs compagnons de voyage, Fanfare et Lucien regardaient effarés en se bouchant les oreilles.

Soudain, à leur grande surprise, Frig s'avança vers la Diane. D'un bond il escalada le piédestal et fit mine de parler tout bas à la divinité. Puis se penchant en avant, de façon à placer son tympan en face des lèvres de la douce figure, il parut écouter.

Les sonneries dévotes avaient cessé. Tous les yeux suivaient les mouvements du clown. Celui-ci, le visage grave, sauta à terre et s'écria :

— Le déesse il avait dit à moi une chose étrange fort beaucoup.

La phrase traduite par Pétrowitch secoua l'assistance d'une terreur superstitieuse.

— Qu'a-t-elle dit, interrogea avidement Garavod?

— Ceci : je suis venue au milieu de mes enfants tchérémisses parce que je sais qu'ils m'aiment. Ils l'avaient prouvé bien, en remettant aux gens arrivés du couchant une grande somme d'argent. Je veux que leur or leur soit remboursé au centuple, et pour cela je ferai, qu'en cette temple, se produise le merveilleuse aventure qui amènera ici tous les peuples de la terre.

Il est impossible d'exprimer l'effet de cette déclaration. Désertant les autels latéraux, tous les fidèles s'étaient groupés devant la Diane, s'étendant sur le sol qu'ils frappaient du front.

— Moi, déesse Iouma, poursuivit imperturbablement le clown, je retournerai parmi mes sœurs après une petite apparition pas longue ici-bas. Demain, je reprendrai mon figuioure vivant, et je partirai avec les voyageurs, amis des Kérémel, qui me reconduiront moi-même dans le palais de pierres précieuses où je demeure.

Une exclamation admirative s'échappa de toutes les lèvres à l'annonce de ce prodige.

— Seulement, continua Frig, le déesse il avait froid. Il ne fallait pas cela pour qu'il réfléchisse à l'avenir. Alors il priait vo de tendre devant lui un rideau, pour le garantir de les mauvais courants d'air.

Il n'avait pas achevé que des fanatiques se dépouillaient de leurs fourrures, les attachaient ensemble et tendaient le voile improvisé devant la statue dérobée ainsi à tous les regards.

Frig escalada de nouveau le piédestal, et après un court colloque avec Diane, revint aux crédules Tchérémisses.

— La Iouma vous ordonne de vous rassembler tous demain dans cette temple. Que pas un ne manque. Il faut que tous vous assistiez au prodige qui donnera au pays le fortune et l'abondance.

Un murmure satisfait plana sur la foule qui se dispersa ensuite avec une lenteur recueillie.

Seul Garavod resta en arrière pour demander :

— Est-il possible qu'une transformation si merveilleuse doive honorer Mangouscka?

Ce à quoi le clown répliqua sévèrement :

— Le déesse, il l'avait promis. Les déesses ils ne mentaient jamais.

Fort de cette assurance, le chef se décida à suivre ses administrés. Il était plus content que tous les autres, car il comprenait bien, malgré son intelligence bornée, que si l'événement annoncé s'accomplissait, sa situation en serait considérablement augmentée.

Les voyageurs étaient seuls. Jean qui, durant le discours de l'Anglais, s'était contenu à grand peine, s'avança brusquement vers lui et d'une voix tremblante de colère :

— Vous avez compromis le succès de notre entreprise, dit-il!

Le clown le toisa. Sa bouche se fendit dans un large rire :

— Pourquoi, je vous prie?

— Parce que nous pouvions profiter de notre situation pour enlever Diane pendant la nuit et nous éloigner à toute vitesse.

— Et être poursuivis par le gendarmerie, n'est-ce pas? Il y a le télégraphe le long de la Volga.

— Soit, mais c'était une chance à courir, tandis que maintenant.....

— Nous partirons dans le milieu des exclamations de tout le peuple, complètement, absolument tranquilles. Eux seront très contents et nous aussi.

Avec un haussement d'épaules significatif, le peintre gronda :

— Alors vous avez la prétention de leur faire croire que la statue s'animera?

— Je leur ferai voir.

— Mais c'est impossible, vous le savez bien.

— Pourquoi impossible? Je dis, moi, que le Diane s'animera ; que le Diane il parlera, qu'il descendra de la piédestal et qu'il prendra le bras de moi pour s'en aller.

— Mais que comptez-vous faire, clama le jeune homme en se pressant le front comme pour éclairer les ténèbres dans lesquelles il se débattait?

— Cela, vous le verrez demain.

Jean frappa la terre du pied, mais Taxidi lui saisit la main et doucement :

— Ayez confiance, dit-il. Laissez agir ce brave garçon. Il a conçu un plan audacieux, mais dont la réussite est possible. Seulement il a peur de votre nervosité. Il m'a fait promettre le secret. Songez donc qu'un mot, un geste imprudent compromettraittout. Et si les Tchérémisses s'avisaient de nous croire des imposteurs, ils tireraient de nous une prompte et terrible vengeance.

Tout en apaisant l'artiste, Taxidi le ramenait au Karrovarka.

Mais là, la patience du jeune homme fut mise à une nouvelle épreuve. A sa vue, Anacharsia et Lee interrompirent un travail de couture auquel elles se livraient et se retirèrent avec leurs étoffes dans le compartiment du milieu dont elles condamnèrent la porte.

La journée fut pénible pour le peintre. Tout le monde semblait s'être donné le mot pour se cacher de lui. Les femmes demeuraient obstinément dans leur cabine; les clowns avaient de fréquents et mystérieux dialogues avec le savant. Ils sortaient du chariot, entraient dans le temple, revenaient, et chaque fois, Fanfare constatait avec colère qu'ils dissimulaient sous leurs cabans de fourrures des objets dont il ne pouvait deviner l'espèce.

Il voulut les suivre dans l'une de leurs promenades; mais alors les Anglais se mirent à courir; ils s'engouffrèrent dans le hall, et quand l'artiste arriva à la porte percée derrière le piédestal de Diane, il la trouva close. Un objet pesant empêchait le battant de tourner sur ses gonds, et malgré tous ses efforts Jean dut renoncer à vaincre cette résistance imprévue.

On juge de sa nervosité!

Quoi? On s'occupait d'enlever la statue de métal aux Tchérémisses; le docteur affirmait que cette opération serait la première étape du retour à la raison de Nali, et lui, lui dont le cœur était déchiré, l'âme bouleversée, il devait assister sans agir, sans comprendre, aux mystérieux préparatifs de ses alliés!

En vain, Vemtite, avec sa douce philosophie de rimeur irrémédiablement brouillé avec la poésie, lui décochait les quatrains les plus calmants.

— Pourquoi savoir? La joie vole à l'ignare
Qui méprise couleur, beauté, ligne, art,
Et suppute son bien en pouces, lignes, are,
Va, le roi des bataill's est toujours un lignard!

Jean ne s'irritait plus contre les licences poétiques. Il laissait paisiblement son irrévérencieux ami affubler les muses de rimes *portièresques*, fustiger Apollon de calembours louches et transformer Pégase en cheval de fiacre.

Quoi qu'il en fût, la journée s'écoula, la nuit victorieuse encra progressivement le ciel et l'heure du repos sonna, sans que l'artiste eût pu arracher le moindre renseignement à la discrétion voulue de ses compagnons.

En frémissant, il reprit la toilette de nuit, s'abandonna à l'attraction magnéto-électrique et s'étendit sur la couche d'air mise à sa disposition.

Seulement il ne put dormir. Son matelas atmosphérique avait beau envelopper son corps de sa caresse moelleuse, l'oxygène pur déversé par le réservoir nocturne apportait vainement sa fraîcheur vivifiante à ses poumons, le sommeil le fuyait obstinément.

Aux premières clartés de l'aube, il fut debout et gagna la toiture pour dissiper le trouble de son esprit. Une bise glaciale soufflait. Sur le sol de la cour, sur le toit, sur la coupole du temple s'étendait un manteau de neige durcie. Aux branches des arbres du bois consacré, qui semblaient se pencher curieusement au-dessus des murs, pendaient des stalactites brillantes, et sous cet habit hivernal les sapins prenaient l'apparence de grands lustres retournés aux pendeloques de cristal craquelé.

Au ciel des nuages sombres couraient, pressés, heurtés, échevelés. Escadrons noirs de la tempête, ils passaient en une chevauchée furieuse, une charge incessante et désordonnée. Et en les regardant Fanfare se sentit envahi par une profonde tristesse. Tout était deuil, tout était désespoir dans la nature; pouvait-il sans folie s'abandonner à l'espérance à la tunique de gaze verte ?

Il fut tiré de ces réflexions moroses par la venue de Taxidi, qu'accompagnaient Vouno et les deux clowns.

Tous quatre, chaudement couverts, portaient des appareils bizarres et notamment deux poulies, dont l'une fut fixée au bord de la plate forme, et l'autre au-dessus de la trappe qui y donnait accès. Dans la gorge des roues des cables furent passés, terminés à leur extrémité par des crochets.

— Que faites-vous, ne put s'empêcher de demander le jeune homme, bien qu'il fût persuadé qu'il ne recevrait pas une réponse satisfaisante?

— Nous posons ces petits roues qui sont des poulies, expliqua railleusement Frig.

— Je le vois bien, mais pourquoi?

— Pour enlever le Diane qui est un peu beaucoup lourd.

Jean eut un haussement d'épaules :

— Elle est dans le temple et comme le Karrovarka n'y saurait entrer.....

— C'est le Diane qui viendra au Karrovarka.

— Encore cette plaisanterie?

— Vos avez tort de penser cela être une plaisanterie. Je avais promis que le statue, il s'animerait, et je tiendrai mon parole. C'est une miracle de cirque. Le truç de la Galathée, qui consiste à donner la vie à un figurine de pierre ou de marbre.

— Mais la figure n'est pas au milieu des spectateurs, elle ne se promène pas parmi eux.

— Cela est certaine; aussi notre expérience sera bien plus beau. Vo verrez sir Jean, vo verrez!

L'opération terminée, les Anglais disparurent dans les profondeurs du chariot, et Fanfare, plus incrédule que jamais, se laissa glisser le long de l'échelle de fer, traversa la cour et entra dans le hall.

La statue était toujours sur son piédestal, séparée de la nef par le rideau de fourrures improvisé la veille à la demande de Frig.

Avec une attention inquiète l'artiste regarda autour de lui, cherchant à découvrir quelles dispositions les Anglais avaient prises pour réaliser leur engagement. Mais il ne vit rien. Alors ses yeux se reportèrent sur Diane et une nouvelle tristesse le reprit :

— Comment veulent-ils que ce bloc de métal se mette en mouvement, fit-il à haute voix?

En disant cela, il avait appuyé la main sur la statue.

A sa grande surprise, la tête de la déesse vacilla sur ses épaules. Il se recula interdit, puis le souvenir lui revint :

— Je comprends. A Berlin la sculpture a été sciée en plusieurs morceaux pour être d'un transport plus facile. Les divers blocs ont été posés les uns sur les autres et leur équilibre n'est pas tout à fait stable. Fou que je suis! N'allais-je pas me figurer que le prodige annoncé s'accomplissait.

Ramené ainsi à ses préoccupations, il passa sous le rideau et parcourut le hall, continuant à chercher le mot de l'énigme. Évidemment, si la statue

LE TRUC DE GALATHÉE.

devait se mouvoir, il y avait un mécanisme, un appareil illusionniste caché quelque part.

Ses recherches furent vaines. Inutilement il explora les coins et recoins du temple, inspectant minutieusement jusqu'aux moindres angles. Rien.

De guerre lasse, il revenait vers le chevet de l'église tchérémisse, quand un bruit confus appela son attention. Il courut à la porte d'honneur, l'ouvrit et poussa un cri :

— Voici les fidèles et rien n'est prêt. Tout est perdu !

En effet, sur la voie sacrée bordée d'arbres couverts de givre, la population du village s'avançait processionnellement, conduite par le grand prêtre Garavod. Tous avaient revêtu leurs habits de fête, sur lesquels des pièces de monnaie, des coquillages, des dents de fauves dessinaient une ornementation barbare. Au milieu de la foule, certains marchaient portant des bannières « des piques surmontées d'images grossières d'animaux ». Les visages étaient recueillis; les yeux étaient fixés sur le temple exprimant l'attente de la merveilleuse incarnation promise par la déesse.

Éperdu, Jean se rejeta en arrière, il s'élança pour avertir ses amis; mais avant qu'il fût parvenu au rideau qui cachait Diane, ce voile s'écarta et Taxidi suivi des clowns parut.

Le peintre les considéra avec stupéfaction. Frig et Frog avaient endossé des costumes de cirque. Ils portaient des étoiles dans le dos, des étoiles sur la poitrine, et leurs fronts étaient surmontés de la perruque classique, à la houppe triomphante, mi partie noire, mi partie blanche.

Ils eurent un rire silencieux en constatant la surprise de Fanfare et gravement se rangèrent en avant du rideau.

A ce moment même la tête de la procession entrait dans le hall. Tandis que les gens du village prenaient place, il y eut des chuchotements, des gestes effarés. L'accoutrement des clowns étonnait ces barbares qui n'avaient jamais rien vu de semblable.

Enfin le brouhaha s'apaisa, et Frig, aussitôt traduit par Taxidi et le garde-pêche Petrowitch, s'écria :

— Tchérémisses, very chers aux dieux; nous, serviteurs fidèles des Ioumas et des Kérémel, nous avons pris le costume usité en leurs palais. Faites silence, je vais prendre les ordres de la divinité.

Comme s'il n'attendait que ce signal, Frog ouvrit le rideau et la statue de Diane apparut. Renouvelant la pantomime de la veille, l'époux de Lee grimpa sur le piédestal et fit semblant de s'entretenir avec la Diane, puis sans descendre de son perchoir, il cria :

— Tchérémisses, la déesse, il demande si nul ne manque à cette réunion ?

— Tous les habitants du village sont ici, répliqua Garavod, sauf quelques vieillards infirmes, auxquels les Kérémel ont retiré l'usage de leurs jambes.

— *Well!* Alors regardez bien la déesse. Elle disait vos, vo mettre en prières, et dans quelques minutes, elle montrera elle-même avec son forme vivante.

Il n'avait pas achevé que toute l'assemblée se prosternait. Avec une mine satisfaite, Frig abandonna son poste élevé et rejoignit Frog qui laissa retomber le voile, cachant ainsi la statue à tous les yeux.

Jean, avec une impression douloureuse d'hallucination, regardait. Son cœur battait à se rompre, une angoisse effroyable l'étreignait. Qu'allait-il se passer? La ruse imaginée par ses amis, ruse qu'il ignorait encore, serait-elle couronnée de succès?

Questions insolubles! Un silence religieux planait sur l'assistance. De temps à autre l'un des clowns exécutait sur place un saut périlleux, et ce bizarre exercice, qui sans doute paraissait merveilleux aux Tchérémisses ignorants des parades des bateleurs, était accueilli par un redoublement de ferveur.

Soudain un profond soupir se fit entendre derrière la draperie. Une voix douce, soutenue par les accords de la guitare, vibra dans la nef. Elle chantait le *God save the Queen*. Malgré la gravité de la situation, le peintre eut un sourire; mais il fut seul à manifester quelque gaieté. Tous les Tchérémisses avaient levé la tête; ils écoutaient dans une sorte d'extase le chant national anglais, et incapables, d'en comprendre les paroles, ils se figuraient sans doute qu'elles appartenaient à la langue des divinités.

Puis la musique cessa. Jean perçut vaguement le bruit étouffé d'une porte refermée avec précaution, mais il n'eut pas le loisir de rechercher la cause de ce son. Frig se dressa sur ses pieds et d'une voix de stentor s'exclama :

— L'heure, il était venu! Le miousic du ciel avait fait entendre ses notes. La déesse, il appelait moi.

D'un coup sec il écarta le rideau, et un murmure enthousiaste, aussitôt réprimé par le respect, plana au dessus de l'assemblée.

Pour Jean, il était pétrifié devant la simplicité du moyen imaginé par les clowns.

Sur le piédestal, dont la statue avait été enlevée, Nali était debout, drapée dans une tunique grecque en filigrane de cuivre. A son cou elle portait un collier terminé par une figurine de la Diane de Gabies.

L'artiste comprit tout. Les travaux de couture d'Anacharsia, de Lee, la tranquillité des Anglais, les mots prononcés par eux. C'était le *truc de Galathée* perfectionné, et les Tchérémisses, qui ne connaissaient point la présence de la folle dans le Karrovarka devaient fatalement croire à l'incarnation miraculeuse prédite par les voyageurs.

Mais malgré son raisonnement, l'impression nerveuse causée par la brusque apparition de la jeune fille fut trop forte. Sans en avoir conscience, il tendit les bras vers elle et murmura :

— Nali! Nali!

Les fidèles l'entendirent. Ils crurent à un titre inconnu, cher aux immortels, et, allongeant vers la folle des mains suppliantes, psalmodièrent à l'envi :

— Nali! Nali!

Ce mot répété ainsi frappa l'intelligence engourdie de l'insensée.

— Nali... Nali, redit-elle, peut-être autrefois; mais aujourd'hui c'est Diane qui, chaque soir, commence sa longue promenade sur la voûte céleste.

Ses bras décrivaient une courbe indiquant le chemin de l'astre des nuits. L'assistance cru démêler dans ce geste une vague bénédiction et la psalmodie reprit avec plus de force :

— Nali! Nali!

Cependant Frig s'était avancé vers le piédestal. Il aida l'Américaine à descendre, puis la tenant par la main, il lui fit faire le tour du hall, s'arrêtant devant les chefs sur le front desquels il appuyait les doigts de la pseudo-divinité. Après quoi, il ramena la folle derrière le rideau, lui jeta sur les épaules un manteau épais, et l'entraînant à travers la cour, la réintégra dans le chariot où Anacharsia, Lee et Vouno l'attendaient, assis auprès des morceaux de la statue d'aluminium.

Et cependant la foule sortait du temple et se répandait sur la voie sacrée en poussant des cris d'allégresse; Taxidi prenait congé de Garavod en alléguant la nécessité de se conformer aux ordres de la déesse, et de reprendre sans retard le chemin de son palais.

Une heure plus tard, le Karrovarka quittait Mangouska, et, suivi de toute la population qui chantait les louanges de Diane ressuscitée, descendait vers le lit de la Volga. Frig demandait à ce moment à Fanfare :

— Vous me pardonnez de vous avoir fait un petit peu poser?

Ce à quoi l'artiste répondit en secouant vigoureusement la main du clown ingénieux et dévoué.

CHAPITRE VIII

DE MANGOUSKA A LA MER D'AZOV

Durant huit journées, sans un arrêt, la forteresse roulante fila rapidement à la surface glacée de la Volga.

— Le plus simple pour rentrer en France, avait dit le savant, est de descendre le fleuve jusqu'à Doubovska. En cet endroit, une étroite bande de terre le sépare seule du Don. Nous passerons alors sur ce dernier cours d'eau qui débouche dans la mer d'Azov, et nous nous embarquerons pour Marseille. Ainsi nous éviterons la traversée de l'Europe Centrale et les tracasseries policières inévitables sur le continent.

La proposition était trop sage pour que les voyageurs élevassent la moindre objection, et tous rassurés, convaincus du succès, occupaient leur oisiveté en admirant le paysage qui se déroulait sous leurs yeux.

Ils avaient entrevu la ville de Kazan, point de jonction des races européennes et asiatiques, dominée par les dômes de ses églises et les flèches de ses minarets. Sur la rive droite se dressaient des falaises percées de grottes qui interceptaient les regards, mais sur la rive gauche se développaient des steppes qui venaient mourir en pente douce dans le lit du fleuve.

Plus de moujicks, plus de Russiens. Des Tartares, moitié marchands, moitié guerriers, passaient en caravanes armées, se dirigeant vers Nijni-Novgorod, ce marché intermédiaire entre l'orient et l'occident. Matouchkina, Tachevka, Gubéni, Krasnovidovs, l'embouchure de la rivière Kama restaient en arrière, et toujours la falaise continuait d'un côté, le steppe de l'autre. Les monts Stchoutchy bordaient le fleuve. Simbiack, Senghili, Maza, Stavropol, Samara, cités étranges, transitions entre la ville des sédentaires et le campement des nomades, apparaissaient un instant, sans que le Karrovarka ralentît sa course éperdue.

La présence dans le chariot de la statue de Diane avait apporté un changement notable dans l'état de Nali. Un sourd travail s'exécutait dans le cerveau de la folle. Durant de longues heures elle se tenait près des blocs d'aluminium, approchant son visage de celui de la déesse, et elle prononçait des paroles qui indiquaient la lutte de sa pensée.

— Diane, Nali, une seule en deux personnes. Je suis toi; tu es moi. Pourquoi devant être unies, sommes-nous séparées?

Avec une émotion facile à comprendre, Jean assistait à la lente résurrection de sa fiancée. Parfois impatient d'une guérison plus rapide, il prenait à part Georges Taxidi, le pressait de choisir dans son arsenal scientifique une expérience décisive. Mais le docteur secouait la tête :

— Non, non. Laissons faire la nature, elle est plus puissante que tous les médecins. C'est en France, alors que votre honneur sera reconquis, que Nali reconnaîtra en vous celui pour qui elle a souffert. C'est là le but que poursuit son esprit malade. En l'atteignant elle trouvera la guérison.

Anacharsia, confiante dans le savoir de son père, disait les mêmes choses à Lucien, qui la croyait sans difficulté et répondait à ses explications par une pluie de madrigaux.

Volsk, bâti au confluent de la Volga et du Grand Irghiz, l'importante ville de Saratov, furent dépassés. La bourgade de Doubovka se montra. En cet endroit, le Karrovarka quitta le fleuve, escalada par une gorge étroite les hauteurs de la rive droite et entra sur le territoire des Cosaques du Don. Traversant la voie ferrée de Toula à Tzaritzin, il gagna le lit du grand cours d'eau, tributaire de la mer d'Azov, un peu au dessus du camp retranché de Kalatchi.

La température, bien que rigoureuse encore s'adoucissait. L'influence du sud se faisaient sentir quoique les eaux demeurassent cachées sous un épais manteau de glace.

Au soir du huitième jour, le Karrovarka stoppa pour la première fois depuis son départ de Mangouscka. C'était à quelques verstes de Mélékhovskaia, à l'entrée de la plaine marécageuse de Rostov.

— Je crains, expliqua Taxidi, que la croûte de glace ne soit plus assez solide pour nous porter au-delà de ce point. Je veux me renseigner auprès des riverains avant de poursuivre ma route, car un accident serait irréparable.

La forteresse roulante fut remisée sur un îlot peu élevé, langue de sable qui occupait le milieu de fleuve, et tout son équipage s'endormit.

Au jour, Anacharsia apprit aux passagers que son père était déjà parti à la recherche de renseignements. Il ne reviendrait vraisemblablement que fort avant dans l'après midi, car il se proposait de pousser jusqu'à Aksaï (Аксай), station de Cosaques de 6.000 habitants, et même, s'il n'obtenait pas des indications précises, il irait jusqu'à la puissante colonie arménienne de Nakhitchévan (Нахичевань).

Comme ils exprimaient le regret de n'avoir pu accompagner le docteur et d'être ainsi condamnés à de longues heures d'inaction, la jeune fille leur dit :

— Dans le steppe, la chasse est permise en tout temps. Vous plaît-il de tuer quelques oiseaux d'hiver? Si oui, nous partirons de suite. Vouno gardera le Karrovarka et veillera sur Miss Nali.

Les clowns, Lee, Vemtite accueillirent ces paroles avec enthousiasme. Après huit jours de réclusion, ils étaient ravis d'avoir une occasion de se dégourdir les jambes.

Fanfare fut moins démonstratif. Au moment de s'éloigner, un secret pressentiment le poussait à rester auprès de la folle. Mais l'homme méprise toujours les avertissements de l'instinct, et l'artiste, honteux d'un sentiment que sa raison ne pouvait expliquer, se prépara au départ.

Bientôt tous, guidés par Anacharsia, abandonnaient la forteresse roulante, et traversant le fleuve solidifié, gagnaient la rive.

En face d'eux s'étendait une plaine marécageuse parsemée de petits étangs glacés, que séparaient des buttes sablonneuses. Des roseaux jaunis, des buissons s'enchevêtraient sur les berges rendant la marche difficile, mais les fatigues furent oubliées lorsque des canards particuliers à cette région quittèrent le couvert avec un grand bruit d'ailes.

Emportés par leur ardeur, les chasseurs marchaient toujours, si bien qu'à l'heure du déjeûner, ils s'arrêtèrent affamés dans une hutte isolée habitée par une famille cosaque. Ces gens grossiers mais hospitaliers comprirent les gestes de leurs visiteurs et mirent à leur disposition tout ce qu'ils possédaient. C'était peu, toutefois en y ajoutant deux canards tombés sous ses coups, la petite troupe put reprendre des forces.

Vers deux heures, on se sépara en laissant quelques pièces de monnaie aux maîtres de la cabane, et l'on se disposa à rejoindre le Karrovarka.

La journée était magnifique. Le soleil brillait, attiédissant l'atmosphère, et sur la croûte glacée des marais se produisaient des suintements.

Vemtite le fit remarquer à son ami. Décidément les inquiétudes de Taxidi étaient justifiées; les signes précurseurs du dégel se montraient partout.

En certains entroits même, la glace était recouverte d'une mince tranche de liquide qui clapotait sous les pas des chasseurs.

On avançait pourtant. Enfin après avoir escaladé un dernier monticule de sable, le Don apparut. Mais le cri de joie commencé se figea sur les lèvres de tous. En face d'eux se dessinait l'îlot où ils avaient passé la nuit, mais le

Les chasseurs marchaient toujours.

chariot avait disparu. Aussi loin que pouvaient s'étendre leurs regards, le lit du fleuve était désert.

Que signifiait cela? Quel événement avait déterminé le départ de l'automobile?

Jean fixa ses yeux sur Anacharsia. La jeune fille semblait aussi surprise que lui-même.

— Allons jusqu'à l'îlot, dit-elle pour répondre à sa muette interrogation. si mon père a dû éviter un danger, il aura sans doute laissé quelque indice pour nous en informer.

La chose était vraisemblable. Aussi Fanfare n'hésita pas, et il se prit à courir vers le banc de sable, suivi par ses compagnons très penauds de se voir abandonnés dans ces régions inconnues.

Ils retrouvèrent sans peine la place où le Karrovarka avait stationné. Ses roues avaient marqué le sol d'une profonde empreinte, et deux lignes blanchâtres tracées à la surface du champ de glace trahissaient sa fuite vers le Sud.

Mais aucun vestige ne renseignait les voyageurs sur la cause, le but de son départ.

Soudain Anacharsia appela ses compagnons. Sur le sable des caractères étaient creusés, figurant le mot : ATHÈNES.

Sans nul doute cette inscription française avait été faite par le docteur. Était-ce donc dans la capitale hellénique qu'il fallait l'aller chercher? Pourquoi tant de laconisme? Le péril était-il si pressant qu'aucune explication complémentaire n'était possible?

— Ce inscription sur la terre, remarqua Frig, était un moyen de prisonnier. Sir Taxidi était, je suppose, au milieu des ennemis qui surveillaient lui-même.

Des ennemis. Quels ennemis? Le Karrovarka avait-il paru suspect aux autorités, et une *solnia* de cosaques était-elle venue s'emparer du véhicule?

Mystère! Les voyageurs, avec la patience de sauvages suivant une piste, interrogeaient inutilement le sol de l'îlot. Aucune trace ne les mettait sur la voie.

Jean s'était un peu éloigné de ses compagnons. Tout à coup son regard fut attiré par un point brillant. Il s'approcha et aperçut avec surprise une sorte de broche en nickel émaillé assez semblable aux insignes des sociétés vélocipédiques françaises. Il la ramassa et appela ses amis pour leur montrer sa découverte. C'était un écusson à jour figurant une tête de femme. Sur une petite banderole de métal des lettres grecques gravées formaient les mots : Hetniki Hétéria.

— Hetniki Hétéria, prononça le peintre d'une voix pensive, cela signifie Ligue nationale. Quelle est donc la ligue hellène qui opère à l'embouchure du Don?

Personne ne répondit. Mais si le jeune homme avait regardé Anacharsia, il aurait vu une vive rougeur colorer les joues de la fille du savant.

Ce trouble ne dura qu'un instant; la jolie personne redevint maîtresse d'elle-même et d'une voix calme elle dit :

— Le soleil s'abaisse vers l'horizon. La nuit est proche. Gagnons la rive; tâchons de trouver un abri pendant les heures obscures et froides. Au matin nous redescendrons sur le fleuve, et suivant les traces laissées par les roues du Karrovarka, nous atteindrons une ville, une agglomération quelconque, où il nous sera peut-être possible d'obtenir quelques renseignements.

Elle avait raison. Le disque solaire descendait vers l'Ouest. Il fallait s'occuper d'une retraite, car les rigueurs de la nuit ne permettaient pas de camper en plein air.

Sombres, inquiets, les passagers de la forteresse roulante, s'aventurèrent de nouveau sur la glace, et après une heure de marche, alors qu'ils commençaient à désespérer de rencontrer ce qu'ils cherchaient, ils découvrirent une misérable hutte, sans doute édifiée par des chasseurs.

Faite de brindilles et de torchis, la cabane semblait abandonnée. Lugubre était le gîte, mais la nécessité fait loi et tous s'y glissèrent, heureux encore de n'être pas obligés de bivouaquer à la belle étoile.

Se serrant les uns contre les autres pour résister au froid qui tombait avec les ténèbres, ils restaient là, immobiles, plongés dans une torpeur pénible peuplée de pensées attristées.

A l'apparition de l'aube, ils se remirent en route. Ils n'avaient pas dîné la veille et l'air glacé du matin les pénétrait ainsi que des aiguilles. Heureusement Frog abattit un gros oiseau aquatique; le plumer, le faire cuire sommairement sur un feu de roseaux desséchés; le dévorer fut l'affaire d'une demi-heure. Réconfortée par ce repas barbare, la petite troupe gagna le milieu du fleuve, retrouva les traces du Karrovarka et se mit à les suivre d'un bon pas.

Avec le soleil, une tiédeur relative baignait l'atmosphère. Au loin sur les rives basses, sablonneuses, s'étendaient des plaines marécageuses et désertes. De temps à autre le vol d'un oiseau effrayé par le passage des hommes troublait la solitude, et puis le silence se rétablissait; le paysage morne, sans cesse semblable à lui-même, reprenait son apparence désolée.

Cependant on avancait. La lumière redonnait confiance à tous. En résumé, on était en pays civilisé, et l'on ne fournirait sûrement pas une longue étape avant de rencontrer un lieu habité.

Frig venait de formuler cette pensée avec l'originalité d'expression dont il était coutumier, quand un hurlement lointain s'éleva au fond du steppe.

Les voyageurs tressaillirent. Ils échangèrent un regard inquiet. Presque aussitôt un second hurlement retentit dans le silence.

— Les loups, murmura Jean à voix basse, comme effrayé de ses paroles!

— Les loups, répétèrent ses compagnons!

D'un même mouvement tous firent glisser de l'épaule leurs fusils. Frig eut un haussement d'épaules.

— Pour le loup, il fallait des balles et nous avons du petit plomb seulement.

Un morne silence accueillit cette phrase. La situation devenait horrible. Si les loups étaient nombreux, ils attaqueraient les voyageurs et ceux-ci ne pourraient pas se défendre, leurs armes chargées de plomb leur étant aussi inutiles que de simples bâtons.

Les hurlements ne discontinuaient plus. Évidemment les fauves, affamés après un long hiver, s'appelaient pour se ruer en masse sur la proie éventée par leur subtil odorat.

Soudain au sommet d'un monticule bordant la rive droite, une silhouette noire se montra, c'était un grand loup maigre, efflanqué. Ses yeux luisaient comme des escarboucles et sa gueule formidable s'ouvrit pour lancer un appel rauque.

En un instant la hauteur fut couverte de bêtes affolées par la faim, qui saluèrent de hurlements joyeux la petite troupe dont la vue leur promettait un festin copieux.

— Marchons, marchons, ordonna Jean. Notre seule ressource est de gagner une habitation. Autrement nous sommes perdus.

Lee obéit courageusement, mais Anacharsia tremblait de terreur. Elle fut obligée de s'appuyer sur le bras que lui offrit galamment Yemtite, et tandis que le poète l'entraînait, elle bégaya ces étranges paroles :

— Je vous perds et vous me sauvez.

Lucien n'eut pas le temps de lui en demander le sens, les loups descendaient sur la glace.

Cependant ils n'attaquèrent pas de suite. Sans doute ils connaissaient par expérience les effets des armes à feu, et ils se bornèrent d'abord à accompagner les voyageurs. Ils marchaient sur les flancs de la troupe et en arrière, enfermant leurs victimes dans un fer à cheval qui se rétrécissait peu à peu.

Évidemment l'instant suprême était proche, et la plaine marécageuse était toujours déserte. Nul signe n'annonçait le voisinage des habitations.

Les loups se rapprochaient. Soudain un adulte à l'apparence formidable se plaça en face des fugitifs prêt à leur disputer le passage.

Tous dirent adieu à la vie. Ils comprirent qu'en attaquant cet ennemi, ils donneraient le signal de la mêlée générale. Ils n'étaient plus qu'à dix pas du fauve, quand Frig eut une inspiration. Brusquement il appuya les mains sur le sol et se prit à marcher à quatre pattes en poussant des cris féroces.

Le brave clown s'était souvenu que la plupart des animaux sont pris de peur en apercevant l'homme dans cette attitude.

L'effet fut instantané. Avec un hurlement épouvanté, le loup de tête s'enfuit, entraînant à sa suite tous ses congénères.

— Marchons beaucoup vite, cria le mari de Lee. Ils reviendront. Le stratagème de moi réussit deux ou trois fois et après.....

Il n'acheva pas. Les voyageurs, qui déjà se croyaient délivrés, avaient compris. L'acte du clown reculait seulement de quelques minutes l'instant fatal.

En effet les horribles bêtes revenues de leur panique se montraient de nouveau sur les berges du fleuve; elles trottaient parallèlement à la troupe, n'osant se rapprocher encore, mais s'encourageant par des cris brefs, incessants, qui formaient le plus effrayant des charivaris.

Déjà les plus braves égratignaient la glace de leurs griffes. Prudemment, par une marche oblique, les carnassiers se rapprochaient insidieusement des voyageurs, et ceux-ci se rendaient compte que quelques centaines de mètres plus loin, ils seraient en contact avec ces cruels ennemis.

De regards aigus les amis de Jean fouillaient l'horizon, avec le désir fou de découvrir un refuge; mais ils ne voyaient rien que le marais sans bornes, la solitude sans abri.

Lentement mais sûrement les loups resserraient leur cercle. Frig allait tenter une expérience nouvelle quand une détonation lointaine ébranla l'atmosphère.

— Un coup de canon, s'écria Jean!

Le bruit avait résonné en arrière. Soudain une seconde détonation gronda en avant. Les fauves y répondirent par un long hurlement, et dans une fuite éperdue gagnèrent la rive, derrière les hauteurs de laquelle ils disparurent.

Les fugitifs avaient remarqué avec inquiétude la retraite des loups. Le fracas lointain de l'artillerie ne produit pas d'ordinaire un tel effet. Que se passait-il donc?

Les détonations se succédaient semblant venir de tous les points de l'horizon; et comme ils regardaient une secousse ébranla la croute glacée et une longue fissure se produisit sur l'ice-field.

Un même cri s'échappa de toutes les bouches:

— La débacle!

Un danger plus terrible, plus épouvantable les menaçait. La débacle du Don se produit avec une rapidité effrayante. Durant l'hiver le niveau de l'eau baisse peu à peu, et la glace fixée par les premiers froids s'étend au dessus, ainsi qu'un pont jeté d'une rive à l'autre. Quand vient une température plus clémente, cette croûte solide s'affaisse brusquement, se rompant en mille endroits.

Sans avoir besoin de se concerter, tous s'étaient élancés vers la rive droite; mais ils étaient encore à cent mètres de la terre, quant une explosion se produisit presque sous leurs pieds, divisant en avant d'eux la banquise en une multitude de glaçons qui s'entrechoquaient, se culbutaient avec un fracas assourdissant.

Terrifiés, ils revinrent sur leurs pas; mais le même phénomène s'était produit le long de la rive gauche. Ils étaient bloqués sur une île de glace qui menaçait de se briser d'une minute à une autre.

Durant quelques instants ils restèrent écrasés en face de ce danger mille fois plus terrible que l'attaque des loups.

Avec un frissonnement de tout leur être, ils sentaient la glace trembler sous leurs pieds; ils s'attendaient à voir leur frêle support s'entrouvrir, et ils songeaient qu'alors ils glisseraient dans l'eau froide où la plus cruelle des agonies les attendait.

Le premier, Jean retrouva ses esprits. Lentement le banc dérivait suivant une courbe de la rivière et à quelque distance un îlot apparaissait. C'etait une bande de terre basse, couverte de buissons dénudés et rabougris, mais c'était un terrain solide, où du moins l'engloutissement ne serait pas à craindre. Il fallait l'atteindre à tout prix.

Encourageant ses amis, aidant Lucien à soutenir Anacharsia paralysée par la terreur, il se dirigea de ce côté.

A chaque pas un obstacle se présentait. C'était une crevasse à franchir, un glaçon vacillant sur lequel il était difficile de conserver l'équilibre. A force de courage, de volonté, la tentative hasardeuse fut couronnée de succès.

Les voyageurs posèrent le pied sur l'île.

Ils étaient en sûreté pour le moment, mais leur situation n'en était pas moins terrible. Bloqués par la débacle mouvante, dépourvus de vivres, sans moyen de s'en procurer, ils n'avaient échappé au péril immédiat que pour se voir condamnés à un trépas lent, à un interminable supplice.

Les Anglais regardaient. Déjà familiarisés avec la catastrophe, ils discutaient les chances que leur habitude de la gymnastique leur donnaient pour gagner le rivage. Certes l'entreprise était réalisable à la rigueur, pour eux, voire même pour Lee, mais leurs compagnons resteraient certainement en route.

Fanfare s'était approché d'eux, tandis que Vemtite et l'écuyère s'empressaient autour d'Anacharsia.

— Si l'un de vous atteignait la berge, dit-il tout à coup, il pourrait découvrir un village, un poste de Cosaques, ramener du secours.

Ils le considérèrent avec surprise :

— Quoi? Vous voulez?.....

— Tout tenter pour notre salut. Si nous restons ici, nous périrons de faim. Si donc la traversée vous semble possible, n'hésitez pas.

Les cousins échangèrent un regard.

— Désignez vo-même celui qui devait partir, fit tranquillement Frig, car sans cela nous serons en discussion pendant un long *time*... *no*, temps.

Mais changeant soudain d'idée :

— A quoi bon cela? Quand deux cents personnes seraient sur la rive, ils ne pourraient rien du tout pour le passage. No, celui qui partira se sauvera, mais il ne sauvera pas du tout les autres.

— Eh bien sauvez-vous. Et si nous périssons, tachez de retrouver Nali.

Les clowns secouaient la tête :

— Pour la petite miss, c'était vo dont le conservation était nécessaire.

Soudain un appel de Lee interrompit la conversation. L'écuyère accourait, les traits décomposés, les yeux fous :

— Nous allons être broyés si nous restons dans l'île, s'écria-t-elle.

— Broyés, pourquoi?

— Regardez.

Elle désignait de la main la pointe nord du banc de sable. D'un coup d'œil ils comprirent. L'îlot opposait un obstacle à la descente des glaçons. Ceux-ci s'étaient accumulés à son extrémité, et poussés par ceux qui les suivaient, ils couvraient progressivement le sol, écrasant sur leur route les buissons et les herbes. Une montagne de glace traversait lentement l'étroite bande de terre, barrage géant qui fauchait tout sur son passage et qui bientôt rejetterait les fugitifs dans le fleuve.

Les jeunes gens avaient pâli. Partout la mort les entourait. Sur la surface mouvante des glaçons, sur le sol de l'îlot, les éléments semblaient conjurés pour les anéantir.

Et Fanfare exprima comme malgré lui la conviction de tous :

— Coûte que coûte, il faut essayer d'atteindre le rivage.

Personne ne répondit, mais Frig saisit Lee par le poignet, Frog empoigna fortement le bras d'Anacharsia inconsciente, et après un coup d'œil expressif à leurs compagnons, ils s'engagèrent sur les glaçons.

Durant plus d'une heure ils luttèrent, tantôt se laissant emporter jusqu'au moment où leur support rapproché d'un autre glaçon leur permettait de le quitter, tantôt se maintenant par des prodiges d'adresse sur des blocs chevauchant les uns sur les autres. Il leur restait, à peine une vingtaine de mètres à franchir pour toucher la terre, mais là un courant plus rapide sans doute maintenait un chenal libre de quatre mètres de large environ. Au delà, un champ de glace, encore attaché au rivage. S'ils pouvaient y prendre pied, ils étaient en sûreté, mais pour cela il était nécessaire de traverser la crevasse. Des hommes non chargés auraient pu tenter au saut de quatre mètres, mais Lee et surtout Anacharsia étaient incapables d'un pareil tour de force.

Ils éprouvèrent un instant de désespoir. Si près du but, allaient-ils échouer? L'idée de succomber, après tant d'efforts, alors que le succès semblait tenir à si peu de chose, les remplit d'une rage épouvantable. Vemtite se laissa tomber sur la glace en murmurant :

— J'en ai assez.

Frig ne disait rien, mais il observait le courant.

— Regardez, dit-il après quelques secondes, la bas, l'ice-field a une pointe dont nous passerons très près. C'est là qu'il faudra sauter.

C'était vrai. Le glaçon qui portait les voyageurs dérivait rapidemment vers le point désigné. Le courant devait le conduire à moins de deux mètres d'un petit promontoire dressé en travers du chenal.

A cette vue, le courage renaît chez tous. Lucien se redresse, Frig enlève Lee dans ses bras, tandis que Frog se charge d'Anacharsia, et ils attendent, le cœur tressautant d'espérance, le moment fugitif où il faudra sauter.

Le glaçon poursuit sa route. Le promontoire n'est plus qu'à vingt mètres, à dix, à cinq.

— Attention, crie Frig!

Presque aussitôt ses jarrets se détendent. Avec son fardeau, il retombe sur le champ de glace. Jean, Vemtite l'imitent avec un égal bonheur. Frog saute à son tour. Mais le brave clown, qui a voulu laisser passer ses compagnons, a trop attendu. Le courant a élargi l'espace à traverser. La pointe des pieds de l'Anglais atteint seule le bord du promontoire. Il chancelle, essaie de se maintenir et retombe en arrière dans l'eau rapide, après avoir eu la suprême présence d'esprit de lâcher la fille de Taxidi dont le corps vient rouler auprès de Lee.

Un cri terrible s'échappe de toutes les poitrines; Frog nageant vigoureusement se dresse une seconde au-dessus de l'eau :

— *Well*, crie-t-il, courant très fort.... je toucherai un peu plus loin.

Hélas! ce mouvement lui est fatal. Il n'a pas vu une masse de glace qui s'avance en tourbillonnant, elle le frappe à la nuque. A demi assommé, il se retourne, se cramponne à la plaque solide, essaie d'y monter; mais le bloc bascule brusquement et s'abat sur la tête du malheureux ainsi que la pierre d'un tombeau.

Ses amis courent affolés sur la rive. Ils le cherchent, l'appellent. Rien ne répond à leur voix. Dans l'eau profonde, sous les glaçons qui se heurtent avec fracas, le clown a disparu.

Lee, Jean, Vemtite se cramponnent aux vêtements de Frig, désespéré qui

Le bloc bascule brusquement, s'abat...

voudrait se jeter dans le fleuve, pour tenter de sauver son cousin, son camarade de cirque avec lequel si souvent il a partagé les applaudissements de la foule. Comme si, dans ce chaos de la débacle, où les glaçons, les eaux roulent pêle-mêle, confondus, il était possible de retrouver cette chose fragile qu'est le corps d'un homme !

Sous les douces paroles de Lee, sous les exhortations des Français, Frig reprend la notion exacte de la situation. Il se laisse entraîner le long de la rive basse. Il marche en pleurant son ami. Pourtant au cirque, sa physionomie a perdu l'habitude des contractions sérieuses, et dans la douleur ses traits se contractent en lignes grotesques ainsi qu'à la parade, comme si les divinités ironiques, qui président aux jeux forains, imposaient le burlesque même aux larmes du clown.

On va longtemps ainsi. Personne ne parle, car on songe tout bas à ce bateleur que son dévouement, les dangers affrontés en commun, ont transformé en ami. On est sorti de la région des marécages. Au loin une ville apparaît, c'est Rostov; une route bien entretenue borde le fleuve, une auberge joyeuse se montre. Bien que las, affamés, les voyageurs vont poursuivre leur chemin, quand un gémissement les arrête, les cloue sur place.

Est-ce qu'ils deviennent fous? Ils ont cru reconnaître la voix de Frog, du pauvre baladin qui a trouvé la mort en sauvant Anacharsia.

Curieusement ils se rapprochent de la porte, ils entrent, ils ont un cri douloureux. Dans la salle aux murailles formées de poutres accolées, sur une table grossière recouverte à la hâte de vêtements, de linge, de tout ce que les habitants affolés ont réuni pour faire un matelas primitif, Frog est étendu, livide, couvert de sang, les narines déjà pincées par les approches du trépas.

Ses yeux agrandis par une épouvante mystérieuse se fixent sur ses amis. Il les voit, un fugitif sourire se joue sur ses lèvres blémies. Il oublie ses souffrances, ses blessures; sa vanité naïve d'*artiste* le ranime sous les regards fixés sur lui, et il murmure d'une voix à peine intelligible :

— J'ai tout de même gagné le rivage, *well*!

C'est le rivage de l'au-delà auquel tu as abordé, bon clown. Un profond soupir soulève sa poitrine, il se raidit dans une suprême convulsion et c'est tout. Le cousin de Frig fait maintenant partie de la troupe du cirque de l'infini.

CHAPITRE IX

EN ROUTE VERS ATHÈNES

A la vue du clown, Anacharsia avait eu un geste d'effroi, et tandis que ses compagnons s'empressaient autour du défunt, elle s'était retirée dans une petite pièce voisine. Lucien avait remarqué cette étrange attitude. Il suivit la jeune fille.

Celle-ci blottie dans un angle, le visage tourné vers le mur, pleurait en murmurant des phrases entrecoupées :

— Pardon! Mon père ne te voulait aucun mal. Une cause sacrée nous guide. Liberté! Liberté! encore une victime!

Dans un éclair, le poète comprit qu'il était sur la piste du mystère soupçonné par Jean. Anacharsia connaissait les projets du docteur Taxidi; elle savait où il avait fui avec Nali et la statue de Diane.

Cette fois le doute n'était plus possible. Il fallait qu'elle s'expliquât. Et avec la gravité d'un juge, l'insouciant garçon appuya sa main sur l'épaule de l'ex-infirmière en disant d'une voix sévère :

— Anacharsia, je veux que vous m'appreniez la vérité.

Elle frissonna de tous ses membres. Sans doute, toute à sa douleur, elle n'avait pas entendu le Français s'approcher. Elle lui montra sa figure sillonnée de larmes et le considéra d'un air surpris.

— Je veux que vous me confiiez la vérité, reprit-il avec plus de force.

Elle balbutia comme si le sens de ces paroles lui échappait :

— La vérité?

Lucien inclina la tête et lentement :

— Votre père et vous, Anacharsia, nous avez tirés des mains de la police allemande. Ainsi que des amis anciens, vous avez couru les mêmes dangers que nous, supporté les mêmes fatigues, risqué également votre liberté. Mais ce dévouement apparent avait une cause secrète que vous avez cachée, et votre silence a causé la mort de Frog, ce loyal garçon qui s'était associé, simplement, sans phrases, à notre fortune.

Les yeux agrandis par une angoisse intérieure, immobile, figée, la jeune fille écoutait. Vemtite continua :

— Je ne vous crois pas méchante. Je pense que votre but est de ceux qui peuvent être avoués. Parlez, je vous en prie. Craignez qu'une plus longue méfiance ne suscite de nouveaux malheurs.

— Non, non, ne dites pas cela, murmura-t-elle faiblement.

— Alors, apprenez-moi...

Elle secoua la tête :

— Je ne peux pas.

— Voulez-vous donc que le soupçon vous atteigne, demanda Lucien avec un commencement d'impatience? Voulez-vous donc que notre reconnaissance s'évanouisse à la pensée d'une trahison?

— Une trahison, redit-elle d'une voix brisée... Une trahison... Oh! ne prononcez pas ce mot.

— En ce cas, expliquez-moi...

Anacharsia se tordit les mains et avec un sanglot :

— Je ne peux pas. Je ne peux pas.

Et comme Lucien fronçait le sourcil, elle se rapprocha de lui, les mains jointes :

— Ne croyez pas cela, ne le croyez pas, je vous en prie. Mais ma langue doit demeurer muette. Le secret que vous demandez ne m'appartient pas. La cause dont je suis l'esclave est sainte, et je n'ai pas le droit de la compromettre par une parole imprudente.

D'un mouvement brusque, Vemtite la repoussa et s'éloignant d'elle :

— C'est bien. Je vais avertir mes compagnons que Frog est mort en sauvant notre ennemie.

Désespérément elle s'accrocha à ses vêtements :

— Non, attendez... attendez encore. Oh! sans trahir que puis-je vous dire qui vous empêche de m'accuser? Je vous le jure, je donnerais ma vie pour vous sans regret. Mais croyez-moi donc.

— Frog est mort et Nali nous est ravie.

— Elle au moins ne court aucun danger.

Stèle funéraire
(musée d'Athènes).

Si sincère était l'accent de la jeune fille que Lucien, en dépit de ses préventions, sentit qu'elle exprimait une chose vraie. Cependant possédé par le désir de savoir, il feignit le doute :

— Qui me prouve que vous ne me trompez pas encore. Depuis des semaines, votre père et vous avez accepté notre gratitude, alors que vous ne la méritiez pas.

— Si. Mon père était heureux de vous sauver. La folle reprendra la raison ainsi qu'il l'a promis, mais lui aussi est tenu par des raisons puissantes.

— Des mots, cela; rien que des mots!

— Ah! fit-elle, vous me refusez votre confiance. Que ne pouvez-vous lire dans mon esprit? Vous y verriez que ma pensée est vôtre. Mais, ainsi que toutes celles de mon pays, j'ai appris toute enfant qu'une idée doit primer toutes les autres. C'est à cette idée que j'obéis, à elle que je me sacrifie et que je parais vous sacrifier vous-mêmes. Mais pour vous tout se résumera en un détour dans votre voyage; vous rentrerez en France, vous serez heureux, et moi, moi, je suis condamnée à perdre l'espoir du bonheur pour l'Idée que je ne saurais révéler.

La voix d'Anacharsia se fit douce, insinuante :

— N'interrogez plus, il ne m'est pas permis de répondre. Suivez-moi à Athènes. De Rostov, un vapeur nous conduira à Kertch. Là nous rejoindrons un navire de la compagnie Caucase-Mercure qui nous mènera à Odessa, d'où nous gagnerons aisément Le Pirée; c'est là qu'il faut aller, c'est là qu'Eux sont réunis.

— Eux? De qui parlez-vous, demanda Lucien surpris de la tournure de l'entretien?

— Eux? Ils n'ont pas de nom, ils sont légion et ils sont un. Eux seuls, s'il leur plaît, se révéleront à vous. Il m'était défendu de vous faire connaître leur présence, mais ils pardonneront parce qu'ils sont la justice et la bonté. S'ils me punissaient, qu'importe. Je préfère leur courroux à votre mépris.

Les cheveux d'Anacharsia s'étaient dénoués, encadrant de leurs flots soyeux son visage bouleversé, elle était belle comme une incarnation de la douleur, et Lucien sentit la pitié envahir son âme.

— Vous me promettez, dit-il d'un ton adouci, que je verrai ceux auxquels vous obéissez?

— Je vous promets que je les supplierai de se montrer à vous; j'espère qu'ils y consentiront, car vous êtes Français, et ils considèrent les gens de votre nation comme des frères.

— Où les rejoindrons-nous?

— A Athènes, à l'Acropole, la colline consacrée à Athènè, à Minerve, d'où sont partis les cris de gloire ou les clameurs d'agonie de l'Hellade.

— A l'Acropole, redit le poète d'un air pensif, soit! je vous crois.

Elle eut un cri de joie, ses mains fines emprisonnèrent les mains de son interlocuteur. Elle ouvrit la bouche pour parler encore, mais aucun son ne s'échappa de ses lèvres, et ils restaient ainsi face à face, les yeux dans les yeux, avec l'impression confuse de vivre un rêve.

Lorsque Jean, étonné de leur absence, les rejoignit, il les trouva assis, chacun à une extrémité de la salle, absorbés en une profonde réflexion.

Deux jours s'écoulèrent avant que les autorités russes permissent de conduire le pauvre Frog à sa dernière demeure. Enfin ce devoir rempli, les survivants s'éloignèrent, après un dernier adieu à l'ami couché dans la terre des Cosaques dont les joyeuses chevauchées berceraient l'éternel repos.

Ainsi que l'avait dit Anacharsia, ils trouvèrent aisément à Rostov un bâtiment qui les conduisît à Kertch, à l'extrémité sud de la mer d'Azov. Puis touchant à Odessa, ils poursuivirent leur voyage, et par une belle matinée, sous la caresse d'une brise tiède, ils débarquèrent sur les quais du Pirée, le coquet port d'Athènes.

Un instant, ils jouirent délicieusement de cette matinée d'hiver ensoleillée de l'Attique. Ils étaient sur l'Emporion, avec en arrière la ligne fuyante du Kantharos et en face la pointe de l'Eithioneia.

Des bateaux de pêche aux voiles latines, de grands steamers s'alignaient le long des quais; une foule babillarde coudoyait les voyageurs.

Mais Anacharsia ne leur permit pas de s'oublier longtemps dans cette contemplation.

— Nous allons descendre dans l'un des hôtels de la place de Varvaki, dit-elle; ensuite je me mettrai en quête de renseignements pour retrouver mon père.

Tout bas elle ajouta pour Vemtite seul :

— Je vais leur envoyer un télégramme, afin de pouvoir les rencontrer dès ce soir.

Il répondit par un bon sourire, et quand ses amis et lui furent installés à l'Hôtel d'Agrigente, il la regarda s'éloigner adroitement et murmura :

— Comme on change. Il y a quelques jours à peine j'étais prêt à l'accuser de trahison, et à présent je suis de moitié dans ses petites combinaisons auxquelles je ne comprends rien. Étais-je bête avant?

La conclusion décelait l'état d'esprit du jeune homme. Depuis sa conversation avec la fille de Taxidi près de Rostov, il n'était plus le même. Certes, il rimait encore, mais effet singulier d'une situation nouvelle, le rimeur funambulesque devenait presque poëte, et la veille même, il était allé jusqu'à prononcer, à la grande stupéfaction de Fanfare, l'aphorisme suivant :

— La rime vient de l'esprit, mais la poésie vient du cœur.

Vérité contestable que le peintre avait qualifiée de paradoxe.

A cette heure, et pour aider sa jolie complice en détournant l'attention de leurs compagnons, Lucien se rappela ses procédés prosodiques d'antan et parodiant le bon Lafontaine, incita ses amis à déjeuner par ce vers :

— Que faire en un hôtel, à moins que l'on ne mange?

Était-ce l'effet du soleil, du climat plus doux, mais les tristesses des jours passés semblaient avoir perdu de leur amertume? Frig lui-même eut un faible sourire à la proposition de Vemtite et tous s'attablèrent.

Anacharsia vint bientôt prendre place au milieu d'eux. Le repas, arrosé d'excellent vin des coteaux de Corinthe, fut presque gai, et l'on dégustait un moka parfumé, quand un employé des postes entra dans la salle. Il apportait une dépêche à l'adresse de Mlle Anacharsia Taxidi.

La jeune fille se leva subitement pâlie, elle déplia le papier d'une main tremblante, mais quand elle l'eut parcouru du regard, son visage s'éclaira.

— Amis, dit-elle doucement. Rendons-nous au chemin de fer d'Athènes. Ce soir, à neuf heures, des frères m'attendront et j'apprendrai d'eux où sont mon père et Miss Nali.

Curieusement, Jean allait la questionner. Elle l'empêcha de formuler son interrogation :

— Ne demandez rien. Je ne sais que ce que je viens de vous dire.

Parlant ainsi, elle regardait Lucien comme pour le prier de la secourir. Le jeune homme s'empressa de répondre à son muet appel.

— La journée sera bientôt passée. Depuis quinze jours nous avons patienté, patientons encore jusqu'à ce soir.

La jeune fille le remercia d'un regard expressif, et l'addition soldée, la petite troupe quitta l'Hôtel d'Agrigente.

Par la rue de Socrate, ils gagnèrent la place Koraï; filant le long du théâtre, ils atteignirent le jardin Dinan, traversèrent la voie du tramway de Phalère à Athènes, la place d'Apollon en bordure du port, et arrivèrent enfin à la gare d'Athènes, point terminus de l'embranchement qui relie la capitale grecque au Pirée.

Une demi-heure plus tard, le train qui les emportait, longeait le faubourg de Keiriadaï, laissait à sa droite le Cimetière Antique et la Porte Sacrée, à sa gauche le Temple de Thésée et le Portique des Géants et stoppait dans la jolie station édifiée sur la place d'Hadrien.

Les voyageurs étaient à Athènes.

De longues heures les séparaient encore du moment que les amis inconnus d'Anacharsia avaient fixé pour leur rendez-vous. Dans leur état nerveux, ce que Jean et ses compagnons craignaient le plus, c'était l'inaction. Ils résolurent donc de se promener. La visite de la ville de Minerve, dont le souvenir plane ainsi qu'un météore sur l'Antiquité, les distrairait sans doute de leurs préoccupations. Ils revivraient ces temps prestigieux où Lycurgue, Aristide édictaient les lois, où Thémistocle, Léonidas luttaient pour l'indépendance, où Alcibiade, général élégant, heureux et..... *fumiste* occupait de sa personnalité le Tout-Athènes oisif et dilettante.

Minerve pleurant, galerie des Antiques.
(Musée d'Athènes).

Ils allaient par la rue Pandros (οδος Πανδροσου), près de la vieille Cathédrale, par l'avenue Démosthènes (οδος Δημοσθενους) par la place de la Constitution (Πλατεϊα τοῦ Συντᾶγματος), tendant leur esprit pour sortir d'eux-mêmes et projeter leurs pensées dans les siècles écoulés. Sans ordre ils évoquaient les sages, les orateurs, les philosophes, Thalès, Démosthènes, Diogène, les sculpteurs, peintres, poètes, écrivains : Phidias, Praxitèle, Zeuxis, Appelles, Eschyle, Sophocle, Euripide, Aristophane, Xénophon, etc. Le prisme du temps aidant, c'était l'antiquité qu'ils voyaient dans la ville moderne.

Anacharsia parlait avec orgueil des artistes grecs disparus. Elle disait les merveilles antiques, réunies dans le musée d'Athènes : Les *Stèles funéraires*, le *Neptune de Milo*, campé avec une hardiesse toute moderne, *l'Hermès d'Andros*, la *Thémis de Ramnonte*, le *bas-relief de Demeter*, trouvé à Eleusis, l'*Hermès Bacchophore*, de Praxitèle, le *géant Typhon*, la *Victoire déliant ses sandales*, les *Divinités assises*, la *statue d'Athéna* et surtout la *Minerve pleurant*, sculpture unique au monde, car, seule des figures fouillées par les Hellènes, elle représente la sensibilité et la pitié.

Près du palais royal, les promeneurs hésitèrent. Tourneraient-ils à gauche dans la direction du Mont Lycabette qui rappelait des jours heureux à Fanfare, suivraient-ils la route de Képhissia (οδος Κηφισσιας), qui mène au Lykeion, à la caserne d'artillerie, au Rhizarion?

Sans répondre à ces questions posées de façon distraite par les uns et les autres, tous prirent à droite, à travers le jardin royal continué par le parc de Novae Athenae. D'un œil indifférent ils considérèrent au passage l'Olympieion, les vestiges de murs antiques, la fontaine Kalirrhoe et se jetant dans une rue transversale, ils débouchèrent dans la plaine de Limnaï.

Là ils s'arrêtaient soudain, se regardant avec surprise. Sans s'être consultés, tous avaient constamment songé à parvenir en cet endroit où sont les ruines de l'Athènes d'autrefois, ces ruines où ils devaient apprendre ce qu'étaient devenus leurs compagnons.

A travers les sentiers pratiqués au milieu des débris de la civilisation grecque, ils marchaient lentement, troublés par les noms qu'Anacharsia, s'improvisant leur cicérone, prononçait d'une voix basse avec un respect superstitieux. Le Monument de Philopappos, la prison de Socrate, le tombeau de Cimon, le Pnyx, le vallon de l'Aréopage entre la colline des Nymphes que domine l'Observatoire et le rocher de l'Acropole, support abrupt consacré à Minerve et sur lequel les murailles pélasgiques, le Parthénon, l'Erechtieion, géants de pierre frappés par la colère des hommes, dressaient superbes et désolés leurs colonnes déchiquetées, leurs corniches incomplètes, leurs frises pillées par d'iconoclastes savants.

Tous s'étaient assis sur le talus de la route des Philhellènes (οδος Φιλελληνων). Dans un silence religieux ils considéraient ces champs déserts, parsemés de débris, où jadis avait grouillé la foule des héros, des guerriers, des prêtres, des marchands. Près de ces temples vides de leurs dieux, sur cet aréopage privé de son peuple, les jeunes filles souriaient, les jeunes hommes disaient leurs projets de gloire, et de ces générations heureuses, brillantes, fières de leur force, il ne restait plus rien qu'une poussière impalpable que le vent chassait ainsi qu'une menace sur les habitations de la ville moderne.

Frig et Lee eux-mêmes, si indifférents d'ordinaire aux choses d'art, semblaient émus. Jean s'en aperçut et doucement :

— N'est-ce pas que c'est un rêve étrange que celui qui vous prend en face de ces restes d'une humanité disparue?

Frig ouvrit des yeux étonnés :

— Je ne pensais pas aux gens de ce pays.

— Ah!

— Et cependant je rêvais à une hioumanité disparue.

— *Yes! Yes,* appuya sa compagne!

Et comme le peintre, quelque peu interloqué, restait muet, le clown reprit :

— Lee et moi, nous souvenions nous-mêmes d'un joli pièce de cirque qui s'intitioulait : Le Voyage à Athènes, ou Frog, le cousin de moi et moi aussi nous disions le histoire grecque. C'était un great attraction, *Yes, very great!*

Puis se tournant vers l'écuyère :

— Vous reconnaissez, Lee.

— Certainement, fit-elle d'un ton ému.

— Oui, si le pauvre boy, il était pas tombé dans le glace, bien certainement il se lèverait avec moi, et pour faire rire votre jolie bouche, il débiterait le rôle.

Les ruines d'Athènes.

— Vous avez raison, Frig.

— Oui et je croyais aussi, qu'en mémoire de loui, il serait bien de réciter le chose.

— Vous pensez ainsi?

— Tout à fait.

Le clown s'était dressé sur ses jambes; oublieux du lieu où il se trouvait, de ses compagnons qui le considéraient d'un air ahuri, il lança un sourire dans l'espace et commença :

— Dedans l'Olympe, Lord Jupiter, fatigué de mastiquer l'ambroisie, vôlait faire des pommes de terre frites. Mais il maniait beaucoup très bien le tonnerre mieux que le poële à frire, et il fit tomber un gros placard de saindoux bouillant dans le Océan dit « de l'Archipel ». Ce saindoux figea lui-même aussitôt et forma un petit pays qui, en souvenir de son friture d'origine, prit le appellation de Grèce.

Lee écoutait. Une pâleur attristée avait envahi ses joues; d'une voix monotone elle reprit :

— Milord Jupiter dit : Il faut peupler ce petit monde nouveau, et il appela les deux plus renommés paveurs fin-de-siècle du temps, Deucalion et Pyrrha, et ceux-ci, en projetant par dessus leur épaule de énormes pierres, pavèrent le Grèce d'habitants. C'étaient les Grecs; nés de cailloux ils devaient être solides et courageux comme une roc, ce qui arriva.

Elle s'arrêta un moment, respirant avec peine, oppressée par le souvenir du disparu, et Frig, renfonçant une larme prête à tomber, ressaisit la parole :

— Cette petite peuple aimait beaucoup à faire joujou. Il inventa le jeu de l'oie, pour être agréable à le magistrature, mais comme il ne vôlait pas être appelé : Grec, il décida qu'il n'inventerait pas le jeu de cartes et prit le nom d'Hellène. Malgré cela, il battit fortement les Troyens parce qu'ils étaient philhellènes. Du reste ils étaient very beaucoup méchants, ils battaient tout le monde.

Ce fut au tour du clown d'interrompre son récit que Lee continua aussitôt :

— Ils taillaient les Perses en pièces et leurs couteaux en pointe, et quand ils eurent battu tout le monde, ils battirent eux-mêmes pour ne pas perdre le habitude, qui était devenue pour eux un seconde nature. A force de guerres civiles, ils firent une Macédoine d'où sortit Alexandre.

— Lequel, bégaya Frig, trépassa pour avoir trempé lui-même dans un bain froid.

— Le température ne signifiait rien, gémit l'écuyère.

— No, sanglotta le clown; car plus tard Sir Marat eut le même semblable sort dans un bain chaud.

— Ce qui prouvait...

Ils ne purent aller plus loin, et se jetant dans les bras l'un de l'autre, ils fondirent en larmes en murmurant :

— Pauvre Frog! Poor Frog!

Ils n'étaient point seuls à pleurer. Leurs amis n'avaient point eu envie de rire durant leur improvisation burlesque. Devant tous s'était retracée la scène terrible, où Frog avait trouvé la mort. Leurs yeux étaient humides, leurs joues tremblantes, et l'esprit falot du clown dut tressaillir d'aise; après avoir fait rire tant de spectateurs, aujourd'hui il faisait gémir.

— Il est temps de dîner, déclara la fille de Taxidi pour mettre fin à cette scène attendrissante.

Et comme pour s'excuser de manifester ce souci prosaïque en un pareil moment :

— La nuit sera peut-être une longue veille, il est bon de s'y préparer. Venez. Mon père et moi, prenions autrefois nos repas dans un petit restaurant situé au bord de la rivière Ilissos. C'est tout près d'ici.

Déjà elle reprenait le chemin de Lemnaï. Ses compagnons l'imitèrent sans observation, et bientôt tous furent installés sous une charmille, à l'extrémité de laquelle les eaux transparentes de l'Ilissos couraient sur un lit de sable, parsemé çà et là de rochers.

L'hôtelier se nommait Paseriadès, comme le célèbre Grec dont Hérodote nous a conservé le nom et qui fut cuisinier de Xerxès, il y a 2377 ans.

Jean en ayant fait la remarque, Anacharsia lui répondit en souriant :

— Notre hôte ne s'appelle pas ainsi; mais de même que la plupart des Hellènes d'aujourd'hui, qui puisent l'espoir de leurs destinées futures dans leurs destinées passées et qui cherchent par tous les moyens possibles à renouer la tradition de l'Hellade, il a choisi pour patron un ancien exerçant la même profession que lui, Paseriadès.

Les Français ne purent reprimer un sourire à cette déclaration, mais la jeune fille continua d'un ton de reproche :

— Pourquoi vous moquer? Les Français de la Révolution, héroïques héritiers de la grandeur latine, n'ont-ils pas puisé à pleines mains dans le calendrier patronymique des Romains? Que de Marius, de Brutus, d'Agrippa, d'Agricola, à cette époque merveilleuse et troublée! Dans cette période de gloire, c'est aux habitants de la Rome Césarienne que vos compatriotes empruntèrent leurs noms; qui nous dit qu'en un moment d'abaissement, durant une de ces éclipses qui se produisent chez tous les peuples, les gens de France ne consentiront pas à admirer les Français et ne feront pas revivre les noms des grands hommes de la terre de Gaule? Alors les cuisiniers deviendront des Vatels, les poètes des Corneilles ou des Molières, les orateurs des Dantons, des Mirabeaux et les sous-lieutenants des Napoléons. Allez, c'est par le culte des aïeux qu'une nation se relève de ses revers! Peut-être exagère-t-on ce sentiment en Grèce, mais il me semble qu'en pareille matière, l'exagération même est respectable.

Pour la première fois, la jolie fille élevait la voix au dessus de son diapason ordinaire ; une teinte rose couvrait ses joues, et dans ses yeux clairs brillait une flamme.

Elle avait raison. Personne ne le contesta, et à partir de ce moment, le nom ronflant de Paseriadès ne provoqua plus l'hilarité.

Lentement le crépuscule s'épandait sur la ville; une pénombre bleutée remplaçait la clarté du jour, jetant sur le paysage une sorte de poésie.

Tous demeuraient là, sans parler, sans penser, bercés par cette soirée tiède d'Orient. Ils comprenaient qu'en ce pays de la fable où la nuit elle-même, si lugubre dans le Nord, devient une grâce de plus, il fut né des poètes immortels que la foule antique entourait afin de se griser à l'onde rythmée de leurs chants inspirés.

Vemtite, plus impressionné que ses amis, commençait à débiter à demi voix :

— Grèce, toi que Jupin de héros dote ; O mère
D'Aristophane, Euripide, Hérodote, Homère......

Quand Anacharsia l'interrompit :

— Huit heures et demie, dit-elle. Il est temps de nous rendre à l'Acropole.

Brusquement tout le monde se leva. Un instant oublié, le but du voyage à Athènes se représentait à l'esprit de tous.

A pas lents, la jeune fille marchant en avant, on s'éloigna de l'Ilissos. Traversant l'avenue de Denis l'Aréopagite, on suivit la rue de Byron et sur la place de Lysicrate, on obliqua à gauche. Bientôt les dernières maisons furent dépassées, et les voyageurs s'engagèrent dans le sentier difficile tracé sur le flanc de la colline de l'Acropole.

Passant au milieu des débris du théâtre de Dyonisos à mi hauteur de la Cavéa (κοῖλον) — partie creuse de l'antique salle de spectacle divisée en gradins, — ayant au-dessus d'eux le rocher escarpé qui supporte le mur de Cimon, enceinte du plateau de l'Acropole, les compagnons d'Anacharsia avançaient.

Ils arrivèrent ainsi sur une sorte de plate-forme recouverte d'une voûte de pierre conservant des traces de peinture ; du sol jaillissait une source trouble et boueuse.

— Veuillez m'attendre ici, dit Anacharsia. Je me rendrai auprès de ceux qui m'ont appelée, et je suis certaine qu'ils me prieront de vous conduire devant eux.

— Pourquoi ne pas commencer par là, fit étourdiment Vemtite?

— Ils ne me le pardonneraient pas, répondit-elle avec une expression de crainte. D'ailleurs votre séjour ici me donnera confiance et courage.

Ils la regardèrent étonnés :

— Vous vous demandez pourquoi? Vous n'avez pas l'âme grecque et vous ne vivez pas comme nous dans le passé. Écoutez donc. Cette eau qui sort du sol est la fontaine sacrée de l'ancien temple d'Esculape, d'Asclepieion comme nous disons. C'est ici que les malades venaient implorer le dieu. Ils se trempaient d'abord dans la piscine où se deversait le ruisseau, puis sous des portiques détruits aujourd'hui, ils passaient la nuit en prières et presque toujours ils étaient guéris. Nous aussi nous sommes des souffrants, et il me semble que cette station en ce lieu doit nous porter bonheur.

Jean aurait bien élevé quelques objections contre ces théories sentimentales, mais Lucien l'en empêcha en invitant la jeune fille à se hâter. Celle-ci s'éloigna rapidement, et bientôt elle disparut dans les ruines des sanctuaires de Thémis et d'Isis, au delà desquels une sorte d'entonnoir sombre indiquait l'emplacement de l'Odéon d'Hérode Atticus.

L'absence de la fille de Taxidi dura près d'une heure. Enfin elle revint. Son visage resplendisait d'un enthousiasme étrange et sa voix vibrait quand elle prononça ces mots :

— Venez, Ils vous parleront.

— Qui cela, Ils, interrogea Fanfare?

— Venez. Eux seuls ont droit de le dire.

Un signe avertit Vemtite que l'entretien ne devait pas se prolonger, et le poète, qui sans bien s'en rendre compte finissait par obéir aveuglément à sa gracieuse compagne, se leva, coupant court à toute nouvelle question.

Frig et Lee le suivirent. Force fut à Jean de les imiter.

Dix minutes de marche les conduisirent au bas de l'escalier Beulé qui donne accès sur le plateau de l'Acropole.

CHAPITRE X

LE PARTHÉNON

Deux hommes, vêtus de l'uniforme de l'armée grecque, attendaient au pied des degrés. Ils eurent une inclination en reconnaissant Anacharsia, et prenant la tête de la petite troupe, ils s'engagèrent sur les marches branlantes. Sans un regard pour le piédestal d'Agrippa, ils franchirent la colonnade des Propylées de Mnésiclès en tournant le dos au Pinacothèque ou temple tétrastyle de la victoire Aptère, et se dirigeant à travers les ruines des murs Pélasgiques de l'enceinte d'Artémis Brounonia, ils dépassèrent le Chalcothèque.

Devant eux se dressait maintenant la colonnade majestueuse du Parthénon, en face de laquelle se dessinait sur le ciel la silhouette brisée de l'Erechtéion.

Un instant Vemtite et Fanfare s'arrêtèrent pris par la majesté du spectacle qu'ils avaient sous les yeux.

Par une rapide projection de la pensée, ils entrevirent comme en rêve le Parthénon d'autrefois, dominant de sa masse le rocher de l'Acropole. Il leur sembla que Cimon, Périclès, les promoteurs de la construction du temple, sortaient de leurs tombeaux; ils appelaient Phidias pour ciseler la statue colossale de Minerve dans l'or et dans l'ivoire. A leur commandement, la pléiade d'artistes qui devaient fouiller les corniches, sculpter les frises, les statues : Iktinos, Kallikrates, Agorakritos, Alxaménès travaillaient sous la direction du maître. Les Romains, les barbares envahisseurs passaient, respectant cette œuvre, qui est l'apogée du génie hellénique; puis le temple de Minerve, (Παρθενος) devenait église chrétienne, mosquée musulmane, mais toujours il

LES CHEFS AU PARTHÉNON.

restait debout, inspirant une vénération profonde aux étrangers qui conquéraient la Grèce. C'était aux Vénitiens qu'il appartenait de ruiner l'œuvre de Phidias. Le vendredi, 26 septembre 1687, la flotte vénitienne, sous les ordres de Francesco Morosini bombardait Athènes et faisait sauter la poudrière installée par les Turcs dans le Parthénon.

Ces souvenirs s'agitaient devant les Français. Les nuages légers qui couraient sur l'indigo du ciel prenaient pour eux des formes bizarres. C'étaient les bataillons de la Grèce classique sortant un moment du néant pour y rentrer aussitôt.

Un appel d'Anarcharsia mit en fuite les images du songe :

— Venez, disait-elle, il ne faut pas Les faire attendre.

— C'est vrai, balbutia Jean comme un homme brusquement réveillé, nous vous suivons.

Grimpant sur des pierres éboulées, ils escaladèrent le soubassement du Parthénon, et se glissant entre les colonnes couvertes de cicatrices par la main des hommes et la fureur du temps, ils pénétrèrent dans le temple, témoin muet des gloires et des revers de l'Hellade.

Au-dessus de leurs têtes, le ciel bleu foncé paraissait s'appuyer sur le faîte des colonnes et formait une voûte admirable où les étoiles scintillaient ainsi que les lampes du sanctuaire. Une tristesse tombait des ruines en même temps que la poussière impalpable fabriquée par les êtres microscopiques que la nature a préposés à la destruction. Et soudain par la haute baie taillée dans le mur intérieur, sous le péristyle, les voyageurs aperçurent en avant d'eux une lumière autour de laquelle se mouvaient des ombres.

Ils demeuraient indécis. Étaient-ce des êtres réels, ou bien seulement des apparences nées de leurs souvenirs? Anarcharsia les renseigna en disant à voix basse :

— Là bas! ce sont Eux.

A la suite de la jeune fille ils traversèrent le temple, sur le sol duquel des débris gisaient de place en place; à l'autre extrémité, sur des pierres amoncelées en degrés, plusieurs hommes étaient assis. Tous, sauf un, étaient des officiers appartenant aux troupes grecques. Tous avaient la mine grave, mais leurs yeux noirs brillaient, une expression de triomphe auréolait leurs fronts.

L'homme au vêtement civil prit la parole :

— Jean Fanfare, Lucien Vemtite, Frig, Lee, vous qui accompagnez notre sœur Anarcharsia, soyez les bienvenus.

Les voyageurs saluèrent sans répondre. Le personnage inconnu reprit :

— Avance, toi, Jean Fanfare, qui es leur chef.

Le peintre obéit.

— Écoute. Nous qui te recevons sommes les chefs de l'Association patriotique l'Hetniki Heteria. État dans l'État, jusqu'à cette heure ignorés, nous sommes assez forts aujourd'hui pour lever le masque. Nous sommes heureux de cela, car nous pouvons te remercier du concours que tu as inconsciemment prêté à notre cause.

— Le concours, répéta le jeune homme au comble de l'étonnement?

— Je m'explique. Le secret n'est plus de mise. Notre but, le but pour lequel nous donnerons notre existence et notre fortune, est de réunir tous les Grecs autour du même drapeau : ceux de l'Archipel, de l'Asie-Mineure, de la Macédoine, et avant tout ceux de Crête.

Jean eut un léger tressaillement.

— Vous avez tort de me dévoiler de pareils projets, commença-t-il...

Mais son interlocuteur l'interrompit du geste :

— Non, aujourd'hui le sort en est jeté. Ne le fût-il pas d'ailleurs, tu ne nous trahirais pas, car ton intérêt me répond de ta discrétion.

— Mon intérêt?

— Tout simplement. Tu vas me comprendre. A bord du Karrovarka du docteur Georges Taxidi...

— Vous l'avez vu, s'écria impétueusement le jeune homme?

— Un peu de calme donc, prononça l'inconnu d'un ton amical. Permets moi de procéder avec ordre.

Et Fanfare s'étant incliné en signe d'assentiment :

— Je reprends. A bord du Karrovarka tu as vu une image dont tu as traduit la légende d'une façon qui fait honneur à tes études grecques. Il faut que les Grecs soient unis par deux lunes.

De nouveau le peintre frissonna.

— Seulement, poursuivit imperturbablement l'orateur, tu es étranger, peu au courant des finesses de notre langue, et tu t'es mépris sur le sens des deux derniers mots : *Tio Sélinis*.

— Pourtant *tio*, deux; *Sélinis*, Lunes.

— Mais Sélinis signifie également Diane, cher monsieur.

— Alors, deux Dianes, je ne saisis pas.

Un rire vite étouffé s'éleva parmi les Grecs, et celui qui portait la parole continua, après avoir imposé silence à ses compagnons :

— Tu ne t'es donc pas demandé pourquoi le docteur Taxidi, savant apprécié, homme riche, avait risqué sa situation pour te sauver en Allemagne?

— Si.

— Et que t'es-tu répondu?

— Rien, je n'ai pas trouvé d'explication.

— Et à présent?

— Pas davantage.

— Comment, après ce que je t'ai dit? Ne réunissais-tu pas les deux Dianes nécessaires pour provoquer le soulèvement des Candiotes?

— Les deux Dianes, fit Jean craignant de deviner?

— Oui, l'une vivante, l'autre de métal!

Un rugissement sortit des lèvres de l'artiste. Le voile se déchirait, tout devenait clair à ses yeux. Ce n'était pas à lui, à Nali que Georges Taxidi s'était dévoué, c'était à l'émancipation de la Crète gémissant sous le joug des Turcs. D'après une prédiction, une tradition populaire, il fallait présenter deux Dianes aux conjurés, et pour se les procurer il avait risqué sa liberté.

Embarrassé par ses passagers, le docteur les avait volontairement abandonnés à l'embouchure du Don.

L'interlocuteur de Jean semblait suivre ses pensées sur son visage :

— Tu y es, n'est-ce pas?

— C'est une infamie, gronda Fanfare!

Le Grec ne s'émut pas de cette exclamation.

— Il s'agit de délivrer trois cent mille individus de notre race. Le patriotisme parle plus haut que les convenances particulières. Du reste, celle à qui tu t'intéresses ne court aucun danger. Son rôle est terminé. Il y a trois jours, au village de Nippo, à quarante kilomètres Sud-Est de la Canée, le docteur Georges Taxidi l'a présentée en même temps que la statue aux Candiotes assemblés. Il leur a dit : Voici les deux Dianes annoncées par les images répandues à profusion dans le pays, l'heure de l'émancipation a sonné. Et l'indépendance crétoise a été proclamée. Comme une traînée de poudre, la nouvelle a parcouru l'île d'une extrémité à l'autre. Partout la lutte contre les Ottomans a commencé. Nous, directeurs de l'Hetniki Heteria, nous forcerons le roi des Hellènes à envoyer des troupes là-bas et à secourir nos compatriotes.

Effaré par ces étranges paroles, éperdu de se trouver mêlé sans l'avoir voulu à une pareille convulsion politique, Jean essaya de faire entendre la voix de la raison :

— La Grèce est un petit État; la Turquie dispose de troupes nombreuses....

Mais l'un des officiers, un colonel aux cheveux grisonnants, l'interrompit :

— Lorsque Xerxès, roi des Perses, préparait la deuxième guerre Médique contre l'Hellade, il poussait devant lui deux millions de soldats. Quarante-huit peuples étaient rangés sous ses enseignes. Les Mèdes, les Perses, les Hyrcaniens aux vêtements ornés de dessins luxueux, le torse emprisonné dans des cuirasses aux écailles d'acier, armés de boucliers d'osier, de flèches de roseau et de piques, coudoyaient les Assyriens coiffés de mitres et brandissant de lourdes massues. Les Saces à la terrible hache, les Indiens drapés de cotonnade, les Arabes à la zeira flottante, les Éthiopiens ayant des peaux de fauves sur leurs corps nus peints mi-partie de blanc, mi-partie de rouge, les Sagartiens avec leur poignard acéré et leur filet qu'ils lançaient à distance sur l'ennemi, les Thraces, cavaliers renommés, et tant d'autres menaçaient de submerger l'Hellade sous leur nombre. Les batailles de Salamine et de Platée décimèrent cette multitude. Aujourd'hui il en sera de même, et comme Démarate parlant à Xerxès, je dirai, moi. qui ai pris le nom de cet ancêtre : les Grecs sont à craindre, parce qu'ils sont pauvres. Ne vous informez pas de leur nombre. Fussent-ils seulement mille, ou moins encore, ils attaqueront l'ennemi et le vaincront.

— Sapristi, murmura Vemtite à l'oreille de son ami, on croirait être à Marseille!

Mais Jean voulait apprendre jusqu'au bout ce que projetaient les membres de l'Heteria.

— L'Europe veut la paix, dit-il. Si elle menaçait de s'opposer...

Un second officier se leva :

— Si elle menaçait, moi Thémistocle, je lui crierais comme l'aïeul que j'ai choisi : Frappe, mais écoute. Écoute les cris d'agonie de ceux qui tombent pour la liberté, et si tu l'oses, rejette-les dans les fers de la Turquie!

— Enfin, reprit le peintre avec insistance, l'issue d'une guerre est toujours douteuse. Si vous êtes vaincus, c'en est fait de la Grèce.

— Qu'importe, répliqua un troisième personnage, elle n'aura plus d'habitants.

— Plus d'habitants?

— Je suis Léonidas, et comme celui des Thermopyles, je veux que sur le tombeau de la race hellène, le sculpteur funéraire grave ces mots : Passant! va dire à l'Univers, que nous sommes morts pour la liberté.

Un murmure approbateur s'éleva du groupe. Jean comprit que toute insistance était inutile et revenant à ses propres préoccupations :

— Soit! Je souhaite de grand cœur votre triomphe. Mais nous...?

— Vous désirez savoir ce que vous avez à faire, répondit aussitôt celui qui avait parlé le premier?

— Oui.

— Rien. Vos vœux sont de rejoindre les deux Dianes et de les ramener en France. Loin de nous y opposer, nous vous aiderons.

Et d'une voix forte, l'inconnu appela :

— Capitaine Alcibiade!

Aussitôt un jeune homme, portant avec élégance l'uniforme d'officier de marine, s'approcha :

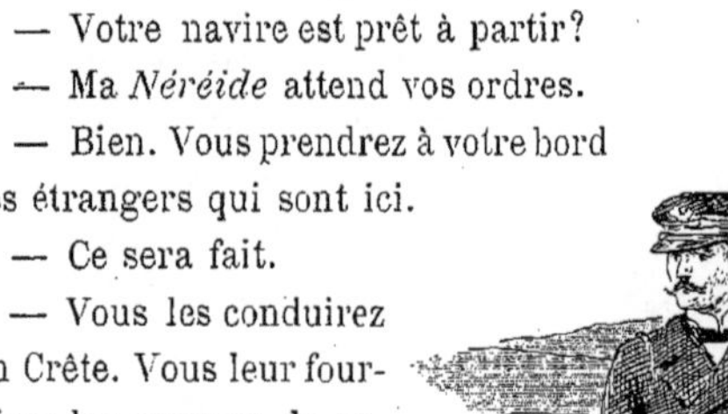

— Vous m'avez appelé, me voici.

— Votre navire est prêt à partir?

— Ma *Néréide* attend vos ordres.

— Bien. Vous prendrez à votre bord les étrangers qui sont ici.

— Ce sera fait.

— Vous les conduirez en Crête. Vous leur fournirez les moyens de rejoindre Georges Taxidi.

— Bon, et après?

— Aussitôt que le docteur n'aura plus besoin des deux Dianes, il les remettra à vos passagers. Alors vous les reprendrez à bord et vous les mènerez au port qu'ils vous désigneront.

— Sur la stèle d'Éleusis conservée dans l'enceinte sacrée de l'Acropole, tout ce que vous avez ordonné, maître, sera exécuté.

Alcibiade et Suka.

— J'en suis assuré, mon fils Alcibiade.

— Si ces étrangers veulent me suivre, nous embarquerons cette nuit même, et demain, au point du jour, la *Néréide* quittera le Pirée.

Ce fut Jean qui répondit :

— Nous sommes prêts à vous suivre.

L'homme que le capitaine Alcibiade avait appelé Maître hocha la tête d'un air satisfait et s'adressant aux voyageurs :

— Merci d'avoir cru en nous. Merci d'avoir compris que nous ne vous voulions aucun mal. Merci d'avoir collaboré même involontairement à l'œuvre de libération.

Et au jeune officier de marine :

— Allez, brave enfant. Dites au docteur Taxidi notre reconnaissance. Et vous, étrangers, soyez heureux. Puissent les divinités de l'Olympe vous récompenser d'avoir prêté votre appui à la cause de l'indépendance.

Il étendit la main d'un geste large pour donner congé aux voyageurs, et ceux-ci, impressionnés malgré eux par la scène bizarre qui venait de se produire, ahuris par le mélange singulier d'antique et de moderne des hommes et des discours, suivirent en silence le capitaine Alcibiade qui, d'un pas élastique, se dirigeait à travers les ruines vers la porte Beulé.

Tous quittèrent l'Acropole, joignirent la route du Pirée et prirent la direction du port d'Athènes.

On marchait en silence, la préoccupation de chacun étant trop grande pour que la conversation s'engageât. Vemtite avait pris place auprès d'Anacharsia. La tête basse, les sourcils froncés, il allait d'un air boudeur. Parfois il coulait un regard vers la jeune fille, ses lèvres s'agitaient comme s'il voulait parler, puis il reprenait son attitude pensive et son visage s'assombrissait encore.

Soudain il parut se décider et d'une voix sourde :

— En nous embarquant à l'aube, quand serons-nous en Crète?

Elle le considéra un instant avant de répondre.

— La côte Nord est bloquée par des bâtiments de guerre de l'Europe, dit-elle enfin. Nous devrons donc contourner l'île pour rallier les rivages du Sud.

— Cela demandera?

— Deux jours.

— Deux jours, répéta le poète? Alors dans une semaine au plus, Nali et la statue retrouvées, je suivrai mes amis en France.

Elle eut un sourire triste.

— Et vous, reprit Vemtite, vous.....?

Il s'arrêta oppressé, la parole s'éteignant dans sa gorge. Si bas qu'il l'entendit à peine, elle murmura :

— Je resterai auprès de mon père.

Les yeux des jeunes gens se rencontrèrent et tous deux détournèrent la tête. Mais Anacharsia reprit presque aussitôt :

— Il est impossible que le bon droit ne triomphe pas à brève échéance, et la Crète délivrée, mon père s'occupera de ce qui l'intéresse. Il songeait à produire son Karrovarka en France où l'on s'occupe beaucoup d'automobilisme.

— Oui, interrompit impétueusement Lucien, en attendant les balles siffleront dans l'air, les épées scintilleront au soleil.

Une lueur brilla au fond des yeux noirs de la Candiote. Elle releva fièrement le front :

— Les filles de Crète ne craignent pas la mort.

— Parce qu'elles sont égoïstes, s'écria-t-il.

— Égoïstes?

— Sans aucun doute. Autrement elles songeraient que la mort c'est la séparation.

— Mon père seul me regretterait.

— Eh bien, et moi?

— Vous?

Ils s'arrêtèrent brusquement, comme si leurs pieds eussent soudain été rivés au sol. Leurs yeux papillotaient, un trouble délicieux les secouait d'un doux frisson.

— Vous, fit-elle encore d'une voix légère ainsi qu'un souffle?

— Eh bien oui, là, moi, répondit le poète avec un débit précipité. Je brûle mes vaisseaux, mais cela m'est égal. Avouer c'est ouvrir la soupape de sûreté. J'avais rêvé que vous nous accompagneriez en France, et que... cela n'avait rien d'offensant... Je suis un bon garçon... J'ai toujours l'air de plaisanter. Au fond je suis très sérieux; je ne m'en vante pas, voilà tout. Oui, je sais, je versifie mal... Qu'est-ce que cela fait si je pense bien..? Et puis, il n'est pas nécessaire d'être un grand poète pour être un bon mari. Tant pis, je l'ai dit! Naturellement vous seriez ma femme puisque je serais votre mari et puis... et puis, vous comprenez, nous serions mariés.

Lucien se tut, l'haleine lui manquait. Elle le regardait toujours, une rougeur transparente couvrant ses joues.

— Eh bien! interrogea-t-il?

Anacharsia lui tendit la main.

— Au jour, nous partons pour Candie. Mon père est là-bas. Vous lui parlerez.

— Mais vous, vous?

— Moi, termina-t-elle avec un radieux sourire, j'obéirai au docteur Georges Taxidi.

Du coup, le visage du poète s'éclaira. Il porta à ses lèvres la main de sa compagne, et sans la lâcher, il entraîna la jeune fille vers le groupe qui avait pris une certaine avance.

Les muses devaient avoir leur part dans sa joie, car il fredonna bientôt :

— Le départ pour la Crète, pour la Crète,
Ah! quel plaisir!
Du coteau du bonheur, moi j'entrevois la crète.
Comme on dit à London, tout cela me plaît, Sir.
Les ris, les ris légers accourent à ma voix,
Et même avec le Turc je parviens à m'entendre,
Car je dis comme lui au bon pays crétois,
Que juché sur la Crète, on n'en veut plus descendre.

Ainsi que deux enfants, les nouveaux fiancés riaient. La main dans la main, ils traversèrent avec leurs amis les rues du Pirée désertes à cette heure et atteignirent le port de Zéa. Le long du « pier », un sloop élégant était retenu par ses amarres, mais les fumées, qui s'échappaient de ses cheminées, indiquaient que le navire était sous pression. Alcibiade le désigna aux voyageurs :

— Le sloop la *Néréide*, dit-il, dont le capitaine est à vos ordres.

Une passerelle réunissait le quai au pont du bâtiment. Comme ils le traversaient, une masse sombre étendue près de la coupée, se dressa brusquement et s'élança, avec des aboiements rauques, vers le commandant.

C'était un superbe chien, de race danoise, mais auquel un caprice inexplicable avait fait subir une inutile mutilation.

— Pauvre bête, s'écria Lee, pourquoi lui avait-on coupé la queue?

Le jeune capitaine sourit, et se tournant vers l'Anglaise, il répondit avec une emphase comique :

— Je m'appelle Alcibiade, Madame. Alcibiade a toujours fait couper la queue de son chien.

Les passagers échangèrent un regard surpris. Évidemment cette dernière preuve de l'imitation des ancêtres que la Grèce moderne met son orgueil à afficher leur semblait un peu trop forte. Ils songèrent que sans doute le chien, s'il avait été consulté, aurait protesté contre l'ablation qui détruisait l'harmonie de ses proportions.

— Et quel est son nom, interrogea Fanfare?

— Suka, dit le capitaine d'un ton quelque peu dédaigneux, Suka. En France vous ne connaissez donc pas le nom du chien d'Alcibiade? Suka qui signifie : figue.

Nantis de ce renseignement, tous se laissèrent conduire à leurs cabines et passèrent leur première nuit à bord de la *Néréide*.

Au lever du soleil, le coquet navire appareilla. Se glissant à travers la passe d'Alexandra, il prolongea la côte jusqu'à la source Tzirnoléri, puis il mit le cap à l'Est et fila à toute vapeur dans le golfe Saronique, en laissant à tribord les îles célèbres de Salamine et d'Égine.

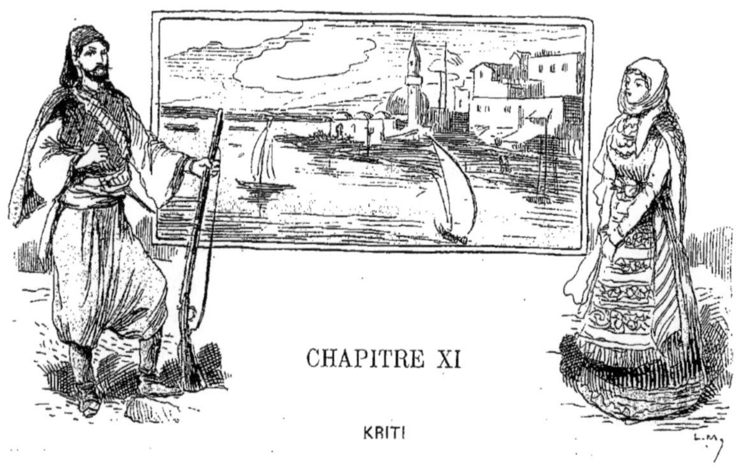

CHAPITRE XI

KRITI

Kriti, ainsi que les Grecs modernes appellent la Crète, était en vue. Après avoir passé au Sud des Cyclades et des Sporades, avoir relevé Milo (Μελος), Polikandros, Santorin, Astkania, Anafi, Karpathos et Kasos, la *Néréide*, doublant le cap Kavallo, pointe orientale de la grande île, revenait vers l'Ouest en se maintenant à un mille de la côte méridionale.

Les voyageurs regardaient curieusement la silhouette tourmentée de cette terre crétoise, dont chaque éminence, chaque baie, chaque promontoire rappelle un épisode des poétiques légendes de l'antiquité. Il leur semblait feuilleter un livre de granit, sur lequel la main puissante des hôtes de l'Olympe aurait gravé l'histoire des civilisations défuntes.

C'était les monts de Lassiti, de Sitia, jadis mont Diète, où les Assyriens prétendaient avoir enfoui les armes invincibles du héros Amenort, forgées par le divin artisan Artapht; où les Hellènes affirmèrent plus tard avoir caché la lance et le bouclier d'Achille, dus au marteau savant du forgeron Vulcain.

Puis venait Hiérapytna où le bœuf Apis reçut d'Osiris les cornes et le globe, emblèmes hiéroglyphiques des astres errant dans l'espace infini.

Plus loin, c'était le cap Lythinos, ou Thétis, blonde fille de l'Océan, se reposait de ses courses nautiques. A l'horizon se dessinait le sommet sourcilleux du mont Ida, où le soleil enfant, au dire des Phéniciens, fut allaité par la cavale Mzaben, tandis que la tradition hellène en faisait le refuge du bébé Jupiter nourri par la chèvre Amalthée.

En ce centre de l'antique Orient se heurtaient les rêves des bardes d'Égypte, d'Assyrie, de Chaldée, de Phénicie, de Grèce. Les Pélasges autochtones combattaient les Dactyles de Phrygie, les colonies tyriennes; et Alcibiade, très versé dans ces choses d'autrefois, expliquait à ses passagers qu'au début du XIVe siècle avant notre ère une tribu pélasge, vaincue par les envahisseurs hellènes, s'était réfugiée sur ses galères et avait fait voile vers la Syrie.

Les fugitifs avaient débarqué non loin de la terre biblique de Chanaan et s'étaient installés en conquérants; mais enveloppés par l'armée du pharaon Ramsès III, ils avaient dû reconnaître sa domination et lui payer tribut. Ces vassaux de l'empire niliaque avaient été les ancêtres de la nation des Philistins, qui fortifiée dans Gaza, Azoth et Ascalon, devait par la suite faire couler tant de sang israélite et phénicien.

Bercés par ces souvenirs, qui, à leurs yeux éblouis, sortaient de l'ombre de l'oubli, ainsi que la comète voyageuse arrivant vers la terre du fond de l'espace, tous écoutaient ces récits, nés de la fantaisie des poètes d'antan, aïeux et précurseurs des romanciers actuels.

Anacharsia, fière de sa qualité de Candiote, ajoutait que la Crête avait été la mère de la Grèce continentale.

— Sous le roi Minos, qui résidait à Cnosse, l'île était déjà parvenue à une apogée de civilisation, alors que l'Hellade continentale naissait à peine à la lumière. Ce furent des essaims crétois qui apportèrent le culte d'Apollon à Delphes, qui concoururent au développement de Sparte, d'Argos, d'Athènes. La Crête était grande, avec ses villes populeuses, Lyctos, Lyction, alors consacrée à Diane, Hiéropytna protégée par Jupiter, Apollonia à la base de l'Ida, la cité sainte de Cnosse, Héracleion, berceau de Candie, Amnysos, Gortyne au sanctuaire d'Apollon, aux murailles pélasgiques formant un circuit de 10 kilomètres, Pergamos, où mourut le sage Lycurgue, Polinhenia dans laquelle la tempête jeta Agamemnon à son retour de la guerre de Troie.

Soudain les vigies firent entendre le cri :

— Un navire à babord!

Le capitaine Alcibiade dirigea sa lunette du côté indiqué. Bien loin, une légère colonne de fumée s'élevait au dessus de la ligne d'horizon, et il fallait l'œil exercé d'un marin pour reconnaître un bâtiment dans cette vapeur bleue, que les passagers auraient volontiers prise pour un nuage.

Rangés autour du maître du bord, tous attendaient qu'il formulât une opinion. Suka lui-même dressait les oreilles avec inquiétude comme si son instinct l'avertissait qu'il se passait une chose grave.

Enfin la lunette s'abaissa et Alcibiade, s'adressant à son second, ordonna :

— Faites forcer de vapeur, il s'agit de ne pas nous laisser gagner de vitesse.

— Qu'est donc ce navire, interrogea la fille de Taxidi?

— Une Mauvaise rencontre, mademoiselle.

— Mais encore?

— Un croiseur turc contre lequel ma *Néréïde* ne saurait lutter.

— Et alors?

— Nous prenons chasse, pour tacher de rallier un port crétois avant que notre adversaire ait pu arriver à portée de canon.

L'officier grec disait ces choses d'une voix tranquille. L'approche de l'ennemi héréditaire n'accélérait pas les pulsations de son cœur. Il battait en retraite, non par crainte, mais parce que la victoire était impossible. Si son navire avait été plus puissant, mieux armé, c'est avec le même calme intrépide qu'il eût fait mettre le cap sur le vapeur turc.

Tout en admirant le courage paisible de l'aimable descendant de l'héroïque pleïade Hellène, les passagers éprouvaient une anxiété étrange. Ils songeaient que peut-être le Turc allait les joindre, que les canons allaient vomir le fer, et que la *Néréide*, sloop coquet construit pour les pacifiques promenades et non pour les combats, sombrerait sous l'averse pesante des obus.

Jean, Vemtite, les Anglais étaient braves, mais leur bravoure était celle des terriens qui courent au devant du danger sur le sol ferme. Ici, ils étaient troublés par l'idée qu'une fragile coque de bois les séparait seule de l'abîme. Ils comprenaient l'immense différence qui existe entre la valeur du soldat et celle du marin. Le premier agit, il se meut sur une vaste plaine; il marche en avant, mais il sait que s'il est repoussé, la retraite lui est permise; la retraite, c'est-à-dire la manœuvre conforme à l'instinct de la conservation, la retraite qui éloigne de la mort, qui donne aux chefs le loisir de remettre l'ordre dans les rangs disloqués, de renforcer les compagnies décimées; la retraite qui est parfois le salut d'une armée et la préparation des revanches. Pour le matelot, rien de tout cela. Enfermé dans un étroit espace il doit s'y tenir presque immobile, stoïque entre les projectiles qui pleuvent sur lui et l'abîme prêt à l'engloutir.

Cependant les cheminées vomissaient une fumée noire, l'hélice dont la rotation était accélérée se tordait sous les eaux, poussant le sloop avec une vitesse croissante. On traversait la baie de la Messara pour gagner le port de refuge de Sphakia.

Sans doute le vaisseau turc observait son ennemi, car lui aussi il forçait sa marche, ainsi que le démontrait la colonne de vapeur subitement épaissie qui permettait de suivre sa course.

Au bout d'une demi-heure, le doute ne fut plus possible; l'ennemi gagnait rapidement.

Bientôt sa coque devint visible; elle grandit, grandit aux yeux de l'équipage de la *Néréide*, la distance qui séparait les deux navires diminuait de plus en plus. Tout à coup une fumée apparut le long du bordage du croiseur, suivie bientôt du bruit d'une détonation.

— Ils sont à portée de canon, s'écria Alcibiade avec un juron. Ceci est un avertissement, un coup chargé à poudre seulement pour nous intimer l'ordre de stopper.

— Obéirez-vous, demanda Fanfare?

— Moi, jamais. Nous sommes à une demi-heure du port. Nous subirons la canonnade, c'est une chance à courir.

Et montrant l'ennemi :

— Attention! la danse ne va pas tarder.

Il achevait à peine que tout le flanc du croiseur turc s'embrasa. Cette fois, ce n'était plus une manifestation inoffensive. Les boulets rendus visibles par leur masse se montraient. On pouvait suivre leur marche dans l'air où ils se vissaient avec une lenteur relative. A vingt mètres du sloop, ils touchèrent l'eau et passèrent en ricochant à l'arrière de la *Néréide*.

— Bravo, clama le capitaine grec, et se penchant sur le tube acoustique, chargez les soupapes, maximum de vitesse.

Aussitôt les machines ronflèrent, l'arbre de couche emporté dans une course vertigineuse se mit à tourner follement, communiquant à tout le vaisseau un frémissement continu.

Une nouvelle bordée du turc salue le fugitif. Cette fois les canonniers avaient visé avec attention. Toute la volée d'obus passa dans le gréement du petit navire, coupant les cordages et abattant la flèche du mât.

Mais la *Néréide* ne ralentit pas sa course. Le halètement de la machine, les coups sourds des pistons, le bruissement de l'hélice disaient que, comme une bête serrée de près, le vaillant petit bâtiment donnait tout ce qu'il pouvait pour distancer le chasseur.

La situation du petit navire grec était dangereuse. Maintenant le croiseur arrivait à bonne portée, et il apparaissait clairement à chacun qu'une prochaine bordée causerait au sloop quelque avarie de nature à arrêter sa marche.

Pour Jean, pour ses amis, cette éventualité prenait les proportions d'un désastre. Capturés par les Turcs, ils seraient gardés prisonniers jusqu'à la fin de la guerre. Que deviendraient pendant ce temps, Nali, la fausse Diane et Taxidi lui-même.

Avec une anxiété croissante, tous suivaient des yeux les mouvements de l'ennemi qui se rapprochait suivant une ligne oblique. Soudain il vira légèrement et présenta à la *Néréide* son flanc percé de sabords :

La catastrophe était imminente. Le steam d'Alcibiade semblait perdu. Un ouragan de fer allait déchirer sa coque, et chacun, les prunelles dilatées, le cœur bondissant, attendait l'explosion qui serait le signal de l'agonie du léger bâtiment.

A leur grande surprise une détonation ébranla l'atmosphère, mais elle n'était pas produite par l'artillerie du vaisseau ottoman ; le son venait du côté de la terre. Tous regardèrent dans cette direction. Un cuirassé, jusqu'alors masqué par un promontoire s'avançait maintenant de façon à se glisser entre la *Néréide* et celui qui lui donnait chasse.

Le pavillon italien flottait à la corne du nouveau venu : presque aussitôt il intima par signaux au croiseur ottoman l'ordre de stopper. Celui-ci dut obéir, et le sloop, profitant de cette bienfaisante intervention, reprit à toute hélice sa route vers le port de Sphakia :

Alcibiade exultait :

— L'Europe est avec nous, disait-il. Elle comprend que la Crête, ce berceau de l'Hellade, ne saurait demeurer sous le joug des musulmans. Moins nombreux, moins bien armés, nous vaincrons l'empire ottoman parce que nous représentons l'Idée et que l'idée mène le monde.

Bientôt on eut connaissance des jetées du port où la Néreïde allait trouver un refuge. Ralentissant sa vitesse, le steam embouqua la passe, et une heure plus tard, il était à quai en face des docks de la petite cité, bâtie au milieu d'un cirque de montagnes dont les coquettes villas aux murailles blanches escaladaient les premiers gradins.

Sur le quai une foule bruyante était rassemblée, saluant de vivats enthousiastes le drapeau grec hissé à l'arrière de la *Néréide*. Alcibiade descendit seul à terre, parla à quelques personnes, qu'à leur costume les passagers jugèrent être des fonctionnaires importants. Ceux-ci pressèrent les mains du jeune officier de marine, se livrant à toute la mimique exprimant l'affection et le contentement.

Puis ils se séparèrent. Le capitaine revint à bord, fit haler le sloop à quai, ce que son faible tirant d'eau permettait aisément, et ce devoir rempli, il songea à ses voyageurs :

— Veuillez faire vos préparatifs pour quitter le navire, dit-il, car avant une heure nous nous mettrons en route vers l'intérieur.

— Nous sommes prêts, répondirent Vemtite et Jean, enchantés de mettre le pied sur cette terre crêtoise, où chacun devait s'assurer la société d'un être cher.

Mais Fanfare continua :

— Cependant je crains d'avoir mal entendu, capitaine Alcibiade. N'avez-vous pas dit : Nous nous mettrons en route vers l'intérieur?

— Si, parfaitement.

— Nous continuerons donc à jouir de votre compagnie?

— Tout le plaisir sera pour moi, Messieurs.

— Ainsi...?

— Je pars avec vous, nous rejoignons le docteur Taxidi, vous reprenez ce qui vous appartient, ce qu'il a dû vous emprunter momentanément pour le service de la patrie; puis je vous ramène à la *Néréide* qui vous conduira à tel endroit qu'il vous plaira de désigner.

— Plût à Jupiter, ce vœu est de saison sur cette terre classique; plût à Jupiter que nous en fussions déjà au retour.

Un sourire d'Alcibiade souligna cette exclamation :

— N'ayez crainte; rien ne s'opposera à notre marche, nous serons nombreux, et mon fidèle Suka éclairera la colonne de peur de surprise.

— Nombreux...? Une colonne? Que prétendez-vous dire?

— Que mon sloop est chargé d'armes et de munitions, contrebande de guerre; que les autorités réunissent à cette heure la troupe qui portera ces marchandises précieuses et celle qui l'escortera pour repousser les partisans turcs s'il s'en présente.

— De la contrebande de guerre!

Tous avaient tressailli en entendant ces mots. A quel dommage ils s'étaient exposés sans le savoir. Si le croiseur turc les avait capturés, ils auraient été traités en contrebandiers ainsi que l'équipage de la *Néréide*.

Seule Anacharsia ne manifestait aucune surprise. Lucien s'en aperçut et d'un ton de reproche :

— Vous le saviez, dit-il?

Elle dit oui du geste.

— Et le sachant, vous avez consenti à prendre passage sur ce sloop suspect?

— Nul chargement ne pouvait m'être plus agréable, murmura-t-elle d'une voix douce.

— Comment?

— Je suis Crétoise.

Ces mots si simples firent tomber la mauvaise humeur du poète. Oui, elle était fille de Crête, dévouée à sa patrie; oui, elle avait raison, nulle cargaison ne devait lui plaire davantage que des armes et des cartouches qui permettraient aux jeunes hommes de combattre l'oppresseur.

Et le résultat de ces rapides réflexions fut qu'il s'inclina bien bas devant la jeune fille en balbutiant :

— Pardonnez-moi. J'avais oublié, mais maintenant je ne critique plus, j'admire.

La Candiote le récompensa d'un sourire et l'incident fut clos.

Au surplus l'attente des voyageurs ne mit pas leur patience à une trop rude épreuve. Moins de deux heures après l'arrivée de la *Néréide*, une longue file d'hommes et de mulets apparut sur le port.

Les hommes étaient armés jusqu'aux dents. Immédiatement un palan fut frappé au-dessus de l'écoutille et un va-et-vient s'établit activement entre le pont du navire et le quai.

Les matelots hissaient du fond de la cale, des caisses de fusils, des barils de poudre, des lingots de plomb, des boîtes de cartouches. Les habitants les transportaient, chargeaient les bêtes de somme; quand un mulet avait un fardeau suffisant, son conducteur le faisait sortir de la foule et s'éloignait vivement avec le patient animal.

Les passagers s'amusaient de cette scène mouvementée. Leur impatience était satisfaite de la promptitude avec laquelle s'opérait le déchargement du vaisseau. La cale se vidait; quelques groupes encore se voyaient sur le quai, lorsque un cri retentit :

— Les Turcs, les Turcs!

En effet, le commandant de la place débouchait d'une rue voisine suivi de quelques soldats ottomans.

Fidèle à son devoir, cet officier venait, au nom du sultan, pour s'opposer au débarquement de munitions de guerre dans un port déclaré en état de siège. Mais il n'avait pas de forces suffisantes pour appuyer son interdiction.

Deux petits canons, qui formaient l'armement du sloop furent braqués sur son escorte; les matelots grecs, agenouillés derrière les bastingages épaulèrent leurs fusils d'un air menaçant, et comme si ces démonstrations ne suffisaient pas, à toutes les fenêtres des maisons du quai apparurent des habitants en armes.

Engager le combat dans ces conditions, c'était aller au devant d'une mort certaine sans la moindre chance de succès.

Le commandant le comprit. Toutefois il ne se retira qu'après avoir adressé aux Grecs les sommations d'usage et avoir protesté contre la violation des traités.

Un éclat de rire homérique accueillit ses paroles. Des huées accompagnèrent sa retraite et le déchargement du sloop fut repris avec une nouvelle ardeur.

Enfin la dernière caisse quitta le bord. Les canons du navire placés sur des affûts de campagne passèrent sur le quai. Des mulets y furent attelés et les entraînèrent au loin d'un trot allongé.

La *Néréide* avait accompli la mission que lui avait confiée l'Hétniki Hétéria.

Alors le capitaine Alcibiade s'écria d'un ton joyeux :

— Mesdames, Messieurs (Κυρια, Κυριε), plus rien ne nous retient à bord; si vous le voulez bien nous nous mettrons en route pour Nippo, cette jolie bourgade de la montagne, aux environs de laquelle nous rencontrerons M. le professeur Taxidi.

Depuis longtemps les voyageurs attendaient ce moment. Aussi gagnèrent-ils le quai avec un plaisir véritable, après un adieu sommaire au coquet navire qui les avait amenés en Crête.

Dans les pas d'Alcibiade, ils traversèrent la ville. Leur passage attirait les habitants aux fenêtres ouvertes, sur le seuil des maisons. Les femmes les saluaient du *kaliméra* (καλὴ μέρα — bonjour) si doux quand il est prononcé par des bouches grecques; les hommes s'inclinaient avec une gravité recueillie. Ils semblaient vouloir prouver leur reconnaissance aux étrangers qui leur donnaient des armes pour lutter contre le conquérant abhorré.

Des enfants, dans l'inconscience du jeune âge, étaient plus démonstratifs encōre. Ils suivaient la petite troupe en criant :

— Vive la Grèce! Mort aux Turcs!

Alcibiade, avec sa faconde hellénique leur répondait :

— Bien enfants! Vous êtes l'espoir de l'Hellade. Cette fois la Crête sera unie à la Grèce. Nous l'occupons, ses guerriers sont en armes et si les ottomans protestent, nous leur répondrons ainsi que Léonidas à Xerxès : Venez la reprendre!

Et les clameurs des gamins, électrisés par ces paroles, montaient jusqu'au ciel.

Mais brusquement la rue suivie par les voyageurs finit. Un sentier la continuait serpentant à mi-côte de l'une des hauteurs dont la ville est entourée.

A cent mètres en avant, plusieurs hommes immobiles tenaient en mains des ânes, haut sur jambes, caparaçonnés de couleurs voyantes.

— Nos montures, dit seulement le capitaine.

Chacun se mit vivement en selle, et les conducteurs des coursiers aux longues oreilles, trottant auprès de leurs bêtes dont ils stimulaient l'ardeur à coups du bâton redoublés, la caravane s'ébranla à une allure rapide.

Au bout d'une demi-heure de marche, les compagnons de l'officier grec comprenaient l'utilité de leurs humbles coursiers.

La route raboteuse développait ses sinuosités au milieu d'un horizon de hautes collines. Tantôt elle escaladait des rampes de granit sur lesquels les fers des ânes retentissaient en produisant des gerbes d'étincelles; tantôt elle descendait en pente rapide au fond des vallées. Le paysage changeait à chaque instant. Aux rochers abrupts s'élevant ainsi que des falaises succédaient des coteaux verdoyants plantés d'oliviers, de vignes, des champs de garance ou de mûriers; puis c'étaient des forêts où les chênes verts, les arbousiers, les cèdres, les pins, les cyprès, les érables entrelaçaient leurs branches. Plus loin, le sentier franchissait sur un pont de bois, un torrent encaissé bordé de myrtes et de lauriers-roses, ou bien traversait des plaines peu étendues où des orangers mariaient leur feuillage à celui des pommiers et des poiriers,

L'aspect de ce pays curieux, tour à tour aride et fertile, tenait à la fois de l'Europe, de l'Asie et de l'Afrique, ces trois voisines dont la Crête est également distante. Mais le peuple avait une apparence découragée, misérable. Les villages bâtis de torchis, aux terrasses façonnées avec un mauvais clayonnage semblaient avoir été ravagés par la tempête. Sur quatre maisons, trois tombaient en ruines, et les habitants ne s'inquiétaient pas de pénétrer sous ces abris branlants qui menaçaient de les écraser dans leur chute. Jean exprima son étonnement en présence de cette indifférence absolue du confort. Mais Anacharsia s'empressa de répondre :

Monsieur le Démarque.

— C'est le découragement des opprimés. Que la Crête soit libre et ces masures disparaîtront pour faire place à de coquettes habitations.

Enfin la caravane atteignit un plateau peu élevé, et les jeunes gens aperçurent au dessous d'eux, dans une plaine verdoyante arrosée par une rivière aux eaux claires, une agglomération de quelque importance.

— Rivière Armyro, dit laconiquement Alcibiade; bourgade de Nippo.

Nippo, le but de leur voyage. Nippo où Fanfare pensait retrouver Nali, où

Lucien espérait obtenir du docteur Georges Taxidi la main fine d'Anarcharsia.

Les Anglais eux-mêmes eurent un mouvement de satisfaction. Leurs compagnons tirés d'affaire, ils n'auraient plus à continuer leurs pérégrinations à travers l'Europe; ils seraient libres de regagner l'Angleterre, de reprendre leurs exercices et de se consoler de la mort de leur camarade Frog. Car leur oisiveté relative rendait plus cruels leurs regrets.

Sans s'être donné le mot, tous talonnèrent leurs montures; les ânes stimulés, moitié par ce traitement, moitié par leur instinct qui les avertissait que l'écurie et la provende étaient proches, prirent un petit galop, que leurs conducteurs eurent peine à suivre, et quelques minutes après faisaient une entrée sensationnelle dans la principale rue du bourg.

Alcibiade retint son coursier et s'adressant à un brave homme, accouru à sa porte pour voir la cavalcade :

— Kuriedèmarquè, lui dit-il?

— Hein? prononça Lucien?

— Il s'informe du démarque ou premier magistrat du dême de Nippo, ce qu'en France vous appelez maire d'une commune. Ce magistrat nous indiquera plus facilement que toute autre personne où mon père a établi sa résidence.

— Kuriedémarqué, répéta le capitaine?

Celui auquel il parlait, porta sa main à son bonnet et avec une emphase un peu comique.

— Monsieur le démarque, répliqua-t-il? (κύριεδήμαρχε) Monsieur le démarque; c'est moi-même. Agatoclès, pour vous servir.

Il avait à peine achevé que le capitaine sautait à bas de son cheval, faisait au fonctionnaire à l'allure paysanne une révérence respectueuse et se présentait ainsi :

— Alcibiade, capitaine du sloop *Néréide,* délégué de l'Hetniki Hétéria.

Le démarque fit un mouvement, mais ne répondit pas.

— J'ai apporté une cargaison d'armes, continua le jeune officier. Actuellement des gens de Sphakia les distribuent dans la montagne. Un courrier a dû vous avertir.

— Peut-être bien que oui, peut-être bien que non, formula le candiote après une légère hésitation.

— Et je viens vous demander un renseignement.

— Vous avez raison de le demander; si je puis vous le donner, je ne demande pas mieux. Car, voyez-vous pour un homme renseigné, je ne suis pas renseigné, mais pour un homme pas renseigné, je le suis tout de même un peu.

Les voyageurs écoutaient avec surprise cette conversation que la douce Anacharsia leur traduisait à mesure.

— Ça c'est fort, remarqua Vemtite. A Athènes, ils sont marseillais de caractère, ici, ils sont normands... peut-être bien que oui, peut-être bien que non.

Sans doute Alcibiade connaissait cette particularité du tempérament crétois, car il ne manifesta pas le moindre étonnement et continua :

— Vous connaissez certainement le docteur Georges Taxidi?

Avec un haussement d'épaules dubitatif, le fonctionnaire grommela :

— Je le connais sans le connaître.

— Enfin vous l'avez vu à Nippo?

— Lorsque l'on a des yeux, on est obligé de voir ce qui se passe.

— C'est bien en cette ville qu'il a rassemblé les populations voisines pour leur présenter les deux Dianes attendues et arborer le drapeau grec?

— Si vous le savez, je ne devine pas ce que vous attendez de moi.

L'officier fronça le sourcil et d'un ton sec :

— Je veux que vous m'appreniez où il se trouve en ce moment. Réfléchissez-y bien. C'est en nous réunissant que l'insurrection a chance de réussir. Sinon, les Turcs seront vainqueurs et ils vous demanderont compte de votre conduite?

La menace sembla faire impression sur le démarque. Il répondit plus clairement, bien qu'il ne pût dépouiller complètement sa phraséologie prudente :

— Je me suis laissé dire qu'il était sur un plateau près de Prospero, dans la montagne, et que les ottomans l'assiégeaient lui et ses compagnons.

Tous frissonnèrent à cette réplique. Anacharsia dont les joues s'étaient décolorées s'écria :

— Et les Crétois ne tentent pas de le délivrer?

— On prétend, Mademoiselle, que des volontaires se préparent à marcher à son secours.

— Il faut se hâter, ajouta impétueusement Alcibiade, car Taxidi prisonnier, les Dianes au pouvoir des Turcs, c'est la fin de toutes nos espérances. Je vais parcourir les dêmes voisins, enflammer les courages. Il faudrait aussi un homme sûr pour traverser les lignes ennemies et avertir le docteur que l'on marche à son secours.

Sans hésiter, Vemtite fit un pas en avant :

— Ne cherchez pas, il est trouvé.

— Qui?

— Moi.

— Toi, clama Jean stupéfait?

— Vous? reprit l'officier. Vous, un étranger, vous allez courir le risque...

— Je ne suis pas étranger, fit le poète avec un sourire et jetant un regard attendri sur Anacharsia, je suis Crétois, *au moins pour la moitié.*

Personne ne comprit ce jeu de mots qui, dans la circonstance présente, devenait héroïque. Seuls les yeux noirs de la Candiote brillèrent et exprimèrent sa reconnaissance au joyeux disciple d'Apollon. Celui-ci, du reste, ne laissa pas le loisir de la réflexion à ses amis.

— En somme, je désire être chargé de cette mission. M. Taxidi nous a sauvés, j'ai une occasion de payer ma dette, j'en use et vous n'avez pas à m'en empêcher.

— Et je t'accompagnerai, déclara Jean remué par ce dernier argument.

— *I also,* appuya Frig. Je volais être du promenade à travers les militaires Turcs.

Du coup Alcibiade se décida :

— Ils ne s'étaient pas trompés à l'Hetniki, vous êtes de braves gens. Après tout vous aussi avez intérêt à arracher les Dianes aux mains de l'ennemi. J'accepte votre proposition. Je vous confierai Suka, cette bonne bête flaire un osmanli d'une lieue et elle vous aidera à dépister ces musulmans.

— Beaucoup moins bénins que celui de Pontarlier, conclut Vemtite.

— Vous dites?

— Rien... souvenirs de Paris; sur ce, trêve de discours et agissons.

L'officier inclina la tête et revenant au démarque :

— Apprenez-moi comment Georges Taxidi se trouve dans cette situation?

En peu de mots le magistrat raconta que, quelques jours plus tôt, le docteur avait déployé le drapeau grec sur la grande place de Nippo et avait présenté les deux Dianes aux habitants rassemblés à l'occasion d'un marché important.

Le soir même il était averti que les garnisons turques de Vamos et du fort Armyro marchaient contre lui; alors il n'avait pas tergiversé. Conservant avec lui une troupe de patriotes résolus, il avait renvoyé les autres en les chargeant de soulever le pays environnant. Pour lui, il s'était retiré avec sa bande sur le mont Prospero, colline de granit s'élevant à pic au milieu d'une vallée, accessible seulement par un étroit sentier au sommet duquel se dressait encore une solide muraille pélasgique.

Le lendemain les Turcs étaient arrivés. Maintenant, ils cernaient le mont Prospero et parfois, par un vent favorable, le bruit de la fusillade parvenait jusqu'à Nippo.

Sans l'interrompre, Alcibiade avait écouté.

— Bien, où le docteur était-il descendu en venant ici?

A cette question le démarque se troubla; il fallut que l'officier répétât pour qu'il se décidât à répondre :

— L'hospitalité est une vertu. Il avait choisi ma demeure, je ne pouvais l'en chasser.

— Chez vous, parfait!

Et sifflant son chien qui, assis sur son derrière, semblait suivre la conversation avec un réel intérêt.

— Ici, Suka, aux Turcs!

A cet appel, le danois se dressa d'un bond et se prit à gambader autour de son maître avec de sourds grognements.

— M. le Démarque, reprit alors le Grec, conduisez-moi à la chambre qu'a occupée celui que nous cherchons.

Il poussait en même temps le Crêtois ahuri dans l'intérieur de la maison, traversait à sa suite deux ou trois salles encombrées et malpropres, et pénétrait enfin dans une pièce relativement bien tenue; une couchette de fer, une table de bois blanc, quelques escabeaux dessinaient seuls leurs formes sur le fond clair des murs blanchis à la chaux.

D'une main assurée, le capitaine fit sauter les couvertures, les présenta à Suka, en disant :

— Cherche.

L'animal répondit par un aboiement, et tout aussitôt il s'élança hors de la maison.

Alcibiade l'avait suivi.

Il rappela le chien qui déjà s'engageait au trot dans la rue et l'amenant près de Vemtite :

— Tu vas conduire mes amis. Je te retrouverai bientôt.

La bête le regardait de ses yeux intelligents, on eût dit qu'elle comprenait ce que son maître attendait de sa sagacité.

— En selle, mesdames et messieurs, s'écria alors le capitaine, et au revoir.

Un instant après, la petite troupe traversait la bourgade, précédée par Suka qui filait droit devant lui.

Les dernières maisons furent dépassées. De nouveau, on parcourait la campagne.

Les conducteurs des ânes trottaient à côté des patients animaux, mais leurs visages bronzés reflétaient une sorte d'orgueil. Pas un mot du dialogue précédent ne leur avait échappé ; ils savaient qu'ils allaient contre le Turc, et ils en ressentaient une joie qu'ils ne cherchaient pas à dissimuler.

On suivit d'abord la rivière Armyro, puis on franchit son courant rapide sur une passerelle légère. Sur la rive droite, le sol s'élevait. La caravane escalada une succession de collines boisées ; enfin au moment où elle atteignait le sommet d'une dernière hauteur, les âniers retinrent brusquement leurs bêtes en prononçant ce seul mot.

— Prospero.

Tous regardèrent. La butte descendait en pente douce vers une vaste plaine verdoyante. A deux kilomètres au Nord-Est, on apercevait une agglomération de maisons perdues dans un fouillis d'arbres. A peu près à égale distance vers le sud, un massif rocheux émergeait de la surface de la prairie. Cela ressemblait à un château cyclopéen, dont les contreforts à pic se dressaient sans une anfractuosité à deux cents pieds. Juste en face des voyageurs, une tranchée, reconnaissable aux amoncellements de rochers dont elle était bordée, indiquait le seul passage par lequel on pût gravir la forteresse naturelle où s'étaient réfugiés Taxidi et ses compagnons.

Des tentes étaient dressées dans la plaine.

Tout autour de la montagne des postes de surveillance avaient été établis par l'ennemi, démontrant que le blocus avait été préféré à une attaque de vive force.

Donc les Candiotes n'avaient pas succombé encore. Cette certitude tranquillisa les compagnons d'Anacharsia, car plus d'un, pendant la route, s'était demandé tout bas s'il n'arriverait pas trop tard.

Mais à présent une autre difficulté surgissait. Les précautions des assiégeants étaient bien prises, et les jeunes femmes elles-mêmes se rendaient compte de la difficulté de tromper la surveillance des Turcs pour rejoindre la garnison du Mont Prospero.

Comme s'il faisait des réflexions analogues, Suka s'était couché sur le sol, et le cou tendu, les yeux sanglants, il aspirait en grondant sourdement les émanations qui montaient de la plaine.

— Même la nuit, ce sera difficile, murmura Fanfare, répondant à sa propre pensée.

— Oui, oui, appuya Vemtite. Si encore nous n'étions que des hommes...

Anacharsia ne lui permit pas de continuer :

— Ne vous inquiétez pas de cela. Vous m'avez vue faible au milieu de la débacle des glaces. Nous autres Candiotes, nous craignons les colères de la nature; mais nous n'avons aucune peur des batailles.

Selon son habitude, le poète ne protesta pas.

— Mais Mistress Lee?

— Aoh moi! protesta l'écuyère, je souis mon méri, M. Frig. S'il allait dans les fiousils des Turkeys, j'irai également. La loi il est formelle; le femme il doit souivre son époux partout, excepté au delà des mers. Le loi, il ne parlait pas des Turcs.

— *Perfectly well* raisonné, conclut Frig. Donc, laissons ce petit discussion, et cherchons un *good* moyen de passer le prochain nouit.

Sur ces sages paroles, tous mirent pied à terre. Les ânes, entravés afin qu'ils ne pussent s'éloigner, se mirent à paitre l'herbe courte et drue qui tapissait la colline.

Quant aux voyageurs, ils se couchèrent sur le sol, et les yeux fixés sur le campement ennemi, ils firent un déjeuner sommaire fourni par les âniers.

CHAPITRE XII

LE MONT PROSPERO

Personne ne parlait. La difficulté de parvenir jusqu'aux assiégés apparaissait à tous les yeux. La plaine était entourée par une ceinture de collines et le mont Prospero s'élevait isolé à un kilomètre environ des hauteurs du Sud.

Pour s'en approcher, il fallait donc traverser mille mètres de terrain plat, sans accidents, sans arbres, et chacun s'avouait à part soi qu'il était peu probable que l'on pût effectuer ce trajet sans être aperçu par les factionnaires des postes d'observation placés par les Turcs autour de la forteresse naturelle.

Les âniers consultés marquaient d'ailleurs peu d'enthousiasme pour une expédition de ce genre. Ils étaient insuffisamment armés. Ensuite, s'ils étaient pris, ils avaient la certitude d'être traités en rebelles, c'est-à-dire d'être fusillés sans forme de procès.

Seul l'un d'eux, superbe gaillard joufflu, consentit à guider les voyageurs. Bombant le torse, arquant ses jambes nerveuses, il déclara que Gargaros — c'était son nom — se souciait des ottomans comme d'une olive sèche, et qu'il irait là où les étrangers lui ordonneraient de les conduire.

Sa déclaration fut accueillie avec reconnaissance, surtout lorsque le Candiote eut exposé à quel prix modique il consentait à servir les voyageurs.

— Pour gagner le point le plus rapproché du Mont Prospero, dit-il, nous aurons à parcourir environ 2 stades ou 2000 coudées royales (2000 mètres). Accordez-moi un salaire spécial de deux diabolos (μια δὲ χάρας) par stade, et je suis votre homme.

Vingt centimes par kilomètre; c'était véritablement pour rien. Aussi la proposition fut-elle acceptée sans discussion.

Du reste vers le soir, Jean remarqua non sans satisfaction que les postes ottomans se repliaient sur le gros de la troupe massée en face du sentier unique conduisant au plateau occupé par les assiégés.

Par cette manœuvre, ils montraient que ce qu'ils craignaient surtout, était une sortie nocturne de leurs ennemis. Pour repousser toute tentative de ce genre, ils groupaient leurs forces en face de l'étroit passage.

Ces nouvelles dispositions facilitaient singulièrement les projets des compagnons d'Anacharsia. Dès l'instant où la hauteur n'était plus cernée par les assiégeants, il leur suffisait de traverser la plaine en arrière de l'éminence, dont la masse cacherait leur marche, et de se glisser dans l'ombre des rochers jusqu'à la sente. Suka, le chien d'Alcibiade semblait comprendre les pensées des voyageurs, et ses yeux intelligents se fixaient sur le campement turc avec une expression ironique.

La nuit complète arrivait, quand Gargaros annonça qu'il était temps de se mettre en route. Les autres âniers prirent congé des voyageurs, et sautant sur leurs montures, partirent à fond de train dans la direction de Nippo. Leur précipitation en disait long sur la peur que leur inspiraient les Turcs.

La petite troupe ainsi diminuée de moitié suivit son guide. Durant deux heures on marcha à travers les rochers, par des sentiers à peine tracés. Heureusement l'obscurité n'était que relative, et les feux scintillants des étoiles versaient sur la terre une clarté suffisante pour qu'il fût possible de se diriger. Néanmoins, à plusieurs reprises, des chûtes, par bonheur sans gravité, se produisirent, et tous étaient exténués quand Gargaros s'arrêta devant une misérable cabane, qui dressait ses murs lézardés, sa toiture branlante, au fond d'un vallon encaissé.

— Ceci, dit le Candiote avec emphase, est la demeure que m'ont léguée mes ancêtres. Vous pouvez vous y reposer en attendant l'heure propice à vos desseins.

De sa ceinture de soie, il avait tiré une grosse clef qu'il introduisit dans la serrure. Pénétrant dans la maison, il alluma une chandelle grossière, et ses compagnons distinguèrent les détails du lieu où ils se trouvaient.

Le logis se composait d'une seule pièce assez spacieuse. Sur le sol de terre battue quelques escabeaux de bois composaient tout l'ameublement; mais par contre les murs disparaissaient sous une profusion d'armes de tous genres. C'étaient des poignards dans leurs gaines de cuir, d'acier, de cuivre, des sabres, des épées au fourreau, des fusils, des pistolets, des lances.

Le Crétois les désigna d'un geste large :

— Gargaros est un guerrier, prononça-t-il gravement. Les armes sont le seul mobilier qui importe à un brave.

— Et le seul qui nous intéresse en ce moment, continua Fanfare; car je suppose que vous nous avez amenés ici afin qu'il nous fût possible de nous armer, ce que nous avons négligé de faire en quittant la *Néréide*.

Tout en parlant, il étendait la main vers un fusil. Son interlocuteur l'arrêta vivement :

— Non, telle n'est pas ma pensée.

— Bah! maintenant que je vous l'ai suggérée.

Le Candiote parut embarrassé, mais reprenant aussitôt son allure conquérante :

— Ces armes ne vous seraient d'aucune utilité.

— Pourquoi donc? Pensez-vous que nous ne saurions nous en servir?

— Ce n'est point ce que je prétends dire.

— Alors?

— Elles ne nous seraient d'aucun secours, parce que les épées, sabres, poignards sont privés de leurs lames et que les fusils n'ont ni chien, ni gachette.

Et remarquant le mouvement de surprise des voyageurs à cette étrange affirmation, il continua en enflant sa voix :

— Les Turcs ont peur des descendants des Hellènes. Ils ont menacé de battre de verges quiconque aurait en sa possession des armes en bon état. A cette époque j'hésitais à déchaîner la guerre sur mon pays, et pour ne pas céder à ma fureur, j'ai rendu mon arsenal inoffensif.

— Tartarin, va, grommela Vemtite.

— Vous dîtes, demanda le Candiote qui avait entendu son exclamation sans la comprendre?

— Je dis, persifla le poète, que les Osmanlis n'ont qu'à bien se tenir avec des adversaires comme vous.

Gargaros prit le compliment à la lettre.

— Ils le savent, Monsieur.

— Vraiment?

— Oui et ils tremblent.

A grand'peine les voyageurs retinrent un éclat de rire tant était comique la façon de leur hôte. Mais pour ridicule qu'il se montrât, il ne fallait pas le blesser. Telle quelle, sa maison offrait un abri suffisant et tous étaient ravis de se reposer.

Gargaros d'ailleurs se montra prévenant. D'un sac il tira des figues sèches et du pain dur qu'il partagea généreusement avec les étrangers. Le festin était maigre, mais Vemtite exprima la pensée de tous, par une application nouvelle du proverbe connu :

— Le plus vaillant Candiote du monde ne peut donner que ce qu'il a.

Cependant le temps passait. Au dehors l'obscurité semblait s'être épaissie, phénomène tout naturel car le ciel s'était couvert de vapeurs. Ce changement atmosphérique charma Jean. L'ombre était la meilleure alliée en la circonstance présente, car elle cacherait sa marche aux ennemis.

— Je pense que rien ne nous retient plus ici, dit-il enfin.

Le Crétois hocha la tête :

— Plus rien.

Et se débarrassant du long couteau que, suivant l'usage de ses compatriotes, il portait à la ceinture :

— Je suis prêt.

Mais le peintre avait vu son mouvement :

— Que faites-vous, questionna-t-il? A l'instant où nous allons à l'ennemi, vous vous dépouillez de votre poignard ?

L'autre secoua sa crinière noire :

— Un Grec n'a pas besoin de coutelas pour vaincre un musulman.

Puis d'un ton moins élevé :

— Comme cela, si Jupiter voulait que je fusse renversé dans la lutte, les soldats du sultan de Constantinople ne sauraient me fusiller comme rebelle. Un homme désarmé n'est pas un insurgé.

Vemtite souriant, Gargaros s'échauffa :

— Le véritable courage est doublé de prudence. J'en appelle à tous les héros de l'antiquité. Thémistocle lui-même choisit son terrain pour livrer la bataille de Salamine. Qui donc serait admis à discuter de la bravoure sur cette terre féconde de vaillants?

Le poète s'empressa de protester de son admiration pour les Candiotes en général et pour le guide en particulier, et celui-ci consentit à s'apaiser. Il se dirigea vers le seuil en s'écriant :

— Quand il vous plaira d'entrer dans la lice, je suis à vos ordres.

Tous sortirent de la cabane. L'ânier referma la porte avec soin, remit la grosse clé dans sa poche et suivant le fond de la vallée, il se dirigea vers le Nord. Suka trottait en avant de la troupe comme pour éclairer sa marche.

Bientôt le chemin s'engagea entre deux murailles de rochers, si resserrées qu'à certains endroits le passage était à peine assez large pour un homme. Puis brusquement, après avoir contourné une aiguille rocheuse, la petite troupe se trouva sur la lisière de la plaine de Prospero. En face d'eux, à quelques centaines de mètres, la hauteur, sur laquelle Taxidi s'était retranché, dressait sa masse sombre et lourde au milieu des prairies voisines.

— Nous sommes du côté opposé au camp turc, dit Gargaros d'une voix légère comme un souffle. Cependant avançons avec précaution, car nous pourrions être surpris par un parti de maraudeurs.

Et avec un soupir :

— Les guerriers du sultan ne se gênent pas pour piller les pauvres paysans de Crête.

Lucien avait déjà saisi le bras d'Anacharsia, tandis que Frig avec la grâce bouffonne dont il lui était impossible de se départir offrait le sien à son épouse.

Jean se plaça à côté du guide et la petite troupe s'ébranla.

A chaque pas c'étaient des émotions nouvelles. On s'arrêtait brusquement à la vue d'un buisson auquel l'obscurité donnait l'apparence d'un homme agenouillé, d'un soldat armé de son fusil. Tous retenaient leur haleine, tremblant d'entendre résonner une voix humaine, puis à la tranquillité du chien d'Alcibiade ils reconnaissaient leur erreur et reprenaient leur marche, pour s'arrêter encore cinquante mètres plus loin.

On n'arrive pas vite ainsi. Il leur fallut plus d'une demi-heure pour atteindre le pied de l'escarpement du mont Prospero.

Ici l'obscurité était plus profonde. Ils soufflèrent un moment avant de poursuivre leur expédition. Ils touchaient à la minute dangereuse. Jusqu'à ce moment la colline s'était étendue ainsi qu'un rideau entre eux et les assiégeants. A présent ils allaient perdre cette efficace protection, car en contournant la base du rocher pour se rapprocher du sentier qui, seul, permettait d'accéder au plateau, ils devaient forcément passer entre l'éminence et le campement turc.

Un contrefort s'avançant sur la plaine ainsi qu'un promontoire masquait encore les mouvements de la petite troupe. Dans l'angle qu'il formait avec la muraille de granit croissait un épais fourré de lauriers.

Longeant ce rempart feuillu, tous arrivèrent à l'extrémité du cap rocheux. Là ils s'arrêtèrent un moment. En avant d'eux, à cent cinquante mètres, ils distinguaient les tentes des Turcs. Évidemment, il était hasardeux de vouloir passer à si courte distance de l'ennemi.

A ce moment tous eurent l'intuition que la réussite de leur projet était bien improbable. Cependant personne n'osa proposer de revenir en arrière. Il fallait essayer, tenter l'impossible. On convint rapidement que chacun parcourrait à son tour l'espace découvert; une seule personne ayant plus de chances qu'un groupe de ne pas attirer l'attention des factionnaires ottomans.

Qui commencerait?

A cette question posée par Vemtite on s'entreregarda. Heureusement Frig prit la parole :

— Le chose important, dit-il, est que milord Taxidi soit prévenu de notre visite. C'est donc le gouide qui devait aller en avant.

Gargaros fit une affreuse grimace, mais après tout il réfléchit que, sans armes, il ne courait pas de risques sérieux, et il se déclara prêt à tenter l'épreuve.

Aussitôt dit, aussitôt fait. Le Candiote se couche et sans bruit il dépasse le rempart de pierre. Comme une ombre, il semble glisser sur l'ombre plus épaisse du rocher. Il avance. Ses compagnons anxieux qui, derrière leur abri, suivent ses moindres mouvements, sentent l'espoir renaître. Encore quelques instants et Gargaros aura atteint le sentier abrupt qui monte au plateau.

Soudain un cri s'élève dans la nuit. Le claquement sec d'un fusil que l'on arme frappe les oreilles des voyageurs.

C'est un factionnaire turc qui hèle le Candiote. Du coup celui-ci perd la tête; il cesse de se dissimuler et à toutes jambes il revient sur ses pas.

Jean pâlit.

— Ce drôle, gronde-t-il, va indiquer notre retraite. Il nous fera faire prisonniers!

Cela est vrai, aux cris de la sentinelle tout le camp ennemi entre en rumeur; des soldats se précipitent sur les traces du fugitif. Dans deux minutes, ils seront en face de la petite troupe.

— Non, cela ne sera pas, murmura Lucien en entraînant Anacharsia. Ces arbustes peuvent nous dissimuler. Venez, venez vite.

Joignant le geste à la parole, il se glisse avec sa compagne sous l'abri des lauriers. Chacun a compris. Chacun l'imite. Il ne reste plus personne en vue lorsque Gargaros éperdu contourne le promontoire. Leur disparition déconcerte le Candiote; il promène autour de lui des regards effarés, puis il reprend sa course et s'élance à toute vitesse dans la plaine, avec l'intention évidente de gagner les montagnes d'où il est venu.

Accroupis sur le sol, à l'abri des branches entrelacées, les compagnons de Fanfare ont tout vu. Ils suivent des yeux le Crêtois dont la silhouette se perd dans l'obscurité. D'autres ombres paraissent. Ce sont les poursuivants. Ceux-ci se hélent, s'appellent. Ils passent sans soupçonner la présence des Européens et continuent la chasse commencée.

Les voyageurs se croient sauvés, mais bientôt une nouvelle inquiétude les assaille. Des pelotons turcs prennent place en face de leur cachette. Ils devinent ce qui advient. Troublés dans leur sécurité par l'alerte qui s'est produite, des Turcs établissent un cordon de blocus autour du Mont Prospero.

Alors un découragement les prend. Ils sont captifs dans ce fourré de lauriers, gardés d'un côté par la falaise à pic et de l'autre par les postes de surveillance ennemis.

Impossible de quitter leur retraite, et la nuit s'avance, le jour va se montrer. Est-il certain que sous la clarté du soleil, le taillis sera assez épais pour dissimuler ses nouveaux habitants.

A cette pensée, tous songent à augmenter l'épaisseur de la barrière qui les dérobe aux regards des Turcs. Rampant sur les mains et sur les genoux, ils s'enfoncent dans le fouillis des arbustes; ils atteignent le rocher qui les arrête, bien qu'ils aient encore le désir d'aller plus loin.

Là, ils se consultent du regard. Leur situation n'est pas meilleure que tout à l'heure et déjà, à l'horizon oriental, une vague lueur éclaire les cimes annonçant l'approche du jour.

Ils sont cernés comme renards en un terrier.

Tous demeurent muets, consternés devant cette pensée qu'ils ne peuvent rien, qu'il leur est même impossible de faire connaître leur situation à leurs amis campés sur le plateau du mont Prospero.

La bande claire de l'horizon s'élargit; une lumière grise s'épand sur la plaine, frappe le rocher et Lee murmure :

— Tiens, on avait scioulpté une tête de bœuf.

Tous instinctivement portent les yeux sur la paroi. Le roc est entaillé profondément, figurant une tête de taureau aux cornes recourbées. Tout auprès une flèche dont la pointe barbelée est tournée vers l'angle formé par le promontoire et la montagne.

— C'est le taureau sacré des temples, explique Anacharsia et la flèche indiquerait une entrée.

Ces mots sont accueillis avec indifférence. Jadis il existait sans doute un sanctuaire dans le voisinage, mais depuis longtemps il a disparu et ses ruines ont servi à édifier des cabanes. Mais la jeune fille a fixé son doux regard sur Vemtite. Obéissant à cette prière muette, le poète se lève, il se glisse le long de la falaise, il disparaît parmi les lauriers.

Quelques moments s'écoulent, puis il revient. Son visage exprime l'étonnement. Il désigne de la main l'endroit d'où il arrive.

— Là bas, l'entrée d'une grotte, avec un portique qui rappelle grossièrement le portique des cornes de Délos.

— Bon, commence insoucieusement Fanfare, une caverne.

Anacharsia l'interrompt :

— Non, un temple souterrain peut-être, qui aurait probablement plusieurs issues.

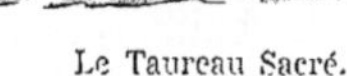

Le Taureau Sacré.

Elle n'a pas besoin d'en dire davantage; un espoir soudain se fait jour dans le cerveau de ses compagnons. Tous se dressent et elle est obligée de les rappeler à la prudence.

Derrière Lucien, on gagne le portique. Le poète ne s'est pas trompé. Deux colonnes ruinées par le temps supportent des têtes de taureaux. Entre elles se dessine une ouverture noire en partie obstruée par un éboulement sur lequel serpentent des ronces et des pariétaires.

Ce trou ténébreux est peu engageant. Quel mystère recèle la caverne? Tous hésitent à s'en assurer; mais le chien d'Alcibiade se dresse brusquement sur ses pattes de derrière, il saute sur les blocs amoncelés, et le cou tendu, il flaire l'ombre impénétrable.

Les amis de Jean observent Suka. Rien dans la bonne bête ne trahit l'inquiétude. Bientôt le danois frétille, fait entendre un petit cri joyeux et s'élance à l'intérieur.

Ce mouvement fait disparaitre toute hésitation. L'un après l'autre, les voyageurs escaladent l'éboulis. Ils sont rassemblés maintenant dans un couloir sombre, étroit, dont ils touchent les parois de leurs mains étendues. Ils jettent un regard en arrière. L'entrée qu'ils viennent de franchir est obstruée par un rideau de feuillages, auquel les premiers rayons du soleil levant donnent des transparences d'émeraude. De ce côté c'est la campagne, l'air libre, la lumière, tandis qu'en face d'eux tout n'est que ténèbres et inconnu.

Cependant ils n'ont pas le choix. En s'enfonçant dans le souterrain, ils s'éloigneront des Turcs. Suka d'ailleurs les encourage à sa façon. Le brave danois s'avance dans le corridor, puis il revient invitant par de petits cris ses compagnons à le suivre.

— Le dog était un gouide sûre, déclare Frig; je le souis sans hésiter.

Lentement on se met en marche; bientôt la galerie fait un coude. Elle continue dans les entrailles de la montagne, serpentant suivant une couche géologique qui a facilité le travail des ouvriers par lesquels elle a été tracée.

Mais les amis de Jean s'arrêtent. Est-ce une illusion? Il leur semble que l'obscurité devient moins épaisse. La caverne aurait-elle d'autres habitants? Non, le chien d'Alcibiade ne manifeste aucune inquiétude. On se remet en marche; on contourne un énorme pilier rocheux, et un cri de surprise, d'admiration s'échappe de toutes les lèvres.

Dans une lumière indécise qui tombe de fissures du rocher apparaît un temple grec dans sa simple et majestueuse beauté. Le corridor s'élargit en caverne. C'est d'abord le pronàos précédé d'une colonnade dorique qui semble supporter le plafond de granit. Pénétrés d'une sorte de respect, les voyageurs passent sous l'arcade des colonnes; ils entrent dans une large galerie dallée.

A droite et à gauche des demi-colonnes taillées dans la paroi même de l'excavation, supportent, au lieu de chapiteaux des avant-trains de taureaux, dont les cornes recourbées servent de points d'appui à une frise merveilleusement ouvrée. Au fond un autel géant orné de têtes de taureaux et rappelant le célèbre autel des Cornes (κεράτινος βιομὸς) de Téménos, que les savants travaux de G. Homolle ont popularisé.

Sur les frises, des dauphins alternent avec des scènes de guerre ou avec des théories figurant la danse sacrée du Géranos (γερανος) farandole dont les méandres représentaient ceux du labyrinthe crétois d'où Thésée s'était échappé.

Personne ne parlait. Devant ce spectacle imprévu, les paroles se figeaient sur les lèvres. Tous avaient l'impression que la foule d'autrefois allait envahir le souterrain ; que les prêtres d'Apollon viendraient célébrer les Mystères empruntés par eux au culte du soleil assyrien, que les poètes se prosterneraient devant l'autel pour solliciter l'inspiration du dieu des vers au rythme mollement cadencé.

Simples imaginations! Dès longtemps Apollon a été détrôné par Plutus, et les rêveurs du passé dorment en des tombeaux ignorés. Le temple délaissé reste désert, visité seulement depuis des siècles par la clarté grise filtrant des fissures de la montagne.

— Cherchons le porte pour sortir, murmura enfin Frig dont l'attention ne pouvait être longtemps fixée par une admiration artistique. Tout ceci était très fort beau, mais ne nous donnerait pas un moyen d'échapper aux gentlemen turcs.

Il avait raison en somme et ses paroles rappelèrent ses compagnons au sentiment de la réalité. Tous parcoururent le sanctuaire à la recherche d'une issue. Mais partout la muraille rocheuse opposait un infranchissable obstacle. La galerie percée dans le flanc de la montagne aboutissait à un cul-de-sac.

Un à un après une inutile reconnaissance, Jean, Vemtite, Anacharsia, les Anglais revinrent au centre de la salle dallée. Une inquiétude se lisait sur toutes les physionomies. On avait cru être sauvés et il fallait renoncer à cette espérance. Il fallait revenir sur ses pas, regagner le fourré de lauriers et attendre..... attendre quoi?

La même idée avait frappé chacun des fugitifs. Ils n'avaient aucun aliment. Les Turcs bloquaient le mont Prospero! bientôt la famine contraindrait la petite troupe à se rendre prisonnière. Et Jean, songeait avec un déchirement qu'il serait alors séparé de Nali, peut-être pour toujours! que la statue de Diane tomberait sans doute au pouvoir des Ottomans, qu'elle serait brisée, perdue, si bien que lui ne retrouverait jamais son honneur et que l'Américaine resterait privée de raison.

Cependant il se décidait à donner l'ordre de battre en retraite quand ses yeux furent attirés par le chien d'Alcibiade.

Suka s'était dressé contre la paroi du rocher; il grondait, grattait la muraille avec ses pattes, comme si derrière ce rempart il sentait une chose insolite.

Bientôt, il fit entendre un aboi joyeux. Instinctivement tous se rapprochèrent. Sous les efforts du danois la croute calcaire s'effritait. Évidemment le mur en ce point n'était pas formé de granit comme dans le reste du pourtour.

Frig tira son couteau de sa poche et frappa un coup violent à l'endroit égratigné par les griffes de Suka. Tous eurent un même cri :

— Cela sonne le creux!

Il existait donc une ouverture que l'on avait murée autrefois pour une cause inconnue.

En un moment chacun se mit à l'ouvrage. Les bâtons et les couteaux ébranlèrent le mur, formé du reste de pierres friables qui s'émiettaient au moindre choc.

En quelques minutes, plusieurs blocs furent descellés, retirés de leurs alvéoles, et par le trou béant, un courant d'air frais frappa le visage des travailleurs.

Plus de doute, il existait une issue de ce côté. Les travailleurs redoublèrent d'efforts et bientôt la muraille éventrée leur livra passage.

Tous se précipitèrent à travers l'ouverture. Un couloir de peu de longueur les conduisit dans une galerie assez large, vaguement éclairée comme la précédente et bordée de deux rangées de statues. On eût dit que l'Olympe païen s'était donné rendez-vous en ce lieu. Mercure-Hermès, Zeus, Jupiter, Minerve-Athène coudoyaient Esculape, Junon, Neptune. Puis c'étaient des groupes : Apollon instruisant les Muses! les Néréïdes essayant les conques des Tritons; la Discorde lançant les Harpies sur le monde; la Beauté implorant les Parques.

Un Panthéon inviolé s'offrait aux regards surpris des voyageurs. Durant quelques minutes, Jean et ses amis oublièrent la situation présente, le but de leur voyage souterrain! mais Frig, comme toujours plus pratique que rêveur, avait gagné l'extrémité de la galerie. Il cria :

— *Come along, please.* Venez de ce côté; un escalier sollicitait les jambes de vo.

A cet appel, chacun se hâta de rejoindre le clown; celui-ci avait dit vrai. Un escalier étroit, aux marches raides s'enfonçait en spirale dans la masse rocheuse. L'ascension en fut entreprise aussitôt. Jean compta cent vingt degrés. Les voyageurs atteignirent alors un petit vestibule voûté, percé d'une vaste baie que voilait une tenture de lin jaunie par le temps et agrémentée de flammes rouges et bleues.

La curiosité des visiteurs s'aiguisait. Sans respect pour cette draperie sus-

LE TEMPLE DU MONT PROSPERO.

pendue depuis des siècles en ce temple inconnu, Fanfare l'écarta d'une main impatiente, mais il s'arrêta sur le seuil avec un cri d'admiration.

Devant lui s'ouvrait une vaste salle au plafond orné de palmes d'or. Des colonnes polychromes, dont les corniches se perdaient dans un enroulement de fleurs de pierre, soutenaient la voûte de leurs tiges trapues. Sur les murs, des fresques déteintes racontaient les grandes pages de l'*Iliade :* le départ des Grecs, les remparts d'Ilion, la tente d'Achille, la mort d'Hector, le Cheval de bois, l'enlèvement du Palladium. Au centre une statue colossale d'ivoire et de bronze, Jupiter, couronné et armé de la foudre, dressait sa masse imposante et superbe au-dessus d'un groupe prosterné. C'était une page de la vie antique brusquement tirée de l'oubli. Les modernes introduits par surprise dans ce sanctuaire furent saisis d'un superstitieux respect. Sous leurs yeux, des Grecs d'autrefois, drapés dans leurs tuniques gracieuses, offraient un sacrifice à Jupiter, père des êtres.

Telle était la perfection de l'exécution que nul n'osait parler, craignant de voir ces Hellènes du passé se retourner pour se plaindre d'être troublés dans leur culte.

Quel artiste inconnu avait sculpté ce chef-d'œuvre, animé ces marbres? Comment le chemin du temple avait-il été oublié? Pourquoi les populations indifférentes avaient-elles laissé les buissons de lauriers roses cacher l'entrée du sanctuaire vénéré?

Mystère! Pourtant des générations avaient usé leurs genoux sur les larges dalles de la salle. Des offrandes nombreuses : vases, pièces de monnaie, figurines étaient amoncelés aux pieds de Jupiter. Des victimes même avaient été immolées en ce lieu, ainsi qu'en témoignaient un bucrane et de nombreux ossements.

Jadis un peuple pieux emplissait le sanctuaire désert à cette heure, et les compagnons d'Anacharsia, jetant un regard sur la belle Candiote, fière descendante des héros de l'Hellade, songeaient avec un serrement de cœur qu'au sommet de la colline, au-dessus de leur tête, une poignée de braves donnait à la Crête grecque le signal de la révolte contre la domination turque. Ici, Zeus; là-bas, Mahomet. La civilisation d'Europe aux prises avec la barbarie asiatique.

Et en présence de cette lutte commencée au seuil de l'histoire, cette lutte éternelle comme le génie des races belligérantes, les voyageurs sentaient la notion du temps leur échapper.

Étaient-ils à fin de dix-neuvième siècle ou bien étaient-ils contemporains des guerres médiques. Pour la première fois, ils éprouvaient ce vertige qui pousse les Hellènes d'aujourd'hui à copier un passé que le présent les force à revivre. Lacédémone, Athènes, Léonidas, Thémistocle, Aristide, villes et hommes éternels; héroïsme constant, toujours actuel d'un peuple placé à l'avant-garde de l'Europe, condamné à la guerre séculaire contre les conquérants Asiates.

Mais les intérêts qui dirigeaient la petite troupe étaient trop pressants pour qu'elle sacrifiât longtemps au rêve. La marche fut reprise, pas longtemps du reste, car la salle traversée, il devint évident qu'elle était sans issue. Cependant le souterrain ne pouvait se terminer ainsi. Quand bien même cette supposition n'eût pas été appuyée par une expérience récente, les compagnons de Jean eussent cherché un passage secret, habilement dissimulé.

Ils se répandirent donc de tous côtés, heurtant les murailles avec l'espoir qu'une résonnance leur indiquerait l'endroit où il conviendrait de creuser.

Cette fois leur exploration fut vaine. Les parois interrogées rendirent partout un son plein. Il fallait revenir en arrière. L'espérance née de la découverte des cavernes s'évanouissait.

Seule Anacharsia s'obstinait dans sa recherche. Soudain, elle se frappa le front :

— Le dallage, dit-elle.

Et comme pour expliquer sa pensée elle se mit à parcourir la salle en heurtant du talon les pierres polies.

Ses amis suivaient ses mouvements avec anxiété. Longtemps ses investigations furent infructueuses. Enfin une sourde résonnance attira leur attention un peu en arrière de l'autel de Jupiter.

Une dalle heurtée en cet endroit trahit le vide. La soulever fut un travail de géants, car les joints étaient faits avec cette précision que les Grecs empruntèrent des peuples d'Égypte. Pourtant la pierre fut descellée. Réunissant leurs forces, les jeunes gens la firent glisser de son alvéole, et un trou noir leur apparut. La pâle clarté qui emplissait la salle permettait d'apercevoir les premières marches d'un escalier.

La Candiote s'y engagea résolument, après avoir recommandé à ses amis d'avancer avec précaution.

L'avertissement était inutile, le chien d'Alcibiade se précipita dans l'ombre avec un aboiement joyeux, et bientôt, du fond de la cage de l'escalier, ses cris montèrent, renforcés par l'écho. On n'en pouvait douter, le fidèle animal annonçait clairement qu'il avait trouvé la voie.

Quarante-quatre degrés furent descendus. Un corridor obscur se présenta, mais à l'extrémité opposée une lueur brillante se montrait. C'était un rayon de soleil. Tous s'élancèrent vers la lumière; mais en l'atteignant, une même exclamation désappointée s'échappa de leurs lèvres. Un abîme interrompait le corridor.

C'était un puits. En se penchant, les voyageurs apercevaient la surface de l'eau à quelques pieds au dessous d'eux; mais leur désillusion fut courte. Leurs yeux suivirent la direction du rayon lumineux. A quatre ou cinq mètres au dessus du corridor s'ouvrait une baie circulaire par laquelle on apercevait le ciel bleu.

— Ce puits est creusé sur le plateau du Mont Prospero, murmura d'une voix indistincte Anacharsia dont les mains se crispaient sur sa poitrine comme pour en comprimer les battements. Mon père, nos compagnes sont là, tout près. Nous les avons rejoints malgré les assiégeants.

— Rejoints, grommela Frig; vous parlez de cela à votre aise, miss. Pour rejoindre, il fallait sortir du puits comme le Mistress Vérité du fabiouliste. Et probablement le Vérité il avait une échelle qui nous manque.

— Des cordes suffiront.

— Je n'ai pas de cordes du tout non plus.

— Je le sais, mais les soldats de mon père en ont certainement; il s'agit de les appeler, de leur annoncer notre présence.

— *Aoh! well*, ce était juste.

Et pour démontrer qu'il appréciait le conseil, l'Anglais rugit de sa voix la plus extraordinaire :

— Gentlemen rebelles, venez tirer nous du fond du puits!

Personne ne songea à rire de la formule baroque du clown, mais chacun unit sa voix à la sienne.

Suka lui-même parut comprendre la nécessité de faire du bruit et il se prit à pousser des hurlements prolongés.

L'effet de ce tapage ne se fit pas attendre. Des cris répondirent à ceux des voyageurs. Des visages effarés apparurent à l'orifice du puits :

— Qui appelle, demanda une voix forte?

S'avançant autant que possible au bord de l'abîme, de façon à être vue des Candiotes, Anacharsia répondit :

— Par les cavernes de la montagne, moi, fille de Georges Taxidi, et mes amis sommes venus pour joindre les patriotes crétois. Jetez-nous des cordes pour que nous puissions arriver parmi vous.

Un murmure de surprise suivit cette déclaration, puis celui qui déjà avait parlé, questionna la jeune fille qui brièvement raconta les péripéties de son excursion souterraine.

— Combien de personnes vous accompagnent, interrogea enfin le rebelle?

— Quatre.

— C'est bien, on va vous lancer des cordes; mais je vous préviens, à la moindre apparence de trahison nous vous précipiterons dans le vide.

— Appelez mon père, il me reconnaîtra.

— Le seigneur Taxidi est occupé d'intérêts graves. Je ne puis le déranger en ce moment. Si vous avez dit vrai, vous n'avez rien à craindre.

L'homme disparut. Quelques minutes s'écoulèrent. Enfin un appel se fit entendre.

— Garde à vous. Nous descendons l'objet. Attention à la manœuvre.

Presque aussitôt l'extrémité d'une forte corde frappa les parois à hauteur de la galerie où se tenaient les voyageurs.

En un instant, le lien fut solidement amarré autour du corps d'Anacharsia qui, au signal donné par elle-même, fut halée par les Candiotes réunis sur le plateau.

Quatre fois encore cette manœuvre fut répétée avec un plein succès, et Jean, qui avait voulu rester le dernier, prit pied enfin au sommet du mont Prospero où ses compagnons l'avaient précédé.

Quatre révoltés seulement étaient près d'eux. Le reste de la garnison du plateau, une vingtaine d'hommes à peine, se tenait à distance, sans paraître s'occuper de ce qui se passait.

Par la discrétion qu'ils montraient à l'égard de celle qui se présentait comme la fille de leur chef, on pouvait juger du respect que le docteur avait su inspirer à ces vaillants patriotes.

Sur cette poignée de braves, le soleil, spectateur indifférent des révolutions humaines, laissait tomber sa flamme en un poudroiement d'or.

CHAPITRE XIII

LA PLUIE D'OBUS

Autour de l'orifice du puits s'étendait un étroit plateau, nu, sans un brin d'herbe, formé de rochers polis par les pluies.

A l'une des extrémités, une muraille grossière, décimée par endroits, profilait sa silhouette irrégulière sur le ciel. C'était la fortification pélasgique dont les ruines solides défendaient encore le sentier conduisant à la plaine.

Sur l'étroit espace, les hommes allaient et venaient. Tous portaient la veste courte agrémentée de soutaches, la culotte bouffante, la calotte grecque.

— Georges Taxidi, interrogea Anacharsia?

L'un des assistants la regarda et montrant la plaine :

— Il est en observation au bas du sentier, il reviendra bientôt; — et avec un accent singulier : — Puisse-t-il rapporter l'assurance que l'on vient à notre secours, car les vivres se font rares et les munitions ne tarderont pas à manquer.

Il y avait une désespérance dans ces paroles qui en disaient assez sur la situation des assiégés, mais le Crétois secoua la tête comme s'il avait honte de sa tristesse, et comme en une muette prière, il fixa les yeux sur le drapeau grec dont les bandes bleues et blanches flottaient au dessus de sa tête.

D'instinct les voyageurs se découvrirent. Ils avaient compris l'appel du combattant à cet étendard qu'il désirait, de même que tous ses compatriotes, faire sien et pour lequel à cette heure il offrait son existence.

— Vous n'avez plus besoin de nous, reprit le Candiote montrant ceux qui l'accompagnaient, et là-bas l'on nous attend pour fondre des balles, fabriquer des cartouches; nous vous laissons.

Les révoltés saluèrent et se dirigèrent vers un groupe d'hommes assis en cercle, au-dessus de la tête desquels s'élevait lentement un nuage de fumée. Ceux-là travaillaient à préparer des munitions pour les combats futurs.

Livrés à eux-mêmes, les compagnons d'Anacharsia se rapprochèrent de la muraille. Longeant le bord du plateau, côtoyant l'abîme, ils atteignirent l'extrémité du chemin descendant vers la plaine. On eût dit un escalier titanique taillé dans le roc, bordé de blocs de granit qui semblaient ne tenir sur la pente du coteau que par un miracle d'équilibre.

La pente était déserte. Sans doute Taxidi était caché aux yeux par les amoncellements rocheux, mais il ne pouvait tarder à se montrer, le Candiote l'avait dit; il valait autant l'attendre là qu'ailleurs.

Pour occuper leur loisir forcé, tous regardèrent le panorama. La plaine verdoyante fermée par un cercle de hauteurs, s'étendait autour du monticule. Là bas, dans le campement turc, un officier était debout, l'œil appliqué à l'oculaire d'une lorgnette. Peut-être observait-il les voyageurs et se demandait-il d'où venaient ces étrangers que nul de ses soldats n'avait encore aperçus?

La troupe paraissait plongée dans la plus parfaite quiétude. Les hommes se livraient aux occupations habituelles d'un régiment en campagne : ceux-ci fourbissaient leurs armes; ceux-là, sur des fourneaux primitifs faits de pierres rapprochées, surveillaient la cuisson de la soupe; d'autres lavaient dans l'eau rapide d'un des nombreux ruisseaux qui serpentaient à travers les prairies. Rien dans leur attitude n'indiquait la crainte d'une attaque, et leur calme, rapproché des aveux attristants du Candiote, impressionna défavorablement les voyageurs.

— Qu'est donc devenu le Karrovarka, fit Jean tout à coup?

Tous se tournèrent vers lui :

— Je comprends bien, poursuivit le jeune homme, qu'il aurait été impossible de le hisser sur cette plate-forme; mais j'ai hâte de revoir le docteur, d'apprendre de lui où il a remisé sa forteresse roulante, et avec elle, les deux Dianes.

Il parlait doucement, avec une caresse dans la voix. Toute la préoccupation de son âme passait sur ses lèvres. Les deux Dianes, ces deux êtres de chair et de métal qui étaient son unique pensée, qui se confondaient dans son esprit, à ce point que par instants il n'était plus certain que Nali n'eût pas une tunique d'aluminium, ni que la bouche de Diane fût incapable de parler.

Mais avant que personne eût pu répondre à la question indirecte du peintre par une supposition quelconque, Frig étendit la main vers le nord. Tous se penchèrent dans la direction indiquée. De la surface de la plaine un nuage de poussière s'élevait se rapprochant avec rapidité, et au milieu de la poudre soulevée passaient des éclairs.

— De la cavalerie, gémit Anacharsia; des renforts pour nos ennemis!

Le cœur serré, chacun observait maintenant. Bientôt on put reconnaître que la Candiote avait deviné juste. C'était de l'artillerie qui arrivait au camp des Turcs. La petite armée assiégeante était en liesse; les soldats couraient au devant des canons, lançant des clameurs frénétiques dont l'écho arrivait jusqu'au plateau et adressant à la colline des gestes de menace, dont les assistants ne pressentaient que trop la terrible signification.

L'obus allait se mettre de la partie, on bombarderait la poignée de braves que la fusillade n'avait pu réduire.

Mais un bruit soudain tira les voyageurs de leurs pénibles réflexions. Un pas rapide résonnait sur le roc du sentier, et bientôt Taxidi apparut, se dirigeant aussi vite que possible vers le plateau.

A la vue de sa fille, de ceux qui l'accompagnaient, il s'arrêta un moment comme indécis, puis il reprit sa marche, arriva jusqu'à eux, serra Anacharsia sur sa poitrine et tendant la main à ses anciens hôtes :

— Puisque vous êtes ici, c'est que ma fille vous a tout expliqué. M. Fanfare, soyez rassuré. Le Karrovarka, miss Nali et la Diane, sous la garde de mon fidèle Vouno, sont cachés là-bas dans cette ruine que vous apercevez à l'est du bourg de Prospero. Ils sont en sûreté, je regrette de n'en pouvoir dire autant de vous.

Et se frappant le front :

— Mais comment avez-vous trompé la surveillance des Turcs? Comment êtes-vous arrivés jusqu'ici?

Anacharsia recommença le récit qu'elle avait déjà fait à ses sauveurs. Son père l'écoutait d'un air grave. Lorsqu'elle parla du puits, du corridor qui le reliait aux excavations souterraines, il eut un sourire et murmura :

— Tiens! tiens! des casemates naturelles! Allons, le bombardement ne sera pas aussi terrible que je le pensais. Pourvu que nos amis ne tardent pas, car la faim, elle aussi, nous guette.

Comme s'il avait oublié la présence des assistants, il s'était approché de l'arête du rocher. Ses yeux parcoururent les sommets environnants.

— Rien, fit-il encore! Toujours rien!

Puis son regard s'abaissa vers le campement des turcs. Un mouvement inaccoutumé se produisait de ce côté.

Au milieu des tentes, tout était en l'air. Les soldats, abandonnant leurs occupations, couraient vers une batterie d'artillerie qui venait de faire halte sur le prolongement du front de bandière.

Leurs cris de joie montaient jusqu'au plateau. Ils s'entretenaient vivement avec les artilleurs, tandis que les factionnaires, postés autour de la tente du commandant de la petite armée assiégeante, prouvaient que ce dernier était en conférence sérieuse.

Taxidi hocha la tête. Il allait revenir à ses compagnons quand un officier sortit du camp, et précédé d'un trompette portant un drapeau blanc, marcha vers le mont Prospero.

— Un parlementaire, dit encore le docteur. Je sais quelles nouvelles il me donnera. Enfin recevons-le.

Il fit entendre un sifflement. Plusieurs des insurgés en armes accoururent à l'instant.

— Deux hommes à la rencontre de ce parlementaire, ordonna Taxidi. Vous lui banderez les yeux et l'amènerez ici.

S'adressant ensuite aux autres :

— Pour vous, réunissez vos camarades. Rassemblez les planches, bâches, pierres nécessaires pour masquer l'orifice du puits. Il ne faut pas que le Turc le voie.

Sans observation, les patriotes s'éloignèrent pour exécuter les ordres de leur chef, et celui-ci couvrant sa fille d'un regard attendri, prononça ces mots :

— Suivez-moi tous. Un parlementaire va se présenter devant nous. Par ce qu'il dira vous jugerez de la situation de ceux dont vous avez voulu partager le sort.

Impressionnés par son accent, les voyageurs revinrent avec lui au centre du plateau. Déjà les révoltés avaient dissimulé le puits sous un amoncellement de débris de toutes sortes, et rassemblés en groupe, ils semblaient attendre que Taxidi leur communiquât sa pensée.

— Demeurez autour de moi, mes enfants, fit le docteur à haute voix. Le Turc veut nous faire des propositions. Avant de le recevoir, je désire connaître votre avis. Pour moi, ma résolution est prise, et dussé-je demeurer seul, je répondrais à l'envoyé du sultan : Au dessus de mon front flotte le drapeau grec; j'aime mieux mourir à son ombre que vivre sous les plis de vos étendards.

— Vive Taxidi, clamèrent les rebelles!

— Non, mes enfants, vive l'union de tous les Grecs!

Un hourra éclatant ébranla l'air; il disait qu'une troupe de héros venait de faire le sacrifice de sa vie.

Cependant une sonnerie de trompette avait résonné dans la plaine. Le silence se rétablit aussitôt, et tous, immobiles comme des statues, attendirent l'arrivée du parlementaire.

Il parut bientôt, les yeux bandés, soutenu par les deux insurgés qui s'étaient portés à sa rencontre. C'était un jeune lieutenant turc. On lui enleva son

Le Parlementaire.

bandeau, ce qui mit en pleine lumière sa physionomie juvénile, éclairée par deux yeux vifs et mobiles.

Une seconde il considéra Taxidi, puis s'inclinant légèrement :

— Le docteur Georges Taxidi, commandant du mont Prospero?

— C'est moi, répliqua le savant.

— Chargé d'une mission par le colonel Morad-bey, je désirerais avoir avec vous un entretien particulier.

Taxidi secoua la tête et d'un geste large couvrant sa petite troupe :

— Ceux-ci ont offert leur existence à la cause que je sers. Entre gens qui vont mourir, il ne saurait jamais exister de secrets. Parlez donc devant tous s'il vous convient; sinon, retirez-vous.

De nouveau le parlementaire salua :

— Puisque telle est votre volonté, je parlerai. Le colonel Morad-bey connait votre position ; vous êtes à bout de vivres et de munitions. Nous, nous venons d'être renforcés par une batterie de canons dont les obus rendront ce plateau intenable. Vous êtes des hommes de cœur, vous comprendrez donc que c'est la seule humanité qui a déterminé mon envoi parmi vous.

Il s'arrêta comme pour permettre à ses auditeurs de réfléchir à ce qu'il venait de dire ; puis il reprit lentement :

— La résistance est impossible ; c'est la mort sans profit aucun. Eh bien Morad-bey vous offre, par ma bouche, la vie sauve. Il s'engage d'honneur à vous permettre de vous retirer sans être inquiétés, et sans que les autorités de l'île cherchent à savoir par la suite quels étaient les défenseurs du mont Prospero.

La main du docteur s'éleva, montrant le drapeau grec :

— Et cela, prononça-t-il seulement?

— Nous oublierons que cet emblème a été arboré.

Taxidi fit un pas vers l'officier et d'une voix douce :

— Monsieur, vous direz à Morad-bey que j'apprécie sa proposition généreuse, mais que je n'ai pas le droit de l'accepter.

— Pas le droit..... réfléchissez...

— Mes réflexions étaient faites quand j'ai gravi la pente de cette éminence. Nous sommes ici, non pour vaincre, mais pour servir d'exemple à tous les habitants du pays. Des montagnes environnantes on aperçoit notre drapeau ; on se dit : Là bas il y a des hommes qui meurent pour n'être pas esclaves. C'est le devoir qui se dresse devant ceux que votre joug tient courbés. Ou bien ils voudront être libres et nous délivreront ; ou bien ils ne bougeront pas et nous laisseront périr. Dans les deux cas, notre trépas sera utile. Dans l'un, ce sera la Crête délivrée ; dans l'autre, ce sera pour vous la certitude que les Candiotes abâtardis ne sont plus dignes d'être libres. Alors vous gouvernerez en paix ce peuple avili, et nul ne songera désormais à secouer votre pouvoir.

Un nuage de tristesse se répandit sur le visage de l'ottoman :

— C'est la mort certaine pour tous ceux qui vous entourent.

— Tous l'espèrent.

— Mais vous avez avec vous des femmes, des étrangers.

Le docteur tressaillit, mais Anacharsia ne lui laissa pas le temps de montrer sa faiblesse et s'avançant vers le parlementaire :

— Il n'est pas plus difficile de mourir à une femme qu'à un soldat, dit-elle. Puis désignant ses compagnons : Ceux-ci ne sont pas des rebelles, ont-ils le pouvoir de se retirer sans être inquiétés?

— Non, Mademoiselle, répliqua l'officier. Tous ou personne.

— En ce cas, personne, prononça la voix impétueuse de Lucien.

Auprès d'Anacharsia, il vint se placer la tête haute, semblant braver le parlementaire.

Celui-ci eut un sourire attristé et s'adressant à Taxidi :

— Nous savons que, dans cette île, les femmes sont vaillantes; mais je m'adresse encore une fois à votre sagesse. Si je rentre au camp avec une réponse négative, nos pièces seront mises en batterie; une averse de fer et de plomb s'abattra sur ce plateau découvert où rien ne saurait vous protéger contre notre tir; ce ne sera plus un combat, mais une boucherie, et c'est là ce que nous voudrions éviter. Prenez en considération des paroles dictées seulement par un sentiment d'humanité.

Lentement le docteur promena son regard sur ceux qui l'entouraient. Il les vit calmes, résolus au sacrifice. Une expression orgueilleuse éclaira son front.

— Monsieur, dit-il enfin, voyez ceux auxquels vous demandez de se rendre. Allez et racontez à vos chefs ce que vous avez vu.

Il fit un geste pour indiquer que l'entretien était terminé. Les révoltés rattachèrent le bandeau sur les yeux de l'officier turc, et le prenant par les bras, l'entraînèrent vers le sentier qui descendait à la plaine.

A peine eurent-ils disparu que Taxidi dépouilla le calme d'emprunt qu'il avait revêtu pour la circonstance.

— Vite, enfants, commanda-t-il, déblayez l'ouverture du puits; descendez dans les cavernes dont la venue de ma fille nous a appris l'existence. Là, nous rirons de la canonnade ennemie. Deux hommes veilleront à l'abri du mur des pélasges; ce rempart épais résistera aux obus. Ces guetteurs nous avertiront des mouvements des Turcs.

Il n'avait pas besoin de donner de plus amples explications. Tous les visages sombres s'étaient déridés; on allait faire une excellente plaisanterie aux assiégeants en leur laissant bombarder le plateau désert. Qu'importait désormais l'averse de métal dont le parlementaire avait menacé la garnison du mont Prospero? On se moque de l'averse à l'abri d'un parapluie, et les boulets ne peuvent rien contre le granit.

Lorsque les conducteurs de l'officier turc, après l'avoir remis en liberté, revinrent sur le sommet, la plupart de leurs compagnons avaient déjà trouvé un refuge dans les cavernes. Seuls deux hommes, couchés sur le sol en avant du mur pélasgique, restaient exposés aux coups de l'ennemi. Et encore, étant donnée leur position sur le bord même de la pente, n'avaient-ils pas grand chose à craindre.

Taxidi, demeuré un des derniers, examina avec soin les mouvements des Turcs. Comme le parlementaire l'avait annoncé, les canons étaient mis en batterie; leurs tubes d'acier bruni se tendaient vers la montagne; on eût dit des bêtes étranges de la légende, prêtes à vomir le feu destructeur.

Cette vue fit hausser les épaules au savant. Il adressa quelques paroles d'encouragement à ses guetteurs, puis d'un pas tranquille gagna l'orifice du puits. Quelques révoltés l'y attendaient. Il les força à descendre.

Lorsqu'il fut seul, il fixa solidement la corde à un fragment de rocher et se laissa glisser dans le gouffre. Une minute plus tard, il prenait pied dans la galerie souterraine, au milieu de ses compagnons qui plaisantaient gaiement.

Taxidi éleva la voix :

— Que personne ne s'éloigne. Quand les Turcs croiront nous avoir exterminés, ils enverront sûrement une colonne pour occuper le plateau. Il s'agira alors de se presser pour les recevoir. Donc, pas de désordre. Que chacun se tienne prêt à obéir au premier signal!

Un grondement sourd retentit au même instant. Trois secondes se passèrent, puis un tintamarre infernal se produisit sur le plateau. C'étaient des chocs formidables, des éclatements assourdissants.

Malgré eux tous avaient courbé la tête. Dans le silence, le docteur laissa tomber ces mots :

— C'est la première salve des Turcs.

Le bombardement était commencé. Durant deux heures, il continua sans interruption. Les obus balayaient la crête de la montagne avec un fracas incessant. Parfois des volées de pierrailles, projetées par l'explosion des projectiles, tombaient dans le puits en râclant les parois de façon sinistre et s'engloutissaient dans l'eau qu'elles faisaient rejaillir jusqu'à l'entrée du couloir souterrain.

Mais à présent la confiance des assiégés était revenue. Après un premier émoi que le canon donne aux plus braves, les insurgés s'étaient accoutumés au bruit de l'artillerie. Ils riaient du bombardement inoffensif auquel se livraient les Turcs.

— Généreux ottomans, clamait l'un, voilà plus de mille oka de fer dont ils nous font présent.

— L'oque ou oka, expliquait Anacharsia, est une mesure turque en usage en Crète, qui vaut environ 1.282 grammes.

— Généreux, ripostait un autre insurgé! S'ils l'étaient, ils feraient leurs obus en or. Ceux qui échapperaient à la mitraille se consoleraient de la perte de leurs amis en recueillant les éclats. Ainsi l'esprit guerrier grandirait, car la fortune attendrait les soldats sur le champ de bataille.

— Avec les fragments on ferait des bijoux.

— Si bien que le boulet, qui dégrade les hommes qu'il rencontre, servirait par compensation à parer les femmes.

— Un ban pour les obus d'or !

Tous ces braves gens plaisantaient ainsi, avec cette insouciance narquoise qui est le fond du caractère grec, et que les Gaulois auraient tort de lui reprocher.

Cette réflexion émanait de Taxidi qui la compléta ainsi :

— En l'an 279 de notre ère, une migration gauloise, après avoir traversé l'Europe les armes à la main, arriva en Grèce. Les Hellènes se retranchèrent dans le défilé des Thermopyles pour s'opposer à leur passage. Ils furent vaincus, car les guerriers de Gaule, comme autrefois les soldats de Xerxès, tournèrent le défilé par le sentier Anopœa et les hauteurs de Kalli-dromos. Mais la tradition rapporte qu'avant le combat, Hellènes et Gaulois faisaient assaut de plaisanteries et se moquaient les uns des autres aux grands éclats de rire des deux armées.

Les Candiotes les regardaient venir.

La canonnade continuait toujours. Soudain elle se tut. Aussitôt les conversations cessèrent. Tous, le cou tendu, prêtaient l'oreille, attendant que l'artillerie tonnât de nouveau.

Mais les pièces de campagne restaient muettes. Tout à coup la voix d'un des guetteurs jeta dans le puits cet avertissement :

— Les Turcs forment une colonne d'assaut!

— Hourrah! répondirent les Crétois.

Les hommes restés sur le plateau lancèrent des cordes à leurs camarades, et ce fut le long des parois humides un grouillement étrange d'insurgés qui se hâtaient d'atteindre l'orifice. Taxidi ordonna à sa fille et à mistress Lee de demeurer dans la galerie, mais il autorisa les Français à l'accompagner sur le sommet. Frig déclara que la guerre civile ne l'intéressait pas et il resta à la garde des jeunes femmes.

Cependant Jean et Lucien sortaient du puits. Le plateau semblait avoir été le théâtre d'un cataclysme. Sa surface était labourée par les obus; des entonnoirs profonds s'étaient creusés; des blocs de rocher avaient été projetés en tous sens.

Le mur pélasgique était encore debout, mais la tourmente de fer avait réduit sa hauteur d'un tiers; des trous béants s'ouvraient dans la maçonnerie, et de larges lézardes montraient que la fortification, qui avait résisté à l'action destructive des siècles, était prête à succomber sous l'effort de l'artillerie moderne.

Déjà tous les insurgés s'étaient postés derrière cet abri. Certains roulaient des pierres jusqu'au bord du sentier.

Entre le camp des assiégeants et le pied de la montagne, une colonne d'infanterie s'avançait en bon ordre, les officiers en serre-files. Les soldats marchaient sans se presser, le fusil sur l'épaule. Évidemment ils pensaient que leurs boulets avaient déblayé la place et qu'ils occuperaient la montagne sans coup férir.

Immobiles, la face contractée par un rire cruel, les Candiotes les regardaient venir.

Bientôt les premiers rangs s'engagèrent dans la sente étroite.

— Attention, commanda Taxidi d'une voix sourde!

L'ennemi se rapprochait. La tête de la colonne parvint à trente pas du retranchement. Les Turcs riaient, certains du succès. Soudain Taxidi se dressa de toute sa hauteur, et comme un rugissement ce cri jaillit de ses lèvres :

— Feu!

Une gerbe d'éclairs, un faisceau de détonations, un nuage de fumée enveloppèrent le mur ruiné. Une grêle de balles s'abattit sur les assiégeants sans défiance.

Les insurgés avaient obéi à leur chef.

A cette salve inattendue, les Turcs s'arrêtèrent, saisis de stupeur. Des morts roulaient à terre, des blessés s'affaissaient avec des hurlements de douleur. Ceux que le feu avait épargnés étaient indécis sur la conduite à tenir. Fallait-il se ruer sur l'ennemi ou battre en retraite?

Les officiers recouvrant leur sang-froid se rendirent compte qu'une attaque à la baïonnette avait chance de réussir; étroite était la zone dangereuse à franchir.

Leurs sabres se levèrent, et ranimant le courage des assaillants, leurs voix clamèrent :

— En avant! à la baïonnette... En avant!

— Aux rochers, répondit Georges Taxidi!

A peine cet ordre bizarre avait-il frappé leurs oreilles, que Jean et Vemtite en comprirent la terrible signification.

Un bloc énorme poussé par plusieurs insurgés dévala le sentier, atteignit les rangs turcs et s'y engouffra laissant une traînée sanglante. Sans regarder l'effet de ce projectile improvisé, les Grecs en précipitaient d'autres. Ils enlevaient des pierres, couraient au bord de l'abîme, les lâchaient dans le vide et revenaient se charger de nouveau.

Devant cette avalanche, les Ottomans s'affolèrent. Ils voulurent fuir, mais resserrés dans un étroit espace, les derniers rangs opposaient une barrière infranchissable aux premiers. Alors ils se frappèrent à coups de fusils, de sabres, de baïonnette, ajoutant leur fureur meurtrière à celle des assiégés. Et toujours les rocs roulaient écrasant des files d'hommes, portant au paroxysme la panique des assaillants.

Ils se dégagèrent enfin, atteignirent la plaine et regagnèrent leur camp dans une fuite éperdue, abandonnant sur la pente rougie de leur sang cent cinquante de leurs compagnons, broyés, écrasés, défigurés, méconnaissables.

— Ah! gronda le savant, si nos amis étaient à portée de nous seconder, pas un de ces Ottomans ne sortirait de la plaine de Prospero.

— C'est horrible, murmura Fanfare.

— Horrible, redit Lucien! Il ne manque plus que des chiens affamés pour jouir au naturel du songe d'Athalie :

> .... Un horrible mélange
> D'os et de chairs meurtris et traînés dans la fange
> Que des chiens dévorants se disputaient entre eux.

— Est-ce assez cela? continua le poète enthousiasmé.

Mais les vers de Racine lui-même ne pouvaient distraire Jean de la pensée qui ne le quittait plus depuis qu'il était séparé de Nali.

— Que ferons-nous maintenant?

A cette question, Taxidi répondit par un regard étonné :

— Nous passerons la nuit sur le plateau. Le soleil disparaît à l'horizon, et nos ennemis ne reprendront pas le bombardement avant le jour.

— Et au jour?

— Si nous n'avons pas aperçu les signaux annonçant l'approche de nos amis, nous descendrons dans les cavernes ainsi que nous l'avons fait tantôt.

— Quels sont les signaux convenus?

— Des feux allumés sur les hauteurs. Ah! plût à Jupiter qu'ils se montrassent, car ma petite troupe, en passant par le chemin souterrain que vous avez miraculeusement découvert, pourrait faire une diversion à laquelle les assiégeants ne sont nullement préparés.

Une sortie! Une tentative pour rompre le cercle de fer qui l'entourait! Aucune parole n'eût semblé plus agréable à Fanfare. Il parcourut des yeux la plaine déjà noyée sous les voiles gris du crépuscule.

Les Turcs, revenus de leur panique, reprenaient méthodiquement leurs dispositions de blocus. Ils remplaçaient les postes disséminés autour du mont Prospero.

Comme il était là, perdu dans ses réflexions, une douce voix chuchota près de lui :

— Eh bien! monsieur Fanfare, que pensez-vous de notre Crète? Nous pardonnez-vous de vous y avoir amené?

Il se détourna brusquement; Anacharsia était à côté de lui.

— Vous, Mademoiselle?

— Oui. Le combat terminé, mon père nous a permis de sortir des grottes. Je venais vous avertir que le moment du dîner est venu.

— Du dîner?

— Oh! n'espérez pas un festin. Des galettes de froment, de la viande séchée et l'eau du puits composeront le menu. Souhaitons même que les secours espérés par mon père ne tardent pas, car les galettes se font terriblement rares, à ce que l'on m'a dit.

— La famine est-elle à craindre?

— Oui, dit-elle avec le même sourire. Un repas encore, et il ne restera rien.

Il la regarda, étonné de son calme. Elle devina ce qui se passait dans son esprit :

— Vous êtes surpris que j'accepte gaiement un avenir aussi sombre. Vous oubliez que je me suis dévouée à la liberté. Et puis, ajouta-t-elle avec une pointe d'émotion; la mort ici ne me serait pas cruelle; je quitterais la terre avec tous ceux qui me sont chers.

— Tandis que moi, interrompit Jean presque sans avoir conscience de ses paroles...

— Vous, c'est vrai, vous êtes séparé de miss Nali. — Mais changeant soudain de ton, la singulière fille poursuivit : — A table, seigneur Fanfare. Nous prononçons notre oraison funèbre absolument comme si le tombeau se fermait sur nous. C'est l'effet de la nuit tombante qui jette de l'ombre dans nos cerveaux. A table, l'espoir ne doit pas encore nous abandonner.

L'expression « à table » était certes quelque peu prétentieuse, car le meuble dénommé manquait totalement sur le plateau. Chacun s'assit à sa guise sur des fragments de pierre et mangea *sur le pouce* selon la familière locution du peuple.

Après quoi, l'on s'étendit tant bien que mal à terre; bientôt tout dormit dans le camp insurgé, sauf les factionnaires qui passaient et repassaient lentement devant le mur ruiné.

Comme les autres, Jean céda à la fatigue, mais ses préoccupations le suivirent dans le sommeil.

Vers minuit il s'éveilla. Doucement il se souleva sur le coude et regarda autour de lui.

Sur le sol du plateau il vit des formes immobiles et confuses. C'étaient les soldats de Taxidi qui s'abandonnaient au repos.

Le jeune homme se leva, et avec précaution, pour ne pas déranger les dormeurs, il alla vers l'endroit où se tenaient les sentinelles.

Un brouillard épais, auquel les rayons des étoiles donnaient une teinte bleutée, cachait la plaine et déferlait en vagues moutonneuses sur les flancs du mont Prospero.

Au loin émergeaient des vapeurs, comme des nuages plus sombres, les sommets environnants, collier rocheux jeté par la nature autour de la vallée. Aucun bruit ne s'élevait dans l'atmosphère tranquille.

Après les fureurs du jour, les hommes eux-mêmes s'abandonnaient au calme de la nuit.

Tout à coup Jean se frotta les yeux.

Là-bas, à l'ouest, il lui avait semblé entrevoir un rapide éclair. Il regarda de nouveau, mais la fugitive lueur avait disparu. Il secoua la tête avec tristesse. Il avait pensé à un signal de secours. C'était fou! Quelle apparence que des paysans armés à la diable osassent attaquer des troupes régulières turques appuyées par de l'artillerie?

Plus découragé après cet espoir passager, il allait retourner vers ses compagnons, quand la lumière brilla de nouveau. Cette fois ce n'était pas une illusion. Une flamme s'élevait sur la crête d'une colline. Jean demeura saisi, attendant.

La vision persista.

Alors d'une voix étranglée, il appela les factionnaires :

— Regardez, regardez... le signal!

Les insurgés eurent une exclamation joyeuse :

— Vite, prévenez le commandant Taxidi.

— Il est prévenu, fit auprès d'eux un organe grave.

Tous se retournèrent vers celui qui venait de parler. Le docteur était là. Quand tous dormaient, ses yeux étaient restés ouverts. Il avait reconnu le premier signal, et maintenant il disposait sur ce roc un amas de planchettes pour y répondre.

Il alluma bientôt le bûcher minuscule, et une flamme claire brilla dans la nuit.

Comme si cela avait été attendu, deux autres feux se montrèrent au loin. Le savant poussa un cri de joie :

— Ils attaqueront à trois heures du matin. Ils ont raison, c'est l'instant propice où la surveillance de nuit se relâche; réveillons nos hommes; l'instant de vaincre est arrivé.

Déjà il courait vers ses compagnons endormis... Un à un il les réveilla. Quelques mots rapides les mettaient au courant, et tous regardaient les flammes dansant sur les collines.

C'était la fin du rêve douloureux des assiégés; c'était l'annonce de la délivrance prochaine.

Tous étaient groupés autour de leur chef :

— Trois hommes au rempart. Avec les deux factionnaires et les provisions de pierres, ce sera suffisant pour repousser un assaut possible. Les autres, au puits!

— Au puits, répétèrent les insurgés?

— Nous allons gagner par les galeries la sortie au pied de la montagne. Dans le brouillard nous nous glisserons vers le campement turc, et tandis que nos amis les attaqueront d'un côté, nous opérerons une diversion.

— Au puits! au puits! s'écrièrent les assistants enthousiasmés.

Tous, les trois hommes nécessaires à la garde du sentier exceptés, s'élancèrent vers le puits, disposèrent les cordes.

— Pour vous, Messieurs, reprit le docteur en s'adressant aux voyageurs, rien ne vous oblige à nous suivre. Demeurez ici avec ces dames qui ne sauraient faire partie de l'expédition.

— Allons donc, s'exclama Vemtite, je vous accompagne.

— Vous?

— Sans doute... il sourit à Anacharsia et d'un ton énigmatique : — Je me sens devenir Crétois; rien ne me sera plus agréable que de taper sur une tête de Turc. Jean aussi les déteste, puisque ce sont les soldats du sultan qui barrent la route des ruines où se cache miss Nali.

Fanfare opina du bonnet. Le poète, encouragé par ce premier succès, voulut également entraîner Frig; mais à son invitation l'Anglais répliqua froidement :

— No, cela ne serait pas well. Le Angleterre n'a aucun sujet de mécontentement contre le Turquie. Tout ces choses ne sont pas des affaires britanniques.

Lee approuva cette déclaration. Les Français n'insistèrent pas, et après un adieu amical rejoignirent les insurgés.

Cinq minutes plus tard, toute la troupe du docteur était rassemblée dans le souterrain.

CHAPITRE XIV

HYMEN! O HYMÉNÉE

Connaissant déjà les méandres du temple, Jean et Vemtite guidèrent les insurgés. La marche était facile, car on s'était muni de torches qui éclairaient le sanctuaire mystérieux.

Sans hésitation, les jeunes gens retrouvèrent l'escalier conduisant à la salle de Jupiter. Mais là, un spectacle navrant attendait les artistes.

Un obus avait traversé la voûte, et éclatant dans l'étroit espace, avait réduit en miettes Zeus, ses adorateurs et les présents entassés devant l'autel. Le désastre était irréparable. Cependant Lucien, plus préoccupé en ce moment de la délivrance d'Anacharsia que de tout autre objet, eut le courage de débiter ces mauvais vers.

— De petris ad petras
Obus degringolavit,
Atque fecit
Pouf, patara, pif, pan, pas!
Au plafond est une ouverture
Et Jupin, qui dans le passé,
Fourrait son nez par toute la nature,
Ce Jupin a le nez cassé.

Oraison peu respectueuse que Fanfare interrompit par un geste d'impa-

MORT DE TAXIDI.

tience. La marche fut reprise. Les Candiotes traversèrent le vestibule, descendirent un nouvel escalier, parvinrent à la grotte des Cornes, et enfin débouchèrent à l'air libre dans le massif de lauriers qui avait donné asile aux voyageurs.

Un à un, les hommes se glissèrent hors du fourré. Il s'agissait d'éviter tout bruit, car le brouillard épais dont les plis lourds cachaient la terre interceptait la vue, et l'ouïe seule pouvait avertir les ennemis de l'approche des insurgés.

Suivant la base du rocher, on atteignit bientôt l'origine du sentier accédant au plateau. Alors les révoltés se déployèrent en tirailleurs et, rampant sur le sol, ils s'avancèrent ainsi que des ombres vers le campement turc. Jean et son ami se tenaient auprès de Taxidi, impressionnés par cette manœuvre silencieuse, prêtant l'oreille, craignant à chaque moment d'être découverts par un factionnaire des assiégeants.

Mais rien ne justifiait leurs craintes. Connaissant le petit nombre des insurgés, les Turcs n'avaient pris aucune précaution contre une sortie impossible. Enfin Taxidi jugea que ses hommes s'étaient suffisamment avancés. A voix basse, il ordonna au Candiote le plus rapproché de faire halte, et ce commandement se propagea sur toute la ligne.

Fanfare consulta sa montre. Il était trois heures moins le quart. Dans quinze minutes, les troupes de secours attaqueraient, si toutefois rien n'avait changé leurs dispositions.

Le cœur serré, tous attendaient le premier coup de feu. Étrange était la situation de cette poignée d'hommes perdus dans le brouillard, à quelques pas de l'ennemi. Tous avaient l'impression qu'une partie décisive allait se livrer. Ce n'était pas seulement la délivrance de la garnison du mont Prospero qui était en jeu, c'était la cause même de l'insurrection. A la nouvelle d'un succès remporté par des volontaires rassemblés sous les plis du drapeau grec, l'île entière entrerait en ébullition. Une défaite au contraire riverait plus étroitement les chaînes des Candiotes asservis.

Les minutes se succédaient longues comme des siècles, rien ne bougeait. Dans la profonde quiétude de la nuit, on entendait parfois le pas lent des factionnaires turcs, un appel à la vigilance, si rapproché que l'on tremblait à tout instant de voir une silhouette ottomane se dessiner dans les vapeurs. Puis un silence lourd planait de nouveau sur la campagne.

Tout à coup un déchirement se produisit. Des éclairs sillonnèrent le brouillard, une ardente clameur retentit :

— Hellade! Hellade!

Les amis des Taxidi attaquaient le camp turc. Une commotion parcourut la ligne des tirailleurs. D'un seul mouvement tous furent debout, et dans un élan furieux, ils se précipitèrent en avant, répondant par des cris sauvages à l'appel de leurs amis.

Parmi les premiers, le docteur s'était rué à l'ennemi. Jean et Vemtite, surpris par la soudaineté de ce mouvement, le perdirent de vue. Ils marchèrent au hasard, dans la fusillade, entourés d'ombres qui combattaient avec rage, éclairés par les coups de feu, environnés des bruits du massacre, des plaintes d'agonie, des gémissements des blessés.

Les Turcs surpris, décimés par les premières décharges, attaqués de tous côtés par des ennemis dont le nombre leur était inconnu, lâchèrent pied, poursuivis par les partisans. Le combat s'éloigna, et les Français s'arrêtèrent au centre du campement.

Les tentes étaient dressées. Des hommes sanglants, noirs de poudre, amenaient les canons pris à l'ennemi. Avec ardeur, ils formaient des attelages de mulets; puis bêtes, gens, pièces d'artillerie disparaissaient au grand galop dans le brouillard.

Comme les deux amis demeuraient immobiles, un groupe sortit lentement du rideau de brume et s'avança vers une tente plus haute que les autres, sur laquelle flottait encore le pavillon turc. C'était là qu'au début de la nuit s'était enfermé le colonel ottoman. Le groupe disparut sous la toile tendue.

Mû par une inconsciente curiosité, Vemtite entraîna Jean de ce côté. La tente était pleine de gens affairés. Avec peine les jeunes gens se frayèrent un passage. Parvenus au premier rang, ils firent halte, les lèvres contractées, les jambes raidies par une douloureuse stupeur.

Deux couchettes étaient placées côte à côte. Sur l'une le colonel turc, un trou au milieu du front, d'où coulaient encore quelques gouttes d'un sang épais, était étendu mort; sur l'autre, Georges Taxidi, la poitrine ensanglantée, avait été couché. Le savant regardait autour de lui, il aperçut les Français, et d'une voix sifflante, avec un coup d'œil expressif au cadavre placé près de lui :

— Il est mort, dit-il; moi, je vais mourir, mais nous sommes vainqueurs.

— Mourir, s'écria Lucien, allons donc. Je vais courir au bourg de Prospero, ramener un médecin...

Le savant l'interrompit avec un sourire :

— A quoi bon. Ne suis-je pas médecin moi-même. La balle a perforé le poumon. Je ne puis pas vivre. Seulement je voudrais voir ma fille.

— On est allé la chercher, ainsi que ceux qui sont restés sur le plateau, répondit un homme qui se tenait debout auprès du blessé.

— Bien; mais qu'elle se presse, car il me reste peu de temps.

Il eut deux aspirations pénibles qui amenèrent sur ses lèvres une mousse rougeâtre :

— L'asphyxie commence, reprit-il après un silence. La Crète sera libre, je dois songer à mon enfant. Monsieur Jean, approchez... il me faut parler bas pour ne point précipiter l'hémorragie. Bien. Prenez mon manteau, une poche sur la poitrine. Là... un portefeuille. Si elle arrive trop tard, vous le lui donnerez. Ce que je possède, cinquante ou soixante mille francs, est placé en France. Je réservais cela pour elle...

Un nouvel étouffement le força de s'arrêter encore, mais bientôt il poursuivit d'une voix plus basse :

— Elle sera seule; soyez ses amis.

Le poète se rapprocha vivement, le visage mouillé de larmes :

— Non, elle ne restera pas seule, si vous le permettez, monsieur Taxidi. J'avais formé un projet en venant en Crête. J'espérais vous rencontrer dans d'autres circonstances, vous demander pour moi, Lucien Vemtite, poète, secrétaire du Ministre de l'Instruction publique, douze mille francs de rentes, la main de la plus courageuse, de la plus charmante des jeunes filles.

Le visage du mourant s'éclaira. Avec effort, il demanda :

— Et elle, elle.....?

— Elle consent, si vous l'y autorisez.

A ce moment Anacharsia éperdue fit irruption dans la tente. Elle s'arrêta en voyant son père.

— Approche, murmura le blessé.

Et comme elle obéissait, que, chancelante, elle s'appuyait au lit :

— Je pars, dit lentement Taxidi. Je pars heureux d'avoir donné mon sang à la patrie... Et puis je sais que ma mort ne te laissera pas sans défenseur. Ce brave enfant m'a tout appris. Anacharsia, sois sa compagne fidèle et dévouée.

— Mon père, sanglota la jeune fille.

— Promets, promets vite pour que la mort me soit douce.

— J'avais rêvé ce bonheur, mon père, mais vous en faisiez partie.

— Le trépas en décide autrement. Laissons cela; tu n'as pas promis, et les secondes sont des heures pour moi. Place ta main dans la sienne.

La Candiote tendit sa main glacée au poète :

— Vous irez rejoindre Vouno dans les ruines. Il sait manœuvrer le Karrowarka, il vous ramènera en France, et là, vous vous marierez.

— Oui, père.

— C'est bien. Un baiser, mon enfant, vite... adieu !

Les yeux du savant devinrent fixes; une pâleur de cire couvrit ses traits. Il était mort en embrassant sa fille.

La nouvelle de ce trépas plongea les vainqueurs dans la consternation. Les chefs des insurgés, Alcibiade, Karalapoulos, Atnikis, Teodocès, Tabacodoros, tinrent conseil et il fut décidé que le noble patriote, qui avait donné sa fortune et sa vie à la cause de l'indépendance, serait inhumé sur le plateau, où le premier, il avait arboré le drapeau grec. Lui-même serait enveloppé dans le pavillon qui avait flotté sur la campagne de Prospero.

Le temps pressait. Il fallait envoyer des courriers dans toute l'île, soulever les populations. Aussi le jour même, le corps de Taxidi fût-il conduit à sa dernière demeure.

Au centre du plateau sa tombe était creusée. Tous les combattants en armes lui rendirent les honneurs, et le chant national grec résonna comme le seul adieu vraiment digne d'un brave.

Et quand tous se furent retirés, quand Anacharsia chancelante eut descendu le sentier en s'appuyant sur le bras de Vemtite, des ouvriers creusèrent des trous de mine dans le rocher, les garnirent de dynamite et allumèrent les mèches préparées.

Dans une explosion épouvantable, le chemin fut détruit, émietté, et le mont Prospero, inaccessible désormais, sauf par le passage secret du temple souterrain, dressa ses murailles perpendiculaires au milieu de la campagne, gigantesque mausolée du héros mort pour la liberté.

Une heure après, le camp était levé, les insurgés avaient disparu emportant les armes et les bagages abandonnés par les Turcs. Dans la campagne déserte, où le signal de la révolte avait été donné, il ne restait plus que Jean Fanfare et ses compagnons.

CHAPITRE XV

LES RUINES DE LITZARIS

Il importait cependant de songer à celle dont la poursuite avait conduit les voyageurs en Crête. Nali, selon les indications de Taxidi, était sous la garde de Vouno, dans des ruines situées au nord de la bourgade de Prospero. C'était là qu'il fallait se rendre.

Aussi la petite troupe se mit-elle en marche, non sans qu'Anacharsia retournât souvent la tête vers l'éminence où son père dormait son dernier sommeil.

En peu de temps on arriva au bourg. Tout y était en mouvement. La garnison — une compagnie de janissaires — s'était retirée après la défaite des troupes ottomanes. Les habitants étaient en liesse. Toute la population mâle, adultes, jeunes gens ou vieillards, avait pris les armes, et quelles armes! Celui-ci brandissait une hallebarde arrachée à une antique panoplie; celui-là s'évertuait à faire fonctionner un vénérable fusil à pierre. A côté de rebelles porteurs de carabines modernes, des adolescents se groupaient, qui avec un pistolet, qui avec une rapière. D'aucuns même, n'ayant pu se procurer d'autres ustensiles belliqueux, marchaient une broche, un coutelas, un gourdin à la main.

Sur le seuil des maisons, les femmes se hâtaient d'entasser dans des paniers les objets les plus précieux de leur ménage; sans nul doute, tous les habitants allaient gagner la montagne.

Anacharsia sourit à la vue de ces préparatifs. Sa petite âme de patriote se réjouissait à la pensée que le sacrifice du savant ne serait pas inutile. Le sang versé faisait germer l'arbre vivace de l'insurrection.

Personne d'ailleurs ne regardait les voyageurs. A cette heure de crise, les étrangers ne pouvaient plus inciter à la curiosité, chacun ayant assez d'occupations et de préoccupations personnelles. Sans être arrêtés, sans avoir à subir le moindre interrogatoire, les compagnons de Jean traversèrent Prospero et se retrouvèrent au milieu des champs.

A cinq cents mètres en avant d'eux, parmi des plants d'oliviers vigoureux se dressaient des murs ruinés, qu'une haute tour décapitée dominait fièrement. Des ouvertures ogivales laissaient passer des flots de verdures qui retombaient en cascades sur les pierres noircies.

— Le couvent de Litzaris, déclara la fille du docteur.

Elle ne se trompait pas. C'était en effet le monastère, mi-parti religieux, mi-parti guerrier, que les chevaliers de Malte avaient autrefois édifié en ce point. Les années avaient passé, la commanderie de Malte avait disparu; la poussée des vents, les infiltrations des pluies avaient délayé les ciments, rompu l'équilibre des constructions; des graines s'étaient accrochées aux lézardes, aux cimes effritées, et avaient couvert les ruines d'une parure plus riche que celle dont le vieux château était orgueilleux aux jours de sa splendeur.

Maintenant les amis de Nali marchaient à l'ombre des oliviers. Un étroit chemin, aux innombrables sinuosités, déroulait sa bande jaune au milieu des arbres. Il aboutissait aux fossés comblés. La porte du couvent s'était effondrée laissant dans la muraille une large brèche, d'un côté de laquelle on distinguait encore les crampons d'un pont-levis.

Cette ouverture franchie, les Français et leurs amis se trouvèrent dans une véritable forêt. Les cours, les salles aux plafonds disparus étaient envahis par une végétation vigoureuse; arbres, arbustes, buissons, ronces, lierres s'enchevêtraient en un impénétrable fourré. Après de longues recherches, les voyageurs découvrirent pourtant un passage tracé probablement par des animaux, hôtes habituels de ce refuge, et ils poursuivirent leur marche. Entre les murs branlants, évitant les tiges griffues des ronces, ils allaient, lançant dans l'air le nom de Vouno que les échos des ruines répétaient avec d'étranges répercussions.

Rien ne répondit d'abord, mais comme ils arrivaient dans une cour assez vaste, dont le dallage avait été soulevé par la poussée des plantes, une voix répondit à la leur. Ils pressèrent le pas et débouchèrent dans une sorte de clairière où le Karrovarka, Vouno et Nali leur apparurent.

En face d'eux une percée laissait apercevoir la campagne et indiquait par quelle voie l'automobile avait pénétré dans ce lieu.

L'Américaine cueillait des fleurs en chantant un air monotone. Elle ne se dérangea pas à l'arrivée des voyageurs, mais le jeune préparateur courut à eux.

Déjà Jean s'était élancé à sa rencontre, et sans lui donner le temps de parler :

— Miss Nali est ici, vous aussi, le Karrovarka n'a pas été découvert. Ah! toutes les inquiétudes qui m'assiégeaient s'évanouissent enfin!

Le préparateur avait courbé la tête.

— Je vous remercie, continua Fanfare. Je vous remercie d'avoir si fidèlement veillé sur le dépôt qui vous était confié.

— Hélas! soupira son interlocuteur.

A cette exclamation, le peintre demeura court. Il considéra Vouno avec attention et s'aperçut que son visage trahissait un malaise évident :

— Qu'avez-vous?

— J'ai, dit le jeune homme d'une voix sourde, j'ai que l'on m'a volé.

— Volé?

— Oui, un Italien de Rome, un photographe touriste, que maître Taxidi et moi avions recueilli sur la route au moment où il allait tomber aux mains de soldats turcs qui le poursuivaient. Il nous avait apitoyés, nous affirmant qu'il s'était mis en danger pour avoir favorisé la fuite d'un Candiote condamné à la peine du bâton. Bref, nous l'avions reçu dans le Karrovarka, et sur sa prière, nous avions consenti à l'avoir pour hôte, jusqu'au jour où il pourrait sans crainte regagner l'Europe.

— Achevez donc, interrompit Jean avec impatience.

— Cet homme était un fourbe.

— Mais encore?

— Chaque jour, je me glissais aussi loin que possible hors des ruines pour me rendre compte de la situation des vaillants bloqués sur le mont Prospero. Hier, Jacopo, c'est le nom de l'Italien, profita de mon absence. Sans doute il avait préparé son coup les jours précédents.

— Enfin qu'a-t-il fait?

— Il a enlevé la statue de Diane.

— Enlevé!

Ce fut un rugissement qui sortit de la bouche du peintre.

— Enlevé, clamaient à leur tour tous les assistants.

— Oui, répliqua le préparateur avec un accent si humble que Jean lui-même en fut touché. A mon retour, Jacopo avait disparu, laissant à la place de la statue, ce chiffon de papier.

D'une main tremblante Fanfare prit la lettre froissée que Vouno lui tendait et il lut à haute voix :

Illustrissime Signor.

« Venu au monde *non fortunato*, j'ai sans cesse prié les saints de m'accorder la faveur *insigna* d'être honnête. Ils ont intercédé en ma faveur, *povero* que je suis, et m'ont fourni l'occasion d'échapper à la misère *maladetta*. La *Escultura* de Diane, pour vous sans valeur, est pour moi la *fortuna carissima*. Dans la ville de *Roma*, ma patrie, j'aurai, grâce à elle, une renommée. Car, je ne prétends pas me l'approprier. Il y aurait là un procédé qui manquerait de gentillesse. J'espère obtenir seulement le monopole de la reproduction *fotografica*, pour avoir retrouvé et ramené au péril de ma modeste existence, un *capolavore* (chef-d'œuvre) de telle perfection.

« Je ne désignerai pas à la justice les *banditti* qui recélaient la statue. Je pense, en effet, qu'après les avoir dépouillés du fruit de leurs rapines, la société peut pratiquer à leur égard le pardon des offenses.

« Et je me dis charmé d'avoir fait votre connaissance, encore qu'elle soit compromettante pour un citoyen loyal et sans condamnation.

Signé : « JACOPO. »

Cette bizarre missive atterra les voyageurs. Non seulement la réhabilitation de Jean se trouvait ajournée, mais encore les épreuves successives qui frappaient son entreprise devaient se répercuter sur le cerveau affaibli de miss Nali.

Inconsciente de la présence de ceux qui l'aimaient, l'Américaine continuait sa moisson fleurie. Rien dans l'expression de son visage, dans son attitude n'indiquait que son état se fût amélioré.

Avec cela, le voleur Jacopo, digne compatriote et émule de Machiavel, avait pris soin en sa perfide lettre de montrer la difficulté de le poursuivre. Il s'intitulait le serviteur de la loi, il accusait ceux qu'il dépouillait et leur proposait implicitement un honteux marché : Silence pour silence.

Le Karrovarka, eux-mêmes seraient signalés à la police italienne et, « *l'honnête* » signor dévaliseur, défendu par la gendarmerie, réaliserait impunément son rêve de fortune.

Seulement cette constatation décevante ne produisit pas le même effet sur tous les voyageurs. Tandis que Jean, Vemtite, Anacharsia semblaient écrasés, Frig et Lee, si sombres depuis le trépas de leur compagnon, reprenaient un air joyeux. Sur leurs traits mobiles passaient des ondulations cocasses. Évidemment ils avaient une énorme envie de rire. Enfin le clown n'y tint plus :

— Je ne comprenais pas le moins du monde du tout pourquoi vous prenez l'aventure de si lacrymale façon, dit-il?

Jean tressauta :

— Vous ne comprenez pas?

— No. Le ville de Rome est sur notre chemin.

— Sans doute, mais...

— Mais vo désirez reprendre le statue de miss Diane?

— Certainement.

— Et vous pensez *surely* : les agents de le police sont prévenus, on arrêtera nous-mêmes au débarqué.

— Hélas!

— C'est pourtant *most* aisé de ne pas être reconnu.

— Comment cela.

— On dégouise son personnage.

Comme une commotion électrique, cette idée si simple secoua les assistants.

— C'est vrai! c'est vrai! murmurèrent-ils tous, Vouno lui-même se raccrochant à l'espérance.

— Mais alors, questionna Fanfare?

— Nous avons le voiture Karrovarka, reprit l'Anglais toujours souriant. Nous gagnons le rivage de ce maudit petit île. Nous devenons *passengers* d'un steamer qui transportait tout le monde à Rome et...

— Bravo.

— On povait partir immédiatement tout de suite.

Le préparateur l'arrêta :

— Non, pas de suite, M. Taxidi n'est pas encore là.

— Mon père, soupira la fiancée de Vemtite soudainement pâlie!...

Elle ne put achever, l'émotion lui coupa la voix, et Lucien dut continuer.

— Le docteur Taxidi dort à jamais sur le mont Prospero, d'où il a donné le signal de l'indépendance crétoise.

Un silence suivit. Le premier, Vouno releva son front penché, et avec une exaltation patriotique :

— Il est mort pour la patrie. Son vœu le plus cher est réalisé. Il est couché dans cette terre libre par lui.

Dans son trouble, Lucien avait pris les mains d'Anacharsia, et sa manie poétique se faisant jour à son insu, il bégayait sous forme de consolation l'immortel refrain des Girondins :

— Mourir pour la patrie, mourir pour la patrie.
C'est le sort le plus beau, le plus digne d'envie.

Elle le regarda, bouleversée par le tremblement de sa voix. Elle le vit, les yeux humides, le visage contracté, et fondant en larmes, elle répondit :

— Je dois vous croire, vous écouter, puisque mon père vous a désigné pour le remplacer auprès de l'orpheline. Vous êtes le maître, ordonnez; car le chagrin est trop récent, je ne saurais prendre une décision.

— Frig a bien parlé, prononça le poète d'une voix douce.

— Alors au Karrovarka, où irons-nous?

— Vers la côte Nord. Il ne faut pas songer à rejoindre la *Néréide*, jamais l'automobile ne franchirait les montagnes que nous avons traversées à l'arrivée.

— C'est juste. Vouno, êtes-vous prêt à partir?

— Dans cinq minutes, nous serons en marche.

— Allez donc tout disposer pour cela.

Le préparateur escalada aussitôt l'échelle de la forteresse roulante. Nali conduite par Jean, Anacharsia soutenue par Lucien, Frig et Lee le suivirent et se trouvèrent encore une fois réunis sur la plate-forme du chariot. Le peintre à ce moment tendit la main au clown :

— Merci, bon et brave ami. C'est vous qui avez relevé notre courage.

Mais l'Anglais lui coupa la parole :

— Ne prodiguez pas les remerciements. Mon conduite est toute naturelle. Je suis *in a great hurry* de revoir le Angleterre.

— Il vous plaît de vous dérober à ma gratitude. Peu importe, elle existe.

— Il n'y avait pas de quoi. Nous avons forcé vous à *take... no* à prendre le statioue, et nous étions obligés par le moral à le remettre sur le territoire de la French Repioublic. Soyez très assuré que, dans le futur, il ne nous arrivera plus de nous occuper de le sculptioure.

Un appel de Vouno mit fin à l'entretien. Tous descendirent à l'intérieur du Karrovarka; la trappe supérieure fut refermée, et le préparateur se plaçant au tableau de direction, actionna l'appareil qui lentement quitta les ruines de Litzaris.

A quelque distance du massif d'arbres, les passagers debout devant les hublots jetèrent un dernier regard en arrière sur cette campagne où ils abandonnaient le corps du savant, dont la merveilleuse invention assurait leur salut.

Ils eurent un même cri d'étonnement. Au-dessus de toutes les hauteurs s'élevaient d'épaisses colonnes de fumée.

— Les feux de guerre, fit Anacharsia d'une voix grave. A cette heure toute l'île est soulevée — et avec un accent d'orgueilleux désespoir, elle acheva : — Le sacrifice n'aura pas été inutile.

On filait sur une route large et unie. Bientôt on eut connaissance d'Alikampos, joli village entouré de cultures. Plus loin, on contourna la bourgade de Khabatha, et laissant Khasa sur la gauche, on atteignit le lit d'une rivière assez importante.

— Le fleuve Armyro, expliqua le préparateur. Il nous mènera à la mer.

En effet le Karrovarka flotta peu après sur les eaux claires, et ses aubes le poussèrent rapidement dans le sens du courant.

Le préparateur actionna l'appareil.

Ce chemin était bien préférable à la voie de terre. Les passagers de l'automobile en eurent bientôt la preuve. A la nouvelle de la victoire de Prospero, aux signaux faits par les insurgés, la révolte avait éclaté de toutes parts.

Des coups de feu retentissaient de tous côtés. Des villages brûlaient, tandis que des groupes furieux se massacraient dans les prairies, dans les vergers. La forteresse roulante passait au milieu de visions sanglantes.

L'île entière semblait n'être plus qu'un champ de bataille.

A plusieurs reprises, des détachements turcs, fortifiés dans des fermes, sur des mamelons, saluèrent le Karrovarka d'une volée de balles, mais les parois épaisses étaient à l'épreuve de ces projectiles qui s'aplatissaient avec un bruit mat sur les plaques de tôle.

Dans un coude de la rivière, ombragé de grands arbres, Vouno conduisit l'appareil. Au fond d'une petite crique on s'arrêta, non sans que les voyageurs protestassent contre la manœuvre.

Le préparateur eut tôt fait de les amener à résipiscence.

— L'embouchure de la rivière est commandée par un fort turc, le fort Armyro, et notre véhicule n'est pas à l'épreuve des obus. Il faut donc attendre la nuit et passer, sans être vus, sous les canons des ennemis.

L'attente du reste ne devait pas être longue. Déjà le jour baissait. Dans une heure l'obscurité étendrait son voile protecteur sur le chariot-barque et lui permettrait de continuer sa route sans danger.

Tous, avec la crainte de voir des adversaires paraître sur la rive, suivaient les progrès insensibles de la nuit. A leurs oreilles, les décharges lointaines de mousqueterie se mêlaient au clapotis de l'eau contre les cailloux du rivage.

Nali prêtait l'oreille comme les autres. Une expression d'intelligence se peignait sur son visage.

— C'est la guerre, dit-elle soudain, la guerre impie qui fait des cadavres, des veuves, des orphelins, des ruines et des larmes.

Jean s'avançait vers elle, quand Anacharsia le retint par le bras.

— Ne troublez pas sa pensée. Mon père recommandait cela.

Tandis que le jeune homme inclinait la tête en signe de soumission, l'Américaine reprit :

— Pourtant les opprimés n'ont d'autre recours que les armes. Les Indiens sont tous morts pour reconquérir les territoires de chasse de leurs ancêtres. Tous les Peaux-rouges sont partis de l'autre côté de la vie ; tous sauf moi, survivante malheureuse d'un peuple.

Ses traits exprimaient une telle douleur que, malgré la défense d'Anacharsia, Fanfare allait parler ; mais l'angoisse fit place à un sourire.

— Malheureuse, pourquoi dis-je cela ? N'ai-je pas rencontré l'âme amie qui pardonne à la mienne sa race condamnée. Il était bon et doux ; il avait de l'affection pour la petite Peau-rouge. Quel était son nom ? Est-ce singulier d'avoir oublié le nom du seul être qui ait eu pitié ? Il faut que je le retrouve pour le bénir, il le faut.

Un pli profond se creusa entre les sourcils de la folle, montrant la tension de son esprit. Puis la jeune fille secoua la tête :

— Non, je ne me rappelle pas. Il y a un trou noir dans mon souvenir. Cependant je le vois bien, lui. C'était le soir, près d'une rivière. Des amis l'accompagnaient. Des soldats étaient lancés à sa poursuite ; ils voulaient l'emmener en captivité.

Tous demeuraient sans voix. Pour la première fois une scène réelle se retraçait à l'imagination de Nali. Ce qu'elle dépeignait, chacun le reconnaissait, c'était la soirée fatale de leur fuite à travers les rues de Berlin, près de la Sprée, dans le quartier de Stralan.

— Il faut le sauver, continua l'Américaine. Il le faut ! Je cours, je le rejoins. Prenez cette ruelle sombre, elle aboutit au fleuve. Des embarcations sont amarrées au rivage. Vite, vite ! les ennemis approchent, ils viendront trop tard. Lui a disparu dans les ténèbres. Mais s'il n'a pas le temps de traverser la rivière? Allons, Peau-rouge, dépiste les chasseurs. Quelle course folle dans les rues sombres, avec les pas des hommes méchants qui sonnent sur les pavés ainsi qu'un roulement de tonnerre. Quel est ce bruit? Un coup de fusil! Ah! l'atroce douleur. Ils m'ont tuée. Je veux le voir lui, je l'appelle.

Tout à coup, la folle parut se transfigurer. Ses bras se tendirent vers le ciel, et avec force elle cria :

— Je me souviens, je me souviens. Le nom qui a traversé la nuit, son nom... Jean! Jean! Jean Fanfare!

D'un bond le peintre fut auprès d'elle, mais il arriva pour recevoir dans ses bras le corps inanimé de Nali. La folle s'était évanouie.

Affolé, il lui prodiguait ses soins, gémissant :

— Nali, c'est Jean qui est auprès de vous, Jean dont l'existence vous appartient.

Presque brutalement, Anacharsia lui imposa silence :

— Pas un mot quand elle rouvrira les yeux. Gardez-vous d'éteindre la lueur de raison qui vient de briller. Les liens qui rattachent l'esprit au corps se sont renoués, mais ils sont faibles encore et une secousse violente les briserait.

Puis d'une voix adoucie, qui alla au cœur de l'artiste :

— Mon père et moi, nous avons contracté une dette vis-à-vis de vous, en vous entraînant en Crète pour la délivrance d'un peuple. Miss Nali guérira, le docteur Taxidi l'a promis et je le promets à mon tour. C'est bien de l'audace à une jeune fille, pensez-vous? Non, je me souviens des leçons de mon père, de ses paroles durant notre traversée de la Russie, et voilà pourquoi j'ai confiance.

Cependant l'ombre était tombée peu à peu. Dans le voisinage des arbres, tout était plongé dans les ténèbres, et le Karrovarka lui-même n'eût pu être aperçu à dix pas.

— Encore un quart d'heure, déclara Vouno, et nous reprendrons notre marche.

Alors la fille de Taxidi exprima le désir de monter sur le pont, afin de jeter un dernier regard à cette terre qu'elle allait quitter. Tous l'accompagnèrent, sauf Nali qui, revenue à elle, s'était assise et paraissait songer.

La petite crique où s'était réfugié le Karrovarka était creusée dans la rive droite de l'Armyro. Un promontoire l'abritait contre le courant de la rivière, découpant sa silhouette noire sur les eaux plus claires au delà.

En face s'étendaient des prairies, dont les verdures baignées par la clarté expirante, prenaient des tons d'un gris roussâtre curieusement vaporeux.

Les voyageurs regardaient, pénétrés par la poésie douce du crépuscule, et Yemtite, oubliant un moment ses fantaisies versificatrices, murmurait à l'oreille d'Anacharsia ces vers d'un vrai poète :

— C'est l'heure où le jour las, au bandeau de la nuit
Tend son front ruisselant, et c'est l'heure imprécise
Où le monde affairé prend en horreur le bruit ;
Le silence devient une harmonie exquise.
Lourdes chauves-souris d'un vol mystérieux
Vont réveiller partout les éclaireurs de l'ombre,
Vers luisants, feux follets, ces reflets radieux
Des astres d'or brillant au fond du grand ciel sombre.
C'est l'instant où l'étoile, en son long voile blanc,
Sourit à sa beauté dans les cours d'eau des plaines,
Où la brise suspend son souffle caressant,
De crainte de rider le miroir des fontaines.

— Chut! fit brusquement Vouno qui, ainsi que Jean, avait les yeux fixés sur l'extrémité du promontoire.

Le poète demeura court. Maugréant il suivit la direction des regards de ses compagnons et il comprit aussitôt le motif de l'interruption.

Des ombres humaines marchaient avec précaution au bord de la rivière. Elles semblaient chercher et sans aucun doute, elles eussent déjà aperçu le Karrovarka s'il n'avait été caché par la bande d'ombre qui s'étendait au pied des arbres. En examinant les étrangers avec plus d'attention, Lucien reconnut qu'il avait en face de lui des soldats turcs.

Parvenus à l'extrême pointe du petit cap, ces hommes s'arrêtèrent et tinrent conseil. Ils étaient à trente pas à peine des voyageurs ; dans le silence de la nuit, leurs voix, étouffées cependant, arrivaient jusqu'aux jeunes gens, et Anacharsia put traduire à ses compagnons cet inquiétant dialogue :

— Tu ne vois rien, Yusuf?

— Rien, Nizan.

— Ces insurgés ont dû se cacher en amont.

— Cela est certain. Car leur étrange bateau a été signalé à tous les postes de la rivière, et aucun ne l'a vu.

Les passagers du Karrovarka avaient tressailli.

— Serait-ce de nous qu'il s'agit, grommela le préparateur?

Mais Anacharsia lui fit signe de se taire, la conversation des inconnus continuait :

— Il paraît que ce bateau appartenait à l'homme du mont Prospero?

— Le Taxidi que Mahomet confonde.

— Il doit transporter des chefs de la révolte, des otages précieux si l'on peut les prendre.

— On les prendra, sois sans crainte. Des yeux vigilants sont ouverts le long des rives; toutes les routes sont gardées et nos fusils lancent bien la balle.

— Oui, mais je voudrais les atteindre moi-même.

— A cause de la récompense promise.

— Dame! Allah ne défend pas à ses enfants de songer à leur intérêt.

— Tu as raison. Continuons donc notre reconnaissance.

Les soldats reprirent leur marche en se rapprochant des arbres qui protégeaient le Karrovarka. Ce mouvement angoissa l'équipage de l'automobile. Les dernières paroles des Turcs ne leur avaient laissé aucun doute. Le passage du véhicule avait été remarqué dans la journée; l'ennemi connaissait sa nature et il voulait à tout prix s'en emparer.

— Ils vont découvrir notre retraite, murmura Vemtite en se plaçant devant Anacharsia comme pour la protéger.

Vouno répondit avec flegme :

— Cela est sûr. Le mieux est d'actionner la machine et de gagner la mer à toute vitesse. Les balles ne sont guère à craindre pour notre appareil.., et puis nous n'avons pas le choix des moyens. Si nous ne leur filons pas entre les mains cette nuit même, demain il sera trop tard.

Déjà il se glissait par la trappe à l'intérieur du chariot. Avec une précipitation bien compréhensible en pareil cas ses compagnons le suivirent.

Une légère secousse leur apprit que l'automobile se déplaçait. A peine la marche était-elle reprise que des clameurs retentirent, des détonations crépitèrent et des projectiles heurtèrent l'enveloppe métallique avec un bruit mat.

— Allez, allez, maladroits, s'écria Vouno, usez votre poudre; la balle qui percera la coque de la forteresse roulante n'est pas encore fondue.

A une allure modérée, le Karrovarka doubla la pointe, puis il se lança dans le courant à toute vitesse. La nuit était noire heureusement, mais le bruit des aubes frappant l'eau trahissait la présence du chariot. Des cris, des coups de feu retentissaient le long des rives. Ses hublots obturés par les volets de tôle, l'automobile n'avait cure ni des uns, ni des autres.

Les passagers se rassuraient, ils plaisantaient leurs ennemis. Avant une heure, avait promis le préparateur, on serait en mer. Seulement l'endroit le plus dangereux restait à franchir. Sur la droite de la rivière une éminence, couronnée par un mur crénelé, apparaissait.

Vouno la considérait d'un œil inquiet :

— Qu'est-ce donc, interrogea Fanfare?

— C'est le fort Armyro.

— Bah! ils ne nous verront pas.

— Je l'espère, mais ils nous entendront. Il nous faudra essuyer une volée de leurs batteries, et dame, un boulet malheureux aurait pour nous les conséquences les plus graves.

— Bah! allons toujours.

Le directeur secoua la tête d'un air soucieux. Il gouverna de façon à se rapprocher de la rive droite : et à raser le pied même de la hauteur qui supportait le fort. Dans cette position, il était difficile d'atteindre le Karrovarka.

Cependant tous étaient émus, le moment critique approchait. Si le véhicule pouvait arriver à une berge boisée située à 200 mètres en avant, il était sauvé, car le rivage s'élevant alors en falaise abriterait l'embarcation; mais pour cela il était nécessaire de traverser un espace découvert que l'artillerie du fort balaierait aisément.

On allait parvenir au bas de la hauteur, quand un rayon lumineux courut à la surface des eaux.

— Allons bon, maugréa Vouno avec un geste de colère, ils ont un réflecteur électrique.

Et appuyant nerveusement sur les touches du clavier :

— A toute vitesse gronda-t-il; nous ne saurions espérer passer sans être vus, il s'agit de passer rapidement.

Les aubes battirent l'eau avec plus de force, et de même qu'un coursier longtemps contenu auquel on rend la main, le Karrovarka bondit en avant.

Soudain un cercle de lumière l'enveloppa. Le jet électrique était dardé sur lui; les murailles du fort Armyro s'embrasèrent; une épouvantable détonation ébranla l'atmosphère, suivie bientôt de la chute de corps lourds dans la rivière.

Un remous violent secoua l'embarcation, elle dévia; mais le préparateur était sur ses gardes; sa main s'abattit sur le clavier, et reprenant sa première direction, la forteresse roulante précipita sa course éperdue.

Deux minutes, deux siècles s'écoulent; la zone dangereuse est franchie, la rive élevée abrite les voyageurs à l'instant même où une nouvelle salve crible d'obus le sillage de l'automobile.

Une exclamation jaillit des poitrines contractées; la route est libre mainte-

L'ARTILLERIE DU KARROVARKA.

nant, libre jusqu'à la mer dont les senteurs salines pénètrent par le panneau qu'Anacharsia vient de rouvrir.

Les Français grimpent sur la plate-forme. Le cours de la rivière s'élargit en estuaire. A quelques centaines de mètres, une barre écumeuse s'étend en travers de l'Armyro. Ce sont les vagues qui moutonnent. Bientôt une lente ondulation soulève le Karrovarka. Sauvés, pensent les voyageurs!

Non, pas encore. Un point noir paraît sur les flots. C'est une chaloupe qui se dirige en droite ligne sur l'automobile. La lune se dégage des vapeurs. Les rayons argentés piquent d'éclairs l'acier des armes. Plus de doute, le canot contient des soldats qui veulent arrêter le navire au passage.

Précipitamment Lucien et Jean se laissent glisser le long de l'échelle, ils rejoignent Vouno.

— Une chaloupe ennemie, crient-ils!

Le préparateur, qui regarde à travers les hublots d'avant, se retourne :

— J'ai vu cela. Tant pis pour eux.

Il ouvre une trappe ménagée dans le plancher. Il en tire des cables enduits de gutta-percha et terminés par de longues tiges de fer armées de boules à leur extrémité. Il déboulonne de petits obturateurs circulaires appliqués aux parois et découvre ainsi des tubes traversant toute l'épaisseur de l'enveloppe de l'embarcation.

— Qu'est-ce? demandent les assistants étonnés.

— C'est l'artillerie de l'automobile.

— L'artillerie?

— Oui, des lance-électricité.

— Expliquez-vous?

Le préparateur jette un regard au dehors par le hublot. La chaloupe turque est à cinquante mètres à peine; des hommes y sont debout tenant des paquets de grelins. Évidemment ils vont tâcher de jeter des grappins, de prendre le Karrovarka à l'abordage.

— Le temps me manque, déclare le jeune homme.

Et faisant glisser les tiges métalliques par les conduits qu'il a ouverts, il présente à ses compagnons des poignées laquées :

— Tenez ceci. Dirigez les tiges ainsi que des lances contre ceux qui tenteront l'abordage, et vous verrez.

Dominés par son accent, tous obéissent. Ils sont rangés le long des murs, les mains crispées sur les appareils étranges dont l'usage leur est inconnu.

— Attention, dit encore Vouno retourné au tableau de direction, les voici!

En effet, la barque est à une brasse de l'automobile. Les Turcs sont prêts à bondir, les yeux brillants, le visage resplendissant de la joie du triomphe. Leurs adversaires vont tomber en leur pouvoir ; ils toucheront la prime promise par les autorités ottomanes.

Un commandement bref retentit. Les soldats se dressent, ils vont s'élancer.

— Aux lances, ordonne froidement Vouno !

Les passagers poussent leurs tiges de fer. Les deux embarcations sont si rapprochées que les Turcs étendent les mains pour saisir ces armes d'apparence inoffensives. Mais le préparateur presse une touche.

Alors un phénomène terrifiant se produit. Un crépitement strident déchire les oreilles ; l'automobile s'entoure d'une lueur d'aurore boréale ; des lances jaillissent des étincelles électriques longues d'un mètre. Tous ceux qu'elles atteignent sont foudroyés. Une panique épouvantable se déclare dans l'équipage ennemi. Les soldats jettent leurs armes, les rameurs abandonnent les avirons. Ils se précipitent par-dessus le bord. Et le Karrovarka enveloppé d'une ceinture d'éclairs passe, bousculant l'avant de la chaloupe.

Il s'éloigne vainqueur vers la mer. Vouno rit silencieusement. Il couvre d'un regard narquois les passagers stupéfaits, et il prononce d'une voix lente :

— Cela rentre dans les moyens de défense de notre forteresse. Une trouvaille de maître Taxidi ; une simple application de la machine électrique de Clarke. Seulement il fallait trouver la chose.

Ces mots illuminent l'esprit des assistants. Le mort, que gardent les rochers du mont Prospero, vient encore de sauver ceux qu'il a entraînés dans son héroïque entreprise, et des rivages de l'au-delà son bras ami s'est étendu entre eux et leurs adversaires.

Tous les yeux sont humides, toutes les bouches muettes. Quelles paroles exprimeraient les sentiments dont ils sont envahis. Un silence de tombe règne à l'intérieur de l'embarcation. Soudain la voix de Nali s'élève :

— Un navire, dit-elle.

Jean tressaille, il va au hublot. C'est vrai. Un steamer marche à petite vapeur à un kilomètre à peine. La folle l'a reconnu. Son esprit se dégage donc peu à peu des brumes dont il était obscurci. Fanfare a un élan de reconnaissance, mais Vouno arrête sur ses lèvres les mots qui s'y pressent :

— Vite, sur le pont, clama-t-il, des signaux !

Lui-même embrase le fanal obscur jusque-là. Tous ont gravi l'échelle du bord. Ils sont sur la plate-forme. Ils appellent, comme si leurs cris pouvaient franchir la distance qui les sépare du bâtiment inconnu.

Pourtant leur anxiété n'est pas longue. Ils ont été aperçus. Un canot est mis à la mer, et peu après tous sont sur le pont de la *Belle Mariette*, vapeur de commerce de quatre cents tonneaux qui se rend à Brindisi.

Le Karrovarka, trop lourd pour être hissé à bord, est amarré à l'arrière. Exténués, les voyageurs se retirent dans les cabines mises à leur disposition. Ils s'endorment lourdement.

Au matin, on a perdu de vue les côtes de Crête, mais un malheur s'est produit. Les amarres qui retenaient la forteresse roulante ont cédé. Le chariot-barque a disparu, et les yeux, les lunettes ont beau interroger la surface de la mer, on ne le distingue nulle part.

Vouno essaie vainement de consoler ses amis. Il a les plans de Taxidi. Rien de plus facile que de reconstruire un autre exemplaire de l'automobile. Ils restent sombres, le préparateur renonce alors à les tirer de leurs pensées chagrines. D'ailleurs il a à répondre aux questions du capitaine, dont la curiosité a été mise en éveil par l'arrivée des passagers.

Le brave garçon forge une histoire. Ses amis et lui faisaient une excursion archéologique en Crête. Ils ont été surpris par l'insurrection, traqués par les Turcs et les Candiotes, obligés de fuir précipitamment.

Puisque le hasard les conduit à Brindisi, ils profiteront du temps dont ils disposent encore pour parcourir l'Italie, cette terre des merveilles, où du moins d'inoffensifs admirateurs du beau n'auront pas à craindre les coups de fusil.

Le capitaine se laisse prendre à ses discours. Il rit de bon cœur au récit des aventures imaginaires du préparateur et fait de son mieux pour bien recevoir les voyageurs sur son navire, qui malheureusement n'est pas distribué pour transporter des passagers.

Enfin! la traversée n'est pas longue. Au bout de trois jours, le phare de Brindisi est signalé. Jean et ses amis prennent congé de l'aimable marin, débarquent et sautent dans un train pour Rome, où ils espèrent retrouver la statue de Diane qui si souvent leur a glissé entre les doigts.

Pour tous, pour Fanfare surtout, la possession du bloc d'aluminium doit raffermir la raison encore chancelante de Nali. Et à l'idée que l'Américaine le reconnaîtra, que son doux visage s'éclairera d'un sourire, le peintre sent les larmes monter à ses paupières. Il ne songe plus à son honneur engagé, à l'accusation qui pèse sur lui. Il a un seul but, une unique espérance : rendre l'esprit à celle qui a souffert pour lui.

CHAPITRE XVI

LA VILLE-MUSÉE

— La campagne romaine qu'un grand romancier a si justement appelée la terre d'orgueil!

C'est de cette exclamation que Vemtite salua par la portière du wagon la campagne de Rome. Et comme aucun de ses compagnons ne répondait, il reprit :

— Jadis s'étendaient ici les fertiles prairies du Latium. Plus tard les patriciens couvrirent la plaine de luxueuses villas, qu'entouraient des parcs ombreux, rafraîchis par les eaux courantes, embaumés par les fleurs, où des troupes de musiciens berçaient de leurs chœurs la paresse opulente des maîtres du monde. Que reste-t-il de tout cela? Un désert rougeâtre, calciné, un sol tourmenté, dont les crevasses livrent, de loin en loin, passage au fût élancé du pin parasol. Des paysans hâves, incessamment secoués par la fièvre paludéenne, la mal'aria, se traînent péniblement dans cette campagne désolée. Ils vont s'abriter du soleil à l'ombre des ruines du passé. Sur le Monte Rocca di Papa ils se couchent parmi les vestiges du camp d'Annibal; ils bordent la voie Appia, ce Père Lachaise de l'antique capitale, appuyant leurs têtes brunes aux ruines des tombeaux de leurs ancêtres. Les sépulcres de Cecilia Metella, celui de Publicius Vibus Marianus ont leurs lazzarones, comme Véies, comme Frascati, comme la Villa Torlonia. Ils grouillent, mendiants et superbes, répétant sans cesse deux gestes : tendre la main à l'aumône; étendre le bras vers l'horizon où le soleil flamboie. Celui-ci destiné à expliquer celui-là. Les deux mouvements signifient : Je suis citoyen du Latium, je suis Romain, issu d'une race si noble, que je ne saurais me condamner au dur labeur. La mendicité leur est un droit, l'obole de la charité devenant pour eux une dîme qu'ils prélèvent sur l'étranger admis en leur pays. Ce sont des poètes sans prosodie, des musiciens sans solfège, de grands hommes en songe, en réalité de grands enfants trop fiers de leurs aînés pour chercher jamais à leur ressembler.

Le secrétaire du ministre de l'Instruction Publique était lancé. Tandis que ses amis, indifférents à ce flot d'éloquence, regardaient défiler le paysage triste mais grandiose, le poète continuait :

— Au surplus, leur orgueil n'est-il pas le plus clair de leur héritage? Dans Rome même ne trouve-t-on pas constamment ce souci frivole des races décadentes de faire plus grand que ses prédécesseurs? Quel cirque peut être comparé au Colysée? Quel palais au Mont Palatin, la colline des Palais, où les empereurs engloutissaient en constructions éperdues les milliards dérobés aux peuples vaincus? Pygmées nés de Titans, les hommes d'aujourd'hui sont impropres aux héroïsmes ; mais ils ont conservé de l'histoire la vanité frivole de l'enfant, qui oublie sa petite taille en disant avec emphase : mon père était grand! ah ! Rome! les Romains...!

— Rome! les Romains ! répéta la douce voix de Nali.

Lucien, interrompu au début d'une période oratoire qu'il préparait depuis un instant, la regarda de travers, mais l'Américaine ne s'en aperçut pas. Elle parlait :

— Rome, Florence, l'Italie! *Elle* a parcouru ce pays! Elle? N'est-ce pas moi qu'il faudrait dire? Je ne sais pas. Il y a du brouillard sur mon souvenir.

Le doigt sur ses lèvres, Anacharsia invita ses amis au silence. La démente reprit :

— Pourtant je me souviens des merveilles, des trésors entassés sur cette terre prédestinée. Parme, Ravenne, Venise, Florence avec ses Médicis, Jean, Cosme surnommé Pater Patriæ, Pierre Ier, Laurent le Magnifique, Pierre II; Toscane berceau des Étrusques. Et les collections de la Loggia dei Lanzi, autrefois Portique des Priori avec le *Persée* de Benvenuto Cellini, l'*Enlèvement des Sabines* de Jean Bologne ; le Palais Strozzi ; le Palazzo Vecchio où brillent les peintures sur ardoises de Ligozzi, Cigoli et Passignano ; la galerie des Uffizzi, la galerie Pitti dont les trésors s'amoncellent dans les salles inoubliables de Vénus, d'Apollon, de Mars, de l'Iliade, della Stafa, du Bain, de Poccetti, des Enfants (dei Putti). Puis l'Académie des Beaux-Arts, avec sa Tribune de Michel-Ange, et le Musée de San Marco, et le Musée National, dans le Palazzo Pretorio, et le Cenacolo di Fuligno. Quelles beautés! Quelles grandeurs! Quelles magnificences!

La jeune fille s'arrêta un moment. La Candiote en profita pour se pencher vers Jean et lui murmurer à l'oreille :

— Vous le voyez, elle s'exprime clairement; sa mémoire lui retrace nettement ce qu'elle a admiré autrefois. Tout cela doit vous donner l'espoir de la guérison prochaine.

Mais le peintre haussa tristement les épaules :

— L'espoir est plus facile quand l'affection est moins grande. Pardonnez-moi de vous répondre ainsi, je suis injuste. Seulement une telle anxiété m'étreint que je n'ose croire au dénouement heureux de cette crise, qui a privé la pauvre enfant de la raison.

— Pourtant il faut croire.

Et comme Jean allait répondre, la fille de Taxidi l'interrompit soudain :

— Chut! Elle va encore parler.

En effet Nali reprenait son monologue un instant suspendu :

— Rome maintenant défile sous mes yeux. Voici la Villa Borghèse avec ses sculptures antiques, au milieu desquelles trônent l'œuvre de Canova, *Pauline Bonaparte*, sœur de Napoléon Ier en Vénus victorieuse et le *David* de Bernin. Tout s'efface, le Palais Torlonia succède. Encore Canova, avec *Hercule et Lycas*. Puis la *Madone* de Sassoferrato au milieu de peintures adorables. Maintenant c'est le palais Piombino. Un groupe de premier ordre : *Un Gaulois tuant sa femme*. Le Palais Farnèse le remplace. Il passe en laissant à peine le temps d'apercevoir les fresques d'Annibal Carrache, pour faire place à la Farnésine avec le *Festin des Dieux* et le *Triomphe de Galathée.*

La folle regardait devant elle. Son gracieux visage exprimait l'extase. Durant une minute, elle demeura ainsi, puis elle eut un geste de bouderie mutine :

— Cela aussi disparaît, dit-elle. Qui vient à cette heure? Ah! c'est l'*Herodiade* de le Pordenone, le chef-d'œuvre du Palais Doria. Oh! et ces tableaux qui défilent en rangs pressés; c'est la galerie Colonna. . . . . . .

Elle saluait de la main ces œuvres d'art que son imagination présentait à ses yeux :

— Salut, Palais Albani! Salut, Palais Barberini! Salut, ô *Fornarina* de Raphaël! *Beatrice Cenci* du Guido! Quoi! vous vous enfuyez déjà? Ah! je comprends, les collections ethnographiques du Musée Kircher vous pressent. Je vous reconnais *Ciste Ficeroni*, *Tombes de l'âge de pierre*, *Trésor de Palestrina*. Oui, vous avez hâte de vous éloigner. La Galerie Nationale arrive, conduite par la *Petite Bergère* de Michetti, les *pastels* de de Nittis, le *Messidor* de Ciardi.

Elle s'animait en parlant. Des rougeurs montaient à ses joues. Ses yeux prenaient un éclat insolite. Jean voulut essayer de détourner sa pensée, mais de nouveau Anacharsia lui mit la main sur les lèvres.

— Taisez-vous, fit-elle à voix basse. Laissez son idée parcourir le cycle où elle est engagée.

— Mais sa surexcitation augmente.

— Qu'importe. La nature travaille et son but est la santé. Je vous jure que si mon père était auprès de vous, il vous dirait les mêmes choses.

L'orchestre des enfants, bas-relief de LUCCA DELLA ROBBIA (Florence).

Fanfare courba la tête, et se cachant la figure dans ses mains, demeura immobile. Il voulait ne plus voir, ne plus entendre, car le spectacle de la folie lui faisait mal.

Et Nali continua :

— Ah! ah! C'est le Musée de Latran, le Musée National, le Palais des conservateurs, le Musée du Capitole; à leur tour les Musées du Vatican se montrent. Oui, oui, je vous vois, Chapelle Sixtine drapée des fresques de Michel-Ange, salles et loges de Raphaël, Pinacothèque! Bonjour *Laocoon*, *Antinoüs géant*, *Apollon du Belvédère*, *Apollon Sauroctone*, *Tueur de lézards* de Praxitèle; *Danaïde*, *Cléopâtre*, bonjour! Et vous aussi, *Vénus Anadyomène*, *Persée*, *Pugilateurs*, bonjour !

L'Américaine s'était tue, et son regard vague disait assez à ceux qui l'entouraient qu'elle ne se souvenait plus de leur présence. Un instant la lumière avait brillé dans son cerveau; maintenant elle s'était éteinte. La folie avait ressaisi sa proie, et Jean considérait l'infortunée lorsque la fille de Taxidi murmura :

— Les crises de souvenir deviennent plus fréquentes. Mon père ne s'était pas mépris. Nous verrons miss Nali sauvée de l'abîme de la démence.

— En attendant, observa Frig, elle a fort justement montré le difficulté que nous aurons à rencontrer le fugitive Diane.

A cette exclamation du clown, tous les regards se fixèrent sur lui; répondant à cette interrogation muette, il reprit :

— Rome est un cité tout rempli de Miousées. Auquel adresser notre visite? Irons-nous aux galeries de l'État, ou bien à ceux du Vatican, ou bien dans les petits galeries particuliers? Hé! Sir Jean, quelle est le pensée de vo?

Ainsi interpellé, le peintre eut un geste impatient. L'Anglais l'horripilait en cet instant. Parbleu! Il se rendait compte de la difficulté de l'entreprise; mais de là à trouver la solution pratique il y avait loin. Et ce bavard de Frig qui l'obligeait à confesser son ignorance, à étaler devant tous le désarroi de ses idées!

Heureusement Veintite vint à son secours :

— Ma foi, dit-il, en arrivant en gare, la première chose à faire est de nous mettre en quête d'un hôtel.

— Well, articula le ménage Frig. Découvrir le hôtel et prendre un léger rafraîchissement de viande froide et...

— Miss Nali et Mlle Anacharsia y resteront. Il le faut, ajouta le poète sur un mouvement de la Candiote, il le faut; notre malade est trop aisément reconnaissable, et l'emmener avec nous serait faire le jeu du coquin qui nous a volés.

— Jacopo!

— Précisément! Pour nous, nous nous partagerons la besogne. M. Frig et Mrs Lee prendront un musée qu'ils exploreront. M. Vouno opérera de même dans un autre. Jean et moi perquisitionnerons d'un autre côté. En somme, au bout de deux ou trois jours...

— Nous aurons parcouru toutes les collections, s'écria impétueusement Fanfare, et après? Crois-tu que ce misérable Jacopo va exposer notre Diane, bien en vue, pour qu'au premier coup d'œil nous la voyions et...

— Là là, du calme.

— Puis-je en avoir lorsque du succès de nos démarches dépend le salut de Nali?

— Certainement. Tâche au moins d'en montrer assez pour écouter mon raisonnement.

— Va, va... je me tais.

— Et très bien fais-tu. Jacopo se figure que nous n'oserons pas venir le relancer ici. La teneur de sa lettre l'indique clairement. Il ne doit pas être fixé sur notre identité; il ne soupçonne pas les raisons qui ont déterminé l'enlèvement de la statue. Pour lui, comme pour tout le public, des voleurs se sont introduits au Louvre et se sont emparés d'un objet d'art. Tu saisis bien l'exactitude de ces prémisses?

— Mais oui, éternel bavard. Quelles conséquences prétends-tu tirer de cette situation qu'aucun de nous n'ignore?

— Tu vas voir. Dans son esprit, Jacopo s'est fait le petit discours que voici : Voler des voleurs est louable. Je vais ramener la Diane en Italie, en faire don à un musée et réclamer une récompense que l'on m'accordera : le monopole de la reproduction photographique...

Le jeune homme s'interrompit pour se frapper le front :

— Et même cela va faciliter nos recherches.

— En quoi?

— En ceci, que le drôle doit naturellement s'adresser aux musées les plus importants, ceux dans lesquels il aura le plus à glaner et par lesquels il sera le mieux protégé. Voilà qui restreint le cercle de nos investigations :

Chacun était frappé de la justesse des déductions du poète.

— Ceci posé, le Jacopo, à peine arrivé à Rome, s'est mis en quête d'un conservateur, d'un directeur assez épris d'art pour passer sur la provenance de la Diane et pour lui accorder l'hospitalité. Il a dû affirmer que le gouvernement français ignorait absolument ce qu'était devenue la statue, ce qui est vrai d'ailleurs. Puis il a ajouté que nous, qui sommes sous le coup de poursuites judiciaires, nous n'élèverons jamais la moindre réclamation. En présence de tels arguments, étant donné en outre que toutes les puissances européennes ont plus ou moins revendiqué la possession de l'œuvre d'art en question, le faquin a sûrement réussi dans sa négociation.

— Mais enfin, où veux-tu en venir, s'exclama Jean, incapable d'écouter plus longtemps les phrases que son ami enfilait complaisamment les uns au bout des autres? Où veux-tu en arriver?

— A cette conclusion, qu'un homme plus raisonnable que toi tirerait tout seul. La Diane figure déjà, ou est sur le point de figurer dans une collection romaine, et les considérations que je viens d'exposer me permettent d'affirmer, avec la quasi-certitude de ne pas me tromper, que nous la découvrirons, soit au Vatican, soit au Musée National, soit enfin...

Peut-être une discussion se serait-elle élevée au sujet des suppositions optimistes de Vemtite, mais le train stoppa, et les employés du chemin de fer se présentèrent aux portières en disant d'un ton caressant :

— Roma! Roma!

Les voyageurs étaient arrivés. Ils descendirent sur le quai, et perdus dans la foule bruyante, bavarde, donnant libre carrière à son exubérance méridionale, ils sortirent de la gare.

Des cochers étaient là, brandissant leurs fouets, prodiguant aux clients les titres les plus ronflants : Prince, Altesse, Seigneur, Excellence; exaltant les qualités de leurs chevaux, s'engageant à transporter ceux qui se confieraient à eux comme l'éclair ou comme le vent.

C'était un charivari à se boucher les oreilles, et les jeunes gens, un peu étourdis, eurent un regret à l'adresse des cochers parisiens si calmes, si paisibles, encore que des personnes, ignorantes de la verbeuse Italie, les accusent d'être « forts en mots ».

Cependant Vouno avait engagé une courte conversation avec l'un des automédons, et bientôt il appela ses compagnons :

— Le brave homme va nous prendre tous dans son corricolo; il nous conduira à un hôtel convenable, mais non de premier ordre. Juste ce qu'il nous faut en ce moment. C'est l'Hôtel du mont Capitolin, via Giulia Romana.

Sans observation tous prirent place dans la voiture. Ils étaient un peu serrés, mais bah! le trajet ne devait pas être bien long, et le véhicule se mit en marche.

Quittant la gare de Termini, il parcourut dans toute sa longueur la large via Cavour, traversa l'extrémité ouest du Forum, près de la colonne de Phocas et s'arrêta bientôt à la porte de l'hôtel désigné.

Dix minutes après, les voyageurs étaient installés sous des noms d'emprunt dans leurs chambres respectives. Ils se débarrassaient de la poussière que l'on récolte toujours en chemin de fer et se réunissaient autour d'une table où une collation abondante leur rendit leurs forces.

Le repas fut rapide. Personne n'avait le désir de s'abandonner aux douceurs de la bonne chère. Quelques bouchées avalées précipitamment et les hommes se levèrent. On se distribua la besogne de reconnaissance de la ville. Vemtite se rendrait au Musée National; Jean visiterait les collections particulières; enfin les Anglais assumeraient la lourde tâche de parcourir les musées du Vatican.

Le printemps de BOTTICELLI (Florence).

Frig aussitôt offrit le bras à son épouse, avec toute la grâce clownesque dont il était capable, et tous deux se mirent en route vers la basilique de Saint-Pierre, de laquelle les galeries sont voisines. A grandes enjambées ils gagnèrent le Corso Vittorio Emanuele, franchirent le Tibre sur le pont qui porte le nom du même roi et par le Borgo Vecchio parvinrent sur la Piazza de Saint-Pierre.

Là, ils s'arrêtaient un moment comme éblouis. La vaste place elliptique, ceinturée d'un portique de quatre rangs de colonnes doriques surmontées de statues colossales, la petite place (Piazzetta) qui fait suite, le perron et la façade de la basilique les écrasaient par leur grandeur.

Leurs regards erraient incertains de l'obélisque d'Héliopolis occupant le centre de la Piazza, aux Fontaines de Carlo Moderna, aux figures grandioses de pierre, au dôme audacieux dont la demi-sphère se dresse sur le tout ainsi que la tiare orgueilleuse de la papauté.

Les clowns avaient beau écarquiller les yeux, ils n'apercevaient rien qui ressemblât à l'entrée d'un musée, selon l'idée que l'on s'en fait en France ou en Angleterre. Des passants, rapetissés par les proportions gigantesques du décor, se dessinaient sur le sol de la place ainsi que des fourmis noires.

— Si nous demandions le chemin de nous ? proposa timidement Lee.

Mais son mari secoua la tête. Il se souvenait de sa burlesque aventure à Hambourg et ne se sentait aucune propension à recommencer ses exercices de linguistique.

— S'il y avait seulement un policeman, grommelait-il.

On sait qu'à Londres, les agents de la police sont les plus aimables gens que l'on puisse rêver. Courtois, affables, ils sont la providence des voyageurs égarés, et le clown en formulant son souhait exprimait clairement sa détresse.

Hélas ! Nul agent de la paix publique ne se montrait. A pas lents, le couple fit le tour du portique et se retrouva bientôt à son point de départ, aussi embarrassé qu'à l'arrivée.

Soudain le clown avisa un garde-noble, qui se pavanait majestueusement dans l'uniforme brillant et bizarre des gardes du Vatican.

— Well! murmura-t-il, celui-ci est de la maison; il m'indiquera la porte des Miousées.

En trois enjambées il fut auprès du promeneur, et avec son inimitable accent demanda :

— Pardon! Monsieur le Signor; pourriez-vous indiquer a moi le *intrance* du Miousée?

Le soldat le regarda, un large sourire fendit sa bouche jusqu'aux oreilles, et il s'écria :

— Vous êtes un *englishman?*

— *Yes*, répliqua joyeusement le clown, et vous *also?*

Il avait reconnu un compatriote. Désormais sa tâche serait facile. Cependant le garde après une légère hésitation reprit :

— Je suis de Grande-Bretagne, mais non d'Angleterre. Je naquis en Irlande et me nomme Sir Thomas Haddock.

— *An Irishman*, fit à part elle la gentille écuyère, en avançant les lèvres pour une moue significative disant tout le mépris des insulaires de la grande île pour ceux de la petite.

Mais Frig, s'il partageait le préjugé commun, n'en laissa rien paraître et déclara gravement :

— *Irish* ou *English*, c'être le même chose. Je renouvelle la question : *Where is the intrance?*

La figure du garde-noble s'épanouit et du ton le plus aimable :

— Voulez-vous que je sois votre guide?

— Très volontiers. Mais permettez que je comble le lacune du conversation en présentant moi-même : Sir Flower et Mistress Flower, industriels en voyage d'agrément.

Haddock s'inclina, — un Anglais s'incline toujours devant l'homme assez fortuné pour parcourir le monde en amateur, — et il se mit en marche.

— Pourquoi ce nom de Flower qui n'est pas le nôtre, dit tout bas l'écuyère à son mari?

— Pourquoi? Vous le demandez, Lee? Vous oubliez très bien certainement que nous avons à trembler devant les policemen. Ce serait donc très naïf d'indiquer la véritable appellation de nous-mêmes.

Cela était tellement évident que la jeune femme s'excusa aussitôt de son intempestive question, et les trois personnages continuèrent leur route de ce pas digne et allongé qui fait reconnaître en tout lieu le touriste anglais.

Le guide se glissa sous la colonnade, près de l'angle de la Piazza et de la Piazzetta, et montrant une porte qui trouait la façade d'un bâtiment situé en arrière :

— Voici l'*intrance* demandée, Sir.

Comme Frig s'inclinait, il reprit :

— Vous m'avez dit, je crois, que vous étiez en voyage par plaisir?

— Yes, répliqua le clown sans deviner où tendait cette question.

— Alors permettez-moi de vous donner un conseil?

— Ne vous gênez pas, donnez cette conseil, reprit poliment Frig.

Sir Thomas Haddock eut un sourire satisfait et d'un ton pénétré :

— Les collections du Vatican sont si riches, que les traverser en un seul jour ne permet de rien voir. On sort de là, pris de vertige, et l'on n'emporte aucun souvenir. Ce n'est point là ce que vous désirez, j'imagine?

— Non certainement, murmura l'Anglais qui, on le sait, voulait voir et bien voir.

Le sourire du garde s'accentua :

— Allons, je vois que vous comprenez l'art comme il mérite d'être compris. Voici donc ce qu'à mon avis il conviendrait de faire. Aujourd'hui nous visiterons la chapelle Sixtine, les chambres et loges de Raphaël. Demain, nous prendrons rendez-vous pour parcourir le Pinacothèque et les galeries de tableaux. Ensuite nous passerons au musée de sculpture et enfin à la bibliothèque et au musée Chiaramonti.

Après tout, ce que souhaitait le clown, c'était de ne laisser aucun coin inexploré, et la combinaison de son cicerone avait l'avantage de lui permettre de séjourner assez longtemps dans chaque partie de l'édifice pour atteindre ce résultat. Il souscrivit donc des deux mains à l'arrangement et la visite commença.

Frig pouvait se vanter d'avoir trouvé un guide consciencieux. Par le corridor de Bernin, Thomas Haddock le conduisit à la Scala Regia (Escalier Royal), à la chapelle Sixtine et aux loges. Et vraiment le voyageur avait le loisir de tout examiner en détail. Trop de loisir même, car l'Irlandais ne lui faisait grâce d'aucune explication.

Après avoir salué le gendarme pontifical, qui garde le premier palier de l'escalier royal, et s'être fait délivrer des permis de visiter, le garde-noble se livrait à de véritables conférences sur les fresques de Michel-Ange. *Le Jugement dernier*, expliqué par lui, agaça le clown et sa blonde compagne. Le défilé des pages inoubliables de l'*Ancien Testament* les horripila. Aux chambres de Raphaël, à l'*Incendie du bourg*, devant la *Philosophie*, ils craignirent de succomber à une crise nerveuse; aux loges, parmi les cinquante-deux peintures de Raphaël, ils se sentirent devenir fous.

Jamais dans leur carrière d'hippodromes, on ne les avait autant gavés d'art.

Dire leur joie, lorsque leur impitoyable cicerone leur annonça qu'ils avaient rempli le programme de la première journée, est impossible. Ils en oubliaient que, dans leurs pérégrinations, ils n'avaient rien découvert qui se rapportât à la Diane de l'Archipel.

Ce fut avec un sentiment de délivrance qu'ils se retrouvèrent sur la place Saint-Pierre. Là, le garde-noble tendit la main et reçut le pourboire que méritait sa belle conduite. Et même, le clown, un peu ennuyé de rentrer bredouille à l'hôtel du mont Capitolin, poussé aussi par un vague désir de rester en bons termes avec Haddock, le pria d'accepter à dîner, ce que celui-ci fit après quelques façons.

Le restaurant del Popolo, bien connu des touristes, était proche. On s'y installa et l'on se sépara fort tard, étant devenus les meilleurs amis du monde.

A l'hôtel, le clown apprit que ses compagnons n'avaient pas été plus heureux que lui, et il en inféra naturellement que, le lendemain, il devrait de nouveau se livrer aux débordements oratoires du garde-noble.

Rien n'était plus vrai. Patiemment, mais vainement, il déambula à travers le Pinacothèque et les galeries de tableaux, mais au beau milieu de la visite, son courage l'abandonna devant la *Mise au Tombeau* de Michel-Ange de Caravage, et il prétexta un rendez-vous important pour échapper à l'Irlandais, véritable catalogue vivant; c'était reculer pour mieux sauter. Le troisième jour, il dut reprendre sa promenade à travers les chefs-d'œuvre que sa nature acrobatique ne comprenait pas. Positivement l'honnête garçon se sentait devenir enragé, et la douce Lee elle-même, éprouvait des mouvements de colère qu'elle avait ignorés jusqu'à ce jour.

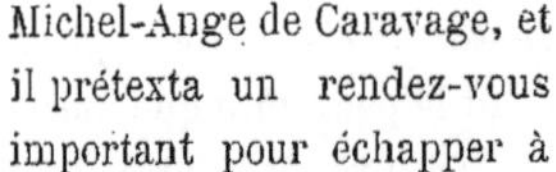

Statue de César Auguste
(Musée du Vatican. Galerie des antiques).

Chaque fois qu'ils revenaient à l'hôtel, il espéraient voir finir leur supplice. Peut-être un de leurs compagnons aurait-il découvert la trace de l'introuvable Diane. Mais toujours ils recevaient la même réponse : Rien, encore rien.

Maintenant, quand ils sortaient, ils examinaient les magasins, épluchant la « montre » des marchands d'estampes, de dessins, de photographies, espérant qu'une reproduction de la malencontreuse statue les mettrait au moins sur la piste du larron Jacopo.

Peines perdues! De guerre lasse, ils commençaient à se demander si le fourbe n'avait pas trompé Vouno en lui indiquant Rome comme le lieu de sa retraite? L'hypothèse n'avait rien d'impossible malheureusement.

Bref, le quatrième jour, ils résolurent d'en finir. Avec une admirable patience, ils se laissèrent promener dans les galeries de sculpture, poussant des aoh! laudatifs devant les statues célèbres que leur nommait Thomas Haddock, leur infatigable cicerone.

La *Mosaïque* et le *Jupiter* d'Otricoli, le *bassin de Porphyre* des Thermes de Titus, l'*Antinoüs* de Palestrina, la *Junon* du palais Barberini furent l'objet de longues dissertations, qui se continuèrent à propos d'*Apollon Musagète*, de *Pénélope assise*, de *Posidippe*, de *Ménandre!* Dans le cabinet des Masques, l'Irlandais reprit haleine; mais son éloquence se remit à couler à flots devant le *Bacchante*, le *Faune*, *Vénus Anadyomène*, *Apollon*, *les Molosses*. Le *Mercure du Belvédère*, connu sous le nom d'Antinoüs du Bélvédère, lui inspira des périodes pathétiques. Puis ce fut le tour du *Méléagre*, du *tombeau de Scipion*, d'*Auguste*, de l'*Athlète*, de *Minerve*, de la *Fileuse*, des *Tapisseries* de Raphaël; on avait parcouru les galeries qui entourent le jardin della Pigna.

— Bon, fit tout à coup le clown, ces Vénus, Junon, Diane sont très *beautiful*, je ne povais pas dire le contraire, et je faisais le souhait à toutes les femmes de leur ressembler; mais le *Daily News* a prétendu un jour que le Miousée du Louvre possédait un scioulpture plus jolie beaucoup.

Et comme le garde-noble le considérait avec stupeur en grommelant :

— Le musée du Louvre, à Paris? Peuh! qu'est cela auprès des galeries romaines?

Frig poursuivit paisiblement :

— Je ne savais pas, moi. C'est le *Daily News*. Il parlait d'un statue en zinc.. ou en acier... enfin un métal...

— En aluminium, peut-être? fit étourdiment l'Irlandais.

— Just! C'est cela, en aluminium... Attendez... oui, le Diane du Archipel, qui était au Louvre.

— Qui *était*, répéta sir Thomas en appuyant sur l'imparfait.

Le clown parut ne pas comprendre :

— Oui, sans doute. Je me propose, en revenant, de m'arrêter à Paris pour le voir.

La voix du brave garçon tremblait légèrement. Les répliques de son interlocuteur l'avaient amené à penser que ce dernier connaissait le sort de la Diane. De là une émotion qu'il ne put entièrement maîtriser. Mais Haddock n'était pas un modèle de perspicacité; il ne remarqua pas le trouble de son compatriote et baissant le ton :

— Inutile de faire un si long trajet.

Il s'arrêta, hésitant à aller plus loin, mais il avait la reconnaissance de l'estomac, le digne gentleman, et Frig l'avait si parfaitement fait dîner au restaurant del Popolo. Et puis, les meilleures natures ont leurs faiblesses; peut-être songea-t-il à une nouvelle invitation possible. Toujours est-il qu'il continua :

— Dès l'instant que l'Angleterre ne possède pas cette statue, il vous est indifférent, n'est ce pas, qu'elle se trouve en France ou ailleurs?

— Absolument, dit le clown en comprimant les pulsations de son cœur.

— Alors écoutez-moi. Surtout ne répétez pas. C'est un secret et mon emploi est en jeu.

— Cela suffit! On ne fait pas du tort à un compatriote. Du reste, si vous avez le moindre crainte, ne faites pas de moi votre confident.

La meilleure façon de faire parler un bavard est de paraître indifférent à ce qu'il veut conter. La réponse de Frig leva les dernières hésitations du garde-noble :

— Oh! pas de crainte avec vous, sir Flower, et je le prouve. La statue de Diane a été volée au Louvre par des malfaiteurs.

— Cela est-il possible, clamèrent les deux Anglais avec une surprise bien jouée?

— Très possible, puisque cela est. Un Italien, photographe voyageant en Crête, a pu la reprendre aux ravisseurs, et moyennant le monopole de la reproduction, il la cèdera aux musées du Vatican. Là, on la cachera pendant quelque temps, et dans un an ou deux on la placera tranquillement parmi les autres.

— *Devil!* Je n'ai pas le volonté de demeurer un an ou deux à Rome!

— Qui vous parle de cela? Je suis chargé de me rendre demain soir, à là nuit, chez le détenteur du sujet. Rien ne vous empêche de m'accompagner et vous verrez la Diane de l'Archipel.

Du coup, Frig ne sut pas résister à l'envie de serrer la main de Thomas Haddock. Celui-ci ravi de cette expansion, qu'il prit pour la joie d'un esprit artistique, poursuivit :

— Deux commissionnaires m'attendront près le Colysée, à l'angle de la Via del Colosseo. Soyez là vers six heures. Vous me suivez à quelque distance, vous vous glissez dans les magasins du photographe et le tour est joué.

— Ma foi, c'est toute simplement admirébel et jamais je n'aurais combiné cela aussi parfaitement bien.

— Oh! nous autres militaires... fit modestement l'Irlandais!

— Ma foi, je ne vous quittais plus, nous allons dîner *together*... non, ensemble.

Plus encore la face rose du garde s'épanouit :

— Si mon acceptation n'est pas indiscrète...

— Indiscrète, y pensez-vous, *dear sir;* après l'amabilité que vous m'adressez. *No, no*, acceptez, et je serai encore votre *most obliged.*

En offrant à son cicerone un copieux repas, le clown avait son idée. La bonne chère, arrosée de vins choisis, délièrent la langue du garde-noble, et lorsque les amis se quittèrent fort avant dans la soirée, Frig savait que les commissionnaires avaient été engagés par un scribe du Vatican, de telle sorte que Thomas ne les connaissait pas. De plus, il avait appris que la statue se trouvait chez il Signor Leocadi, fotografo, 35, via Nazionale.

Enfin un plan avait germé dans son cerveau inventif. C'est de ces diverses choses qu'il s'entretint au retour avec ses amis, et tous attendirent avec anxiété la journée du lendemain, qui allait décider de leur sort.

Avant l'aube, ils étaient debout. La matinée fut employée en courses à travers la ville, en visites mystérieuses à des marchands d'habits, et l'on revint à l'hôtel avec des paquets de hardes. Le déjeuner expédié nerveusement, chacun se retira dans sa chambre. A cinq heures du soir, Frig, Jean et Vemtite ressortaient, accompagnés de Vouno. Ils gagnèrent le quai Vallati bordant la rive droite du Tibre. Là, ils se glissèrent dans un étroit passage presque toujours désert et procédèrent à une étrange mascarade.

Dépouillant les pardessus qui les couvraient, les Français apparurent en tenue de commissionnaires; paletots et chapeaux furent remis à Vouno qui retourna aussitôt à l'hôtel où l'attendaient Anacharsia et l'Américaine. Alors les jeunes gens tirèrent de leur poche des casquettes, les campèrent sur leur tête et regardant le clown bien en face, demandèrent :

— Croyez-vous que l'on nous prendra pour de véritables commissionnaires?

Frig se gratta le nez, ce qui chez lui indiquait le doute. Enfin il grommela :

— Si le gentleman Haddock était Anglais, peuh! peuh! Mais c'est un Irlandais, et ils ne sont pas très clairvoyants dans le Ile verte. Je pense qu'il n'est pas malin assez pour découvrir le subterfuge.

Il prononçait subterfiouge.

— Enfin, le temps il était véloce; venez. J'avais encore beaucoup fort à faire.

Statue de David de Michel-Ange
(Musée du Vatican).

Sur ces mots, tous trois se dirigèrent vers la rue du Colysée. L'Anglais installa ses compagnons sous une porte, puis il alla se poster à l'angle qui lui avait été indiqué comme lieu du rendez-vous.

Il n'attendit pas longtemps. Bientôt deux commissionnaires à l'allure lourde parurent. Ils regardaient autour d'eux comme s'ils cherchaient quelqu'un. A trois pas du clown, ils s'arrêtèrent. Il n'était pas permis d'en douter, ces hommes étaient ceux qui avaient été mandés pour le transport de la Diane.

Vivement le mari de Lee se rapprocha d'eux.

— Vous avez le rendez-vous avec un guarde du Vatican, demanda-t-il avec un magnifique sang-froid?

— Si, Signor, yes, gentleman, baragouinèrent les deux hommes, qui ainsi que tous les gens de leur condition à Rome, étaient arrivés, au contact des touristes à parler une sorte de volapuk composé de tous les idiomes d'Europe.

— Well! Eh bien, la petite course, il était remis à demain. Voici quatre lires (4 francs) pour le dérangement de vo ce soir.

— Alors il faudra revenir, signor?

— Demain à le même heure.

Les gaillards empochèrent les pièces de monnaie, couvrirent le Signor de bénédictions et s'en retournèrent enchantés de ce profit imprévu. Frig les suivit des yeux jusqu'à ce qu'ils eussent disparu. Quand leur silhouette se fut effacée derrière les maisons d'une rue latérale, il appela du geste ses compagnons, qui, de leur cachette avaient suivi avec anxiété tous ses mouvements.

— Premier acte terminé, déclara le clown en se frottant les mains. Le substitution de commissionnaires est achevé. A présent, il fallait remplacer le garde-noble également.

Il fouilla dans sa poche, en tira une mince cordelette de chanvre :

— Vo povez voir que j'ai le nécessaire.

Et comme Jean, dans son anxiété, montrait un visage contracté.

— *Be quiet*, soyez calme, continua le brave garçon. Vous tireriez du sommeil le soupçon. Un commissionnaire portait les packets, mais il ne portait pas les yeux au ciel.

Bon gré, malgré, les Français souriaient de la remarque, quand Frig murmura :

— Attention à vos... Voici le sir Thomas Haddock.

En effet, le garde du Vatican traversait la place.

— Attendez-moi là, ordonna le clown qui, cette recommandation bien faite, marcha à la rencontre du nouveau venu.

Les deux hommes s'inclinèrent, échangèrent une poignée de mains à se rompre les os, selon la coutume cordiale des habitants de la Grande-Bretagne.

— Vos hommes, ils étaient là, fit alors Frig. Mais voulez-vous me permettre de vous retarder quelques minutes?

Il savait bien que son interlocuteur n'avait rien à refuser à un compatriote qui le bourrait de dîners succulents.

— Je vous en prie.

A cette réponse escomptée d'avance, le brave garçon salua de la tête et doucement :

— Trop aimable, dear Sir. Mais voici le chose, je crains que mon séjour dans Rome soit abrégé, et je désirais mettre les bouchées doubles.

— Vraiment vous pensez partir si vite?

— Oui, avec le intention de revenir. Enfin je reprends. Me trouvant devant le cirque Colysée.....

— Ou amphithéâtre Flavien, compléta Haddock, reprenant aussitôt son attitude de cicérone, construit sous Vespasien et Titus, empereurs de Rome, par les captifs juifs ramenés après la guerre de Judée. Il fut inauguré par des fêtes qui durèrent cent jours, et durant lesquelles plus de dix mille gladiateurs ou esclaves et cinq mille fauves furent égorgés dans l'arène.

Il était lancé, mais son compagnon n'avait pas le temps de l'écouter. Aussi, il l'interrompit pour lui dire :

— Justement! je voulais profiter de le voisinage, pour faire le tour de l'arène, me faire une idée de le monument pendant le jour, et puis revenir ce soir après dîner.

Les yeux de Thomas brillèrent, ils entrevoyaient un nouveau repas. Et le garde, pauvre comme beaucoup de ses collègues, était sensible à un festin qui le changeait totalement de son maigre ordinaire.

— Allons donc, ce n'est rien cela. Dix minutes suffisent. Nous marcherons un peu plus vite ensuite. Venez donc gentleman, venez.

Intimant aux pseudo-commissionnaires l'ordre de rester où ils étaient, Haddock entraîna son compatriote vers les ruines géantes du Colysée. Par l'une des quatre-vingts arcades, tous deux pénétrèrent dans l'immense cirque, qui, au dire des anciens, pouvait contenir cent sept mille spectateurs.

Pour la première fois, depuis que les hasards du voyage lui faisaient parcourir les milieux artistiques, Frig se sentit ému.

Ce monument gigantesque, où les ordres d'architecture dorique, ionique, corinthien, attique se mêlent et se superposent, ce monument était un cirque. Il avait été élevé à l'usage des acrobates, gladiateurs, clowns de l'antiquité. Frig se redressait malgré lui; il foulait le sol de l'arène d'un pas triomphal, en songeant que les plus spacieux théâtres ne sont que maisonnettes auprès du vaste hippodrome.

Ma foi, la vue du Colysée valait seule une excursion à Rome. Et Thomas, toujours disert, faisait pleuvoir l'averse intarissable de ses connaissances locales. Il montrait la série de marches et d'escaliers qui accèdent à la terrasse du quatrième étage, d'où l'on découvre un si superbe panorama de la ville et de la campagne environnante; il nommait les souverains, les papes, qui s'étaient attachés au déblaiement, à la restauration du Colosseum, depuis Macrin, Héliogabale et Alexandre Sévère jusqu'à Napoléon Ier, en passant par le chef normand Guiscard, les papes Pie VII, Léon XII, Grégoire XVI et Pie IX.

Des bouffées d'orgueil montaient au cerveau de Frig. Il assistait en imagination à l'apothéose du Cirque, et même il se surprit à regretter de n'avoir pas été citoyen de l'ancienne Rome. Dame! c'est joli d'être Anglais, et les Anglais aiment les sports; mais il faut bien le reconnaître, jamais les citoyens du Royaume-Uni de Grande-Bretagne n'ont songé à construire un Colysée pour jouer au foot-ball, au crocket ou au polo.

Brusquement ces fumées vaniteuses se dissipèrent. Le but de la visite, un instant oublié, se représentait à l'esprit de l'époux de Lee. Il s'agissait de prendre la place du garde-noble, et à la faveur de ce changement, d'enlever tranquillement avec le secours des faux commissionnaires la statue de la Diane au photographe Leocadi de la via Nazionale.

Acteur moderne, le clown allait jouer sa scène dans ce théâtre déshabitué des exercices des acrobates; cela était glorieux, mais difficile. En un instant, le bavardage de Haddock aidant, les ruines se peuplèrent pour l'Anglais des acrobates, danseurs, pugilateurs, gladiateurs de l'antiquité.

Il crut voir un peuple d'ombres envahir les gradins écornés, se suspendre aux corniches, se grouper sur les entablements, sous les portiques. La parole du garde-noble évoquait Alamanus qui, après avoir combattu dix années avec le filet des rétiaires, sous lequel il emprisonnait ses ennemis, tomba enfin dans l'arène. Les mânes des gladiateurs : Karielos venu de Grèce, Ipsis le Thrace, les esprits des captifs voués aux bêtes et transportés à Rome sur les galères venant du Pont, de Syrie, d'Égypte, de Numidie, d'Ibérie ou de Gaule, apparaissaient aux yeux troublés du clown. Puis c'étaient des théories de danseuses thébaines, les musiciennes de Babylonie, les marins qui figuraient des combats maritimes dans l'arène remplie d'eau. Et devant ces spectateurs choisis, Frig craignait de sembler terne, pâle, falot.

Mais ces visions s'effacèrent peu à peu. Le sentiment de la réalité reprit le dessus. Au surplus, la pièce qui allait être « interprétée » avait un but plus noble que toutes les représentations passées. Il s'agissait de reconquérir la raison d'une jeune fille et l'honneur d'un homme.

Galvanisé par cette idée, Frig promena autour de lui un regard inquisiteur; une bande de touristes était massée à l'extrémité opposée du Colysée, très attentive aux explications d'un guide. A sa droite, le digne garçon avait un trou béant, coupé de murs en ruines. C'était la partie des loges souterraines

LE COLISÉE.

déblayée par M. Pietro Rosa. C'était là où jadis étaient enfermées les bêtes féroces destinées aux combats de l'arène.

En une seconde, la résolution de Frig fut prise. Sa physionomie, son attitude changèrent. Un sourire distendit ses lèvres; son index, par un mouvement de bras inexprimable, fut amené en contact avec son nez. Tout bas il proféra son exclamation habituelle : Well!

Après quoi, en deux bonds il escalada un pan de mur, qui dominait la portion du souterrain mise à jour par la pioche des fouilleurs.

Sir Thomas Haddock en grande tenue.

— Eh! que faites-vous, s'écria Thomas Haddock?

— Je voulais voir les cabanes où on mettait les bêtes dans le temps d'autrefois.

— Nous pourrions rémettre cela à ce soir.

— No, déjà maintenant il y faisait noir comme dans une four. Venez, *please*, je comprenais pas ceci. Un ou deux petits minutes seulement.

L'Irlandais maudit tout bas son compatriote, mais il se rappela aussitôt que l'on dînait bien en sa compagnie, et avec beaucoup plus de peine que lui, il se hissa sur le mur.

Alors le clown, muet jusqu'ici, se mit à interroger son guide avec volubilité. Tout en parlant, il passait d'une muraille sur l'autre, et peu à peu, parcourant les crêtes des cloisons, piliers de soutènement, il s'éloignait de l'arène.

Soudain il s'arrêta. Les deux hommes étaient perchés sur des blocs de pierre dominant de trois mètres environ une cave en partie voûtée. Penché sur le bord, le clown affectait un intérêt considérable pour la maçonnerie, qui avait résisté aux efforts destructeurs de la nature durant tant de siècles. Un geste enthousiaste compromit son équilibre. Il étendit les bras, se cramponna à l'épaule du garde-noble. Tous deux oscillèrent un instant, et finalement emportés par les lois de la pesanteur, durent sauter dans le souterrain.

Avant que Sir Thomas Haddock, étourdi par cette chute, eut repris son aplomb, le clown lui appuyait une main sous le menton, lui passait la jambe, l'envoyait rouler sur le sol et, avec une dextérité que l'honorable corporation des gendarmes lui eut enviée, ligottait, baillonnait, réduisait à l'état de saucisson, l'infortuné guide du Vatican.

Celui-ci ahuri, terrifié, roulait des yeux effarés. Il se demandait probablement si son compatriote ne venait pas d'être frappé d'aliénation mentale. Son effroi ne connut plus de bornes, lorsque Frig se mit à le dévêtir méthodiquement. Et il perdit connaissance avant la fin de l'opération.

Cela n'émut pas le clown :

— All right! grommela-t-il, voici le solution le plus simple!

Rapidement il enfilait le pantalon, la tunique de Haddock, il bouclait son ceinturon, se métamorphosant ainsi en garde-noble.

Sa toilette achevée, il traîna l'Irlandais toujours évanoui sous la voûte sombre qui recouvrait une partie de la loge souterraine, plia soigneusement ses propres vêtements qu'il déposa auprès de sa victime, puis s'accrochant aux aspérités de la muraille, il se retrouva en un instant perché sur le pilier où il était tout à l'heure. Regagner l'arène, sortir d'un pas posé de l'enceinte du Colysée et rejoindre les faux commissionnaires qui commençaient à maugréer, fut l'affaire de deux ou trois minutes. Jean et Lucien eurent un serrement de cœur en apercevant l'uniforme du garde-noble, mais ils furent bien vite rassurés en reconnaissant leur fidèle compagnon.

— Tout a bien marché? firent-ils d'une seule voix.

— Yes, répondit l'Anglais. Mais nous n'avons pas du temps de trop. A plus tard les *explanations*... no... explications. Filons chez le signor photographe Leocadi, plutôt à le galop que au pas.

A une allure aussi rapide que possible, car il ne fallait pas attirer l'attention des passants, les trois amis parcoururent la via dei Serpenti, la rue Cavour, des ruelles étroites, la via Milano. Ils atteignirent la rue Nationale, et s'arrêtèrent devant un magasin, aux vitrines encombrées de photographies, sur la porte duquel s'étalait, orné d'un paraphe prétentieux, le nom de Leocadi.

— Demeurez muets comme des carpes, souffla le clown à l'oreille des pseudo-commissionnaires.

Sur cette recommandation, il pénétra dans le magasin, où un petit homme brun, sec, arrangeait sur des tablettes, avec des poses d'artiste inspiré, des agrandissements d'*instantanés* obtenus, ainsi qu'en faisait foi une étiquette superbement calligraphiée, au moyen des appareils photosphères.

CHAPITRE XVII

SUR LE TIBRE

Le photographe avait levé la tête. A la vue de l'uniforme de l'Anglais, il s'inclina profondément :

— C'est vous, révérendissime seigneur, que le musée du Vatican a délégué vers moi, Leocadi?

— C'est moa, révérendissime gentleman, répliqua Frig qui ne voulait pas être en reste de politesse avec son interlocuteur.

Et désignant ses compagnons qui, à cet instant décisif, enviaient vainement le beau sang-froid du clown :

— Voici les porteurs de le gentil Diane.

L'Italien avait paru frappé de l'accent du pseudo-garde.

— Vous êtes Anglais il me semble, illustre gentilhomme?

— Yes, Anglais de le Angleterre. Sir Thomas Haddock, baronnet, sans grande fortune malheureusement.

Il se reprit avec un air hypocrite dont ses amis faillirent pouffer de rire :

— C'est-à-dire heureusement, puisque ce pauvreté m'a incité à entrer dans le garde noble du Vatican.

Une inclination respectueuse du photographe montra qu'il était dupe de cette explication.

— En ce cas, Excellence, soyez assez bon pour me suivre. La statue est remisée au fond de mes ateliers où vos hommes de peine la prendront.

Sur ces mots, il prit la tête du groupe, et tous, dans ses traces, traversèrent les ateliers, obligés à de continuels détours par les cuves où clapotaient des bains photographiques variés.

Enfin, après un seul accident provoqué par Vemtite qui accrocha et renversa une décoction de bitume de Judée, on parvint au coin retiré dans lequel il signor Leocadi avait caché la statue d'aluminium.

Un rideau de serge, dont les anneaux glissaient sur une tringle de fer rouillée, isolait la mystérieuse divinité.

— C'est ici, dit l'Italien d'une voix grave. Messieurs, remplissez votre mission.

Il écarta le rideau, mais à la profonde stupéfaction de tous, on n'aperçut rien qu'un bloc de bois haut de quelques centimètres. A la rigueur ce billot eut pu servir de support, mais en ce moment il ne supportait pas la moindre sculpture.

Si les voyageurs étaient surpris, le photographe l'était bien davantage. Brusquement il était entré dans le réduit et instinctivement il soulevait le socle où lui-même avait placé la Diane, comme si l'énorme masse de métal avait pu glisser dans le vide étroit qui existait entre le piédestal et la muraille.

— Corpo di Bacco, fit-il enfin, que signifie cela?

— Quoi, murmura Frig pressentant quelque nouveau malheur..., la statue....?

— Était là, noble seigneur, et elle n'y est plus.

— On l'a déplacée sans doute?

— Déplacée, oui, vous dites vrai... On a dû la déplacer.

Aussitôt tous se mirent en quête, explorant les moindres recoins. Cela dura vingt minutes, Après quoi, tous se retrouvèrent dans le magasin.

Jean était livide. A la pensée que Diane allait lui échapper encore une fois, que la guérison de Nali se trouverait retardée, il sentait un vent de démence souffler sur lui. De son honneur atteint, il n'avait cure; c'était à l'Américaine, à elle seule qu'il songeait, et il fut sur le point de tomber sur le sol quand Leocadi, dont les mains fourrageaient avec rage l'épaisse chevelure, s'écria avec désespoir :

— On m'a volé! On m'a volé!

En d'autres circonstances, on eût pu lui faire remarquer que lui-même s'était approprié la Diane de façon peu licite, mais à cette heure, les assistants songeaient bien à lui adresser une mercuriale de ce genre. Ils s'indignaient avec lui, maudissant le larron.

— Tenez, seigneur, glapit tout à coup l'Italien, attendez-moi ici, caro mio. Je cours chez le directeur de la police; je fais mettre toutes les brigades de sûreté en campagne. Il faut que l'on retrouve la signorina d'aluminium. C'est ma fortune, c'est la confiance del Museo Vaticano qui sont en cause.

Prenant en hâte son chapeau, Leocadi se précipita au dehors.

Les conjurés se regardaient ahuris, hébétés par ce résultat inattendu de leur démarche. Le premier, Frig retrouva assez de calme pour murmurer :

— Aoh! le police. Ce était pas du tout l'affaire de moi.

Parbleu, ce n'était l'affaire de personne! Vemtite et Jean sentaient bien que l'arrivée des policiers gâterait tout. Ils seraient arrêtés, jugés, condamnés pour s'être livrés sur la personne du véritable sir Haddock à une plaisanterie du plus mauvais goût. L'enquête établirait leur identité. Qui sait si on ne les renverrait pas en France, sous l'escorte des gendarmes? Sans doute la gendarmerie se recrute parmi de braves gens, mais il n'en est pas moins douloureux d'avoir toujours à ses côtés un représentant de la loi! Et puis l'arrivée en France sans la statue, preuve de l'innocence de Jean, de la mauvaise foi d'Ergopoulos, ne serait-elle pas fatale au peintre?

Ces réflexions prirent à peine quelques secondes. Leur résultat immédiat fut cette proposition de Lucien :

— Si nous filions?

Sans répondre, ses amis se dirigèrent vers la porte, mais au moment où ils l'atteignaient, elle s'ouvrit brusquement, livrant passage à un garde-noble.

Du coup, les conjurés perdirent la tête. Le nouveau venu les considérait curieusement, surpris de voir l'uniforme de sa compagnie sur les épaules d'un homme qu'il ne connaissait pas. Sa mine préoccupée indiquait un commencement de défiance. Cependant il demanda avec politesse :

— Savez-vous, Messieurs, si sir Thomas Haddock est venu dans cette maison? Son absence a paru longue et l'on m'a chargé de le presser.

Sir Thomas Haddock! Le garde s'adressait précisément à celui qui avait emprunté le nom de son camarade. Incapables de répondre les trois coupables secouèrent négativement la tête en essayant, par un mouvement tournant, de gagner la porte.

Leur manœuvre donna du corps aux soupçons du soldat. Il se planta carrément devant la sortie et d'un ton railleur :

— Pas si vite, Messieurs. J'ai le plus vif désir de causer avec vous.

— Je bavardais jamais, répliqua sèchement Frig avec un nouveau mouvement vers l'issue; mais son interlocuteur lui mit la main sur l'épaule et froidement :

— Vous m'accorderez bien un instant. Il est étrange qu'un homme de ma compagnie me soit inconnu, et je désire vivement faire votre connaissance.

Le tonnerre tombant au milieu d'eux n'eut pas terrifié les voyageurs autant que cette simple phrase. Par sa curiosité, le garde-noble les perdait. Leocdai allait revenir avec la police, une explication s'en suivrait, il serait établi que le clown n'avait aucun droit au nom dont il s'était paré, et alors... alors...

Rapide comme la pensée, l'Anglais passa la jambe à l'indiscret soldat, le renversa à terre, lui enleva ses aiguillettes, puis lui appliquant sur la bouche un des coupons de serge noire que les photographes utilisent pour se couvrir la tête, il le bâillonna solidement. Cela fait, il l'emporta au fond de l'atelier, le plaça, un peu rudement peut-être, derrière le rideau où naguère était Diane, puis il revint vers ses amis :

— Maintenant, prenons les jambes de nous à notre cou.

Hélas ! ils jouaient de malheur ; un second garde-noble parut. Lui aussi venait s'enquérir de sir Haddock. Au point où en étaient les choses, il n'y avait plus à hésiter. Avant que le malheureux eut achevé d'exposer le motif de sa visite, il était jeté à terre et subissait le même traitement que son collègue. Frig le fourra entre les pieds d'une cuve.

— Cette fois, pensait-il, rien ne s'opposera à notre fuite.

Erreur ! Un troisième garde-noble fit irruption dans le magasin. C'était trop fort ! Le clown ne lui laissa pas le temps d'ouvrir la bouche ; il le bouscula, ficela, bâillonna, et comme les minutes étaient précieuses, il le jeta tout bonnement derrière le comptoir occupé durant la journée par la caissière.

Quelle que fût sa diligence, il arriva trop tard à la porte, car au dehors se montrait Leocadi, accompagné de plusieurs agents de la police.

La situation était désespérée. Encore si le clown et ses amis eussent été seuls, ils auraient pu avoir chance de se tirer d'affaire, mais à présent que le magasin était peuplé de gardes-nobles, tout était perdu. Et pourtant, à cette minute critique, l'Anglais parut prendre une résolution :

— Je vais faire sortir vo, dit-il à ses amis. Galopez jusqu'à l'hôtel ; emmenez les ladies et attendez-moi même sur le ancien Forum.

— Que voulez-vous faire ?

— Chut ! pas le temps... les voici.

En effet, Leocadi avait poussé la porte et s'effaçait pour laisser entrer un fonctionnaire équivalent à un de nos commissaires de police.

Souriant Frig alla au-devant d'eux :

— J'avais attendu votre venue, gentlemen, fit-il. Mais je craignais que l'on ne s'inquiétât de mon absence prolongée au Vatican, et je demandais vo de renvoyer les porteurs puisqu'ils n'avaient plus rien à porter. Je resterai avec vo pour savoir le mot de l'énigme.

— C'est cela, renvoyez ces hommes, consentit le commissaire.

Et d'un ton protecteur :

— Allez, allez, braves gens. Nous n'avons plus besoin de vous.

Certes les Français étaient désolés d'abandonner leur ami, mais la situation ne leur permettait pas la plus légère observation. Ils tournèrent sur leurs talons, et passant au milieu des agents ils se trouvèrent dans la rue.

L'industriel se rejeta en arrière épouvanté...

Ils s'éloignèrent d'un pas nonchalant d'abord, mais aussitôt qu'ils eurent tourné l'angle de la première rue qui se présenta, ils se mirent à courir à toutes jambes.

En quelques minutes, ils arrivèrent ainsi dans la rue Giulia Romana, à l'hôtel du mont Capitolin, où ils avaient laissé leurs compagnes sous la garde de Vouno.

Cependant le commissaire faisait entrer les quatre agents dont il était escorté et disait avec la tranquillité qui déconcerte les coupables :

— Nous allons procéder à une enquête sommaire, et bien certainement elle nous mettra sur la trace des malfaiteurs. D'abord où était la statue ?

Du doigt Leocadi indiqua le fond des ateliers.

— *By devil*, grommela Frig, ils vont trouver le noble-guard !

Mais il n'eut pas le loisir d'exécuter une retraite savante, car le photographe lui prit le bras :

— Permettez-moi, excellentissime seigneurie, de m'appuyer sur vous. Toutes ces émotions m'ont brisé!

Le clown courba la tête. Il était pris. D'ailleurs avant de fuir, il fallait laisser à ses amis le temps de s'éloigner, de prévenir leurs compagnes. Après tout le garde-noble était chargé de liens, baillonné. Tandis qu'on le débarrasserait, Frig trouverait bien le moyen de s'éclipser.

Pendant qu'il faisait ces réflexions, le photographe l'entraînait doucement vers l'ancienne cachette de Diane. Le rideau fut tiré, et l'industriel se rejeta en arrière avec épouvante :

— Tout à l'heure, cria-t-il, il n'y avait rien là; maintenant il y a quelque chose.

Oui, il y avait quelque chose. L'infortuné garde évanoui, étendu à terre tout de son long.

Tous regardaient, Frig comme les autres, et tout à coup une idée burlesque germa dans sa tête :

— Un faux garde-noble, grommela-t-il gravement.

— Un faux, répéta le policier, vous en êtes sûr?

— Tout à fait totalement certain, cet homme ne faisait pas partie de la compagnie du Vatican.

Et tout bas, il ajouta :

— Je vo rendais le monnaie, mon émi. Il n'y a qu'un moment, vous ne reconnaissiez pas moi-même non plus.

Sans défiance, le commissaire se frottait les mains, ravi de sa trouvaille. Sur un signe, deux des agents emportèrent le soldat, et appelant une voiture qui passait, conduisirent le pauvre diable au poste le plus voisin.

— Ce que je ne comprends pas, reprit le fonctionnaire après leur départ, c'est que ce bandit soit ficelé ainsi.

— Cela je ne saurais l'*explain*, l'expliquer, répondit Frig sans se troubler.

— Et il n'était pas là il y a une demi-heure!

C'était Leocadi qui retrouvait la raison et la voix.

— Bon! fit l'Anglais, je ne suis pas en état de dire cela. J'étais tellement surpris de la disparition du Diane.

— Mais moi, j'ai bien vu.

— No.

— Comment non?

— Sans doute. Ce coquine n'avait pas pénétré ici depuis, je n'avais pas bougé seulement un simple minute de le porte.

Du coup, le photographe considéra son interlocuteur d'un air stupide; il se passa la main sur le crâne; évidemment il se demandait s'il ne devenait pas fou. Comment se persuader sans cela qu'il n'eût pas aperçu le garde lorsqu'il avait constaté l'enlèvement de la statue de bronze d'aluminium.

Hélas! le digne homme n'était pas au bout de ses peines... Comme le groupe revenait au magasin, Leocadi, plein de déférence pour le commissaire voulut lui laisser tout entier le chemin étroit ménagé au milieu de ses appareils, et se glisser entre les cuves, bains, séchoirs et ustensiles de virage, avec l'adresse d'un personnage habitué à se mouvoir dans ce chaos photographique.

Tout à coup, il lança dans l'espace une clameur étouffée, et perdant brusquement l'équilibre, il alla tomber la tête la première dans un tonnelet de bitume. Au bruit, ses compagnons se retournent, le tirent de cette situation fâcheuse, avec une forte envie de rire, il le faut avouer, car la face du patient couverte de la matière brune avait pris incontinent l'apparence d'une figure de nègre de cirque.

Avec cela l'infortuné tremblait de tous ses membres, et son bras étendu désignait les dessous obscurs d'un bassin posé sur des tréteaux, tandis qu'il répétait d'une voix étranglée :

— Là! Là!... Une bête!... Une bête! là!

A l'instant Frig se souvient que c'est en cet endroit qu'il a jeté irrévérencieusement le second garde-noble. Celui-ci ne sera peut-être pas évanoui comme son camarade, il parlera. Le moment est venu de fausser compagnie aux policiers. Mais entre le désir et son accomplissement il y a un abîme. Le commissaire, ses acolytes, Leocadi qui, pour s'essuyer, rétalait avec son mouchoir le bitume sur sa figure, barraient l'unique passage laissé libre.

Et cependant les événements se précipitent. Les agents ramènent avec peine le garde-noble dans le chemin. En reconnaissant son uniforme, c'est de l'ahurissement qui s'empare de tout le monde :

— Ah ça, clame le commissaire, c'est une véritable garnison!

Un instant décontenancé, le clown répète pour dire quelque chose :

— Encore un faux guard!

— Faux aussi celui-là, crient les assistants affolés!

Seulement celui-ci n'a pas perdu connaissance. Il roule des yeux furieux, fait des efforts inouis pour parler malgré le baillon qui étouffe sa voix.

Sa mimique n'est pas inutile.

— Portez-le dans le magasin, ordonne le policier, je l'interrogerai de suite.

On obéit. Tout le monde se groupe dans la boutique. Les agents se mettent en devoir de détacher le baillon de la victime de Frig. Ce dernier sent bien qu'il va être accusé, démasqué.

D'un air indifférent, il gagne la porte. Déjà il met la main sur le bec de cane quand un vacarme épouvantable se fait entendre derrière le comptoir. C'est le troisième garde-noble qui, dans un effort désespéré, a rompu ses liens. Il se dresse tout d'une pièce, tel un diable sortant d'une boîte, et hurle en montrant le clown :

— Au voleur !

A cette soudaine apparition, à ce hurlement, les policiers ne sont pas maîtres d'un mouvement de terreur, Leocadi épouvanté tombe assis à terre en invoquant la madone et tous les saints.

Il n'y a plus à hésiter. Prestement Frig ouvre la porte, et à toutes jambes s'élance dans la rue sombre où s'allument un à un les réverbères.

Derrière lui un cri furieux retentit. Les gardes nobles, le commissaire, les agents, le photographe lui-même, revenus de leur premier mouvement de surprise, bondissent dans la via Nazionale en criant :

— Au voleur, arrêtez-le.

Mais le clown est agile. Il est plus facile d'ordonner que d'exécuter son arrestation. Il tourne la tête, constate qu'il a cinquante pas d'avance et il sourit.

— Il s'agissait d'arriver à le Colysée, murmure le courageux époux de Lee, car je ne pouvais abandonner le digne Thomas Haddock. Dans la cave, il trépasserait de faim, et cela serait un grand dommage, car il possédait un très excellent bon appétit.

L'Anglais est arrivé à l'angle de la via Milano. Deux policiers, dont l'attention a été appelée par les cris des poursuivants, lui barrent le passage ; mais ils ont compté sans leur hôte. Un croc en jambe à droite, un croc en jambe à gauche, et les policiers roulent sur le dos avec des gémissements comparables à ceux que poussent, si l'on en croit la légende, les anguilles de Melun quand on les écorche.

L'obstacle est franchi, le clown court avec la légèreté du lièvre serré par les chiens. La pente du mont Viminal, qu'il gravit en ce moment, est impuissante à ralentir sa vitesse.

Il longe une église, il atteint la petite place triangulaire que borde la via di Santo Lorenzo. Il se jette dans une ruelle étroite et sombre.

Allons bon! Un groupe de commères, assises sur des escabeaux, est installé au milieu du chemin. Elles s'entretiennent de leur prochain, dont elles disent naturellement tout le mal possible, sans s'inquiéter de laisser aux passants assez d'espace pour circuler.

Furieux, Frig fait résonner un formidable : By God!

A sa voix sifflante, à son aspect soudain, les potinières créatures s'épouvantent. Elles se lèvent, enchevêtrant leurs escabeaux les uns dans les autres, formant une barricade vivante, et là-bas à l'extrémité de la rue les poursuivants se montrent.

Il n'y a plus à hésiter. Le clown exécute un saut périlleux de pied ferme qui stupéfie les bonnes femmes. Avant qu'elles soient revenues de leur surprise, il est au milieu d'elles, poussant celle-ci, écartant celle-là. La bande s'affole, pousse des clameurs aigües, veut fuir. Mais une grosse matrone se prend les pieds dans sa jupe, elle trébuche, se raccroche à une voisine, l'entraîne dans sa chute. Alors comme des capucins de cartes, toutes culbutent. C'est un pêle-mêle de pieds, de mains, de têtes, d'escabeaux. Cela siffle, vocifère, implore les saints, maudit les hommes et retarde un instant la poursuite. Mais le commissaire sent son honneur engagé. Il doit prendre l'homme qui l'a berné. Sur un ordre de lui, les agents saisissent les commères, les déposent à terre contre les maisons, ménageant ainsi un passage libre par lequel tous se précipitent.

En somme l'incident a été favorable au clown; il a augmenté son avance. Il traverse la via Cavour en renversant seulement quatre personnes. Maintenant il suit le pied du mont Esquilin, sans accorder un regard aux ruines des Thermes de Titus.

Est-ce qu'il a le loisir de songer aux monuments des anciens, alors que des modernes galopent dans ses traces. Il se rapproche pourtant du terme de sa course. Voici la via, della Potveriera. Encore un effort.

— Il était temps, murmure-t-il, je commençais à être au bout de mon haleine.

Et le souvenir de son aventure à Hambourg lui revenant à l'esprit :

— Yes, les Italiens couraient mieux que les Allemands. Avec des jambes aussi élastiques, je ne m'étonnais plus que les Romains aient parcouru le monde.

Sur cette appréciation de la gloire antique de la cité puissante que, dans leur orgueil, ses habitants désignaient sous le nom de *Urbs*, la Ville, comme si aucune autre n'avait existé, Frig précipite ses pas. Il bondit dans la large via dei Serpenti. Il débouche sur la place del Colosseo.

La masse énorme du Colysée est devant lui, avec ses cinq étages aux arceaux superposés. Il a une avance suffisante. Les poursuivants sont à cent mètres de lui. Par une brèche, il pénètre dans le cirque géant. Il rit en traversant l'arène. Il se sent chez lui sur cette terre que foulaient jadis les gladiateurs, ces ancêtres sanguinaires des aimables clowns actuels.

Il cherche à s'orienter. Où donc a-t-il enfermé Sir Thomas Haddock? Le soir, l'immense amphithéâtre n'a plus le même aspect qu'à la lumière du jour. Il s'y trouve des coins d'ombre, étranges, imprécis, qui troublent les souvenirs du clown.

Enfin il reconnaît l'emplacement. Un saut, un rétablissement, et il est perché sur l'un des murs de soutènement des anciens gradins détruits, où le peuple de la Rome souveraine se réunissait pour applaudir les gladiateurs vainqueurs, ou les fauves déchirant les victimes jetées sans pitié dans l'arène.

Hourrah! il a trouvé la prison du garde-noble. D'un bond il saute auprès de l'Irlandais garrotté. Avec la promptitude merveilleuse qui le caractérise, il se dépouille de ses vêtements d'emprunt, il reprend les siens. Il va se glisser dans les couloirs obscurs, où jadis les belluaires enfermaient les bêtes féroces. Il se ravise :

— No, dit-il, ce Haddock n'était qu'un Irlandais, c'est vrai; mais il faisait partie de la Grande-Bretagne. Je volais pas le laisser ainsi, on le trouverait peut-être pas!

Il revient auprès de son captif, qui n'a encore rien compris à ce qui lui arrive. Il tranche les cordelettes qui l'enserrent, et avant que Sir Thomas soit revenu de l'étonnement que lui cause cette action, il a disparu.

Cependant des appels retentissent dans la vaste enceinte; ce sont les agents, la foule des badauds qui sont parvenus à entrer dans le Colysée, ils cherchent le fugitif. Haddock entend. Il veut attirer les nouveaux venus. Il crie :

— Secourez moi-même. Je étais dans le trou.

Une clameur de triomphe lui répond. Son accent anglais amène une dernière méprise.

— C'est lui, le scélérat, disent les assistants, Leocadi en tête!

Avec peine on tire le garde-noble de sa prison. On ne se demande pas pourquoi il porte son uniforme sur son bras. On le pousse, on le bouscule, on le bourre. Impatienté, il boxe ses adversaires. Il s'ensuit un combat général, après lequel on s'aperçoit que l'individu arrêté n'est pas le coupable, mais bien la première victime de celui que l'on cherche de plus belle.

Trop tard. Il y a longtemps que Frig a quitté le Colysée. De gradin en gradin, il a atteint la corniche du premier étage, et profitant des fentes de la muraille, de l'alvéole des pierres tombées sous l'effort du temps et des intempéries, il est arrivé jusqu'au sol.

Il se dirige tranquillement vers le Forum, de l'allure paisible d'un bon bourgeois qui se promène. On ne soupçonnerait jamais en lui l'homme qui a mis sur pied toute la police romaine.

Il atteint la via del Foro Romano. Là il est au centre du forum, où jadis les compatriotes de Cicéron et de Virgile discutaient les affaires du monde. Il regarde. Indifférent à la forme gracieuse de l'arc de triomphe de Septime Sévère, au rang de colonnes du temple de Saturne, aux Rostres, débris de la tribune de marbre d'où les tribuns haranguaient la foule, il cherche ses amis.

Où sont-ils donc? Vainement le clown cherche à percer les voiles bleutés de la nuit italienne. Voici bien les assises du Tabularium, où la république romaine enfermait les tablettes de bronze sur lesquelles étaient gravés les décrets du peuple; voici la Schola Xantha, où les scribes, greffiers de l'époque, délivraient contre espèces les copies des lois. Là bas, se profile l'escarpement de la roche Tarpéienne, piédestal sanglant d'où la justice précipitait dans le vide les condamnés à mort; mais nulle part ne se montrent les voyageurs.

Auraient-ils été arrêtés? A cette pensée, l'Anglais frissonne. Mistress Lee, sa femme, et la pauvre petite folle qu'il s'est pris à affectionner en se dévouant pour elle, seraient aux mains de la police?

Non, des ombres se glissent le long de la balustrade de fer qui sépare la rue du forum des déblais de la vieille place des Césars; Frig aperçoit des silhouettes connues : Jean, Vemtite, l'écuyère, Vouno, l'Américaine sont là.

On échange des poignées de mains, on se félicite; mais l'Anglais coupe court aux expansions. Il faut fuir, s'éloigner de Rome.

— Et la statue, gémit Fanfare?

— Nous le chercherons plus tard. Pour l'heure, le chose indispensable était de ne pas faire accrocher nous mêmes au « clou » comme vous dites en France.

Il a raison, le digne clown. Il s'agit avant tout de sauver leur liberté menacée. A sa suite, la petite troupe gagne les quais du Tibre. Les bateaux amarrés le long des rives sont silencieux, les berges désertes, et le fleuve lui-même semble être immobile; on dirait qu'il a arrêté son cours pour consacrer au repos cette nuit paisible. Comme des chapelets d'or bordant la rivière sacrée, les files de réverbères piquent la nuit d'étoiles tremblottantes qui se reflètent en traînées rougeâtres dans les eaux paresseuses.

Des barques sont là. De simples filins les rattachent au bord, et leurs propriétaires indolents ont laissé les avirons fixés sur les tolets.

On s'installe dans un bateau, l'amarre est dénouée. L'embarcation prend le milieu du courant; lentement elle descend vers la mer, tandis que des hautes maisons, des palais aux fenêtres étincelantes de lumière, s'échappent des chants, des accords de harpes et de pianos. La fête perpétuelle qui, dans les cités italiennes, finit avec le jour pour reprendre avec les ténèbres, bat son plein. La Rome joyeuse devient la complice des fugitifs; elle couvre du bruit de ses orchestres l'évasion des fidèles de Nali.

Le canot avance, on a dépassé le quartier de Saint-Pierre. En arrière, c'est la ville lumineuse dont les rampes de gaz se reflètent sur les nues en un brouillard orangé; en avant c'est l'ombre propice de la campagne.

Frig a pris les rames. La course de l'esquif s'accélère. Il file devant San Paolo, devant Sainte-Calixte aux catacombes célèbres, devant la Grotta Perfetta. Chacun à son tour manœuvre l'aviron.

Le jour vient. Tous sont exténués, et Lucien somnolent bredouille cet affreux distique, dont le seul mérite est d'exprimer la pensée générale :

— Quoique bon, dévoué, cœur d'or, Mire aimant, j'ai
Le besoin dominant de dormir et manger.

Il dit vrai le fantaisiste poète. Il faut s'arrêter. D'abord on s'oriente. Une enceinte ruinée fournit aux voyageurs une précieuse indication. Ils sont en face des vestiges d'Ostie, l'ancien port de Rome, aujourd'hui à six kilomètres de la mer. C'est bien cela. A peu de distance le Tibre se divise en deux bras qui entourent la Camargue italienne répondant au nom d'Ile sacrée. Les fugitifs ont parcouru trente-deux kilomètres dans la nuit. Évidemment ils sont assez loin; ils peuvent prendre un repos bien gagné.

Sur la rive gauche se montre la façade engageante d'une *osteria* — hôtellerie. — On aborde, on dévore avidement un repas improvisé dont voici le menu bizarre :

Sogliola — sole
Tagliatelle — nouilles
Tacchino — dinde
Broccoli — choux-fleurs

Le tout arrosé de *vino dolce* ou vin doux. La faim apaisée, les voyageurs demandent des chambres, se jettent sur leurs lits et dorment, dorment à poings fermés, oubliant leurs préoccupations, leurs tristesses et jusqu'à la police romaine.

Il était environ la quatorzième heure du jour aux horloges italiennes qui, on le sait, sont divisées non en douze parties comme les nôtres, mais bien en vingt-quatre, c'est-à-dire que deux heures de l'après-midi sonnaient aux beffrois de France, quand Fanfare sortit de son lourd sommeil.

Tout engourdi, il descendit dans la salle commune de l'osteria. Au moment

Plusieurs hommes causaient.

d'y pénétrer, il s'arrêta brusquement. Des voix animées se faisaient entendre. Dans la situation des fugitifs, le moindre incident prenait un aspect menaçant, aussi le peintre prêta l'oreille.

Une petite porte vitrée séparait seule la cage de l'escalier de la salle. Un léger rideau de serge rouge était tendu sur les vitres. Fanfare l'écarta légèrement et regarda.

Plusieurs hommes au teint bronzé, ayant l'allure de mariniers, entouraient un des leurs qui tenait un journal déployé.

— Ainsi, Maso, disait ce dernier en fixant ses yeux noirs sur son voisin, tu voudrais nous faire accroire que tu sais ce qu'est devenue la statue volée hier à Rome?

Jean frissonna. La statue dont on parlait ne pouvait être que la Diane, et un homme était là qui prétendait connaître le lieu où elle avait été emportée.

— Je ne prétends rien de semblable, répondit l'interpellé. Seulement je dis que le personnage, que j'ai conduit cette nuit par le canal jusqu'au port de Fiumicino, traînait à sa suite une caisse qui répondait bien au signalement de celle que le journal affirme avoir disparu en même temps que la sculpture.

— Bon. Il y avait un moyen bien simple de chasser tes doutes. Sur l'une des faces, à ce que raconte la feuille quotidienne, il y avait en lettres noires l'adresse d'un photographe de la via Nazionale, Leocadi.

— Il y avait aussi quelque chose d'écrit sur la boîte en question.

— Etait-ce l'adresse dont il s'agit?

— Je ne pourrais l'affirmer, Beppo, je ne sais pas lire.

Dans le groupe des rires éclatèrent, et Beppo, pour qui ses compagnons semblaient avoir une certaine déférence, reprit :

— Bon, tu ne sais pas lire; alors que dirais-tu aux autorités?

Maso se gratta l'oreille, puis d'une voix hésitante :

— Je dirais... je dirais ce que j'ai vu. Le voyageur était pressé de quitter l'Italie; sans cela, il ne m'aurait pas fait ramer dans l'obscurité.

— Soit, il était pressé et après?

— Après, après? Celui qui a la conscience nette, ne voyage pas la nuit.

Beppo haussa les épaules :

— Tu es jeune, Maso. Autrement tu aurais remarqué que les touristes sont souvent pressés. Attirés par la renommée de notre Italie, ils consacrent quelques semaines à la parcourir, comme si cela suffisait pour connaître la terre la plus riche en belles choses. Ils se rendent compte de cela dès la frontière, et alors c'est une course, ils veulent en voir le plus possible. Tout se brouille dans leur cervelle, ils ne comprennent rien. C'est pour cela, crois-en un vieux guide, que les étrangers restent si froids devant les merveilles que nous leur montrons.

Un murmure approbateur accueillit ces paroles, mais Maso frappa du pied avec une mine obstinée :

— Certainement, tu es sage, Beppo. Tu as vécu plus d'années que nous; seulement, dis-moi s'il est d'usage que les touristes s'embarquent sur la felouque d'un contrebandier?

La question embarrassa le marinier, qui se contenta de répondre par une moue expressive.

— Tu vois bien que cela te frappe, continua Maso, encouragé par ce silence. C'est cependant ce qui a eu lieu. A cinq cents mètres de la côte, l'homme m'a fait rallier la rive, juste en face de la cabane d'Andrea Valpoli le contrebandier que vous connaissez tous...

— Tais-toi, ordonna brutalement le vieux Beppo. Andrea est un bon luron; grâce à lui les mariniers ne manquent jamais de tabac pour eux, ni de rubans pour leurs femmes. Et m'est avis que du moment qu'il est dans une affaire, le mieux est de tenir sa langue. Car enfin, si on lui causait des ennuis avec les chiens de la police, qui y perdrait? Nous tous; plus de tabac, plus de parures! Sans compter qu'Andrea Valpoli est un brave et que son couteau est affilé.

La menace sembla développer chez les assistants un sentiment de prudence, et Maso baissa la voix :

— Je suis un bon marinier, moi, et je ne veux pas nuire à un digne contrebandier qui nous protège contre les exigences du fisc. Nous causons entre amis, voilà tout.

— Soit. Du reste, tout ce que tu dis ne prouve rien.

— Ça, c'est autre chose. Qu'Andrea attende un voyageur au milieu de la nuit, que les bagages soient transportés dans son canot, sans même que l'on aborde, qu'il fasse aussitôt force de rames vers la mer, où sa felouque attendait au large, et que son navire déploie ses voiles aussitôt qu'il y est arrivé; il me semble que cela trahit l'allure de gens auxquels le sol italien brûle les pieds.

— Eh bien! il s'agissait de marchandises soumises aux droits.....

— Non, non, sage Beppo. S'il en avait été ainsi, la vieille Julia-Anna....

— La mère de Valpoli?

— Elle-même, me l'aurait dit. Elle a confiance dans les bateliers du canal. Mais pas du tout; bien que l'étranger m'eût largement payé, elle a renouvelé ma provision de tabac en faisant une croix sur ses lèvres.

— Pour t'engager au silence.

— Parfaitement.

— Alors elle aurait dû faire deux croix, car tu bavardes comme une dame romaine. Là-dessus, mes amis, retournons à nos bateaux, et toi, Maso, mets-toi bien dans la tête que les affaires d'Andrea ne regardent que lui, et que le mieux est d'oublier ce que l'on ne doit pas raconter.

Le jeune marinier courba le front sous cette petite mercuriale, et tous vidant leurs verres alignés sur une table sortirent de l'osteria.

Après leur départ, Jean demeura un instant incertain. Son cœur lui criait qu'il venait de retrouver la piste de la Diane de l'Archipel; mais sa raison insinuait que, peut-être, Beppo ne se trompait pas en affirmant que le récit du batelier se rapportait à une simple opération de contrebande.

Fallait-il entraîner ses compagnons vers la demeure d'Andrea Valpoli. Oh! la cabane serait facile à découvrir. A cinq cents mètres de la côte, avait dit Maso. Ce renseignement même eût-il manqué que la recherche n'eût été ni longue, ni difficile. Il était clair que le contrebandier jouissait d'une notoriété considérable dans le pays.

Oui, mais Andrea était absent, sa felouque avait quitté le voisinage. Sans doute, sa mère Julia-Anna était à la maison, seulement consentirait-elle à parler ?

Tout en monologuant ainsi, Fanfare remontait lentement l'escalier. Comme il arrivait sur le palier, il se heurta contre Frig et Vouno qui sortaient d'une des chambres.

En quelques mots, il leur relata ce qu'il venait d'entendre.

— Diable! grommela le préparateur, voilà qui est fâcheux.

— Fâcheux? Pourquoi?

— Parce que le canal est surveillé par la police.

— Surveillé, dites-vous?

— Oui, de ma fenêtre, je viens d'entendre des policiers interroger des bateliers qui quittaient l'osteria.

— Ceux dont j'ai écouté la conversation, peut-être?

— C'est probable. Les gens de la police déclaraient qu'une barque a été dérobée hier soir à Rome; que l'on accusait du vol des gens recherchés pour une autre affaire, et ils s'informaient si personne n'avait aperçu les larrons.

— Alors nous sommes pris.

— Pas encore. Les mariniers ont répondu qu'aucun individu étranger au pays ne s'était montré. Je comprends pourquoi à présent. Ils ont pensé que l'histoire de la barque se rattachait à celle de leur ami Andrea.

— Soit, grommela Fanfare, nous sommes en sûreté pour l'instant; mais on suppose assez justement que nous avons enlevé un bateau pour gagner la mer. La côte sera étroitement surveillée, le canal également; comment atteindre la chaumière du contrebandier?

— Par terre, dit tranquillement Vouno.

Le peintre le regarda avec surprise :

— Par terre?

— Dame, puisque la rivière est gardée. Nous allons annoncer que nous voulons visiter l'île sacrée, comprise entre le Tibre et le canal de Fiumicino. C'est un pays curieux, une lande couverte de hautes herbes, où paissent en liberté des troupeaux de bêtes à cornes, absolument comme dans la Camargue.

— Mais quel avantage?...

— Celui-ci : nous atteindrons ainsi le pont de bateaux qui relie l'*isola sacra* au bourg de Fiumicino sans être inquiétés. De plus nous aurons l'air de véritables touristes, et la police, qui cherche trois hommes, ne songera pas à arrêter une société composée de quatre hommes et de trois femmes.

Tous reconnurent que la chose était assez vraisemblable. Dès lors on ne perdit pas de temps; la dépense payée, les fugitifs se firent « passer » dans l'île par un marinier et s'enfoncèrent dans la solitude coupée de marécages, où les poètes d'autrefois se réunissaient pour chanter, en dactyles et en spondées, la gloire des dieux et le bonheur des agriculteurs.

Sur cette terre consacrée par la poésie, Lucien Vemtite trouva une émotion rétrospective curieuse. Il oublia un instant la versification française, pour se souvenir seulement de ses études classiques, et tout en suivant ses compagnons, il monologuait :

— O fortunatos nimium sua si bona norint
Agricolas.

Comme cela est vrai. Vivre à la campagne, avoir une petite maison à Asnières, avec une excellente cave, car ainsi que le dit Horace :

Nunc est bibendum.

Ah! bibendum, boire quand on a soif, et que le soleil vous invite à vivre inter pocula. C'est là le luxe véritable, et l'autre, fait de vanité et d'apparences, n'est que folie. A quoi bon des palais, si les vignobles manquent de place :

Jam pauca aratro jugera regiæ
Moles relinquent, undique latius
Extenta visentur Lucrino
Stagna lacu..... (1)

On ne sait combien de temps aurait duré ce choc de citations latines et de réflexions gauloises, si Jean n'y avait mis fin en appelant l'attention du poète sur une étrange occupation à laquelle se livrait le clown. Tout en marchant, Frig exécutait un travail qui intriguait vivement ses compagnons.

(1) Bientôt nos superbes palais ne laisseront plus de place à la charrue, et nos viviers de luxe, plus grands que le lac Lucrin, remplaceront les champs fertiles. (HORACE.)

Il avait coupé des roseaux, les recourbait en cerceaux, assujettissant leurs extrémités au moyen de ficelles; puis sur ce cadre circulaire, il fixait d'autres roseaux, ainsi que les cordes d'une lyre d'un nouveau genre.

Aux questions de ses amis, l'Anglais refusa de répondre, se contentant de sourire mystérieusement.

La petite troupe dépassa l'église San Ippolyto et s'engagea dans une savane, que coupait, de loin en loin, une barrière souvent incomplète indiquant la ligne séparative des différentes propriétés.

Dans les herbes, sur les éminences, des bœufs aux longues cornes recourbées levaient un instant la tête au passage des voyageurs; ils renaclaient avec inquiétude, puis se rassurant à mesure que le groupe s'éloignait, ils se remettaient à paître la végétation dure et sèche de ces solitudes.

Déjà on apercevait au loin la ligne noire du pont de bateaux, qui permet de traverser le canal de Fiumicino en face de la petite ville. Tous hâtaient inconsciemment le pas, dans une hâte inexprimée d'atteindre le but de la promenade, cette chaumière d'Andrea, où la vieille Julia-Anna leur dirait peut-être vers quelle destination voguait la Diane de l'Archipel.

Soudain une exclamation du clown les tira de leurs pensées :

— Tous à droite, criait l'époux de Lee!

Instinctivement ils obéirent et se jetant derrière une barrière qui se trouvait là, ils regardèrent.

Sur la route, en avant d'eux, un taureau affolé accourait la tête basse, les cornes menaçantes.

— Pas un mouvement, ordonna encore l'Anglais!

— Mais il va arriver sur la barrière, clama Fanfare, elle ne résistera pas au choc et alors ces jeunes filles...

— No. Tenez-vous paisible, il ne viendra pas ici.

Et avant que personne eut pu prévoir son action, Frig bondit par-dessus la frêle palissade, et brandissant un des cerceaux qu'il fabriquait naguère, s'élança à la rencontre du taureau furieux.

Il poussait de grands cris. Le résultat de cette manœuvre fut d'attirer l'attention de l'animal qui changea de direction et fonça sur le saltimbanque.

Une clameur d'épouvante s'échappa des lèvres des spectateurs, puis un éclat de rire inextinguible. Avec la prestesse d'un « Auguste » travaillant dans l'arène, Frig s'était jeté de côté, évitant le choc de la bête tout en lui plantant sur les cornes son cercle de roseaux.

Et maintenant le taureau courait, mugissant de rage, secouant éperdûment la tête pour se débarrasser de cet ornement qui l'aveuglait,

Le clown le regarda s'éloigner; il revint ensuite vers ses compagnons et de son ton le plus calme :

— Voilà pourquoi je faisais tout à l'instant des cerceaux. Quand on passait pas bien très loin de ces bêtes à cornes, il était prudent d'avoir une petite joujou pour les amiouser quand ils étaient méchants.

Tous voulaient le féliciter de son sang-froid, il ne le permit pas :

— Reprenons le route, songez que le police de ce pays serait contente de nous offrir le hospitalité, cela vous encouragera à marcher rapidement.

Le fait est que, stimulés par cette observation, on franchit en dix minutes la distance qui séparait cet endroit du pont de bateaux et que, au bout d'un quart d'heure, tous prenaient pied sur la rive droite du canal, en face des maisons coquettes de Fiumicino.

Julia-Anna.

Un pêcheur étendait ses filets sur des perches. Interrogé, l'homme indiqua la demeure d'Andrea le contrebandier :

— Descendez vers la mer, Signori, dit-il. Vous apercevrez au bord de la route une cabane peinte en bleu clair, avec une petite madone rouge debout dans une niche au-dessus de la porte. C'est là.

Les indications étaient exactes. Bientôt la chaumière bleue à la Vierge rouge apparut aux yeux des fugitifs.

Sur le seuil, une vieille femme, couverte du pittoresque costume des paysans romains, filait gravement; sa face brune, son profil de médaille et jusqu'à son occupation lui donnaient l'apparence de ces matrones du temps passé qui expliquaient les présages et préparaient le repas des guerriers.

Elle leva la tête lorsque la petite troupe s'arrêta en face d'elle, et ses yeux noirs se fixèrent sur les nouveaux venus avec une expression défiante et rusée.

— Salut à Julia-Anna, prononça lentement Vouno, car c'est elle sans doute qui se tient à la porte de sa demeure?

La mère du contrebandier s'inclina légèrement :

— Je te renvoie ton salut, inconnu; je suis celle dont tu as dit le nom.

Et avec l'accent enveloppant de la commerçante qui flaire une bonne affaire :

— La fatigue vous pousse peut-être à vous arrêter dans cette maison. Je suis pauvre, mais je puis offrir au voyageur lassé du vin d'Aspromonte et du fromage de brebis.

— Nous accepterons volontiers cette offre, s'empressa de répliquer le préparateur, et nous saurons reconnaître largement ton hospitalité.

— Entrez donc, fit la vieille, dont les yeux avaient brillé à l'annonce de la rémunération; entrez. Jamais ma porte ne restera fermée devant les hôtes envoyés par la Santa Madonna.

Tous pénétrèrent à sa suite dans une salle, au sol de terre battue, garnie seulement d'une table et de quelques escabeaux de bois blanc.

L'Italienne déposa sur la table une fiasque de vin, des verres, une assiette ébréchée contenant un fromage frais et une miche de pain, puis d'un geste large montrant ce festin frugal :

— Mangez, hôtes de la Madone rouge.

— Soit, fit Vouno en prenant place, mais tu ne refuseras pas de partager le vin avec nous.

Un sourire éclaira la face brune de la vieille; sans répondre elle prit un gobelet et le tendit au préparateur. Celui-ci versa à la ronde, et quand tous eurent bu :

— Maintenant, dit-il, nos verres se sont choqués; le contenu de la même fiasque a humecté nos lèvres, nous sommes sous la protection de ton hospitalité.

Il faisait allusion à la coutume romaine qui veut que l'hôte doive assistance à l'étranger avec lequel il trinque dans sa demeure.

La mère du contrebandier tressaillit; elle regarda les voyageurs d'un air soupçonneux et d'une voix sourde :

— Que pourrait la misérable Julia-Anna Valpoli pour de nobles touristes?

— Pour de nobles touristes, rien; mais elle peut prêter assistance à des proscrits.

— Des proscrits !

Dire l'intonation qu'elle mit dans ces deux mots est impossible. C'était un mélange de sympathie et de mauvaise humeur.

— Des proscrits, redit-elle encore?

Vouno s'était levé; il s'était approché de la vieille femme et baissant le ton :

— Nous sommes recherchés par la police italienne.

Un nouveau tressaillement agita le corps de la paysanne, mais la confiance s'implante difficilement dans l'esprit des Romains, accoutumés aux mille intrigues qui s'agitent dans la Ville Éternelle. Elle secoua la tête d'un air incrédule :

— Des gens qui craignent la police ne se promènent pas tranquillement au grand jour.

— Si, interrompit le préparateur avec force, ils affrontent la lumière, lorsque leur salut dépend de leur audace et de la rapidité de leurs mouvements.

Puis en termes précis, il conta l'histoire de la Diane de l'Archipel, s'étendant sur les incidents de la dernière nuit. Après quoi désignant Nali et Jean :

— Ton fils a reçu à son bord l'homme qui a enlevé l'image de métal, j'en suis assuré. Eh bien regarde cette jeune fille. Sa raison est absente, elle ne lui sera rendue que devant la statue de Diane. Vois ce jeune homme, son honneur est perdu, il ne lui sera permis de le reconquérir qu'en présentant à ses juges la même sculpture. Dis-nous où Andrea l'a emmenée; demande le prix que tu voudras, il te sera scrupuleusement compté.

Des sensations diverses passaient sur les traits de Julia-Anna. La cupidité, la pitié, le doute apparaissaient tour à tour. Ce dernier sentiment l'emporta :

— Je plains ceux qui t'accompagnent, murmura-t-elle, et je ne les oublierai pas dans mes prières. Mais je ne sais rien de ce que tu demandes. Mon fils Andrea est en mer pour la pêche. Comment un pauvre marin comme lui serait-il mêlé à une histoire pareille?

Les voyageurs eurent un geste de découragement, mais Vouno, qui semblait connaître à fond les replis de la conscience romaine, reprit :

— Écoute. Tu te méfies de nous. Tu te dis : Ces étrangers sont peut-être des policiers qui causeraient des tracas à mon fils. Je ne puis t'en vouloir de cela. Mais il y aurait un moyen de nous satisfaire et de toucher l'or promis sans mettre Andrea en danger.

Un regard avide indiqua que l'insinuation avait porté.

— Ce moyen le voici. Tu connais sûrement dans Fiumicino un patron de barque en qui tu as toute confiance?

La vieille fit oui de la tête.

— Bien! Décide-le à nous prendre à son bord et à nous conduire auprès de ton fils. Lui seul saura le but de la traversée. Lorsque nous serons arrivés devant Andrea Valpoli, il jugera s'il peut ou non nous répondre.

Un silence suivit. Julia-Anna s'était caché le visage dans ses mains; elle semblait réfléchir. Enfin ses bras retombèrent le long de son corps et dardant un regard perçant sur les voyageurs :

— Cela me paraît raisonnable. Je vais confier la maison à votre garde, tandis que je chercherai un marinier. Mais souvenez-vous que je n'ai pas dit qu'Andrea connût la statue dont vous avez parlé. Vous désirez vous entretenir avec mon enfant, je vous envoie où il est. Voilà tout

Vouno inclina le chef en signe d'acquiescement, et la vieille, jetant sur ses épaules un fichu, quitta la chaumière. Elle montrait ainsi à une minute d'intervalle les caractères distinctifs du paysan romain : méfiance de la police, confiance en l'hôte.

Au bout d'une heure elle était de retour. Elle avait réussi dans sa mission. Le patron d'une barque consentait à prendre à son bord les fugitifs, moyennant une redevance de vingt lires (20 francs) par personne. Pour elle-même, la mère du contrebandier s'en rapportait à la générosité des voyageurs.

Cinquante francs lui furent remis, et devant cette munificence, toute trace de soupçon disparut. Elle s'empressa autour des compagnons de Jean, les avertit qu'il faudrait attendre la nuit pour s'embarquer et termina par cette déclaration :

— La maison est à vous. Moi je veillerai à votre sûreté.

Elle tint parole, car des agents de la police romaine étant venus à passer par là et l'ayant interrogée, elle leur jura sur la Madone qu'elle avait vu des étrangers dont le signalement répondait à celui des voleurs recherchés, et que ces gens avaient traversé le pont de bateaux conduisant à l'Ile sacrée.

Les policiers partis, elle s'agenouilla devant la Madone rouge placée au dessus de la porte de la cabane. Elle lui demanda pardon d'avoir fait un faux serment et termina sa prière par cette explication familière :

— J'ai menti, c'est vrai; mais, santa Madonna, tu intercéderas pour moi. Car toi qui es la suprême sagesse, tu comprendras que je ne pouvais faire autrement. Les voyageurs m'ont donné cinquante lires, grosse somme pour une pauvre femme, et puis les autres sont de la police!

Cependant le soleil s'était enfoncé sous l'horizon. Le ciel passait du pourpre au violet, puis au gris. La campagne se couvrait d'ombre. L'heure était venue de partir.

CHAPITRE XVIII

LE SOSIE DE FANFARE

Le Señor Luis Alvarez, secrétaire général du Musée national de peinture et de sculpture du Prado, à Madrid (Espagne), se promenait dans les galeries confiées à ses soins. Cet homme éminemment aimable, doué d'une âme vibrante d'artiste, se délectait, comme il le faisait chaque jour, de la vue des chefs-d'œuvre qui placent la grande collection espagnole au premier rang parmi les musées d'Europe.

Il allait de la *Sala de retratos* à la *Sala de Cuadros Modernos*, saluant au passage les toiles de Vicente Macip, surnommé Juan de Joanes, le plus inspiré des imitateurs de Raphaël; celles de Ribera l'Espagnol et dont le *Prométhée*, suivant l'expression de Ris, est « du réalisme fait par un homme de génie ». Plus loin il s'arrêtait longuement en face des 64 tableaux de Velasquez de Silva, heureux devant les *portraits de Philippe IV et du comte-duc d'Olivarès*, devant *los Borrachos* (les buveurs), devant *la Forge de Vulcain*, *la Reddition de Bréda*, plus connue sous le nom de *las lanzas* (les Lances). Puis se gourmandant de s'être oublié ainsi « chez Velasquez », le courtois secrétaire général poursuivait ses visites aux hôtes illustres du Prado.

Bartholomé Esteban Murillo dressait l'obstacle de ses toiles sur la route du promeneur trop enclin à s'arrêter devant *l'Annonciation*, *les Enfants à la coquille*, le *Jean Baptiste* du maître. Mais el Señor Alvarez est un dilettante, nuançant ses satisfactions, et il s'arrachait à l'attraction pour aller goûter d'autres joies devant les *Enfants montant à l'arbre,* de Francisco Goya, le *sujet mystique* de Giorgion, la *Salomé*, l'*Offrande à la Fécondité*, la *Victoire de Lépante* de Titien.

Les 25 tableaux de Paul Veronèse, ses trois *portraits de femmes* eurent leur tour, puis Pierre Malombra, avec *la Salle du Collège de Venise* qui fut longtemps attribuée au Titien, puis Léonard de Vinci avec *le portrait de Monna Lisa*, copie de la Joconde du musée du Louvre, et enfin Raphaël, l'Albane, Salvator Rosa, Giordano, Albert Dürer, Rembrandt, Rubens, Breughel, Teniers, Poussin, Lorrain, Watteau.

Souriant, le secrétaire général gagna alors les galeries de sculpture, adressa un salut amical au *groupe de Saragosse* de doñ Jose Alvarez, à *Charles-Quint enchaînant la Fureur* de Leoni d'Arrezo, aux héros *Daoiz et Velarde* par Sola, aux *Muses*, au *Chasseur à la biche*, aux bustes de *Carolus* en sa cuirasse curieusement fouillée et de *Teodora* à l'expression si vivante.

Il admirait pour la millième fois les coupes, aiguières, drageoirs de cristal taillé rehaussés de figurines et d'ornements de bronze, cadeau royal offert par Louis XIV à son petit-fils Philippe V, lorsqu'il monta sur le trône d'Espagne en 1700. A ce moment, un de ses subordonnés le rejoignit :

— Je vous demande pardon de vous déranger, señor Alvarez, dit le nouveau venu; mais je n'ai pas voulu tarder à vous rendre compte du résultat de la mission dont vous m'aviez chargé.

— Soyez remercié, señor Guttierez, je vous écoute, répondit doucement le secrétaire général.

Celui auquel il s'adressait, s'inclina et reprit :

— Donc, je me suis rendu à la Direction des Beaux-Arts.

— Bien.

— J'ai exposé à Son Excellence le Directeur l'aventure qui nous préoccupe. Je lui ai appris que le jeune Vicente, photographe, qui était employé à Rome, chez un certain Leocadi, avait découvert dans les ateliers de ce dernier une statue en bronze d'aluminium, répondant exactement au signalement de la Diane de l'Archipel dérobée naguère au musée du Louvre. J'ai ajouté que Vicente ayant reconnu que la dite sculpture allait être jointe aux collections du Vatican, s'était laissé emporter par ses sentiments amicaux à l'égard de la France, qu'avec l'aide d'un contrebandier, du nom d'Andrea Valpoli, il avait enlevé la Diane, l'avait amenée en Espagne, puis au musée du Prado.

— Passons, passons, je sais tout cela.

— Je n'en doute pas, señor, dit respectueusement Guttierez, mais je tenais à vous montrer que je n'ai rien omis. Bref, je terminai en priant le señor Directeur de vouloir bien décider de quelle façon la statue serait renvoyée en France, car étant données les relations amicales qui existent avec ce pays, il vous semblait inadmissible que la Diane ne fût pas rendue à ses légitimes propriétaires.

— Tout cela est parfait, Guttierez. Et qu'a répondu Son Excellence?

— Son Excellence s'est gratté la tête comme une Excellence embarrassée.

— Faites moi grâce de ses gestes.

— Diable! diable, a-t-elle dit! Voilà qui est délicat. Nous ne pouvons évidemment faire une démarche officielle, car...

— Car...?

— Cela engagerait le gouvernement. L'Italie serait en droit de nous demander des explications sur notre intervention dans cette affaire.

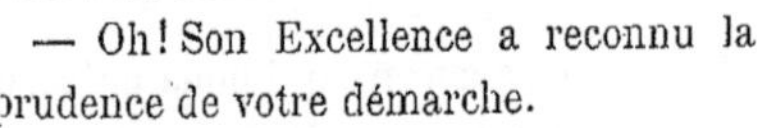

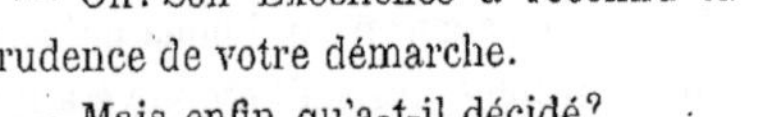

Drageoir Henri III, en cristal taillé (Musée du Prado).

Le secrétaire général eut un mouvement d'impatience :

— Telle a été mon impression. C'est pourquoi j'en ai référé au Directeur des Beaux-Arts.

— Oh! Son Excellence a reconnu la prudence de votre démarche.

— Mais enfin qu'a-t-il décidé?

Guttierez sourit d'un air narquois, puis avec une nuance de raillerie :

— Il a décidé qu'il avait toute confiance en vous.

— J'en suis touché, cependant.....

— Attendez, señor. M. le Directeur a bien voulu me faire connaître son appréciation en ces termes : « J'ignorerai la présence de la Diane de l'Archipel à Madrid, et je m'en rapporte entièrement à M. le Secrétaire général du Prado du soin de la renvoyer officieusement au Louvre. De la sorte, l'Espagne aura montré son bon vouloir à ses voisins transpyrénéens, et le gouvernement ne pourra en aucun cas être incriminé. » Là-dessus, conclut Guttierez, il a sonné un huissier pour me reconduire et s'est plongé dans la lecture d'un dossier placé sur son bureau.

Évidemment le señor Alvarez n'était pas satisfait de la solution imaginée par le Directeur des Beaux-Arts, car son visage exprimait clairement le mécontentement.

— C'est admirable, grommela-t-il entre haut et bas. Si je réussis, je ne serai pas félicité, et si je commets la moindre maladresse je suis assuré d'un blâme.

Puis s'adressant à son interlocuteur.

— Et la statue?

— Selon vos ordres, je l'ai fait porter à l'Arméria ce matin même.

— Ah! Elle est au musée des Armures?

— Parfaitement. Le conservateur des galeries de la Plaza de Armas a accepté le dépôt sans difficulté et m'a déclaré qu'il était entièrement à votre disposition.

Un silence suivit. Sur le visage des deux causeurs se lisait clairement cette question :

— Qu'allons-nous faire?

Très perplexe véritablement, M. Alvarez entraîna Guttierez dans son bureau, et là tous deux agitèrent des plans de conduite qu'ils abandonnaient aussitôt après les avoir énoncés, car tous laissaient place à l'imprévu, partant à l'insuccès et au blâme.

Les deux hommes s'apercevaient avec stupeur qu'il est parfois aussi difficile d'agir dans le sens de la justice et de la loyauté, que de suivre les voies détournées fréquentées par les gens moins honnêtes. C'est d'ailleurs là ce qui rend la vertu vénérable; elle suppose le courage, la volonté, la franchise, et surtout le mépris des petites satisfactions vaniteuses auxquelles tant de personnes sacrifient le noble orgueil de l'honneur.

Ils se regardaient assez désappointés de ne pas trouver une solution acceptable, quand un gardien vint annoncer qu'un étranger priait M. le Secrétaire général de lui accorder quelques instants d'entretien particulier.

Il remettait en même temps un carton, sur lequel le visiteur inconnu avait écrit :

JEAN FANFARE

artiste peintre

désire entretenir le señor Luis Alvarez de la Diane de l'Archipel.

Ces mots lus à haute voix firent tressaillir le secrétaire et son compagnon. Ils échangèrent un regard, puis M. Alvarez, congédiant le gardien du geste, lui dit :

— Priez ce monsieur d'attendre une minute. Vous l'introduirez lorsque je sonnerai.

Demeurés seuls, les fonctionnaires gardèrent le silence durant quelques secondes, puis le Secrétaire général murmura :

— Jean Fanfare!... Connais pas! Que peut-il avoir à me confier au sujet de la statue?

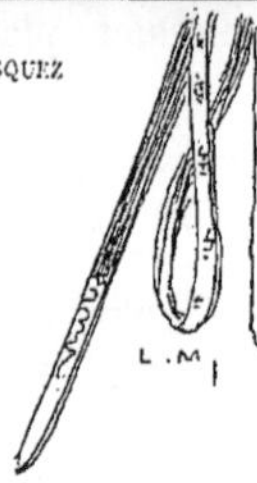

Portrait de Philippe IV par Velasquez (Musée du Prado).

— Ma foi, hasarda son interlocuteur, pour le savoir, le plus simple est de le lui demander à lui-même, et pour cela...

— ... de le recevoir, n'est-ce pas? Vous avez raison. Passez dans le cabinet voisin; vous entendrez et vous jugerez.

Guttierez se leva aussitôt et disparut dans la pièce indiquée. Alors le grand maître du musée du Prado pressa un bouton électrique, et presque aussitôt la porte s'ouvrit pour livrer passage au visiteur.

C'était un homme de taille moyenne, au visage brun, allongé par une barbe noire en pointe et troué de deux yeux mobiles, au regard insaisissable. C'était en un mot le traître Ergopoulos, qui se présentait audacieusement sous le nom de celui dont il avait causé la perte.

Il s'avança, salua avec aisance, s'assit, et d'une voix insinuante :

— Mon nom ne vous est sans doute pas inconnu, commença-t-il?

M. Alvarez l'arrêta :

— Pardon! totalement inconnu au contraire — et craignant qu'une déclaration aussi nette n'égratignât l'amour-propre de celui qu'il prenait pour un peintre, l'aimable fonctionnaire s'empressa d'ajouter : — Cela n'a rien de surprenant, je vis au milieu de la peinture ancienne, et suis peu au courant.....

Le visiteur sourit :

— Ne vous excusez pas, je vous en prie; ma question n'était point dictée par une opinion trop bonne de moi-même. Les journaux ont prononcé mon nom à propos de la Diane d'aluminium, et je pensais que peut-être vous en auriez gardé le souvenir.

Comme M. Alvarez secouait négativement la tête, Ergopoulos reprit :

— En ce cas, je me présente. C'est moi, Jean Fanfare, qui ai enlevé la statue au Louvre.

Le secrétaire bondit sur son fauteuil, mais d'un ton paisible, son interlocuteur continua :

— Attendez pour vous récrier. Si j'ai accompli ce rapt, ce n'était pas comme voleur, mais comme fiancé.

— Comme fiancé? fiancé de Diane?

— Non, de miss Nali, une charmante Américaine, dont Diane est le portrait.

— Je ne comprends pas, grommela le secrétaire en levant les bras au ciel.

— Je m'explique donc.

Et en termes concis, le Grec astucieux raconta par suite de quelle trame, lui, Fanfare avait été amené à croire que miss Nali était emprisonnée dans le linceul d'aluminium, et comment, obéissant plus à son affection qu'à son raisonnement, il avait enlevé Diane en pensant travailler à la délivrance de sa fiancée.

— Maintenant on a sursis à ma mise en jugement. Si je reviens en France avec cette sculpture, preuve de mon innocence, je suis sauvé. Sinon, le déshonneur me menace.

Puis d'un ton suppliant :

— Au péril de ma vie, j'ai arraché Diane aux mains de peuplades barbares du bassin de la Volga. Je revenais joyeux. En Crête, on me dérobe mon trésor. Je cours à Rome. Un hasard heureux me met en présence de la mère d'un pêcheur qui a transporté la chère image en Espagne. J'apprends que celle que je cherche est au Prado, et je viens vous dire : M. le Secrétaire, permettez-moi de reprendre le bien du Louvre, de ramener cette statue et de reconquérir ainsi l'honneur et le repos.

Ce que le fourbe se gardait bien de révéler; c'était qu'il facilitait depuis longtemps les opérations de contrebande d'Andrea Valpoli; que le Romain l'avait visité l'avant-veille, lui avait narré son aventure sans y attacher une importance considérable. Aussitôt Ergopoulos s'était enquis, avait acquis la certitude que M. Alvarez songeait à renvoyer Diane en France et avait voulu exploiter ces bonnes intentions pour rentrer en possession de son œuvre et la détruire, afin de rendre irrémédiable le désastre de son rival.

Étant donné l'embarras du secrétaire général, le pseudo-Fanfare arrivait comme la marée en carême. Il fournissait le moyen cherché de restituer Diane au Louvre sans engager l'Administration des Beaux-Arts.

Aussi le visage de M. Alvarez s'éclaira. Sa main saisit une plume et traça quelques lignes sur une feuille de papier à en tête du musée.

Avec une joie cruelle, Ergopoulos lut ce qui suit :

« Autorisation à M. Jean Fanfare, artiste-peintre, de pénétrer, ce soir,
« dans le Musée des Armures, et d'y prendre livraison de la caisse confiée
« par nous audit musée. Il sera accompagné de porteurs afin de procéder
« à l'enlèvement de l'objet sus désigné.

Signé : « Luis Alvarez. »

Madrid, ce 10 de Juin.

Le traître ouvrait la bouche pour exprimer sa reconnaissance. Son interlocuteur l'interrompit :

— C'est nous qui avons à vous remercier, caballero. La Diane a été capturée, en Italie... les musées du Vatican s'en sont occupés. D'où grandes difficultés pour nous... Si nous restituons officiellement la sculpture à nos voisins, nous nous exposons aux récriminations de Rome. Tandis que vous qui n'appartenez pas à l'administration, qui n'êtes pas même espagnol, c'est différent. La chose se passe en dehors de nous. Nous vous aidons, c'est vrai, acheva le fonctionnaire avec un fin sourire, mais cette autorisation remise au concierge de l'Armeria sera détruite, et comme nous aurons fermé les yeux sur vos agissements, il nous sera aisé d'affirmer que nous n'avons rien vu.

Malgré ces paroles, Ergopoulos se montra prodigue de protestations de gratitude. En fait, il était ravi. Sa démarche réussissait au delà de ses espérances. Cette fois il triomphait définitivement de ses adversaires. Il réprima cependant ses transports et parvint à prendre un ton froid pour demander :

— A quel moment devrai-je me présenter au musée des Armures?

— Vers neuf heures du soir, la nuit venue. C'est à cet instant de la journée que nous opérons les transports nécessaires au service des musées, de sorte que vos allées et venues n'attireront pas l'attention.

— Dès ce soir, M. le secrétaire général, vous serez débarrassé de Diane.

— Je vous en serai obligé.

Les deux hommes se serrèrent la main, et Ergopoulos se retira. A peine avait-il disparu que Guttierez sortit de sa cachette et s'adressant à son supérieur :

— Eh bien, señor, voilà une véritable chance!

— Et inespérée aussi, Guttierez.

— Je crois bien. Je me suis tenu à quatre pour ne pas me montrer, tant j'avais le désir de voir ce digne monsieur Fanfare qui nous tire de peine.

— Il valait mieux que vous fussiez caché. Peut-être se serait-il exprimé avec plus de réserve s'il s'était douté que je n'étais pas seul à l'entendre.

— C'est ce que je me suis dit, señor. Seulement je vous demanderai la permission de me rendre ce soir à l'Armeria. Je tiens à apercevoir ce brave artiste.

— Tout ce que vous voudrez, mon ami.

A ce moment le timbre de la pendule résonna douze fois.

— Midi. Diable rien ne s'oppose à ce que j'aille déjeuner. Les affaires pressantes sont liquidées. Allons, Guttierez, je vous emmène.

Mais l'interlocuteur du fonctionnaire secoua la tête :

— Je vous prie de m'excuser, señor. J'ai quelques lettres en retard; une demi-heure de travail peut-être; je tiens à les expédier. Au surplus je serais un piteux convive, car j'ai déjeuné légèrement tout en faisant mes courses. Ceci n'est pas pour décliner votre gracieuse invitation; je la réserve pour un jour où je me sentirai en appétit.

Un éclat de rire ponctua la boutade, et M. Alvarez sortit laissant son subordonné seul maître du bureau.

Ainsi qu'il l'avait dit, celui-ci se mit à écrire. Sa plume courait rapidement, sur le papier. Chaque lettre achevée dûment séchée, était placée à sa droite avec l'enveloppe correspondante.

Le courrier s'entassait. Enfin le scribe poussa un soupir de satisfaction et d'un ton joyeux :

— Encore une et j'ai fini !

Il se retourna soudain. La porte avait fait entendre un léger grincement en glissant sur ses gonds; un huissier obséquieux venait d'entrer; d'un pas lent et silencieux il s'approcha du bureau :

— Señor, dit-il, des étrangers désirent vous parler.

— Des étrangers?

— Ils avaient demandé M. le secrétaire général. Je leur ai appris qu'il est absent et que vous le remplacez; alors ils ont insisté pour que je vous avertisse de leur venue.

Guttierez fit la grimace. Bien volontiers il aurait envoyé les visiteurs à tous les diables, mais quoi, l'huissier avait été assez maladroit pour avouer qu'il était là! Il se contenta donc de lancer à son subordonné un regard foudroyant et gronda :

— Introduisez ces gens, puisqu'il faut les recevoir.

Courbant la tête sous l'expression visible du mécontentement du scribe, l'huissier s'esquiva pour reparaître presque aussitôt, accompagné de trois personnes qui n'étaient autres que Frig, et ses amis Vemtite et Jean Fanfare.

Tous avaient rejoint Andrea Valpoli sur la côte espagnole. Le contrebandier, amadoué par un présent généreux, n'avait pas fait de difficulté à leur confier que la Diane de l'Archipel était au Prado, et ils venaient tenter d'intéresser à leur cause le gouvernement Madrilène.

— Messieurs, commença Guttierez d'un ton rogue, je suis surchargé de besogne. J'ai tenu à vous recevoir pour ne pas manquer à la courtoisie castillane; mais je vous supplie d'être brefs.

— Peu de mots suffiront, risposta le peintre. Je me nomme Jean Fanfare...

— Jean Fanfare, interrompit le scribe dont le visage s'épanouit. C'est bien différent, asseyez-vous donc.

Il avançait des sièges, ravi de voir celui qu'il croyait avoir entendu une heure auparavant :

— Et que puis-je pour votre service, continua-t-il d'un air empressé; rencontreriez-vous quelques difficultés dans l'exécution de votre projet?

Les visiteurs le considéraient avec ahurissement.

— Pardon, Monsieur, murmura Jean, vous parlez de mes intentions, vous les connaissez donc?

— Entièrement. Le señor Alvarez n'a pas de secrets pour moi, puisque je dois le suppléer en cas d'absence.

— Ah!

— Il m'a confié que vous vous chargeriez de ramener en France la Diane de l'Archipel.

Il s'arrêta en voyant les visiteurs échanger un regard hébété.

— N'est-ce pas votre désir, interrogea-t-il?

— Si, si, précisément, bredouilla Fanfare; mais nous ne nous attendions pas à vous trouver si bien informé. Nous venions solliciter l'autorisation...

Guttierez eut un mouvement d'impatience :

— Solliciter! Vraiment, señor, vous êtes trop discret. Vous savez bien que l'autorisation vous a été accordée il y a une heure, dans ce bureau même.

— Dans ce bureau, répétèrent les visiteurs au comble de la surprise?

— Vous ne vous rendez pas encore. Soit! Vous devez vous présenter ce soir, à 9 heures, au musée des Armures, où la statue vous sera remise, à charge par vous de la ramener officieusement en France. Est-ce bien cela?

Ne recevant pas de réponse, le scribe agacé continua :

— Enfin quel jeu jouons-nous? Puisqu'il faut tout vous dire, j'étais, il y a une heure dans le cabinet voisin, d'où j'ai entendu de mes oreilles tout ce qui se disait dans celui-ci. J'étais là.

— Je ne prétends pas le contraire, s'écria Fanfare, mais moi je n'étais pas ici.

— Pas ici?

— Non, sans doute. Puisque le chemin de fer m'a déposé à Madrid, à la gare d'Alicante il y a vingt-cinq minutes à peine; le temps de prendre une voiture et de me faire conduire au musée. En ce moment même, quatre de nos compagnons nous attendent au buffet de la station.

La sincérité du jeune homme était si évidente, que Guttierez grommela entre ses dents :

— Alors, il y a une similitude de noms. Vous n'êtes pas Jean Fanfare, de Paris, artiste peintre?

— Pardon.

— Quoi? Le fiancé de Miss Nali, cette jeune Américaine dont la Diane est le portrait....?

— C'est moi!

— Vous l'affirmez, mais l'autre aussi.

— Quel autre?

— Le Jean Fanfare qui est venu ce matin.

— Il n'y a pas d'autre Jean Fanfare que moi.

— Il disait la même chose.

Le peintre serra les poings avec rage :

— C'est un imposteur. Miss Nali, dont vous parliez à l'instant, est parmi ceux qui se sont arrêtés au buffet de la gare d'Alicante. La pauvre enfant est folle ; les épreuves que nous avons traversées ont été plus fortes que sa raison. Pour la sauver, pour la guérir, il faut que Diane nous soit rendue.

Enfants montant à l'arbre, tableau de GOYA.
(Musée du Prado.)

En termes émus, il contait sa douloureuse odyssée, il disait la démence de l'Américaine, la course folle à la poursuite de l'insaisissable statue. Et maintenant dans un pays ami, près de fonctionnaires bienveillants, allaient-ils échouer encore parce qu'il avait plu à un imposteur de prendre son nom.

— C'est un ennemi, acheva-t-il, un ennemi; peut-être le traître Ergopoulos lui-même.

Cependant Guttierez ne paraissait pas convaincu. Sans doute, il n'était plus assuré que le Fanfare entendu le matin fût le vrai, mais il n'était pas certain que celui qu'il voyait en cet instant le fût davantage.

Au milieu de ses hésitations, le señor Luis Alvarez rentra. Mis au courant de l'aventure, il déclara que, vu l'impossibilité de trancher la question, il allait donner ordre à l'Armeria de conserver la statue jusqu'à nouvel avis.

Vainement Lucien Vemtite se nomma, se recommanda de sa situation administrative, le Secrétaire général ne voulut rien entendre. Devant cette abondance de Jean Fanfares, il craignait d'être dupé; de plus il se demandait tout bas si l'un des deux postulants n'était pas un agent italien lancé à la recherche de la jolie sculpture. Si cette supposition était juste, que d'ennuis en perspective. Le mieux en cette occurrence était de maintenir les choses en l'état.

Bref, il allait envoyer un huissier à l'Armeria, quand une exclamation de Frig suspendit son action. D'un bond, le clown fut auprès de lui; il l'entraîna à l'écart et lui parla avec animation. Un sourire parut bientôt sur les lèvres du Secrétaire général, et avec un hochement de tête approbatif :

— Señores, dit-il enfin, je vais vous donner l'autorisation d'enlever la Diane de l'Archipel ce soir à la neuvième heure. Ce caballero, — il montrait Frig — m'a indiqué le moyen de savoir de quel côté est la vérité. J'assisterai à la scène, et des agents de la police de Madrid seront aux écoutes, prêts à arrêter celui qui aura cherché à abuser de ma bonne foi.

Tout en parlant, il écrivait. Après quoi, il tendit à Jean la feuille de papier et toujours souriant :

— Señores, à ce soir. La proposition qui vient de m'être soumise me fait penser que l'imposture n'est pas de votre côté. Toutefois, dans ma situation, je dois réserver mon jugement. Bonne chance, Messieurs. Puisse notre rencontre à l'Armeria donner ce que vous attendez.

Et tandis que Jean et Vemtite, ignorants de la proposition formulée par Frig, portaient leurs yeux surpris du clown au Secrétaire général, celui-ci sonna, et à l'huissier, qui accourut aussitôt, intima l'ordre de reconduire les visiteurs.

CHAPITRE XVIII

LA SALLE DES ARMURES

La nuit tombait sur la ville. Du Prado à la Puerta del Sol, de San-Francisco-el-Grande à la Puerta de Alcala, les calle, plazas, plazuelas semblaient des gouffres d'ombre creusés dans l'échiquier des maisons.

Les lavandières, tout le jour accroupies sur le sable d'or qui borde les eaux parcimonieuses du Mançanarès, avaient repris le chemin de leurs demeures. Les Madrilènes se promenaient gravement, avec ce souci de la dignité et de la tenue qui les caractérise. De leurs cigarettes montaient vers le ciel des volutes de fumée bleuâtre, qui semblaient être le support aérien de douces harmonies envolées des mandolines d'invisibles exécutants.

Des voitures élégantes passaient ainsi que des apparitions, emportées au grand trot de chevaux aux jambes fines; les tramways eux-mêmes, véhicules communs dans nos cités du nord, prenaient une sorte de majesté à circuler dans la capitale des Espagnes.

De loin en loin, à l'angle d'une rue fréquentée, devant le péristyle d'un théâtre ou la terrasse d'un café, des jeunes filles, empruntant un charme mystérieux à leur gracieuse mantille, offraient des fleurs aux promeneurs. C'étaient les bouquetières de Madrid, messagères souriantes des parterres andalous et castillans, qui mêlaient en bottes odorantes les floraisons de Barcelone, Valence, Séville, Grenade, Pampelune ou Léon.

Bien que l'on fût au mois de juin, on sentait cet air vif qui, des sierras environnantes, descend sur la ville, et dont le poète a pu dire :

El aire de Madrid es tan sutil
Que mata a un hombre,
Y no apaga a un candil. (1)

Sur la plaza de Armas, solitaire à cette heure, l'Armeria dressait sa masse sombre. Tout semblait dormir au musée des Armures, et les aciers, qui jadis lancèrent leurs éclairs au soleil des batailles, reposaient inertes, éteints, dans l'attitude orgueilleuse et lasse de soldats vainqueurs d'antan, maintenant vaincus par les années.

Soudain trois hommes débouchèrent de la calle Reguena. L'un d'eux marchait en avant avec une allure joyeuse. Il gourmandait ses compagnons :

— Pressons-nous, mes braves. Souvenez-vous que le colis remis à mon adresse, vous toucherez un pourboire magnifique. Donc, un peu de nerf.

C'était Ergopoulos et les portefaix amenés par lui pour prendre livraison de la Diane de l'Archipel.

Le sculpteur grec triomphait. Dans quelques minutes, il serait rentré en possession de la statue. Il l'emporterait dans son logis, la briserait, en disperserait les débris à tous les vents et rendrait ainsi impossible la réhabilitation de Jean, son mariage avec cette Nali qui lui avait échappé.

Souvent le traître s'était reproché de n'avoir pas procédé ainsi lors de son séjour à Berlin. Comment avait-il pu supposer qu'une sculpture de cette importance demeurerait à jamais cachée dans les solitudes de la Russie. Un journal s'était chargé de lui apprendre le peu de justesse de ses suppositions. Il avait raconté, en l'amplifiant de détails piquants, le miracle survenu dans le temple tchérémisse de Mangouska; Ergopoulos, connaissant la ressemblance motivée qui existait entre Diane et l'Américaine, n'avait pas eu de peine à deviner le stratagème de ceux qu'il haïssait.

Jurant, tempêtant, il avait maudit mille fois sa légèreté. Non seulement ses ennemis échappaient à ses coups, mais encore, ils étaient en état de se venger, de dévoiler sa machination. Et tout bas il s'avouait que sa situation n'avait rien de particulièrement enviable. A présent toutes ses craintes s'envolaient. Par un coup de maître, il reprenait l'avantage. Instruit par l'expérience, il ferait disparaître à jamais la statue et serait désormais absolument tranquille.

(1) L'air de Madrid est si subtil, qu'il brise un homme et n'éteint pas une chandelle.

Aussi était-il d'excellente humeur; ses admonestations à ses porteurs avaient elles-mêmes quelque chose d'amical, si bien que les deux hommes y répondaient par un sourire, assurés que le « patron » n'était pas sérieusement en colère.

Tous trois parvinrent à la porte réservée aux visiteurs de la galerie des Armures. Ils étaient attendus, car à peine Ergopoulos eut-il laissé retomber le marteau que la porte s'ouvrit.

Le concierge lut respectueusement l'autorisation signée le matin par M. Luis Alvarez; ce soin rempli, il adressa une inclination de tête pleine de déférence au sculpteur, alluma une lanterne et guida la petite troupe à travers les salles des vastes bâtiments de l'Armeria.

Bientôt on parvint devant une porte massive. L'employé fourragea un moment dans un énorme trousseau de clefs, dont le bruissement se propageait au loin ainsi qu'un murmure d'eaux courantes.

Il finit par trouver celle qu'il cherchait, l'introduisit dans la serrure, et la porte s'ouvrit avec un grincement terrible.

Les nocturnes visiteurs entrèrent dans la grande galerie des Armures. Sur le seuil, ils s'arrêtèrent une minute, regardant cette vaste salle dont le plafond aux solives apparentes exagérait encore l'étendue.

Puis leurs yeux se portèrent sur les armures, rangées en bataille ainsi qu'une armée de cavaliers et de piétons subitement métallisée par un enchantement funeste.

Cette idée traversa l'esprit du sculpteur et lui causa une impression désagréable. Lui aussi avait simulé cet enchantement; lui aussi avait donné à un autre l'illusion qu'il ressentait à cette heure.

Il eut un regard défiant sur les cuirasses immobiles, et l'idée folle lui vint que ces corselets, ces brassards, ces jambières, ces cottes de mailles qui, dans le passé, avaient protégé les corps des héros, allaient se mouvoir pour défendre la Diane, de métal comme eux.

Mais il n'était pas homme à se laisser dominer par le rêve. Vite il secoua sa faiblesse, et parlant haut comme le poltron qui espère retrouver du courage au son de sa voix :

— Où est l'objet que nous venons chercher, demanda-t-il au concierge?

Celui-ci éleva sa lanterne de façon que ses rayons allassent frapper une caisse posée sur le sol, dans l'allée centrale ménagée entre les armures.

— La voici, señor.

— C'est bien. Éclairez-moi que j'en vérifie le contenu. Après quoi, nous vous débarrasserons de ce colis encombrant.

Sans répondre son interlocuteur s'avança vers le coffre. Tous le suivirent. Leurs pas sonnaient dans la salle, faisant bruire les aciers. La lumière de la lanterne piquait les armures de taches brillantes et les ombres des cimiers s'allongeaient démesurément sur les murs, le plancher, le plafond en silhouettes étranges.

Le couvercle était seulement appliqué sur la boîte. D'une main mal assurée, Ergopoulos le souleva. Un sourire distendit ses lèvres. La statue d'aluminium était là.

— Parfait, dit-il!

Et se tournant vers ses porteurs :

— Clouez-moi cela, mes amis, et faisons vite.

Tandis que les deux hommes s'empressaient d'obéir, le Grec tendit une pièce de monnaie au concierge impassible, et d'un ton bon enfant :

— Je suis obligé de quitter Madrid de grand matin. Vous voudrez bien réitérer au señor Luis Alvarez les remerciements de Jean Fanfare.

Mais soudain la parole expire sur ses lèvres; la surprise, l'effroi se peignent sur ses traits. Une voix légère s'est élevée à sa droite, semblant sortir des armures et cette voix a dit :

— Menteur!

Chose étrange, le mot insultant est prononcé avec l'accent anglais.

Ergopoulos fouille du regard les cuirasses qui l'entourent, il ne voit rien. Ses yeux se fixent sur le concierge qui est demeuré immobile, sans un mouvement :

— Vous avez entendu?

— Oui, répond laconiquement l'homme.

Le sculpteur prête l'oreille. Le silence s'est rétabli. Rien ne bouge. Un mauvais plaisant, un employé peut-être s'est amusé à effrayer le visiteur. C'est cela certainement. Il songe que s'il ne fait pas bonne contenance, on se moquera de lui. Sa vanité s'échauffe. Il se campe en face du groupe d'où la voix est partie et il ricane :

— Qui donc es-tu, impertinent?

— La justice! réplique-t-on à sa gauche.

Cette fois, le traître se trouble; un frisson parcourt ses membres. Pourtant il a encore la force de crier :

— La justice ne se cache pas; elle se montre au grand jour. Où es-tu, toi qui as parlé?

— Ici!

Ces deux syllabes terrifient le fourbe. Elles sont tombées de la visière du

LA SALLE DES ARMURES.

casque d'Alphonse V d'Aragon, dont l'armure complète se dresse sur son cheval de bataille au premier rang.

Ergopoulos voudrait lutter contre la peur qui l'envahit. Il ne le peut. Le cavalier immobile s'anime; les brassards se heurtent avec un bruit effrayant.

Il croit comprendre que l'illustre guerrier va marcher contre lui; il recule, mais un cri d'épouvante s'échappe de sa bouche.

Un gantelet de fer s'est appuyé sur son crâne. Une seconde armure, celle de Charles-Quint, est sortie de son immobilité et de son haubert s'échappe une voix terrifiante.

— A genoux, faquin, l'heure de l'expiation est arrivée.

Éperdu, le Grec s'arrache à cette étreinte, il se précipite vers la porte; mais l'armure de Christophe Colomb descend de l'estrade où elle figure et lui barre le chemin.

Le mouvement semble gagner de proche en proche, les cuirasses de l'Électeur de Saxe, de don Juan d'Autriche se mettent en marche; l'épée du Cid, la Colada, le sabre de Boabdil dernier roi des Maures de Grenade, s'entrechoquent. Des spectres de fer entourent le traître, ils l'emprisonnent dans une muraille de métal.

— Grâce, hurle le misérable dont les jambes fléchissent! Grâce, répéta-t-il, en tombant à genoux!

— Avoue que tu n'es pas Jean Fanfare, grondent les armures.

— Je ne le suis pas.

— Ton nom, quel est-il?

— Ergopoulos.

Il ne résiste plus. Dans le cauchemar qui l'étreint, il a perdu toute énergie, toute idée de lutte. Et l'interrogatoire continue :

— C'est toi qui as envoyé la Diane à Paris?

— C'est moi.

— Toi qui as menti au ministre, menti à Jean Fanfare, pour ridiculiser l'un et déshonorer l'autre?

— C'est moi.

— Toi qui ce matin même as pris le nom de l'honnête homme que tu as condamné à l'exil.

— Oui, oui, mais grâce!

Un éclat de rire homérique retentit; toutes les visières se lèvent, laissant voir les figures radieuses de Jean, Vemtite, Frig, Vouno, Anacharsia, Lee.

— Well, grimace le clown! Les grands guerriers, ils avaient fait le croisade contre le mécréant.

C'est par un rugissement de rage que répond Ergopoulos. Il a reconnu ses ennemis, il a compris le stratagème auquel il s'est laissé prendre. Dans un élan furieux, il se rue sur Fanfare; mais des mains vigoureuses l'arrêtent, le saisissent.

Il tourne la tête pour voir ces nouveaux adversaires. Horreur! Ce sont des agents de la police madrilène qui le maintiennent, et le señor Luis Alvarez est là, et aussi Guttierez et les gardiens du musée. Il est pris, démasqué, perdu.

Sa rage arrive à la démence quand le secrétaire général, s'avançant vers Fanfare, lui tend la main :

— Pardonnez-moi, señor, dit le courtois fonctionnaire, d'avoir douté de votre parole; mais l'audace extraordinaire de votre ennemi doit me servir d'excuse. Au surplus, je m'emploierai à vous dédommager d'un mauvais moment. Tous ici témoigneront de la duplicité de M. Ergopoulos et répèteront ses aveux devant tel tribunal qui sera appelé à juger la question.

— Alors, murmure Fanfare profondément ému, c'est l'honneur que vous me rendez, monsieur le secrétaire général. Soyez assuré que ma reconnaissance...

Il ne peut continuer, un nouvel incident l'empêche d'achever la phrase commencée.

Mettant en œuvre l'idée fantasque qu'il avait murmurée le jour même à l'oreille de M. Luis Alvarez, Frig, arrivé à l'Armeria bien avant le sculpteur, a revêtu Nali de la tunique de guerre d'Isabelle de Castille, l'illustre conquérante de Grenade.

Soudain l'Américaine écarte le voile brodé d'or qui couvre son front. Son visage apparaît, rayonnant de l'intelligence retrouvée; elle tend les bras à Fanfare :

— Jean, Jean, vous êtes sauvé. Ma tâche est accomplie!

Le docteur Taxidi ne s'est pas trompé; la folle reprend sa raison à l'instant précis où son fiancé triomphe d'Ergopoulos.

Mais le peintre serre ses mains dans les siennes :

— Non, chère Nali. Une tâche nouvelle commence pour vous au contraire. Il vous faut maintenant pardonner au fou qui vous méconnut un jour et lui accorder le bonheur enfermé dans votre jolie main.

Ils se regardent avec du ciel dans les yeux, tandis que les agents madrilènes entraînent le Grec écrasé.

. . . .

Deux mois plus tard, le tout-Paris artistique assistait au double mariage de Fanfare avec Nali et de Vemtite avec Anacharsia. Dans l'assistance on remarquait un monsieur et une dame très corrects de tenue, mais qui, durant la cérémonie se livraient à une pantomime cocasse. C'étaient Frig et son épouse Lee.

A chaque instant l'écuyère jongleuse esquissait le geste de lancer son ombrelle en l'air et bien vite, elle la rattrapait. Quant au clown, il monologuait, répétant à mi-voix son exclamation du cirque :

— Well! well!

Ou bien encore, lorsque l'orgue préludait, il disait avec une émotion tendre :

— Miousic! Nous allons présenter à vos deux petits ménages heureux en liberté!

Quant à Vemtite radieux qui, en récompense de la « mission » dont il s'était lui-même chargé, avait obtenu un avancement au ministère, il inscrivait sur son carnet, en contemplant Anacharsia, ce madrigal en rébus :

BA, OPIDYG RAN E D

Ce qu'il traduisait avec sa présomption habituelle par :

— Béat, au pays des i grecs j'ai rencontré la perle des fiancées!

FIN.

TABLE DES MATIÈRES

PREMIÈRE PARTIE

LA DIANE DE L'ARCHIPEL

DEUXIÈME PARTIE

LA FORTERESSE ROULANTE

CHAPITRES.

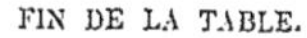
FIN DE LA TABLE.

TYPOGRAPHIE FIRMIN-DIDOT ET Cie. — MESNIL (EURE).

www.ingramcontent.com/pod-product-compliance
Ingram Content Group UK Ltd.
Pitfield, Milton Keynes, MK11 3LW, UK
UKHW020313200726
13857UKWH00001B/157